더미를 위한

클린 이팅

제2판

더미를 위한

클린 이팅

제2판

조나단 라이트, 린다 라슨 지음
조윤경 옮김

더미를 위한
클린 이팅

발행일 2019년 10월 21일 1쇄 발행
지은이 조나단 라이트, 린다 라슨
옮긴이 조윤경
발행인 강학경
발행처 시그마북스
마케팅 정제용
에디터 문승연, 장민정, 최윤정
디자인 김은경, 최희민, 김문배

등록번호 제10-965호
주소 서울특별시 영등포구 양평로 22길 21 선유도코오롱디지털타워 A402호
전자우편 sigma@spress.co.kr
홈페이지 http://www.sigmabooks.co.kr
전화 (02) 2062-5288~9
팩시밀리 (02) 323-4197
ISBN 979-11-90257-08-4 (04590)
978-89-8445-962-5 (세트)

이 도서의 국립중앙도서관 출판예정도서목록(CIP)은 서지정보유통지원시스템 홈페이지(http://seoji.nl.go.kr)와 국가자료공동목록시스템(http://www.nl.go.kr/kolisnet)에서 이용하실 수 있습니다.
(CIP제어번호: CIP2019038802)

* 시그마북스는 (주) 시그마프레스의 자매회사로 일반 단행본 전문 출판사입니다.

식사법이 잘못되었다면 약이 소용없고,

식사법이 옳다면 약이 필요없다.

- 고대 아유르베다 속담

들어가는 글

단지 오랜 세월 덜 건강한 다른 이팅 플랜들에 가려져 있었을 뿐 클린 이팅은 새로운 개념이 아니다. 제2차 세계대전이 끝난 뒤 너도나도 우주선을 쏘아 올리던 우주 세대에 포장된 가공식품이 슈퍼마켓 진열대를 점령하기 시작했다. 40여 년을 이어져 내려온 필스베리 베이크-오프의 '쿠킹'과 '베이킹' 트렌드만 봐도 알 수 있지 않은가. 또한 홀 푸드를 재료로 조리(쿠킹)하고 빵(베이킹)을 굽던 사람들이 간편식에 의존하게 된 모습을 말 그대로 목격할 수 있다. 하지만 1960년대와 1970년대에 건강한 식품 열풍이 시작되었고, 아델 데이비스 같은 전문가가 촉진한 건강에 좋은 식품이 미래에 주목할 만한 트렌드가 되는 듯했다.

물론 많은 사람이 소위 '히피 푸드'라며 코웃음을 쳤다. 건강한 식품이라고 하면 삼베로 만든 목걸이를 두르고 손으로 직접 짠 천으로 만든 셔츠를 입은 사람들이 먹는 견과류, 뿌리채소, 식물의 가지쯤으로 여긴 것이다. 하지만 데이비스 박사가 옳았다. '현대식' 식단은, 즉 인공적으로 맛과 향을 낸, 즉석에서 먹을 수 있게 가공된 간편식은 인체에 좋은 작용을 하지 않는다.

이 책에서는 홀 푸드를 섭취해야 하며, 가공되고 정제된 식품을 피해야 하는 과학적인 원인을 낱낱이 살펴볼 것이다. 또한 클린 이팅 플랜이 당신과 가족이 더 건강한 삶을 사는 데 어떻게 도움이 되는지 보여줄 것이다. 그러는 동안 수많은 선택의 여지를 제시하여 자신의 라이프스타일, 취향, 예산에 맞는 플랜을 디자인할 수 있게 도울 것이다.

이 책에 대하여

영양은 예술이자 과학이다. 다양한 식품을 혼합하여 감각을 유혹하고 영혼을 충족시키는 음식을 창조해낸다는 점에서 예술이다. 그리고 식품이 제공하는 그 모든 영양소와 그러한 영양소가 인체 내에서 복잡한 방식으로 상호작용한다는 점에서 과학이다. 빵 굽기와 조리에서 과학이 중요한 부분을 차지한다는 사실은 말할 필요도 없다!

클린 이팅 라이프스타일의 예술과 과학, 그리고 수많은 혜택을 이해하는 데 도움이 되고자 이 책은 실용적인 포맷에 따라 구성되었다. 우선 클린 이팅의 진정한 의미가 무엇인지 살펴보고 가공식품, 패스트푸드, 정크 푸드를 피해야 하는 이유를 설명할 것이다. 또한 갈망과 상실감을 처리하는 비결을 소개하고 인간은 자신이 먹는 것으로 만들어진다는 말의 진정한 의미를 설명할 것이다.

단백질, 지방, 탄수화물, 비타민, 미네랄이 일상에서 반드시 필요한 이유를 설명하고 이를 통해 영양에 대한 기본적인 지식을 알아볼 것이다. 그런 다음 홀 푸드에 함유된 다른 영양소에 대해서도 살펴볼 것이다. 이러한 영양소는 인간의 전반적인 건강과 안녕에 커다란 변화를 가져올 수 있는 것이다.

이 책에서는 클린 이팅 플랜을 이용하여 다양한 목표를 달성하는 방법도 보여줄 것이다. 예를 들어 심장질환을 예방하고 콜레스테롤 수치를 낮추며 암 발병 위험을 줄이고 당뇨를 예방하기 위해 먹어야 할 음식과 먹지 말아야 할 음식을 소개할 것이다. 또한 이미 이러한 질병을 앓고 있을 경우 클린 이팅이 이를 관리하는 데 어떻게 도움이 될 수 있는지도 설명할 것이다.

영양과 건강한 식습관의 기초가 되는 자연과학을 이해하는 일도 중요하지만 식단을 바꾸기 위해 실제로 실천 가능한 일을 계속해 나가는 것 역시 중요하다. 이 책에서는 새로운 라이프스타일로부터 최고의 결과를 얻기 위해 필요한 수많은 비결을 알려줄 것이다. 이는 가족을 클린 이팅에 동참시키는 방법, 새로 깨끗하게(clean) 주방을 정리하고 이런 주방에 깨끗한 식품을 채우는 방법, 유기농 식품을 식단에 포함시키는 방법, 최대한 다양한 영양소를 보존하는 동시에 맛있는 클린 푸드를 조리하는 방법 등이 포함된다.

하지만 외식을 자주 한다면 어떻게 해야 할까? 파티에 갔을 때는 또 어떻게 해야 할까? 아직 스트레스 받지 말라! 그 어떤 사교 모임에서도 클린 이팅 플랜을 지킬 수 있는 수많은 비결과 요령을 제공할 것이다. 또한 음식과 관련해서 특수한 요구 사항이 있는 사람을 위해 클린 이팅 플랜을 채식주의나 비건 라이프스타일에 응용하는 방법은 물론 식품 알레르기와 글루텐 내성에 대처하는 방법도 설명할 것이다.

마지막으로 맛있는 음식을 만드는 조리법을 아주 많이 소개할 것이다! 쉽게 만들 수 있는 아침식사, 휴대할 수 있고 맛있는 점심식사, 포만감을 주는 저녁식사용 메인 요리까지, 이 조리법만 있으면 아침부터 밤까지 모든 먹을거리를 해결할 수 있다. 심지어 공복감을 느끼거나 강한 스위트 투스를 지닌 사람을 위해 간식과 디저트 조리법까지 담았다!

모든 요리책이 그러하듯 이 책에서 소개할 음식을 만들기 전에 각각의 조리법을 꼼꼼히 읽어보기 바란다. 무작정 시도하면 냉장 시간, 대기 시간, 냉동 시간을 미처 계산하지 못해 스케줄이 꼬일 수 있다(그리고 그 결과 당신은 먹을 준비가 되었는데 음식은 준비가 안 된 상태일 수도 있다!). 미리 조리 방법을 읽으면 푸드 프로세서, 치즈클로스(치즈, 버터, 육류 등의 포장에 쓰이는 평직의 얇은 면직물-역주) 같이 어떤 음식을 만들 때 어떤 도구나 재료가 필요한지 힌트를 얻을 수 있을 것이다.

이 책에서 소개할 조리법에 대해 명심해야 할 몇 가지 지침은 다음과 같다.

버터는 항상 무염을 사용한다. 버터나 마가린 둘 중 한 가지를 사용해도 된다는 말이 없으면 버터 대신 마가린을 사용하면 안 된다.

» 따로 언급하지 않는 한 달걀은 대형을 사용한다.
» 따로 특정하지 않는 한 양파는 노란 양파이다.
» 따로 특정하지 않는 한 후추는 방금 갈아서 준비한 통후추다.
» 따로 특정하지 않는 한 소금은 정제염이다.
» 모든 말린 재료를 측정할 때는 수평면을 기준으로 해야 한다. 그러기 위해서는 계량컵에 말린 재료를 가득 채운 다음 위로 솟은 부분을 걷어낸다. 이때 칼등처럼 직선인 물체를 사용해도 좋다.
» 모든 온도는 섭씨다.

- 모든 레몬즙과 라임즙은 방금 짠 것이다.
- 작은 토마토 표시(🍅)는 채식 조리법을 의미한다.

회색 바탕의 상자에 담긴 내용은 얼마든지 건너뛰어도 좋다. 흥미로운 정보이긴 하지만 이 책의 내용을 이해하는 데 반드시 필요한 것은 아니다.

이 책을 읽다 보면 일부 웹 주소가 장장 두 줄에 걸칠 정도로 길다는 사실을 눈치챌 것이다. 종이책으로 읽는 사람들 가운데 이러한 웹 페이지를 방문하고 싶은 사람은 책에 적힌 그대로 웹 주소창에 입력하면 된다. 전자책으로 읽는 사람들은 쉬운 방법이 있다. 그저 웹 주소만 클릭하면 바로 해당 웹 페이지로 이동할 것이다.

독자에게 드리는 말씀

이 책을 쓰는 동안 우리는 독자들이 다음과 같은 사람들이라고 생각했다.

- 식단을 바꾸고 체중을 감량하거나 특정한 유형의 질병을 관리하고 싶은 동시에 클린 이팅 플랜에 대해 들어보았다.
- '가족의 식사를 책임진 사람'이며 가족이 식습관을 바꿔 더 오래, 행복한 삶을 사는 데 도움이 될 음식을 먹기를 바란다. 그리고 소란과 다툼은 최소화하기를 원한다.
- 패스트푸드, 가공식품, 정제된 식품 사이만을 오가는 패턴에서 벗어나 음식을 통해 장수하고 그저 기분이 더 나아지기를 원하지만 어떻게 시작해야 할지 감이 잡히지 않는다.
- 과학 서적에서 지껄이는 그 모든 전문용어를 이해하느라 애쓰지 않고도 식품과 인체가 어떻게 서로 작용하는지 더 자세히 알고 싶다.

아이콘 설명

이 책에 활용된 다음 아이콘들은 본문에서 값진 정보를 찾는 데 도움이 될 것이다.

체크포인트

이 아이콘 다음에는 두 번 읽을 가치가 있을 정도로 중요한 정보가 나온다. 아니, 세 번도 좋다!

더미를 위한 팁

이 아이콘 다음에는 건강을 증진하고자 할 때, 또는 클린 이팅 라이프스타일을 실천해 나갈 때 도움이 될 정보가 담겨 있다.

경고메시지

이 아이콘은 무시할 경우 위험이 될 수 있는 것에 대한 정보를 나타낸다. 그러므로 이 아이콘을 보면 언제나 주의를 기울여야 한다!

책 이외의 자료

종이책이든 전자책이든 마찬가지지만 이 책에는 지금 읽고 있는 내용 외에도 인터넷에서 어디서든 구할 수 있는 제품이 딸려 있다. 무료로 제공되는 치트 시트는 클린 이팅의 기본 원칙, 홀 푸드와 클린 이팅이 건강을 유지하는 데 어떻게 도움이 되는지에 대한 정보, 향신료를 사용해서 음식에 맛과 향을 더하는 비결을 소개한다. 이 치트 시트를 원하는 사람은 그저 www.dummies.com을 방문하여 검색창에 더미를 위한 이팅 클린 치트 시트(Eating Clean For Dummies Cheat Sheet)라고 타이핑하기만 하면 된다.

나아갈 방향

가족이 이 새로운 클린 이팅 라이프스타일을 수용하게 만들기 위한 정보를 더 알고 싶은가? 그렇다면 제13장을 확인하라. 클린 이팅 플랜을 새로이 실천하며 주방을 '깨끗하게' 정리한 다음 '깨끗하게' 다시 채우려면 어떻게 계획을 세워야 하는지 알고 싶은가? 그렇다면 제9장을 펼쳐보라. 가족 중 누군가 이미 지니고 있을 질병을 관리하는 데 식품이 어떻게 도움이 되는지 알고 싶은가? 그렇다면 제8장을 살펴보라. 맛있는 클린 조리법을 시도해보고 싶어 손이 근질거리는가? 그렇다면 제15장에서 제18장을 확인하라. 여기에는 매일의 끼니와 간식으로 선택할 수 있는 수많은 음식이 소개되어 있다.

어디에서 시작해야 할지 확신이 서지 않는다면 제1부를 읽어라. 클린 이팅 라이프스타일을 이해하기 위해 필요한 모든 기본 정보를 제공하고 어디에서 상세한 내용을 찾을 수 있는지 알려줄 것이다.

차례

들어가는 글_6

제1부 클린 이팅 : 정말로 인간의 몸에 좋은 일을 한다

제1장 건강한 신체, 정신, 영혼을 만들기 위한 클린 이팅 … 17
제2장 클린 이팅 원칙을 일상에 적용하자 ………………… 33
제3장 기본적인 영양학 : 인간은 정말로 자신이 먹는 것으로 만들어진다 ……………………………………… 57
제4장 다른 영양소에 대해 알아보자 : 피토케미컬, 수분, 섬유, 프로바이오틱스와 프리바이오틱스 ………………… 93
제5장 더 많이, 자주 먹어라! ……………………… 113

제2부 클린 이팅 목적을 달성하라

제6장 더 길고 건강하며 활동적인 인생을 위해 클린 이팅을 실천하자 …………………………………… 135
제7장 클린 이팅을 통해 질병을 예방하자 ……………… 159
제8장 클린 이팅을 통해 질병을 관리하자 ……………… 201

제3부 클린 이팅 모험을 계획하고 준비하자

제9장 클린 이팅 키친을 계획하고 채우자 ……………… 235
제10장 클린 이팅 플랜에 유기농 식품을 섞어보자 ……… 257
제11장 클린한 음식 조리하기 …………………………… 277

제4부 자신의 생활에 맞게 클린 이팅 플랜을 변경하라

제12장 직장에서, 그리고 다른 사람과 함께 있는 상황에서 클린 이팅을 실천하라 ······ 295
제13장 가족들도 클린 이팅 라이프스타일에 동참시켜라 317
제14장 식이와 관련한 특수한 고려 사항을 충족시키자 335

제5부 아침에서 저녁까지의 조리법

제15장 잠에서 깨자마자 좋은 음식을 먹어야 한다 : 포만감을 주는 아침식사 조리법 ······ 363
제16장 영리한 점심식사를 통해 자신의 몸에 연료를 재공급하라 ······ 379
제17장 맛있는 저녁식사로 최고로 멋진 시간을 만들어라 395
제18장 재미있는 음식을 즐겨라 : 디저트와 간식 ······ 411

제6부 이것만은 알아두자

제19장 클린 이팅 다이어트가 효과가 있다는 사실을 보여주는 10가지 증거 ······ 429
제20장 마트에 갈 때마다 카트에 담아야 할 10가지 식품 437
제21장 세상을 깨끗하게 만드는 10가지 방법 ······ 445

PART

1

클린 이팅 : 정말로 인간의 몸에 좋은 일을 한다

제1부 미리보기

- 가공식품의 위험과 클린 이팅의 장점에 대해 이해한다.
- 일상생활에 클린 이팅의 원칙을 응용하는 방법을 탐험한다.
- 인체가 무엇을 필요로 하는지, 비타민과 미네랄이 어떻게 건강을 유지시켜주는지, 피해야 할 식품은 무엇인지 살펴본다.
- 팔레오 다이어트가 무엇인지, 어떤 사람이 이를 따라야 하는지 알아본다.

chapter

01

건강한 신체, 정신, 영혼을 만들기 위한 클린 이팅

제1장 미리보기

- 클린 이팅(clean eating)이란 무엇인지 살펴본다.
- 가공식품이 지닌 위험성에 대해 이해한다.
- 클린 이팅이 주는 혜택이 무엇인지 생각해본다.

출판물, 웹사이트, 세미나, 그리고 다양한 미디어 매체에서 최근 클린 이팅(또는 이팅 클린)이 많이 언급되고 있다. 그렇다면 클린 이팅이란 정확히 무슨 말일까? 다이어트인가? 그렇다면 다이어트 계획에 따라 어떤 음식은 먹어도 되고 어떤 음식은 먹으면 안 된다는 걸까? 아니, 애당초 '깨끗한' 음식이라는 건 뭐란 말인가?

지구상에 존재하는 다이어트란 다이어트는 모두 시도해보았고 식품에 탄수화물은 얼마나 들었는지, 지방 함량은 얼마나 되는지, 그리고 이 모든 것을 열량으로 환산하면 몇 칼로리나 되는지 계산하느라 지칠 대로 지쳤다면 한 마디 하겠다. 제대로 찾아왔다! 클린 이팅 계획의 최대 장점 가운데 하나는 기본만 제대로 이해하면 오늘 하루 지방이나 단백질을 얼마나 섭취했는지 따질 필요도, 그 수치를 계산할 필요도 없다는 것이다. 어찌됐든 이 계획에서 가장 중점을 두어야 할 것은 홀 푸드(whole foods)를 먹는 일이다. 홀 푸드야말로 칼로리는 낮으면서도 천연적으로 영양가가 풍부한 식품이기 때문이다.

다른 대부분의 다이어트와 마찬가지로 클린 이팅 계획도 몇 가지 따라야 할 지침이 있지만 여기에 또 다른 장점이 있다. 바로 섭취하는 음식 전체에서 깨끗한 식품의 비중을 얼마로 정할지 스스로 선택할 수 있다는 것이다. 물론 깨끗한 식품의 비중을 정하면 나머지는 그렇지 않은 식품으로 채우게 된다. 자, 선택권은 당신에게 있다. 섭취하는 음식의 90퍼센트를 깨끗한 것으로 채우기로 결정하면 나머지 10퍼센트는 가공식품으로 채울 수 있다. 처음에는 50 대 50으로 시작하겠다고 결정했다면 섭취하는 음식의 절반은 깨끗한 식품으로, 나머지 절반은 이미 먹는 즐거움을 누려온 식품으로 채우면 된다.

이 장에서는 클린 이팅의 정의를 내리고 홀 푸드와 가공식품의 차이를 살펴볼 것이다. 또한 가공식품과 정제식품이 지닌 위험에 대해 알아보고 클린 이팅의 장점을 하나씩 살펴볼 것이다. 마지막으로 음식이 인간의 신체, 정신, 영혼에 어떤 영향을 미치는지 살펴보고 클린 이팅의 라이프스타일을 따랐을 때 이 세 가지가 어떻게 개선되는지 설명할 것이다.

클린 이팅이란 무엇인가

클린 이팅은 기본적으로 가공되지 않은 홀 푸드, 가능하다면 유기농 식품을 먹는 일을 말한다. 다시 말해서 클린 이팅을 한다는 것은 최대한 먹이사슬에서 낮은 식품을 먹는다는 의미이며, 이는 곧 가공되지 않은 상태, 먹거리로서 막 수확된 상태 그대로인 식품을 선택한다는 말이다. 홀 푸드에 초점을 맞추면 자동적으로 비타민, 무기질, 피토케미컬의 함량은 높고 정제당, 나쁜 지방, 식품 첨가물 함량은 낮은 식사를 하게 된다.

이 절에서는 '깨끗한'이 실제로 무슨 의미인지 상세히 살펴보고 홀 푸드와 가공식품의 차이를 다룰 것이다. 그런 다음 이 책에서 제시하는 여섯 단계의 클린 이팅 가운데 자신에게 적합한 것을 고르면 된다.

클린 이팅은 먹기 전에 식품을 세척한다는 의미가 아니다

음식의 재료로 사용하든 익히지 않고 먹든, 모든 식품은 당연히 먼저 깨끗하게 씻어야 한다. 하지만 클린 이팅이란 그런 의미가 아니다. 클린 이팅 계획의 기본 원칙은 홀 푸드, 즉 가공 처리되지 않은 과일과 채소, 지방을 제거한 육류, 견과류, 씨앗, 콩류, 통곡물을 먹는 것이다. '깨끗한'이란 그저 어떤 식품이 가공 처리되지 않았다는 의미다. 따라서 깨끗한 식품, 즉 홀 푸드에는 재료명이 적힌 라벨이 존재하지 않는다. 오직 한 가지 재료로 만들어졌기 때문이다!

섭식을 깨끗이 하는 일이 곧 생활을 깨끗이 하는 일이라고 생각하라. 잡동사니를 깨끗하게 치운 집에서 살고 싶듯이 섭취하는 음식에서도 잡동사니를 치워버려야 한다. 당신이 섭취하는 음식의 잡동사니에는 어떤 것들이 있을까? 셀 수 없이 많지만 몇 가지만 예를 들자면 정크 푸드, 정제당, 첨가물, 보존제, 트랜스 지방, 흰 밀가루, 인공 향신료, 그리고 독성 물질이 있다.(일상에 클린 이팅 원칙을 응용하는 방법에 대해서는 제2장에서 자세히 다룰 것이다.)

단지 홀 푸드를 몇 번 섭취한다고 해서 클린 이팅 계획을 다 실천했다고 할 수는 없다. 이 계획을 따른다는 건 앞으로도 홀 푸드를 더 자주 먹게 될 것이라는 의미다. 사람들은 너무 배가 고프면 몸에 해롭다 해도 손에 닿는 것이면 뭐든 먹는다. 따라서 클린 이팅 계획에서는 '뭐든 먹고 보자'는 상태가 되지 않게 끼니는 소식하되 하루 두 번 이상 간식을 먹는 방식을 취한다. 조금씩 자주 음식을 섭취하면 혈당 수치를 안정되게 유지할 수 있으며, 그 결과 정서가 안정되고 온종일 해야 할 일에 대한 집중력도 높아진다. 게다가 다른 질병의 발병 위험도 낮출 수 있다!

클린 이팅 계획을 따르기 위해서는 다음 사항을 지켜야 한다.

- 인간이 아닌 자연이 만든 식품을 먹는다.
- 끼니와 간식을 합쳐 하루에 5~6회 음식을 섭취한다.
- 가공식품 섭취를 피한다. 즉 라벨이 붙은 상자에 담긴 것은 멀리한다.
- 건강한 조리법을 사용한다.

» 혈당이 떨어져 배고픔을 느끼기 전에 음식을 섭취한다.
» 배가 꽉 찼을 때가 아니라 포만감이 느껴지면 먹는 것을 멈춘다.
» 열량은 몇 칼로리인지, 지방은 몇 그램이나 함유되어 있는지, 얼마나 더 먹을 수 있는지 계산하지 않는다.
» 음식을 즐기고 그 맛을 만끽한다.

클린 이팅 계획이 다른 다이어트 방법과 차별화되는 점은 갖가지 음식을 제한하는 복잡한 치료법이 아니라 그저 자연스러운 생활 방식이라는 것이다. 처리해야 할 화학물질이 적은 만큼 인체는 건강한 상태를 유지하는 데 더욱 집중할 수 있다.

제3장과 제4장에서는 클린 이팅이 인체를 세포 단위부터 어떻게 개선하는지를 설명할 것이다. 두려워할 것 없다. 이 책을 활용하고 클린 이팅을 실천하기 위해 과학 학위 따위는 필요 없고 말 그대로 자신이 먹는 것에 대해 이해하기만 하면 된다. 그리고 정말 좋은 음식을 먹을 때 인간의 몸을 구성하는 세포, 조직, 기관, 그리고 전신이 더욱 행복해질 것이다.

홀 푸드 대 가공식품

다음 재료 목록을 살펴보면 홀 푸드와 가공식품의 차이를 실감할 수 있다. 재료만 보고 이것이 어떤 제품인지 알겠는가?

> 수분, 자일리톨, 변성 전분, 알칼리 처리된 코코아, 우유 단백질 농축물, 수산화 식물성 오일, 소금, 알긴산 나트륨, 수크랄로스, 아세설팜칼륨, 인공 향신료, 인공 색소

당최 뭔지 모르겠다고? 그렇다고 누가 당신을 탓할 수 있을까. 온통 일반인이 알아보거나 심지어 읽을 수조차 없는 재료뿐이니 말이다. 하지만 이는 클린 이팅 다이어트가 인간의 몸에 그토록 이로운 까닭을 완벽하게 보여준다. 화학물질을 완전히 배제한 채 우유, 달걀, 다크 초콜릿 같은 홀 푸드를 재료로 직접 초콜릿 푸딩을 만들 수 있다면 굳이 무설탕 인스턴트 초콜릿 푸딩을 먹을 필요가 없지 않은가?

홀 푸드는 텃밭에서 자라고 농장을 자유로이 돌아다니며 바다에서 헤엄치던 음식 재료를 말한다. 과학 시간에 배웠던 먹이연쇄(food chain, 먹이사슬이라고도 하며 피라미드

형태를 지닌다-역자)를 생각해보라. 가장 아래층에는 단세포 동물, 식물, 플랑크톤이 놓인다. 그리고 그 위에는 이런 생물을 먹잇감으로 삼는 작은 물고기 등의 소형 동물이 위치한다. 그 위에는 소형 동물을 먹잇감으로 삼는 조금 더 큰 동물이 위치하는 식으로 연결된다. 다시 상어처럼 인간은 그 사슬의 가장 끝, 즉 먹이피라미드의 가장 윗부분을 차지한다. 그러므로 아래 단계 동물이 먹은 모든 것이 최상층에 있는 인간의 구성성분인 셈이다.

클린 이팅이 건강에 주는 모든 이익을 이해하기 위해서는 다른 먹이연쇄도 생각해봐야 한다. 바로 가공식품의 먹이연쇄다. 여기에서도 가장 아래층에는 단순한 사과, 병아리콩 약간, 또는 유기농 달걀이 위치한다. 더 위로 올라가면 제조사들은 이러한 식품을 조작하고, 결국 진짜 식품이라기보다 인공적인 재료에 가까워진다. 그리고 가공식품의 먹이연쇄 최상층은 전통적인 간식, 패스트푸드, 그리고 첨가제와 보존제, 인공 향료가 잔뜩 들어간 음식이 차지한다.

제조사들은 다른 재료와 결합하기 쉽게 만들거나 특성을 바꾸기 위해 원재료를 처리하며, 그 과정에서 원래 지니고 있던 수많은 영양소가 파괴된다. 그리고 그 상태에서 가공식품이 만들어지는 것이다. 반대로 홀 푸드는 자연이 의도한 그대로 식탁에 오른다. 풍미와 색감, 질감, 그리고 영양소까지 풍부한 음식 말이다.

클린 이팅 플랜에도 가공식품의 먹이연쇄 가장 밑바닥에 위치한 것과 같은 식품이 포함된다. 하지만 이 식품에는 라벨도 붙지 않고 따로 조리 방법이 있는 것도 아니다. 또한 재료 목록도 없다. 슈퍼마켓에 갈 때마다 바로 이런 식품으로 쇼핑 바구니를 채워야 한다.(클린 키친을 만드는 법은 제9장에서, 항상 쇼핑 카트에 담아야 할 클린 푸드 목록은 제20장에서 다룰 것이다.)

물론 클린 이팅 플랜이라고 가공식품을 완전히 배제하라는 말은 아니다. 전혀 상관없는 식품도 있다. 홀 그레인 파스타는 분명 가공된 식품이 맞지만 최소한으로 가공되었다. 라벨에 '통곡물(홀 그레인), 물, 소금'이라고 적혀 있다면 클린 푸드라고 봐도 무방하다. 치즈 역시 가공된 식품이지만 첨가제와 인공 색소가 다량 들어가지 않은 천연 치즈를 선택한다면 이 역시 클린 이팅 플랜에 적합한 식품이다.

여섯 단계에 따라 자신만의 클린 이팅 식단을 만들어라

클린 이팅 플랜의 최고 장점 한 가지는 실행하는 사람이 통제권을 갖는다는 것이다. 다시 말해서 섭취하는 음식 가운데 얼마나 많은 부분을 클린 이팅 플랜에 따를 것인지 스스로 결정하는 것이다. 섭취하는 음식 100퍼센트를 클린 푸드로 채워 완벽을 기할 수도, 가끔 패스트푸드를 먹거나 식단에 가공식품을 포함시킬 수도 있다. 그 모든 선택은 전적으로 수행하는 사람의 의지에 달렸다!

표 1-1에는 클린 이팅의 여섯 단계가 나와 있다. 각 단계의 내용을 잘 살펴보고 자신의 라이프스타일에 가장 잘 맞는 것이 무엇인지 생각해보라.

물론 특정한 단계에 꼭 맞추지 않고 중간 어디쯤을 목표로 삼아도 된다. 당신의 하루 식단에만도 100퍼센트 클린한 것과 60퍼센트 클린한 것이 동시에 들어갈 수 있다! 하지만 진지한 자세로 클린 이팅을 대한다면 식단의 50퍼센트 이상을 기본적으로

표 1-1 클린 이팅의 여섯 단계

할당량	이 단계에서 먹는 것
20%	클린 이팅의 세계로 나아가는, 또는 정크 푸드만 찾는 자녀나 고집불통인 배우자의 식습관을 개선하는 첫 단계다. 처음에는 평일 식사 가운데 한 끼를 클린 식사로 바꾸는 것으로 시작한다.
40%	처음 단계에 평일 클린 이팅을 한 끼 더하며 여정을 계속한다. 이 단계에서 시작해도 된다.
50%	클린 이팅을 라이프스타일로 삼고 싶다면 섭취하는 음식 가운데 적어도 50%는 클린 푸드로 채워야 한다. 이 단계에서는 클린 이팅 다이어트 플랜의 장점이 주는 혜택을 보기 시작하지만 여전히 주중 몇 번은 패스트푸드를 먹고 가끔 정크 푸드도 섭취한다. 당신은 그저 클린하지 않은 나머지 50%를 더 건강하게 만들려 노력하면 된다! 자극적인 가공식품 대신 홈 메이드 감자칩을 만들어보라. 표백된 밀가루가 아니라 다양한 곡물로 만들어진 파스타를 조리해보라. 아니면 브라우니 섭취량을 5개에서 1개로 줄여보라.
60%	이쯤 되면 정말 클린 이팅을 실천하는 단계다! 대부분 가공되지 않은 클린 푸드를 섭취하지만 여전히 1주일에 2, 3회는 가공식품을 섭취한다. 조리하는 시간이 늘어나는 반면 외식하는 횟수가 줄고 값비싼 가공식품을 덜 구매하므로 돈까지 절약할 수 있다.
80%	많은 사람이 '이쯤이면 충분해'라고 여기는 단계다. 섭취하는 음식의 거의 모든 것이 가공처리되지 않은 홀 푸드지만 병조림으로 판매되는 파스타 소스와 시판되는 빵을 먹을 때도 있다.
100%	진정한 클린 이팅 플랜을 항상 지키는 사람은 그리 많지 않다. 하지만 할 수만 있다면 그야말로 브라보다! 심각한 질병을 진단받았다면 100% 클린 이팅을 실천하는 것이 가장 바람직한 선택일 수 있다. 또한 자주 몸이 안 좋고 만성피로에 시달릴 경우 컨디션이 좋아질 수도 있다.

홀 푸드로 채우는 것을 목표로 해야 한다. 예전 식습관으로 되돌아가거나 완전히 궤도에서 어긋난다 해도 걱정할 것 없다. 그저 큰 그림에 초점을 맞추고 섭취하는 식품과 자신의 삶을 만끽하면 된다. (예전 식습관으로 되돌아가는 문제를 해결하고 클린 이팅의 궤도로 돌아오는 비결은 제2장을 살펴보라.)

가공식품에 도사린 위험을 고려하라

사람들 생각처럼 가공식품이 정말 그렇게 나쁜 것일까? 한 마디로 대답하자면 '그렇다'이다. 트랜스 지방 한 가지만 예를 들어도 알 수 있다. 제조사들은 식물성 오일에 수소를 주입하여 가짜 지방인 트랜스 지방을 만든다. **수소화**(hydrogenation)라는 이러한 과정은 이름만 들었을 때는 영화 프랑켄슈타인에나 나올 법한 것처럼 들리지만 그리 복잡한 것이 아니다. 그저 액체 상태의 오일을 고체로 바꾸는 것이다. 수소화는 고체 지방을 만드는 아주 저렴한 방법인 만큼 식품 제조사들이 매우 즐겨 사용한다.

오랜 세월 의사들(그렇다, 의사들!)은 버터나 자연 상태의 오일이 아니라 수소화 과정을 거친 마가린을 섭취해야 한다고 권장했다. 물론 이제 연구가들은 하늘 높은 줄 모르고 치솟는 미국인의 심장질환 발병률의 배후에 있는 주범이 바로 트랜스 지방이라는 사실을 알고 있다. 가짜 지방은 말 그대로 세포벽의 일부가 되어 세포벽이 제 기능을 하지 못하게 만들고 인체의 다른 부분과 상호작용하는 능력을 저하시킨다. 세포벽은 고사하고 세상에 제 기능을 못하는 팔다리를 원하는 사람은 없을 것이다!

이 절에서는 가공식품에 가득 찬 보존제와 첨가제에 대해 알아보고 이런 성분을 섭취하지 말아야 하는 이유를 설명할 것이다. 또한 강화식품이 정말 비강화식품보다 나은지를 고려하고 정크 푸드를 섭취하는 습관을 바꾸는 일이 건강에 그토록 중요한 이유를 설명할 것이다.

보존제와 첨가제

너무나도 놀라운 사실이지만 미국 식품의약국(FDA)과 미국 농무부(USDA)는 가공식품 원료로 사용되는 것 가운데 상당수의 보존제와 첨가제에 대한 실험을 하지 않았다. 단지 일반적으로 안전하다고 여겨지는 성분, 즉 GRAS(Generally Rocognized as Safe) 목록에 있다는 이유에서다. 이 목록에 이름이 올랐다는 것은 충분히 오랫동안 (1958년 이후로) 그 화학물질과 관련한 그 어떤 부작용도 보고된 바가 없으므로 FDA가 실험을 요구하지 않고도 식품에 사용할 것을 허용한다는 의미다.

FDA가 정의한 '안전'이란 '자격을 갖춘 과학자들이 의도된 사용 조건에서 어떤 물질이 해가 없다고 생각하는 합리적인 확실성'이다. 이게 뭔가 보증하는 말이라고! 게다가 의도된 사용 조건은 또 무슨 말인가. 그 상세한 내용은 '현대인은 얼마나 많은 화학물질을 섭취할까?' 글상자에서 확인하라.

FDA는 제조사들이 식품 가공 과정에서 첨가하는 화학물질을 네 가지로 분류한다.

- **식품 첨가제** : 여기에는 보존제와 향미 증진제, 그리고 스테아릴젖산칼슘, 폴리글리세롤 에스터, 모노글리세리드 등의 유화제, 비타민과 미네랄, 그리고 식품의 산도를 조절하는 화학물질이 포함된다.
- **GRAS 물질** : 여기에 포함되는 제품들이 바로 '오랫동안 안전하게 사용되었다는 살아 있는 증거'를 바탕으로 허용된 성분이다. 즉 FAD나 USDA의 안전성 실험을 거치지 않은 것이다.
- **기존 허용 성분** : 정부가 GRAS 목록을 만들기 전에 FDA나 USDA에서 시험을 거쳐 사용을 허용한 제품들이 포함된다.
- **식용 색소** : 여기에는 색 강화제와 첨가제가 포함된다.

GRAS 및 기존 허용 성분 목록에 포함되었더라도 FDA가 이러한 화학물질이 안전하다고 공식적으로 보장하는 것은 아니다. 실제로 안정성을 의심할 만한 새로운 증거가 제시되지 않는 한 시험조차 거치지 않는다. 시클라메이트라는 인공 감미료에 대해 들어보았을 것이다. 그라스 목록에 버젓이 있던 이 감미료는 동물 실험 결과 암을 유발한다는 사실이 드러났고, 그제야 FDA는 목록에서 이 성분을 삭제했다.

지금까지 FDA는 몇 가지 화학물질을 시장에서 철수시켰다. 한 가지 예로 1960년에 미 의회는 색소 첨가제 개정안을 통과시켰고, 결국 적색 2호와 보라색 1호는 시장에서 강제로 자취를 감추었다. 이 안이 통과되기 전 제조사들은 200가지의 식용 색소를 사용했다. 그 가운데 실험 과정을 통과하여 안전성이 입증된 것은 채 35가지가 되지 않았다. 그렇다면 나머지 165가지 식용 색소가 인체에 얼마나 많은 해를 입혔을지 궁금하지 않은가? 먹음직스러운 노란색을 띠게 만들기 위해 버터에 납을 첨가하거나 더 진하고 크림 같이 만들기 위해 우유에 분필가루를 넣은 제조사도 있었다!

많은 사람, 특히 클린 이팅을 실천하는 사람이라면 이미 사용 중인 식품 첨가물, 살충제, 보존제의 위험성이 공표될 때까지 기다리고 싶지 않을 것이다. 자신의 몸 안에 무엇이 들어올지 스스로 통제하고 가능한 이러한 화학물질을 적게 섭취하려 할 것이다. 물론 클린 이팅 식단을 통해서다!(제2장과 제9장에서 이러한 화학물질에 대해 자세히 알아보라.)

물론 소량 섭취할 경우 지극히 안전한 보존제와 첨가제가 있을 수도 있다. 하지만 이 '있을 수도 있다'라는 말을 좋아할 사람이 얼마나 될까. 전 세계 인구를 대상으로 수행되는 거대한 실험에서 실험용 동물이 되고 싶은가? 안전성이 확실하게 보장되는 음식을 섭취하고자 한다면 클린 이팅 플랜에 도전해보라. 그리고 가능한 가공되거나 정제되거나 포장된 식품을 피하라.

라벨이 주장하는 것

요즘은 수많은 가공식품 포장에 온통 제조사가 주장하는 말이 적혀 있다. 몇 가지만 예를 들자면, '칼슘 강화!', '면역 기능 강화!', '진짜 과일로 만들어진' 등의 문구가

【 현대인은 얼마나 많은 화학물질을 섭취할까? 】

식품에 함유된 화학물질과 관련한 문제 가운데 하나는 그 음식의 섭취량이다. 1회 섭취분의 쇠고기 버거에 함유된 호르몬이 '합리적인 식사에서 안전한 수준'이라고 여겨진다 해도 너무 좋아하는 나머지 하루 한 끼 이상, 대부분의 식사를 패스트푸드로 해결한다면 FDA가 승인한 것 이상의 호르몬을 섭취하게 된다. '클린'한 식품도 예외는 아니다. 아스파라거스를 좋아해서 1주일에 세 번 먹는다면 값비싼 유기농 제품을 구입할 수 없다. 이 경우 연구된 사용량보다 많은 살충제를 사용하여 재배된 아스파라거스를 섭취하게 될 것이다.

식품에 첨가된 보존제나 첨가제 같은 물질에 노출되는 일을 줄이고 싶다면 다양한 음식을 섭취해야 한다. 프라이드치킨과 로스트 포테이토로 연명하지 말라. 굳이 유기농이 아니더라도 다양한 종류의 신선한 과일과 채소를 식단에 포함시켜라. 이렇게 하면 수많은 화학물질에 노출되는 위험을 줄일 수 있다.(식단에 유기농 식품을 포함시키기 위해 알아야 할 모든 것은 제10장에서 다룰 것이다.)

식품 포장지에 적혀 있다. 일단 이런 말이 사실인지 여부도 의심스럽지만 사실이라 해도 도대체 무슨 의미인 것일까?

많은 강화식품이 일부나마 영양소를 함유하고 있다(여기서 핵심 단어는 '일부'다). 하지만 이는 제조사가 처리 과정에서 제거했던 것을 다시 첨가한 것뿐이다. 예를 들어 정제된 밀가루로 만든 시리얼에 비타민과 섬유소를 다시 첨가했을 수 있다. 하지만 그 양은 애초에 제거된 양에 턱없이 미치지 못한다. 밀이라는 곡물을 정제된 밀가루로 만드는 과정에서 수많은 영양소가 영원히 제거된다.

물론 비강화식품보다 강화식품을 섭취하는 것이 바람직하다. 하지만 애초에 홀 푸드를 먹는 것이 훨씬 더 바람직하다. 안타깝게도 많은 사람이 포장지에 적힌 제조사의 주장이 실제로 아무런 의미가 없는 것이라는 사실을 모른 채 기꺼이 이러한 강화식품을 쇼핑 바구니에 담는다.

FDA는 라벨에 특정한 문구를 적을 수 없게 규제하고 있다. 하지만 많은 제조사가 단어 한두 개를 바꿔 이러한 규제를 피하고 있다. 이렇게 되면 사람들에게 잘못된 인식을 심어줄 수 있다. 예를 들어 향을 첨가한 딸기주스에는 실제로 딸기가 들어 있지 않다. 라벨에 적힌 '진짜 과일'이란 실제로 배 농축액이며 '딸기'는 오로지 인공 향료의 형태로 첨가된다.

우리가 흔히 라벨에서 흔히 볼 수 있는 문구와 실제 그 의미는 다음과 같다.

- **유기농 재료로 만들어진** : 유기농 재료의 함량이 70퍼센트만 되면 이 문구를 사용할 수 있다.(유기농 식품에 대한 자세한 내용은 제10장을 보라.)
- **높은, 또는 풍부한 함량** : 1회 섭취분에 특정 영양소가 하루 섭취 권장량의 20퍼센트만 함유되면 이 문구를 사용할 수 있다.
- **트랜스 지방 제로** : 실제로는 1회 섭취분에 인공 트랜스 지방을 최대 0.5그램을 사용한 식품에 이 문구를 사용할 수 있다. 그러므로 얼마 안 되는 것 같아도 1회분 이상을 먹을 경우 지방 섭취량이 빠르게 증가할 수 있다.
- **더 많은, 강화된, 풍부하게 함유된** : 이런 표현을 사용하기 위해서는 특정한 영양소가 하루 권장량의 10퍼센트 이상, 혹은 유사한 제품에 함유된 것 이상 포함되어야 한다.

» **천연** : 제품에 그 어떤 합성 재료도 사용되지 않았다는 의미다. 하지만 여전히 소금, 지방, 설탕이 다량 함유되어 있을 수 있다.

» **통밀로 만들어진** : 이런 말이 적혀 있다고 그 식품에 정제 곡물이 함유되지 않았다는 의미는 아니다. 실제로 극소량의 통밀을 사용해도 적법하게 라벨에 이런 문구를 사용할 수 있다.

이런 문구들은 소비자를 혼동하게 만들고도 남는다. 당신이 피해야 하거나 피하고 싶은 물질에 대한 언급이 없기 때문이다. 이러한 정보를 얻으려면 재료 목록을 확인해야 한다. 이러한 문구가 말이 안 되는 것이 명확한 의미를 알고 나면 별로 좋은 식품처럼 보이지 않는다는 것이다! 라벨에 '더 많은 비타민 A'라고 적혀 있더라도 그 '더 많은'이 일일섭취권장량의 10퍼센트에 지나지 않는 반면 나트륨 섭취량은 100퍼센트 가까이 충족시킨다면 이 식품은 과연 건강에 도움이 되는 것일까?

결론적으로 라벨이 없는 음식을 먹는 것이 헷갈릴 위험도 적고 건강에도 이롭다. 라벨이 붙지 않은 홀 푸드를 구매하면 눈앞에 있는 그대로의 것을 사게 될 것이다. 즉 숨겨진 진실을 찾아내지 않아도 되는 정직한 식품을 살 것이다.

정크 푸드 중독

정크 푸드 정키(정키란 마약 중독자를 의미한다-역자)라는 용어는 미국에서 꽤 흔하게 사용된다. 사람들이 농담처럼 사용하는 이 말은 불행하게도 매우 정확한 표현이다. 정크 푸드가 실제로 중독성이 강하기 때문이다.

〈네이처 뉴로사이언스〉 지에 게재된 한 연구에 따르면 인간의 뇌는 헤로인 등의 중독성 약물과 정크 푸드에 동일한 방식으로 반응한다. 소름끼치지 않는가? 주사 한 대 맞을 수만 있다면 무슨 짓이든 할 것 같은 헤로인 중독자의 사진을 본 적이 있는가? 그렇다면 이것이 얼마나 무서운 일인지 알 것이다.

중독에서 가장 위험한 것 한 가지가 바로 시간이 지남에 따라 더 많은 중독 물질을 섭취해야 뇌에서 같은 강도의 쾌감을 느낄 수 있다는 사실이다. 그리고 바로 이 때문에 수많은 마약 중독자가 사망에 이른다. 언젠가는 과용하고 말기 때문이다.

그리고 똑같은 방식으로 정크 푸드 정키는 질병에 걸리고 사망에까지 이른다. 빈 칼로리(empty calories), 다량의 설탕, 정제된 재료, 나트륨, 인공 첨가제의 섭취량이 점점 늘어 결국 신체가 완전히 망가지는 것이다. 비타민, 미네랄, 피토케미컬 등 인체가 스스로 복구하는 데 도움이 되는 영양소를 거의 섭취하지 못하거나 아예 섭취하지 못하는 만큼 정크 푸드 정키는 언젠가는 질병에 걸리게 된다. 그런데도 식품 제조사들은 실제로 정크 푸드의 중독성을 높이고 있다!

클린 이팅 플랜은 그저 건강에 해롭고 중독성이 강한 정크 푸드 대신 건강하고 영양소가 풍부한 홀 푸드로 채우는 일이다. 이렇게 하면 시간은 걸려도 중독된 신체를 해독할 수 있다. 결코 쉬운 과정은 아니지만 얼마든지 정크 푸드의 미로에서 빠져나올 수 있다. 그리고 조금만 생각하고 노력한다면 가족 전체를 정크 푸드의 쳇바퀴에서 꺼낼 수 있다. 클린 이팅 라이프스타일이 지닌 최고의 장점은 더 많은 부분을 실천할수록 몸 상태가 좋아지고, 결국 질병의 악순환에서 빠져나와 건강해질 것이라는 점이다.

클린 이팅은 인체에 어떤 혜택을 줄까

그렇다면 인공 화학물질이 아니라 클린한 천연 재료를 함유했다는 것 외에 클린한 홀 푸드는 인체에 어떤 좋은 일을 하는 것일까? 클린 이팅 다이어트를 실천하면 수명이 연장되고 건강해지며 질병을 예방하고, 심지어 일부 질병까지 치료할 수 있다. 늦은 밤 방송되는 인포머셜(infomercial, 케이블 홈쇼핑과 같이 실제로는 광고지만 소비자에게 제품이나 서비스에 대한 자세한 정보를 직접적으로 제공한 후 바로 구매를 유도하는 형태의 프로그램-역주)에 등장하는 말처럼 들릴지 몰라도 모두 사실이다. 그것도 실험복을 입은 진짜 의사들이 수행한 과학 연구를 근거로 한 사실이다!

이 절에서는 클린 이팅 라이프스타일을 통해 건강을 증진하고 건강한 상태를 유지하는 방법에 대해 알아볼 것이다. 어떻게 클린 이팅을 실천하면 체중을 감량하고 질병을 예방하여 활력을 유지하면서도 장수할 수 있는지에 대해서도 논의할 것이다.(체중 감량과 건강한 장수에 대해서는 제6장, 질병 예방 및 관리에 대해서는 제7장과 제8장에서 더 자세히 다룰 것이다.)

전반적인 건강함

운 좋게 건강 체질을 타고난 사람도 있다. 질병에 걸릴지 여부에 유전자가 어느 정도 역할을 하는 것이 사실이다. 하지만 과학자들은 매년 미국에서 건강하지 않은 식습관과 신체 운동 부족 때문에 31~58만 명이 사망한다고 추정한다. 결국 식습관은 정말로 건강에 영향을 주는 것이다.

- 각종 암의 1/3은 음식 때문에 발생한다.
- 비만의 대분은 영양 불균형 때문에 발생한다.
- 가공식품, 정크 푸드, 정제식품을 주로 섭취하는 것은 심장질환 발병의 주요 위험요소다.
- 음식을 통해 비타민, 미네랄, 피토케미컬을 충분히 섭취하지 않을 경우 감염성 질환에 걸릴 위험이 크게 증가한다.
- 설탕, 알코올, 그리고 나쁜 지방을 과도하게 섭취하면 인체 면역 시스템의 효율성이 떨어질 수 있다.

다량의 영양소로 가득 찬 홀 푸드를 중심으로 음식을 섭취하는 만큼 클린 이팅 플랜을 실천한다면 최대한 건강한 상태를 유지할 수 있다. 정제되고 과도하게 가공된 음식에서 벗어나 건강한 음식을 중점적으로 섭취한다면 현재 건강 상태와 상관없이 컨디션이 좋아지고 더욱 건강해질 것이다.

전반적인 건강함이란 다음과 같은 의미를 지닌다.

【 정크 푸드 : 모든 것이 거짓이다 】

이제 독자들은 중독성을 높이기 위해 정크 푸드에 설탕과 소금은 물론 인공 색소와 향신료가 함유되어 있다는 사실을 알 것이다. 하지만 정크 푸드 제조자들이 질감까지 조작한다는 사실도 아는가? '먹고 싶은 음식'을 만드는 데 중요한 역할을 하는 것 가운데는 질감과 풍미도 있다. 유화제, 증점제, 지방, 안정제를 첨가하고 두세 번 튀기면 가공식품의 식감, 즉 입에 넣어 씹을 때의 질감을 향상시킬 수 있다. 이렇듯 인위적으로 식감을 만들면 평범한 음식에 비해 식감이 좋아지고 결국 홀 푸드보다 정크 푸드를 먹고자 하는 욕구가 강해진다. 재료도 그렇지만 식감 자체도 인공적인 것이라는 사실을 깨닫고 나면 세 번 튀긴 치즈 두들(우리나라의 콘 치즈 같이 생긴 과자–역자)을 먹고 싶어 안달이 나더라도 '노'라고 말할 수 있을 것이다. 대신에 아삭거리는 사과나 콜리플라워를 먹어보라.

» 스태미나
» 정상 체중
» 정상 혈압
» 정상적인 혈중 콜레스테롤 수치 및 정상적인 혈액 검사 수치
» 건강한 심장
» 원활한 소화 기능
» 깨끗한 피부
» 명료한 정신

물론 전반적인 건강함을 나타내는 지표는 이보다 훨씬 많이 있다. 하지만 건강함이란 완벽함을 의미하지 않는다는 사실을 명심하라. 모델 같이 몸매를 가꾸거나 좋아하는 영화배우 같은 외모를 갖는 것이 아니라 안나푸르나산을 등정하든 잠시 동네를 산책하든, 자신의 몸을 원하는 대로 움직일 수 있다는 것을 의미한다.

체중 감량과 질병 예방

미국인의 60퍼센트 이상이 과체중이다. 각종 매체를 통해 하루 종일 영양에 대한 메시지를 떠들어대지만 미국인은 점점 뚱뚱해지고 있다. 도대체 무슨 일이 일어나고 있는 것인가?

많은 영양학자가 대부분의 사람들이 섭취하는 음식에 뭐가 들어 있는지가 문제라고 생각한다. 인간의 몸은 미국인이 섭취하는 음식에 다량 함유된 그 모든 화학물질과 인공 재료를 사용하도록 만들어지지 않았다. 또한 오늘날 많은 사람들처럼 그렇게 많은 나트륨과 가짜 지방, 설탕을 섭취하도록 만들어지지도 않았다. 게다가 인류의 조상에게는 하루 세 끼를 먹을 수 있다는 보장이 없었으므로 결국 인체는 음식을 효율적으로 처리하고 지방을 저장하도록 만들어졌다. 실질적으로 하루 24시간, 무한대로 음식을 구할 수 있는 '풍요' 속에서 미국인은 뭔가 대가를 치러야 한다. 그리고 그 '뭔가'는 주로 허리 사이즈다.

건강하게, 꾸준히 체중을 감량하는 열쇠는 속이 든든하면서도 영양가가 풍부한 음식을 먹음으로써 조금씩 살을 빼는 것이다. 그리고 클린 이팅 플랜의 목표가 바로 이것이다. 클린 이팅 플랜을 따르면 더 자주 먹으면서도 포만감을 느끼고 영양가가 풍부

한 음식을 섭취하게 될 것이다. 결국 당신의 삶, 또는 위 속에 애초에 과체중을 일으킨 정크 푸드 따위가 들어설 자리는 없을 것이다!

이전 절에서 매년 영양이 부족한 식사와 운동 부족 때문에 수십만 명이 사망한다고 말한 것을 기억하는가? 사실 사람들은 영양가가 부족한 식사 자체가 아니라 그 결과 발생하는, 또는 촉진되는 질병 때문에 사망한다. 그러한 질병으로는 다음과 같은 것이 있다.

- 심장질환
- 암
- 당뇨
- 고혈압
- 뇌졸중
- 자가면역 질환
- 골다공증

인체 안에 뭔가 잘못되었을 때 질병이 발생한다. 세포가 너무 빨리 자랄 수도 있고, 독성물질을 걸러내느라 너무 바빠 감염에 대응하는 데 시간이 많이 걸린다. 그리고 이런 상태가 오래 지속되면 심각한 질병에 이르기도 한다.

제7장에서는 특정한 질병의 발병 위험을 줄이기 위해 어떻게 먹어야 하는지를 중점적으로 다룰 것이다. 결국 섭취하는 음식은 질병 발생 위험과 직결되기 때문이다. 그런 다음 제8장에서 이미 특정한 질병에 걸렸을 때 관리하기 위해 어떻게 음식을 섭취해야 하는지 논의할 것이다.

클린 이팅 다이어트는 정말로 질병을 예방하기 위한 섭식 모델이다. 가장 중점을 두는 것 가운데 하나가 피토케미컬을 다량 섭취하는 것인데, 이는 염증을 예방하고 면역 시스템을 강화하며 심혈관계를 원활하게 돌아가게 만들어주는 성분이다. 피토케미컬을 얻는 방법은 단 하나, 과일, 채소, 견과류, 씨앗류, 곡물을 통으로 많이 섭취하는 것이다.

더욱 활력이 넘치고 긴 인생

클린 이팅 인생을 잘 대변하는 모토는 '몇 년의 인생을 사는지가 아니라 인생에서 어떤 삶을 사는지가 중요하다!'이다. 물론 누구나 장수를 꿈꾸지만 예방할 수 있었던 통증과 질병, 고통으로 가득 찬 인생이라면 아무 소용없을 것이다. 장수란 단순히 '살아 있는 것'이 아니라 80대, 90대가 되어서도 힘들이지 않고 계단을 오르고 동네를 걸어 다니며 활동적인 취미생활을 한다는 의미여야 한다.

다행히 클린 이팅 다이어트를 실천한다면 그렇게 할 수 있다! 기본적으로 건강한 체질을 타고난 사람이라도 이를 유지하는 것이 관건이며, 깨끗한 방식으로 조리된 홀푸드를 섭취하는 일은 그러기 위한 최고의 방법 가운데 하나다. 물론 그 어떤 음식도 건강함이나 장수를 보장하지는 못하지만 클린 이팅 플랜을 실천한다면 가능성은 높아질 것이다.

chapter

02

클린 이팅 원칙을 일상에 적용하자

제2장 미리보기

- 클린 이팅의 원칙을 이해한다.
- 갈망과 결핍을 해독한다.
- 클린 이팅을 실천하여 더 건강한 세상을 만든다.

클린 이팅은 입안에 넣는 음식만이 아니라 토털 라이프스타일에 대한 것이다. 홀 푸드를 구입, 조리해서 섭취함으로써 허리둘레나 건강 이상의 것까지 바꿀 수 있다. 즉 자신을 둘러싼 세상에 긍정적인 영향을 미치게 되는 것이다.

클린 이팅 라이프스타일에서는 가공식품만 아니라면 어떤 음식이든 먹어도 된다. 그러므로 비건이나 채식주의자(붉은 육류를 제외한 우유, 유제품, 달걀, 심지어 해산물까지 섭취하는 사람도 있다는 점에서 비건과 다르다-역자)가 될 필요도 없고(물론 원한다면 얼마든지 되어도 좋다!) 탄수화물과 지방을 몇 그램 섭취했는지, 결과적으로 몇 칼로리를 섭취했는지 계산할 필요도 없다. 먹이연쇄에서 더 낮은 위치에 있는 식품을 섭취함으로써 돈을 절약하고 자신의 건강을 증진하는 것은 물론 더 살기 좋은 세상을 만드는 데 일조하게 될 것이다.

이러한 라이프스타일이 지닌 가장 큰 장점 가운데 하나는 바로 단순하다는 것이다. 얼마나 많은 칼로리와 지방, 탄수화물을 섭취했는지 굳이 따지지 않아도 되므로 다른 다이어트에 비해 식단을 짜는 일이 훨씬 간단하다. 또한 클린 이팅 다이어트 식단에는 모든 식품군이 포함된다. 즉 클린한 것에 한해서 먹지 말아야 할 식품군이 없으므로 결핍감을 느끼지 않아도 된다. 하루 동안 포만감을 주는 식사와 간식을 섭취하므로 배고플 걱정도 접을 수 있다.

이 장에서는 클린 이팅의 원칙에 대해 살펴볼 것이다. 여기에는 건강을 위해 먹기, 홀 푸드 섭취하기, 가공식품 피하기, 건강한 음식을 즐기는 법 찾기 등이 포함된다. 또한 클린 이팅을 실천하는 데 장애가 되는 갈망과 결핍감을 어떻게 해결할지도 보여줄 것이다. 마지막으로 지역 농장을 지원하고 유기농 식품과 자유방목 사육한 육류를 구입하며 1주일에 하루 정도 육식 없이 보내고 포장 쓰레기를 줄이는 일이 모든 사람을 위해 더욱 건강한 세상을 만드는 일인 이유를 살펴볼 것이다.

클린 이팅의 원칙

사람마다 자신이 정한 원칙을 기준으로 클린 이팅 플랜을 세운다. 그러므로 누구와 상의하느냐에 따라 이러한 원칙은 달라질 수 있다. 이러한 유연성 역시 그토록 많은 사람이 클린 이팅이라는 라이프스타일을 실천하면 그만한 보상이 따르고 실제로 부담 없이 할 수 있다고 생각하는 원인이다. 홀 푸드를 섭취하고 가공식품을 피하는 한 누구든 자신에게 가장 적합한 클린 이팅 라이프스타일을 만들 수 있다.

이 절에서는 클린 이팅을 시작할 플랫폼을 전체적으로 살펴볼 것이다. 일단 그 가운데 자신, 또는 가족들의 마음에 드는 부분들만 선택하라. 그런 다음에는 자신의, 또는 가족의 식단에서 어떤 부분을 '클린'하게 변화시킬지 설명할 것이다. 마지막으로 '진짜' 음식이 지닌 '진짜' 풍미를 살펴보고 이를 음미하는 법을 보여줄 것이다.

이 책에서 다이어트가 아니라 라이프스타일을 강조하는 것은 바로 대부분의 다이어

트가 실패할 수밖에 없기 때문이다. 다이어트 도전자 가운데 몇 년 이상 식단을 계속 지키고 감량한 체중을 유지하는 사람은 고작 5퍼센트뿐이다. 클린 이팅은 라이프스타일을 선택하는 일이므로 여기에서 얻는 혜택은 평생을 간다.

클린 이팅 플랫폼 위에 서자

사실 클린 이팅 운동은 1960년대에 시작되었다. 이를 주도한 것은 아델 데이비스를 위시한 건강식품 관련 저자들이었다. 당시 건강식품 매장이 미국 전역에 생겨나고 있었고, 이런 매장을 찾는 사람들은 천연섬유로 만든 옷을 입고 샌들을 신으며 견과류와 베리류, 그리고 두부를 먹을 거라며 웃음거리가 되었다. 그러던 중 1987년 랠프 네이더가 가공식품의 위험에 초점을 맞춘 책《이팅 클린: 음식 때문에 발생하는 위험 극복하기(Eating Clean: Overcoming Food Hazards)》를 출간했다. 그러자 당시 미국 경제계는 인스턴트식품과 시간을 절약할 수 있는 제품을 최우선적으로 시장에 밀어붙였다. 식료품점 진열대에는 홀 푸드 대신 혼합된 냉동 저녁식사, 정크 푸드가 빼곡하게 들어섰다.

미국인이 가공식품 위주의 식사를 한 지도 어언 수십 년이 지났으므로 비만 인구가 증가한 것은 너무나도 당연한 일이다. 결국 가짜 다이어트가 점점 더 인기를 끌었다. 하지만 이러한 다이어트는 성공할 수 없는 것이었다. 장기간 극도로 음식을 제한하는 다이어트를 한다는 것은 거의 불가능에 가깝기 때문이다. 모든 사람이 다시 제한하는 음식을 먹기 시작하고 그 가운데 다수는 줄어들었던 체중을 유지하지 못한다. 바로 이 때문에 과체중 인구의 90퍼센트가 체중을 감량한 다음에 결국 원래 체중으로 돌아가는 것이다. 반면 클린 이팅 라이프스타일은 그 인기가 높아졌다. 평생 지키며 살 수 있는 라이프스타일인 만큼 너무나도 지키기 쉽기 때문이다.

클린 이팅 플랫폼의 기본적인 원칙은 다음과 같다.

» **먹이연쇄의 낮은 단계에 속하는, 정제되지 않고 가공 처리되지 않은 상태로 홀 푸드를 섭취하라.** 소스에 들어 있는 브로콜리, 포장된 샐러드, 캔에 들어 있는 옥수수, 런치미트, 가공식품 대신 브로콜리, 통 양상추, 알맹이를 따로 떼지 않은 통 옥수수, 캔터루프, 통으로 된 닭, 그리고 정제되지 않은 곡물을 구입하라.

» **가공하지 않은 식품을 다양하게 섭취하라.** 오늘날 시장과 식료품점에서는 몇 년 전에 비해 훨씬 많은 종류의 과일과 채소를 판매하고 있다. 패션프루트, 서양우엉, 브로콜리 라베처럼 평소 접하지 않았던 재료에 도전해보라.

» **인공 향료와 색소, 방부제, 인공 감미료 등 인공적인 물질을 피하라.** 이러한 물질들은 말 그대로 인체 세포 구조의 일부가 되어 기본적인 생물학적 메커니즘을 바꿔 건강에 해가 될 수 있다. 이러한 변화 때문에 건강한 상태를 유지하는 인체의 능력이 약해진다.

» **설탕, 특히 고농축 과당 옥수수 시럽, 인공 감미료 등의 가공 처리된 설탕의 섭취를 줄여라.** 이는 청량음료 같은 달콤한 음료수를 더 이상 마시지 말라는 의미다. 인체는 가공 처리된 설탕을 비정상적인 과정을 통해 대사하며, 이러한 식품은 빈 칼로리밖에 제공하지 않는다.

» **트랜스 지방과 인공 지방 대체식품을 피하라.** 쇼트닝, 다양한 빵과 과자에 함유된 트랜스 지방산이 미국에서 하늘 높은 줄 모르고 치솟는 심장질환 발병의 원인일 수 있으므로 섭취하지 말라. 또한 살이 찐다는 불쾌한 부작용이 있는 데다 장기적인 안전성에 대해 알려진 바가 전혀 없는 만큼 절대 섭취해서는 안 된다.

» **무지방이 아니라 저지방 유제품을 선택하라.** 지방의 질감과 풍미를 흉내 내기 위해 무지방 제품에는 첨가제와 전분 등 가공물질과 인공물질이 사용된다.

» **다양한 영양소를 함유한 식품을 선택하라.** 이 말은 인체에 1칼로리를 제공할 때 비타민, 미네랄, 단백질, 탄수화물, 섬유, 착한 지방을 제공하는 식품을 선택하라는 것이다. 착한 지방은 견과류, 올리브 오일, 붉은 육류, 특히 해산물에 함유되어 있다. 반면 과자, 쿠키, 사탕, 탄산음료 등을 먹거나 마시면 빈 칼로리를 섭취하게 된다. 이는 열량은 제공하지만 영양학적 가치는 거의 없거나 아예 없는 것을 의미한다.

» **단백질, 복합 탄수화물, 건강한 지방을 매 끼니 모두 섭취하면 포만감을 최대화할 수 있다.** 이 세 가지 주요 영양소를 모두 섭취하면 공복감을 피하고 달콤 짭짤한 것을 섭취했을 때보다 많은 에너지를 얻을 수 있다.

» **물을 많이 마셔라.** 하루에 물 몇 잔을 마셔라. 그냥 물은 맛이 없어서 마시기 싫다면 설탕을 첨가하지 않은 차를 마셔도 된다. 물을 많이 마시면 소

화 작용이 원활하게 이루어진다. 하지만 과일주스는 피하는 것이 바람직하다. 설탕 함량이 많아 칼로리가 높기 때문이다.

» **배부르게 세 끼를 먹지 말고 하루 5~6번, 미니 밀(mini meal)을 섭취하라.** 아침식사를 가장 거창하게 먹도록 하라. 여기에는 홀 그레인 시리얼, 또는 버터나 땅콩버터를 바른 토스트, 완숙 달걀 같은 단백질 식품이 포함되어야 한다. 나머지 끼니도 견과류, 버터를 곁들인 셀러리 스틱과 건조 과일, 또는 닭고기와 아보카도, 토마토 등의 채소를 넣은 샌드위치처럼 단백질과 탄수화물, 지방이 포함된 식단으로 섭취해야 한다.

» **특히 하루 세 끼 이상을 섭취할 때 한 번에 섭취하는 양을 잘 조절해야 한다.** 매 끼니에는 약 300~400의 영양학적 칼로리를 함유해야 한다. 현미 등 홀 그레인이나 과일, 채소 1/2컵이 어느 정도의 분량인지 이해해야 한다. 이것이 전형적인 한 끼 양이다. 빵 한 조각, 85그램, 또는 카드 한 벌 정도 크기의 육류가 1회 식사분에 해당한다. 천천히 적절한 분량의 음식을 섭취하는 습관을 들여야 한다. 자신에게 가장 적합한 식사 스케줄에 따라 1회분을 조정할 수 있다. 이에 대한 자세한 정보를 원하는 사람은 다음 사이트를 방문해보라 - www.niddk.nih.gov/health-information/health-topics/weight-control/just-enough/Pages/just-enough-for-you.aspx.

생활에 클린한 변화를 만들어라

생활에서 클린한 변화를 만들어내는 일은 그리 어렵지 않다. 하지만 용기와 불굴의 의지, 그리고 실천을 필요로 한다. 먹이연쇄 아랫부분에 위치한 식품을 먹는 데 집중적으로 노력하는 동안 이러한 결정이 먹는 것 외의 면에서 어떤 영향을 미치는지 눈여겨보라. 음식과 먹는 일에 대해 전에 가졌던 생각을 바꿔야 성공할 수 있으므로 당연히 삶의 다른 부분에서도 변화를 가져올 것이다.

클린 이팅 라이프스타일을 생활에 적용하면 다음과 같은 일도 일어날 것이다.

» **체중은 줄고 에너지는 늘어난다.** 비타민, 미네랄, 섬유, 단백질, 복합 탄수화물, 착한 지방이 다량 함유된 건강한 식품을 섭취하면 저절로 건강이 향

상된다. 물론 이러한 새로운 라이프스타일에 운동까지 더해줘야 한다. 음식을 섭취하여 더 강해지는 느낌을 받고 더 많은 에너지를 얻는다면 운동하기 훨씬 수월해질 것이다.

» **생활에 재미를 위한 활동을 추가하라.** 자녀가 있다면 함께 산책을 가고 정글짐에서 놀아주어라. 또는 새로운 운동을 배우거나 헬스클럽에 등록하라. 건강하게 음식을 섭취하고 운동까지 병행한다면 생활의 모든 부분을 개선할 수 있다. 외모에 자신감이 생기고 당당한 태도를 지니게 될 것이다. 당신이 무엇을 이뤄낼지는 아무도 모를 일이다.

» **피부 상태가 개선되고 전체적인 외모가 보기 좋아진다.** 클린 푸드를 섭취하면 피부가 깨끗하고 부드러워지는 것은 물론 머리카락이 건강하고 윤기가 나며 눈빛이 밝아진다. '먹는 대로 만들어진다'라는 말은 전적으로 옳은 것이다. 누가 나초 치즈 칩처럼 보이고 싶겠는가?

» **처음에는 음식을 만드는 데 시간이 더 많이 걸린다.** 가공 처리하지 않은 홀 푸드를 먹기 위해서는 '조리'라는 가공 과정을 거쳐야 한다. 당황할 필요 없다. 홀 푸드를 복잡하게 조리하지 않아도 된다. 구운 닭고기를 곁들인 찹 샐러드 같이 간단한 식사를 준비하는 데는 시간이 그리 많이 걸리지 않는다. 또한 조리법이라는 귀중한 기술도 연마할 수 있다.

» **처음에는 식단을 짜는 데 시간이 많이 걸리지만 익숙해지면 패스트푸드나 간편식에 식사를 의존하지 않는다.** 클린 이팅 라이프스타일에 익숙해지면 클린 푸드를 만드는 조리법을 더 많이 익히고 아이디어를 보유하여 식단 짜는 일이 쉬워진다.

» **식품을 구매하고 라벨을 읽는 데 시간을 더 많이 들인다.** 특히 처음에는 식품을 구입하는 데 시간을 더 투자해야 한다. 냉동식품을 구입하는 것보다 찹 샐러드 재료를 고르는 데 시간이 더 많이 걸린다. 건강과 생활에 더 많은 이익을 가져오는 일은 더 많은 시간과 노력을 기울일 가치가 있다는 사실을 명심하라.

» **더 자주 장을 본다.** 방부제로 점철되지 않은 식품을 구입한다는 것은 저장 수명이 짧은 식품을 구입한다는 의미다. 그러므로 더 자주, 한 번에 소량씩 장을 봐야 한다.

» **쓰레기 배출량이 줄어든다.** 고기를 제외한 대부분의 음식 쓰레기는 비료로

만들 수 있다. 또한 겹겹이 포장되지 않은 식품을 구입하므로 여기에서 발생하는 쓰레기도 줄일 수 있다. 이는 지구를 위하는 것은 물론 쓰레기봉투 구매 비용도 줄일 수 있다.

» **일종의 이벤트처럼 음식을 만들고 먹을 수 있다.** 조리와 식사 시간을 가족과 대화하는 시간, 그리고 이들에게 조리하는 데 필요한 기술을 가르치는 기회로 사용하라. 가족 구성원 한 명이 일주일, 또는 한 달에 한 번 직접 식단을 짜고, 시간을 들여 매 끼니를 구성하는 식품과 음식에 대해 더 많은 것을 알아갈 수 있게 하라.

진짜 풍미를 발견하라

먹는 즐거움을 선사하는 것은 바로 식품이 지닌 풍미다. 하지만 풍미는 음식과 혀의 미뢰 사이에서 일어나는 반응 때문에만 느끼는 것이 아니다. 맛은 풍미라는 등식에서 일부분만을 차지한다. 그 밖에 풍미가 지닌 중요한 특징으로는 향, 색, 온도, 그리고 음식의 질감을 말하는 '식감'이 있다.

가공식품은 다량의 설탕과 소금은 물론 인공 향료와 색소를 함유한 것으로 악명이 높다. 그리고 이러한 재료들은 인간이 이러한 건강하지 않은 음식을 더 많이 먹고 갈망하게 만들어 인체가 지닌 자연스러운 식욕중추를 방해한다. 하지만 클린 이팅 라이프스타일에 따라 생활하기 시작하면 음식의 맛이 다르게 느껴지는 것을 깨달을 것이다.

인간의 혀에는 다섯 가지 미각 수용체가 한 묶음으로 미뢰에 존재한다. 이들은 식품에 함유된 이온과 분자와 반응을 일으키고, 화학적 반응을 통해 이러한 메시지는 뇌로 전달한다. 신맛과 짠맛은 이온을 통해 감지되는 반면 다른 맛은 분자를 통해 감지된다. 다섯 가지 미각 수용체는 다음과 같다.

» **신맛** : 식품에 함유된 산이 신맛을 감지하는 수용체를 자극하며, 이는 레몬즙, 발사믹 식초 같은 식품에 함유된 하이드로늄 이온을 감지하는 전달경로를 지니고 있다.

» **짠맛** : 식품에 함유된 나트륨 이온이 짠맛 수용체를 자극한다.

» **쓴맛** : 미뢰에 분포한 G-단백질(GTP결합단백질패밀리의 하나로, 호르몬이나 신경

전달물질 등이 세포막 상의 수용체와 결합하여 세포 내에 2차 전달자를 생산할 때 정보전달, 증폭인자로 기능하는 단백질-역주) 수용체는 식품에 함유된 알칼로이드(특정한 아미노산, 또는 단백질)를 인지하는 데 특화되었다. 이러한 알칼로이드 성분이 바로 쓴맛을 만들어내는 원인이며 뇌의 뉴런을 직접 활성화한다. 독성을 지닌 식물의 경우 많은 수가 쓴맛을 지니고 있으므로 인체는 이러한 맛을 민감하게 감지하도록 진화되었다.

» 단맛 : 설탕 분자에 있는 수산화기가 단맛 미각 수용체를 자극한다. 이때 사용되는 것이 거스트두신이라는 단백질인데, 이는 혀에서 반응을 일으키고 뇌가 이를 단맛으로 인지하게 된다.

» 감칠맛 : 육류, 치즈, 일부 채소에 함유된 아미노산의 일종인 글루타민산염이 감칠맛 미각 수용체를 자극하여 인지된다.

알아두어야 할 것 : 매운맛, 또는 매운 풍미는 미각 수용체를 자극하지 않는다. 흔히 말하는 매운맛은 사실 미뢰 바로 아래에 위치한 신경말단인 통각이 감지하는 감각이다. 바로 이 때문에 할라페뇨 고추를 한 입 먹은 다음 매운맛과 화끈한 열기가 혀에서 느껴질 때까지 몇 초의 시간이 걸린다.

미뢰 하나에는 수십 개의 미각 수용 세포가 존재하며, 여기에는 기본적인 다섯 가지 맛을 감지하는 수용체가 모두 포함된다.(널리 알려진 것과 달리 미각 수용체는 혀에서 각기 다른 부분에 집중적으로 존재하는 것이 아니다.) 가공식품은 소금, 설탕, 풍미 증진제가 추가되는 것은 물론 짠맛과 단맛, 감칠맛 수용체를 자극하도록 제조된다. 이를 통틀어 **식욕 증진 맛**(appetitive taste)이라고 부른다. 이러한 물질이 조금만 함유되어도 금방 해당하는 맛을 느낄 수 있다.

클린 푸드는 인공 재료의 도움을 전혀 받지 않고도 미각 수용체를 활성화한다. 클린 푸드에 함유된 풍미는 훨씬 순수하다. 클린 이팅 다이어트를 실천하면 머지않아 천연 식품이 지닌 깨끗한 맛을 인지하기 시작할 것이다. 표 2-1은 각종 식품이 지닌 기본적인 다섯 가지 맛과 매운맛을 표시한 것이다.

표 2-1에 있는 식품 몇 가지를 혼합하여 한 가지 이상의 풍미를 지닌 음식을 선택한다면 더 맛있는 식사를 할 수 있다.(이쯤 되니 레스토랑 광고 같지 않은가?) 사과를 예로 들어보자. 사과는 신맛과 단맛을 모두 지니고 있다. 그리고 단맛은 새콤한 풍미를 더

표 2-1 풍미 가득한 클린 푸드

식품	단맛	신맛	짠맛	쓴맛	감칠맛	매운맛
바나나, 망고, 멜론, 꿀, 아가베 시럽	×					
요거트, 석류, 타마린드		×				
켈프, 식초에 절인 식품			×			
시금치, 짙은 녹색 채소, 브로콜리, 방울양배추, 셀러리, 가지, 자몽				×		
버섯					×	
고추, 허브, 향신료, 생강, 무, 익히지 않은 양파와 마늘, 호스래디시						×
사과, 오렌지, 딸기	×	×				
익힌 양파와 마늘, 당근, 토마토	×				×	
레몬, 라임		×	×			
차, 식초		×		×		
민트		×				×
케일, 아스파라거스			×	×		
육수, 붉은 육류, 콩 제품, 견과류, 조개류			×		×	
콜라비				×		×
된장					×	×
천연 치즈		×	×		×	

두드러지게 만들고 신맛은 달콤한 풍미를 더욱 두드러지게 만든다. 이러한 개념을 바탕으로 식단을 계획하라. 매 끼니에 몇 가지 풍미를 지닌 클린 푸드를 포함시켜 더욱 맛있게 즐겨라.

정크 푸드 역시 각각의 미뢰를 자극하도록 만들어진다. 하지만 클린하고 건강한 홀 푸드를 음미하면 생물학적 이점을 이용할 수 있다. 인간이 풍미라고 인지하는 것 가운데 80퍼센트 이상이 실제로는 '향'이다. 가공식품에도 클린 푸드가 지닌 향을 흉내 낸 인공 재료가 포함된다. 하지만 클린 푸드는 천연향으로 가득 차 있으며, 이는 인공향보다 훨씬 복합적이고 만족스러운 것이다.

색, 질감, 온도가 달라지면 풍미도 크게 달라진다는 사실을 명심하라. 클린 푸드를 완전히 음미하는 인간의 타고난 풍미 감지 능력을 사용하기 위해서는 세 가지 요소에 주의를 기울이고 다음을 시도해야 한다.

- **천천히 먹어라.** 음식을 천천히 씹으면 이때 발산되는 각기 다른 풍미와 향을 미뢰가 감지할 시간이 길어진다. 허겁지겁 먹어치우면 소화도 잘 안 될 뿐더러 천연식품이 선사하는 그 모든 풍미를 경험할 수 없다. 또한 씹는 일은 입 안쪽으로 풍미와 향이 발산되게 만들고, 그 결과 후각에 자극이 전달된다. 결론을 말하자면 오래 씹을수록 더 많은 풍미가 생겨난다.
- **소금통을 치워라.** 소금이 지닌 풍미에 익숙해진 사람이 많다. 그 결과 뇌의 식욕중추에서 짠맛을 만족스럽게 느끼려면 더 많은 소금이 필요하다. 클린 이팅 플랜에 따르면 처음에는 음식 맛이 밋밋하게 느껴질지 모른다. 하지만 미뢰가 점차 적은 양의 소금에 적응하여 식품이 지닌 천연의 풍미가 더욱 두드러질 것이다.

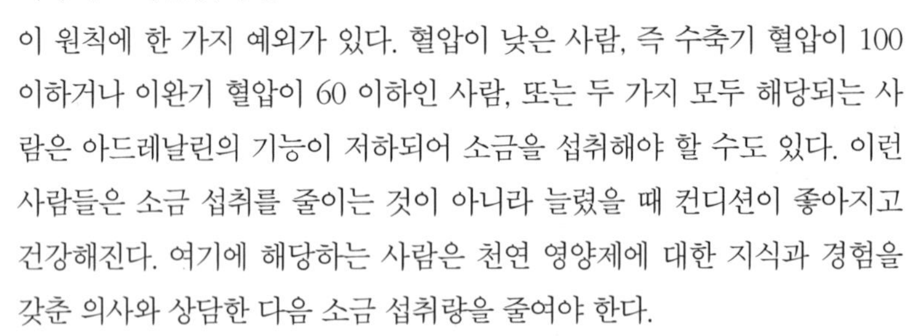
이 원칙에 한 가지 예외가 있다. 혈압이 낮은 사람, 즉 수축기 혈압이 100 이하거나 이완기 혈압이 60 이하인 사람, 또는 두 가지 모두 해당되는 사람은 아드레날린의 기능이 저하되어 소금을 섭취해야 할 수도 있다. 이런 사람들은 소금 섭취를 줄이는 것이 아니라 늘렸을 때 컨디션이 좋아지고 건강해진다. 여기에 해당하는 사람은 천연 영양제에 대한 지식과 경험을 갖춘 의사와 상담한 다음 소금 섭취량을 줄여야 한다.

- **맛보기 전에 냄새를 맡아라.** 한 입 베어 물기 전에 항상 냄새를 맡으라는 말이 아니다. 어떤 문화권에서는 음식에 대고 킁킁거리는 행동이 무례한 것으로 받아들여진다. 단지 먹기 시작하기에 앞서 모든 음식의 향을 들이마시라는 것이다. 고기의 기름진 냄새, 채소 샐러드의 깔끔한 향기, 그리고 허브와 향신료가 만들어내는 달콤하고 복합적인 향을 느껴보라.
- **다양한 질감을 지닌 음식을 포함한 식단을 구성하라.** 풍미를 음미하는 데 질감은 중요한 부분을 차지한다. 예를 들어 부드러운 질감을 지닌 음식으로만 식단을 구성한다면 심심하고 밋밋할 것이다. 아삭거리는 음식, 씹는 맛이 있는 음식, 매끄럽거나 부드러운 음식, 그리고 단단한 음식을 모두 식

사에 포함시켜라.

» **최대한 다양한 색을 지닌 식품을 식단에 포함시켜라.** 음식이란 입으로 먹기 전에 눈으로 먹는 것이다! 온통 누르스름한 색인 음식보다 붉은색, 녹색, 갈색, 노란색 등 다양한 색으로 구성된 음식이 더 맛있게 보이는 것은 당연한 일이다. 색이 연하고 창백해 보이는 것보다 붉게 물든 딸기를 베어 물었을 때 더 만족감을 느낄 수 있다. 게다가 다양한 식품을 먹는다는 것은 몸에 더 많은 영양소를 공급한다는 의미이기도 하다.

» **다양한 온도를 지닌 음식으로 식단을 구성하라.** 뜨거운 음식과 찬 음식을 동시에 섭취한다면 더 맛있게 음식을 먹을 수 있다. 구워서 따뜻한 빵에 차가운 토마토 살사를 곁들여 먹을 때를 생각해보라.

클린 다이어트를 실천하면 음식이 지닌 천연 풍미를 음미할 수 있다. 클린한 홀 푸드는 해부학에 꼭 들어맞게 만들어진 모든 풍미 감지 지점을 자극하기 때문이다. 조리 과정을 적게 거친 음식은 먹는 데 시간이 더 오래 걸리고, 그 때문에 당신은 먹는 속도를 늦추고 정말로 음식이 지닌 풍미와 향을 발견할 수 있다. 천연 풍미를 지닌 클린 푸드는 인공 풍미와 색소가 첨가된 식품보다 더 큰 기쁨을 준다. 이러한 천연 풍미는 특히 소금이나 설탕을 적게 넣은 음식에 익숙해졌을 때 더 큰 기쁨을 선사한다. 홀 푸드는 다양한 질감과 색을 선사하여 식사를 더욱 먹음직스럽게 만든다. 클린한 홀 푸드 음식은 온도와 상관없이 훌륭한 것이지만 다양한 온도의 음식을 섞어 내면

【 냄새의 주입 : 최신 경향 】

식품 제조사들은 소비자의 후각을 이용한 새로운 유형의 마케팅 캠페인을 펼치고 있다. 뭐, 혹자는 후각을 '악용'한다고 말하지만 말이다. 이들 제조사는 병, 단지, 상자에 천연 풍미와 비슷한 분자를 주입하는데, 이는 용기를 열자마자 터져 나오도록 만들어진다.

예를 들어 한 유아식 제조사는 병뚜껑에 향을 첨가하여 소비자가 이를 열었을 때 '신선한' 풍미를 느끼게 만들었다. 이러한 증강제를 첨가한다고 신체적 위험이나 유해한 문제가 생기는 것은 아니지만 이는 제조사가 소비자의 반복적인 구매를 유도하거나 속이는 것이라는 신호일 수 있다.

식품 제조사들은 이러한 모든 과정을 '다중감각 브랜딩 경험(multisensory branding experience)'이라고 부른다. 이는 소비자가 계속해서 자신의 제품을 구입하도록 만드는 것이 목적이므로 속임수라고 주장하는 소비자들도 있다. 클린한 홀 푸드는 소비자에게 매력적으로 보이기 위해 화학물질을 첨가하거나 향을 증가시킬 필요가 없다.

더 흥미진진한 식사가 될 수도 있다.

갈망과 결핍 해결하기

식습관을 건강하게 바꾼다는 생각만 해도 우울해지는 사람이 대부분일 것이다. 많은 사람들이 초콜릿 칩 쿠키나 나초 치즈 칩이 없다면 삶이 우울하다고 할 것이다. 이런 생각에서 벗어나기 위해서는 자연적인 미각을 충분히 활용하고 뇌를 재프로그래밍하여 자신이 좋은 음식을 갈망하게 만들어야 한다.

이 절에서는 갈망과 결핍감의 원인이 되는 생물학적 요소와 뇌의 경로를 바꾸기 위해 할 수 있는 일을 살펴볼 것이다. 이를 통해 당신은 건강한 음식의 섭취를 즐기고 심지어 갈망하게 될 것이다.

갈망이란 무엇일까?

갈망이란 의지가 약해서 생기는 것이 아니라 실제로 인간이 느끼는 감정이라는 사실을 아는가? 또한 음식에도 중독성이 있다는 사실을 아는가? 식품 제조사들은 갈망과 중독 사이의 관계에 대해 잘 알고 있으며, 이 때문에 소금, 설탕, 건강에 해로운 지방, 식용 색소, 첨가제가 잔뜩 들어간 가공식품을 만든다.

음식에 대한 갈망과 허기 모두 심리적인 부분과 신체적인 부분을 지니고 있다. 진정한 허기는 혈당이 낮아지는 데 대한 신체적 반응이다. 하지만 스트레스, 지루함, 공기 중을 떠도는 향기, TV 광고가 일으키는 충동 등도 음식에 대한 갈망을 불러올 수 있다. 하지만 실제 음식에 대한 허기와 달리 이러한 갈망은 시간이 지남에 따라 사라진다. 시간과 여유를 갖고 실제로 자신이 느끼는 감정이 어떤 것인지 살펴보는 동안 그러한 갈망은 아마도 수그러들 것이다. 또한 갈망을 충족시키기 위해서는 이를 유발한 바로 그 음식을 먹어야만 한다. 반면 진짜 허기는 영양소가 풍부한 그 어떤 음식을 먹어도 해결된다.

2010년 〈네이처 뉴로사이언스〉 지에 게재된 연구 논문에서 스크립스연구소의 과학자들은 담배, 코카인, 헤로인 중독과 음식에 대한 중독이 같은 생물학적 메커니즘이 활성화되어 일어날 수 있다는 사실을 보여주었다. 치즈버거, 칩스, 사탕 같은 식품을 지속적으로 섭취하면 중독과 갈망이라는 악순환으로 변질될 수 있다. 여기에 비만까지 겹쳐지면 뇌의 보상과 쾌락 센터 기능이 저하되어 더 많은 가공 처리된 정크 푸드를 섭취해야 이러한 충동을 만족시킬 수 있다. **감각과부하**(sensory overload)라 부르는 이러한 현상은 정크 푸드에 대한 악순환을 일으키고, 그 결과 체중이 증가하며, 이는 다시 갈망을 일으키고, 또다시 체중이 증가하게 된다. 어떤 식인지 충분히 상상할 수 있을 것이다. 식습관을 바꿔 이러한 순환을 깨지 않으면 비만, 제2형 당뇨 등의 질병으로 고통 받을 가능성이 높다.

케이크, 쿠키, 흰 빵 등에 함유된 정제 탄수화물은 인슐린 분비를 치솟게 만든다. 혈당이 급격하게 상승하면 인슐린이 분비되고, 이는 다음과 같은 이유로 갈망에 중요한 영향을 미친다.

- » 정제 탄수화물을 지방으로 전환하여 저장한다.
- » 지방을 연소하는 호르몬 분비 속도를 낮춘다.
- » 저장된 체지방을 그대로 유지하라고 인체에 신호를 보낸다.
- » 더 빨리 공복감을 느끼게 만든다.

정크 푸드, 또는 설탕과 정제 탄수화물이 다량 함유된 식품을 섭취하면 말 그대로 뇌의 경로를 바꿔 화학적 불균형을 초래할 수 있다. 이러한 불균형은 보상과 포만감을 만드는 뇌 부분에서 일어난다. 이러한 변화 이후에는 주로 폭식하는 습관과 중독이 일어난다.

음식 중독이 지닌 중요한 문제점이 있다. 인간은 먹어야 산다는 것이다. 코카인 중독의 경우 이러한 중독물질을 섭취하지 않겠다고 '결정'을 내릴 수 있지만 음식 중독의 경우 인간은 음식을 피해서는 생존할 수가 없다. 하지만 이전 절에서 논의한 클린 이팅 원칙을 적용함으로써 이러한 순환을 통제할 수 있다.

인간의 뇌는 당신이 갈망하는 많은 음식과 즐거운 일을 연관시키기도 한다. 예를 들어 당신 어머니가 춥고 눈이 오는 날이면 초콜릿 케이크를 만들어주셨거나 선생님께 혼이라도 난 날이면 환상적인 초콜릿 칩 쿠키를 구워주셨다고 가정해보자. 당신은 이러한 음식을 떠올렸을 때 편안함과 따뜻함을 느끼게 됐을 수도 있다. 그러므로 아마도 당신은 이러한 음식을 갈망하는 것이 아니라 이러한 음식이 일으키는 감정을 갈망하고 있을 것이다! 이러한 유형의 심리적 갈망을 극복하기 위해서는 자신이 그리워하는 감정을 만드는 다른 방법을 찾아야 한다. 재미있는 책 한 권을 손에 쥔 채 이불로 몸을 둘둘 싸고 불을 피운 벽난로 가까운 데 자리를 잡을 수도 있다. 아니면 가족과 차분한 보드 게임을 하는 것도 한 가지 방법이다.

갈망, 그리고 음식 중독과 싸우는 일에는 엄청난 노력과 인내가 필요하다. 하지만 다음 비결을 따른다면 성공할 수 있을 것이다.

» **당신을 유혹하는 음식을 집에서 모두 치워라.** 당장 손에 쥘 수 있는 것이 당신을 유혹하는 캔디 바가 아니라 달콤한 포도나 아삭한 미니 당근이라면 배가 고플 때 건강한 간식으로 손을 뻗을 가능성이 훨씬 높아진다.

» **산책이나 운동을 하라.** 이러한 신체 활동은 기분을 좋게 만드는 화학물질이 뇌에서 생성되게 자극한다. 그 결과 당신은 건강하다는 느낌과 만족감을 느낄 것이다.

» **갈망이 생기더라도 20분만 참았다가 이를 만족시켜라.** 연구에 따르면 갈망을 일으키는 음식을 먹기 전에 20분을 참으면 이러한 감정은 대부분 가라앉는다. 20분이 지나도 여전히 배가 고프다면 건강한 클린 간식을 섭취하라.

» **크롬이 함유된 영양보조제를 복용하여 설탕과 탄수화물에 대한 갈망을 없애라.** 크롬을 섭취하여 갈망을 통제하기까지는 몇 달이 걸릴 수도 있다. 하지만 최근 조건 통제 연구 결과 크롬을 보충해주면 탄수화물에 대한 갈망을 현저히 낮추고 여성의 경우 우울증이 개선될 수 있다는 사실이 발견되었다. 이러한 효과를 얻기 위해서는 개인에 따라 최대 1천 마이크로그램의 크롬을 보충해주어야 한다. 다행스럽게도 크롬은 매우 안전하다. 미국 환경보호국(EPA)이 제시하는 크롬의 하루 최대 허용치는 7만 마이크로그램이다.

» **특히 클린 이팅 라이프스타일을 막 시작했다면 갈망하는 음식을 소량만 섭취하라.** 그토록 사랑하는 아이스크림을 한 그릇이 아니라 몇 숟가락만 먹어라. 그런 다음 산책이나 게임처럼 즐거운 일에 참여하여 주의를 딴 데

【 혹시 갈망이 영양결핍이라는 신호는 아닐까? 】

어떤 음식이 제공하는 특정한 영양소가 결핍되었을 때 이에 대한 갈망이 생긴다고 생각하는 사람들도 있다. 이러한 이론은 어느 정도 사실이다. 하지만 사람들이 갈망하는 음식은 주로 설탕과 지방, 소금만 잔뜩 들어 있을 뿐 영양가가 풍부한 유형이 아니다. 또한 설탕과 지방, 소금이 부족할 가능성도 매우 낮다. 오히려 사탕이나 초콜릿에 대한 갈망이 일어난다면 비타민 B복합체, 크롬, 아연, 마그네슘 같은 영양소가 부족한 것일 가능성이 높다. 하지만 초콜릿 바는 고작 50밀리그램의 마그네슘만 함유하고 있는 만큼 이를 먹는 것은 이러한 결핍을 충족시키기에 좋은 방법이 아니다. 미네랄 일일섭취권장량(RDA)은 300밀리그램 이상이다. 견과류, 씨앗류, 콩류 같은 식품을 간식으로 먹으면 섬유와 단백질은 물론 필요한 무기질과 다른 영양소를 더 많이 섭취할 수 있다.

하지만 생물학적으로 진짜 존재하는 갈망이 한 가지 존재한다. 바로 이식증(pica)이다. 이는 철분 등의 무기질이 결핍되었을 때 흙, 밀가루, 생쌀, 분필 같이 영양가가 없는 것을 먹고 싶은 욕구가 치솟는 증상을 말한다. 하지만 철분 결핍 상태에서 벗어나면 이러한 갈망은 가라앉는다. 그러므로 더블 초콜릿 칩 아이스크림에 대한 갈망이 칼슘 결핍 때문이라고 탓할 수 없다!

로 돌려라. 피해를 최소화하며 갈망을 만족시킴으로써 나중에 폭식하는 일을 사전에 막을 수 있다.

» **클린 이팅 플랜을 철저하게 준수하면 갈망이 사라지는 것을 느낄 것이다.** 클린한 홀 푸드를 섭취하면 기분이 좋아지고 더 건강하고 에너지가 넘치는 기분이 들 것이다. 이를 초콜릿 캔디나 기름기가 줄줄 흐르는 패스트푸드를 잔뜩 먹어치운 다음에 느끼는 기분과 비교하기만 해도 클린 이팅 플랜을 지킬 충분한 동기가 될 것이다!

» **스스로 배가 고프다고 생각할 때 갈망이 강해진다.** 하지만 실제로 당신은 그저 목이 마르거나 피곤한 것일 수도 있다. 그러니 물을 한 잔 마시고 이를 닦은 다음 잠자리에 들어라!

결핍감 해결하기

인간은 먹는 행동을 통해 감정에 반응하도록 단련된 복잡한 존재다. 아기가 배가 고프면 불쾌함을 느끼고 울기 시작한다. 그러면 부모는 먹을 것을 주고 안아줌으로써 반응한다. 로켓 과학자가 아니더라도 사랑과 안정감, 그리고 음식 사이에 구축될 수 있는 연관관계를 이해할 수 있다.

평생 안정감을 느끼기 위해 의존해 온 음식을 제거하면 당연히 처음에는 결핍감을 느낄 것이다. 결핍감을 일으키는 요소는 몇 가지 있지만 다행히 클린 이팅 플랜을 통해 이 모든 것을 다룰 수 있다. 감정적 섭식, 그리고 배고픔 외의 신호에 의한 섭식에 대해 살펴보고 결핍감이 다른 원인 때문에 발생할 수 있다는 사실을 제5장에서 다룰 것이다.

다음은 처음 클린 이팅 플랜을 시작했을 때 느낄 수 있는 결핍감의 원인과 이를 해결할 수 있는 몇 가지 비결이다.

» **충분한 칼로리를 섭취하지 않는다.** 클린 이팅 플랜을 실천한다는 것은 더 많은 홀 푸드를 먹는다는 것이다. 이는 칼로리는 낮고 섬유가 많은 식품을 섭취한다는 의미다. 특히 활동량이 매우 많은 라이프스타일을 소유한 사람의 경우 충분한 열량을 섭취하지 않을 수도 있다. 비만이거나 계속해서 체중이 증가하는 상태가 아니라면 식단에 칼로리가 높은 식품을 첨가하라. 이러한 식품은 살코기, 치즈, 견과류 같이 단백질과 착한 지방이 풍부한 것이 바람직하다.

» **균형 잡힌 식사를 한다.** 충분히 맛을 낸 음식을 먹어야 한다(하지만 소금은 참아라!). 이때 다양한 양념과 허브, 향신료를 사용하면 짠맛이 없어도 음식이 심심하지 않을 것이다. 다양한 민족의 음식 조리법으로 실험을 해보라. 그리고 새로운 음식을 맛보는 일을 두려워하지 말라.

» **익숙한 음식을 그리워한다.** 칩스 앤드 딥을 평소에 많이 먹었다면 당장 이런 음식을 완전히 끊을 필요는 없다. 대신 같은 풍미와 질감을 지닌 클린 푸드를 조금씩 첨가해보라. 인공 오렌지 향이 가득한 치즈 딥을 곁들여 가공 처리된 칩을 먹는 대신 케일 칩에 풋콩 딥을 곁들여보라. 초콜릿 칩 쿠키 대신 작은 다크 초콜릿 바를 먹어보라. 요거트에 다진 신선한 과일을 얹어 풍미를 더할 수도 있다.(맛있는 간식과 디저트 조리법은 제18장에서 다룰 것이다.)

» **온통 음식에 대한 생각뿐이다.** 음식은 삶의 일부일 뿐이다. 그렇다. 살아 있기 위해 인간은 먹어야 한다. 하지만 의식의 대부분을 음식이 차지한다면 이를 그저 삶의 한 부분으로 여길 수 있는 방법을 찾아라. 일상에 더 흥미롭고 자극적인 일을 추가할 수 있다. 새로운 취미 생활을 하거나 뭔가를 배울 수도 있다. 새로운 친구를 사귀고 당신의 인생에 존재하는 다른 사람들과 교류하라.

스스로를 상냥하게 대하라! 당신은 지금 완전한 인생의 대변신을 시도하고 있다. 물론 이는 훌륭하고 삶에 대한 책임감 있는 행동이다. 또한 새로운 것을 시도한다는 것만으로도 충분히 보상을 받을 만하다. 자신이 정말 어떤 감정을 느끼는지 생각하고 음식에 몰두하는 대신 자신이 겪는 감정적 문제를 솔직하게 다뤄보라.

클린 이팅 플랜을 완벽하게 고수하지 못하리라는 사실을 인지하라. 그리고 이를 실천하는 과정을 즐거움으로 바꿔보라. 이 새로운 라이프스타일에 가족이 참여한다면 더할 나위 없다. 가족과 친구가 참여하면 그 자체로 삶을 개선하는 여정을 지지해줄 사람들로 구성된 지지 시스템이 될 것이다.

자신의 몸이 보내는 신호를 신뢰해야 한다. 결핍감은 뇌가 뭔가 잘못되었다고 당신에게 말하려 한다는 의미다. 스트레스를 받았든 해결되지 않은 감정적 문제가 있든, 음식으로 자신을 무기력하게 만드는 것은 결코 해결책이 될 수 없다. 자신의 몸이 하는 말에 귀를 기울이고, 다른 방법으로 부정적 감정을 완화하고 잠재워보라. 음식은 다른 무엇도 아닌 배고픔을 해결하는 방법이다.

실패, 그리고 나쁜 습관으로 복귀하기

식습관과 라이프스타일을 바꾸더라도 언제고 예전으로 돌아가는 때가 찾아온다. 그 누구도 영원히 완벽한 식사를 할 수 없다. 인생에는 너무나도 많은 유혹이 도사리고 있다. 그러므로 평생 100퍼센트 클린 이팅을 실천하지 못할 것이라는 사실을 받아들이고 이럴 때 대처할 방법을 강구해야 한다.

실패했을 때 이를 해결하고 싶다면 다음을 시도해보라.

» **플랜에 실패와 휴식할 여지까지 넣어라.** 특히 처음 시작할 때는 50~70퍼센트만 클린 이팅을 실천하는 것을 목표로 삼아라. 다시 말해서 가끔 포테이토칩 몇 조각이나 과하지 않은 양의 아이스크림을 스스로에게 허용하라. 이렇게 하면 나쁜 습관으로 복귀하게 만드는 결핍감을 억제할 수 있다. 여기에 하루를 마칠 즈음 이런 상이 주어진다면 점심시간에 빵 종류를 건너뛸 가능성도 높아진다.

» **전형적인 정크 푸드를 몸에 덜 해로운, 상대적으로 클린한 음식으로 대체**

하라. 예를 들어 오후에 초콜릿 바나 캐러멜을 먹고 싶어 미칠 것 같을 때를 대비해서 제18장에서 소개할 다크 초콜릿 바크를 만들어 언제든 간식으로 먹을 수 있게 준비해두어라. 진하고 부드러우며 차갑고 달콤한 아이스크림을 너무나도 좋아한다면 요거트에 아가베 시럽을 넣어 단맛을 더한 다음 과일을 첨가하여 냉동시켜 클린 간식을 만들어라. 예전의 나쁜 습관으로 되돌아가지 않고도 창의적으로 갈망을 만족시킬 수 있는 방법은 무궁무진하다.

» **클린 이팅 플랜에서 벗어났을 때 이 사실을 인지하고 다시 궤도로 돌아가라.** 정크 푸드나 사탕류에 대한 갈망이 찾아오면 많은 사람이 그저 항복하고 만다. 절대 포기하지 말라! 그저 이런 시기조차 클린 이팅 플랜의 한 부분이라고 여겨라. 이런 일이 벌어지게 된 일이나 감정이 무엇인지 찾아서 음식 일기에 기록하라(음식 일기에 대해서는 제5장에서 상세하게 다룰 것이다). 그런 다음 정크 푸드로 돌아가지 말고 이러한 문제를 해결할 방법을 찾아보라.

한두 달 정도 클린 이팅 플랜을 실천하면 클린한 음식을 섭취하는 것이 실제로 가장 큰 만족감을 준다는 사실을 깨달을 것이다. 끔찍한 하강 기류를 따라 추락하여 정크 푸드를 먹고 이에 대해 갈망을 느낄 수 있듯이 건강한 상승 기류를 따라 위로 올라가 클린한 음식을 먹고 이에 대해 갈망을 느끼게 될 수도 있다!

건강한 세상을 만드는 클린 이팅

클린 이팅을 실천하면 자신의 신체만이 아니라 미래 세대를 위해 세상을 건강하게 만들 수 있다. 과장이 아니라 정말이다! 클린 푸드는 주로 그린 푸드이며, 이는 독성을 지녔을 가능성이 있는 화학물질을 덜 사용해서 재배되고 인근 지역에서 생산되는 식품을 말한다. 또한 포장재를 덜 사용하는 만큼 쓰레기도 적게 배출된다. 클린한 홀 푸드를 생산하는 데는 에너지를 소모하는 산업적 과정과 기계가 덜 필요하므로 탄소발자국(carbon footprint), 즉 생성되는 공해물질의 양이 가공식품보다 적다. 환경을 생각하는 섭식을 **이팅 그린**(eating green)이라고 부른다.

클린 이팅 운동을 어렵게 말하면 **지속가능성**이다. 이는 미래 세대가 필요한 것을 얻을 수 있는 가능성을 약하게 만들지 않으면서도 현재 사회에서 필요로 하는 것을 충족시키려는 노력을 말한다. 포장과 공해물질, 그리고 화학물질에 대한 의존도를 낮추는 것 모두 지속가능성 운동의 일환이다. 그리고 클린 푸드는 바로 그러한 목표에 정확히 부합한다.

이 절에서는 클린 이팅 식습관이 환경에 어떤 도움을 주는지 알아볼 것이다. 폐기물과 과도한 포장이 인체와 지구에 미치는 영향을 고려하고 클린 이팅이 공해를 감소시키는 이유를 설명할 것이다. 또한 '사이드[cide, 죽인다는 의미의 접미어로 농약(pesticide), 살충제(insecticide) 등에 사용된다-역주]'에 대해 살펴볼 것인데, 유기농 식품을 섭취하면 이러한 성분이 인체에 유입되는 것을 막을 수 있다. 그리고 수 세기 동안 가톨릭이 엄수해 오던 것이지만 현재 트렌드가 된 육식 없는 월요일에 대해 알아볼 것이다.

폐기물과 포장 줄이기

이팅 그린을 실천하면 클린 이팅 라이프스타일을 더욱 활성화하고 신체를 더욱 건강한 상태로 유지하는 등 많은 혜택을 받을 수 있다. 구매한 내용물인 '식품'을 이용하기 위해 골판지, 셀로판, 플라스틱과 비닐로 만든 포장을 뜯을 필요가 없으므로 배출하는 쓰레기의 양을 줄여 매립되는 폐기물의 양, 그리고 바다에 떠다니는 쓰레기섬의 어마어마한 수를 줄일 수 있다. 또한 쓰레기봉투 값도 어느 정도 절약할 수 있다. 미국에서 수거되는 쓰레기 가운데 거의 33퍼센트가 과도한 포장에서 나온다. 클린 다이어트를 섭취하면 이렇듯 엄청난 통계 숫자를 줄일 수 있고 이는 미국만을 위한 일이 아니다.

현재 배출되는 쓰레기의 양과 관련한 또 다른 충격적인 통계는 다음과 같다.

- 미국인이 매일 배출하는 쓰레기의 양은 수거 트럭 6만 대 분량이며, 이는 미국인 한 사람이 1년에 56톤의 쓰레기를 만들어낸다는 의미다.
- 전 세계 인구가 배출하는 쓰레기 가운데 바다로 유입되는 양은 약 635만 290톤(140억 파운드)이다. 이런 쓰레기가 바다에 사는 물고기나 그 물고기를 먹는 인간의 건강에 좋을 리 없다!

» 미국 인구 전체가 매일 버리는 음식 쓰레기의 양은 4만 톤 이상이다.
» 미국 인구 전체가 매일 버리는 플라스틱 병은 250만 톤 이상, 유리병은 100만 톤 이상이다.

지역 식품과 제철 식품을 고수하라

인근 지역에서 재배, 생산된 식품은 대부분의 가공식품보다 탄소발자국을 적게 남긴다. 소비자의 식탁 위에 오르기까지 노동력과 에너지를 덜 사용하기 때문이다. 또한 인근 지역에서 재배된 홀 푸드는 신선도도 높다. 열이나 빛에 노출되어, 또는 수천 킬로미터 떨어진 곳까지 운반되는 과정을 거쳐야 하므로 식품에 함유된 영양소들은 수확하는 동시에 파괴되기 시작한다. 반면 인근 지역에서 재배된 식품은 주로 당일, 또는 전날 수확한 제품을 판매하므로 잘 익어 풍미와 영양가가 최고에 달했을 때 섭취할 수 있다. 또한 소비자의 식탁에 오르기까지 건강한 상태를 유지하기 위해 방부제나 첨가제를 사용할 필요가 없다. 게다가 오전에 수확하여 오후에 판매하는 토마토 등의 홀 푸드는 안전성과 신선함, 건강함을 유지하기 위해 멸균포장하거나 열처리할 필요가 없다.

더욱이 가족의 건강을 유지하기 위해 인근 지역에서 재배된 식품을 섭취하면 제철에 생산된 식품을 선택할 수밖에 없다. 제철이 아닌 채소와 과일을 보면 먹고 싶은 욕구가 생기겠지만 수천 킬로미터 떨어진 곳에서 수송되어 영양 성분이 파괴되었거나 인근 지역에서 생산되었다 해도 온실에서 재배된 것이다. 결국 더 많은 에너지를 사용하여 여기에 대한 비용까지 치러야 한다.

BPA를 피하라

포장된 가공식품을 피해야 하는 이유가 하나 더 있다. 플라스틱, 그리고 플라스틱을 덧댄 캔에 담긴 식품에는 비스페놀 A가 다량 함유되어 있을 확률이 높다. 비스페놀 A는 인체에 들어가면 여성호르몬인 에스트로겐의 기능을 흉내 내는 유기 화합물이다. 제조사들은 깨지지 않는 플라스틱을 제조하는 데 이를 사용한다. 과학자들은 비스페놀 A가 영아 및 소아의 뇌에 영향을 미치고 미국에서 증가하는 비만율의 핵심 요소일 수 있다며 우려하고 있다. BPA는 뇌의 중독 중추의 감수성을 증가시켜 정크

【 농약과 작물 수확량 】

농부들은 작물의 수확량을 늘리기 위해 살충제 및 살균제 같은 농약을 사용하기 시작했다. 곤충은 작물에 해를 입혀 수확량을 감소시킬 수 있으므로 해충의 수를 줄여 수확량을 증가시키겠다는 것은 합리적인 발상이었다. 하지만 과학자들은 농약이 사실은 작물 수확량이 줄어드는 원인일 수 있다는 증거를 찾아내고 있다. 2007년 〈미국 과학 아카데미 회보〉에 게재된 한 연구 논문에 따르면 실제로는 농약과 제초제 때문에 작물 수확량이 33퍼센트 감소했다. 이러한 화학물질은 토양의 질소고정을 감소시킨다. 질소는 토양에 반드시 필요한 원소이며 질소가 감소할 경우 작물의 생생함은 물론 수확량도 감소한다. 여기에 일부 곤충의 경우 농약에 저항성이 생겨 더 이상 화학물질로 박멸할 수 없게 되었다. 이런 상황에서 살충 효과를 얻으려면 더욱 치명적인 화학물질을 조합해야 한다.

푸드에 대한 열망과 비만을 야기하는 행동의 악순환에 일조할지 모른다. 또한 갑상선 기능에도 영향을 미친다.

〈미국 의학협회지〉는 2008년 소변에 BPA 함량이 높은 사람들이 심장질환과 당뇨병 발병 위험이 높다는 연구 논문을 게재했다. 클린한 홀 푸드는 대부분 캔이나 플라스틱으로 포장하지 않으므로 클린 이팅은 이러한 화학물질에 노출되는 일을 최소화할 수 있다. 라벨을 꼼꼼히 읽어보면 일부 식료품점이나 건강식품 매장에서 BPA 프리 캔을 찾을 수 있다.

'사이드'에서 멀어져라

클린 이팅을 실천하기 위해 유기농 식품을 섭취할 필요는 없지만 그렇게 한다고 해서 해가 될 것도 없다. 이미 인공적인 화학물질, 방부제, 색소, 향료에 노출되는 일을 줄이거나 제거하고 있다면 농약, 살균제, 제초제 같은 독성물질에도 같은 방식을 취하지 않을 이유가 없지 않은가?

대형 농장에서는 농약과 제초제를 사용한다. 사람의 손으로 잡초를 뽑고 식물을 먹고 사는 곤충을 죽이려면 비용과 시간이 많이 소모되기 때문이다.

수입 과일과 채소 가운데는 미국에서 금지된 화학물질을 사용해서 생산된 것을 어렵지 않게 찾아볼 수 있다. 상대적으로 식품 안전에 대한 기준이 느슨한 국가도 있기 때문이다. 미국 환경보호국에는 매년 등록되지 않은 농약의 수출에 대해 많은 이의

가 접수된다. 다른 국가에서는 수출하는 식품의 재배에 어떤 화학물질을 사용했는지 라벨에 표기하는 것이 의무화되지 않기도 하며 미국 환경보호국 역시 이러한 화학물질에 대해 테스트를 하지 않는다. 그러므로 칠레산 포도가 식료품점에서는 너무나도 맛있게 보일지 몰라도 허용치 이상의 독성 화학물질을 포함하고 있을 수도 있다. 그러므로 굳이 유기농 식품을 섭취하지 않더라도 인근 지역에서 생산된 식품을 구입하면 가족이 해로운 살충제와 제초제에 노출되는 양을 줄일 수 있다.

유기농의 클린한 식품을 섭취하면 유전자조작식품(genetically modified foods, GMOs)에 노출되는 일도 막을 수 있다. 이는 실험실에서 다른 식물이나 심지어 동물의 DNA를 이식하여 변형된 식품을 말한다. 이러한 변형은 생물다양성과 인간의 건강에 위협을 초래할 수 있다.

유기농 제품으로 사야 할 식품과 아직까지는 유기농이 아니더라도 깨끗하고 안전한 식품에 대해서는 제10장에서 더 자세히 다룰 것이다. 또한 GMO에 대한 더 많은 정보도 제공할 것이다.

육식 없는 월요일과 지속가능성

육식 없는 월요일은 페이스북과 트위터에서 종종 언급되지만 상당히 새로운 개념이다. 꼭 월요일에 해야 한다는 것이 아니라 그저 1주일에 하루 동안 채식주의나 비건 식사를 하자는 의미다. 값비싼 육류를 섭취하지 않으므로 육식 없는 월요일은 돈도 절약할 수 있고 환경에도 도움이 된다. 소, 돼지, 닭을 사육하는 대형 시설들은 질산염 오염물질을 배출하고 전체 발생량의 20퍼센트에 달하는 온실가스를 배출하여 기후변화를 가속화하기 때문이다. 가축을 사육하는 데는 귀중한 담수까지 어마어마한 양이 소모된다. 쇠고기 450그램을 생산하기 위해서는 약 7,570리터의 물이 필요하다.

그러니 월요일만이라도 아침, 점심, 저녁식사에서 육식을 제외해보라. 풍부한 채소, 홀 그레인, 콩, 치즈로 구성된 식사를 즐겨보라. 당신의 지갑과 지구가 당신에게 감사할 것이다!

팔레오 다이어트를 하는 중에도 한두 끼 정도는 육식을 뺀 식사를 해도 된다. 건강을 유지하기 위해 매일 아홉 가지 필수 아미노산 전부를 섭취할 필요는 없다. 달걀과 치즈를 재료로 사용한 음식도 좋은 선택이다. 아니면 채소와 견과류를 듬뿍 넣은 음식을 먹어도 좋다. 걱정하지 말라. 이런 음식으로도 하루 필요 단백질 섭취량을 충분히 충족시킬 수 있다.

chapter

03

기본적인 영양학 : 인간은 정말로 자신이 먹는 것으로 만들어진다

제3장 미리보기

- 자신의 몸이 필요로 하는 영양소에 대해 이해한다.
- 단백질, 탄수화물, 지방의 역할에 대해 알아본다.
- 비타민, 무기질에 대해 살펴보고 이들이 인체에서 어떤 역할을 하는지 알아본다.
- 다양한 영양소가 풍부하게 함유된 식품에 대해 알아본다.

누구나 '인간은 자신이 먹는 것으로 만들어진다'는 말을 한 번쯤 들어보았을 것이다. 하지만 이 말이 정말 진실이라는 사실을 아는 사람이 얼마나 될까? 당신의 몸은 당신이 그 안에 넣은 모든 것을 각각 다른 목적을 위해 사용한다. 인체는 근육을 만들고 부상에서 회복하는 데 단백질을 사용한다. 또한 에너지를 만들기 위해 탄수화물을, 세포막을 유연하고 부드럽게 만들기 위해 지방을 사용한다. 마지막으로 세포의 생존과 건강을 유지하기 위해 비타민과 미네랄을 사용한다.

이러한 영양소를 적절한 양으로 적절한 조합으로 섭취하는 것은 쉽지 않은 일이다. 하지만 클린 이팅 식습관은 영양소, 칼로리, 맛을 완벽하게 균형을 잡을 수 있는 최고의 방법 가운데 하나다. 그 어떤 보충되거나 강화된 가공식품보다 홀 푸드를 먹었을 때 저절로 더 많은 영양소, 특히 미량 영양소를 섭취할 수 있기 때문이다.

이 장에서는 인체가 최고의 능력을 수행하기 위해 무엇을 필요로 하는지를 살펴볼 것이다. 그러기 위해 인체가 음식을 어떻게 사용하는지를 설명하고 어떤 것을 필요로 하지 않는지를 알아볼 것이다. 단백질, 탄수화물, 지방, 비타민, 미네랄이 수행하는 각각의 역할을 살펴보고 인체가 이러한 영양소들을 어떻게 사용하는지를 설명할 것이다. 마지막으로 최고의 결과를 얻기 위해 영양소가 가장 풍부한 음식을 어떻게 찾을지도 보여줄 것이다.

인간의 몸에 필요한 것과 필요 없는 것은 무엇인가

인간은 음식 없이 살 수 없다. 몸에 저장된 지방의 양과 전반적인 건강 상태에 따라 생존 가능 기간이 달라지지만 사람들은 대부분 먹을 것이 없는 상태에서 몇 달밖에 살지 못한다.

이렇게 생각해보라. 인간의 몸은 놀라운 기계다. 우리가 섭취한 음식으로부터 효율적으로 영양소를 추출해내 장기간 동안 생존할 수 있게 필수 영양소들을 저장하고 음식으로부터 얻은 영양소를 사용하여 스스로 치유한다. 이 절에서는 인체가 음식을 어떻게 사용하는지, 필요 이상의 열량을 섭취했을 때 어떤 일이 발생하는지, 그리고 건강을 유지하기 위해 필요한 영양소를 섭취하지 않을 때 어떤 일어나는지를 살펴볼 것이다.

인체는 어떻게 음식을 사용하는가

인간이 입안에 넣은 모든 것은 소화계에서 분해되고 인체는 그 가운데 기본적인 기능을 수행하기 위해 필요한 것들을 사용한다.

인간의 소화계는 구강에서 시작해서 식도, 위, 장, 직장, 항문까지 이어진다. 구강에서 분해가 시작된 음식은 식도를 거쳐 위로 이동한 다음 계속해서 분해된다. 다음 장소인 장에서는 추가로 소화가 이루어지는 것은 물론 영양소를 흡수하는 과정이 이루어지고 직장과 항문은 인체에 필요하지 않은 고체물질을 배출하는 역할을 한다.

소화계에는 간, 쓸개, 췌장 같은 기관도 포함된다. 간에서는 인체의 소화, 특히 동물성 지방과 식물성 기름의 소화에 필요한 담즙(이는 쓸개에 저장되어 있다)이 분비된다. 간은 완전히 소화된 음식을 인체 조직에 유용한 형태로 '재조립'하는 과정을 스스로 시작한다. 또한 독성물질을 배출하는 과정을 수행한다. 췌장은 위에서 소화되지 않은 단백질은 물론 지방과 탄수화물 소화에 작용하는 소화효소를 분비한다. 이 모든 과정이 원활하게 일어나기 위해서는 신경, 혈관, 효소, 호르몬의 복잡한 시스템이 제대로 작동해야 한다.

처음에서 끝까지

인체는 다음과 같은 단계를 거쳐 음식을 사용한다.

- **소화 과정이 시작되는 곳은 입이다.** 인간의 치아는 섭취된 음식을 분해하고 침샘에서 분비된 소화효소가 전분을 분해하기 시작한다. 인간이 삼키면 이렇게 분해된 음식은 식도를 거쳐 이동한다. 삼키는 행동 자체는 수의작용인 까닭에 인간이 통제할 수 있지만 일단 음식이 식도를 통해 이동하기 시작하면 통제할 수 없게 된다. 이후로는 신경과 근육이 음식의 이동을 통제한다.
- **음식이 다음으로 머무는 곳은 위다.** 위가 비었을 때 정상 pH는 1.5~3.5로 매우 강한 산성을 띤다. 인간이 섭취한 음식을 소화시키기 위해 염산을 분비하므로 당연한 현상이다. 희석되는 정도에 따라 염산은 pH0~3.0 미만에 달할 수도 있다. (이는 단 몇 초 만에 옷을 태워 뚫을 수 있을 정도의 농도다.) 거의 위에서만 분비되는 단백질 소화효소인 펩신의 도움을 받아 위는 단백질을 처리하는 과정을 시작하고 지방, 탄수화물, 섬유질도 얼마간 소화시킨다. 위는 기계적으로 수축하는 작용을 일으켜 음식을 잘게 부수고 이를 펩신과 혼합한다. 이러한 위의 근육 움직임은 음식을 소장으로 이동시키는 역할도 한다.
- **소장에서 소화 작용이 계속 일어난다.** 췌장에서 분비된 효소, 간에서 분비

되어 쓸개에 저장된 담즙이 소장으로 유입되어 위에서 전달된 음식을 소화시킨다.
소장은 융모라는 손가락 모양의 작은 돌기, 심지어 그보다 더 작은 미세융모를 통해 다양한 영양소를 흡수한다. 융모가 돌기 모양을 한 것은 소장의 표면적을 넓혀 영양소를 혈류로 빠르고 효율적으로 흡수하기 위해서다. 소장에서 소화할 수 없는 나머지 음식은 대장으로 이동한다.

» **소장에서 흡수된 영양소는 혈액을 통해 간으로 전달된다.** 간은 해가 되는 독성물질을 걸러냄으로써 이를 처리하는 공장 역할을 한다. 거른 다음 소화된 영양소 가운데 일부를 재조립하여 이를 전신으로 보내고, 인체의 세포는 이러한 영양소들을 에너지로, 조직 복구와 교체에 사용한다.

» **소화 과정의 마지막 단계는 대장이다.** 섬유질, 수분, 세균, 그리고 인체가 소화하지 못하거나 소화하지 않을 음식은 대장으로 이동한다. 인체는 이곳에서 마지막으로 섭취된 음식에서 영양분을 회수할 기회를 갖는다. 그리고 남은 것은 모두 배출된다.

식품의 거대 영양소

식품을 구성하는 세 가지 주요 성분, 즉 거대 영양소는 탄수화물, 단백질, 지방(식물성 기름도 포함된다)이다. 인체는 이러한 거대 영양소를 각기 다른 방식으로 사용한다.(거대 영양소에 대한 자세한 내용은 이 장의 '단백질, 탄수화물, 지방은 인체 내에서 어떤 역할을 할까' 부분에서 다룰 것이다.)

» **탄수화물** : 인체는 탄수화물을 에너지원으로 사용한다. 인체가 탄수화물을 설탕으로 분해하면 인간의 세포는 이를 에너지로 전환한다. 그리고 인체는 섭취된 탄수화물 거의 전부를 에너지원으로 사용한다.

» **단백질** : 인체는 조직의 복구와 근육 기능을 위해 단백질을 사용한다. 즉 인체는 단백질을 아미노산으로 분해한 다음 이를 세포를 복구하고 근육의 기능을 향상시키며, 콜레스테롤, 신경전달물질, 효소로부터 만들어지기 시작한 특정한 호르몬을 완성한다.

» **지방** : 에너지, 열, 필수지방산을 제공하므로 매 끼니마다 지방을 반드시 섭취해야 한다. 또한 인체는 앞으로 닥칠지 모르는 굶주림에 대비해서 지

방을 저장한다.

인체는 거대 영양소를 소화하고 성장과 신진대사를 조절하는 데 비타민과 미네랄을 사용한다. 비타민과 미네랄은 세포의 복구와 생성의 효율성을 높임으로써 건강을 증진시킨다. 또한 질병을 예방하고 인체가 가장 원활하게 작용하게 만들기도 한다.(뒤에서 소개할 '건강을 유지하기 위해 반드시 필요한 비타민과 미네랄을 섭취하라' 부분에서 더 자세하게 다룰 것이다.)

첨가제와 화학물질에는 어떤 일이 일어나는 것일까

가공식품을 먹는다는 것은 방부제, 첨가제, 인공 재료를 섭취한다는 의미다. 이러한 화학물질에는 어떠한 일이 일어날까? 인체는 이를 어떻게 소화할까?

간단하게 말하자면 인체는 방부제, 첨가제, 안정제, 기타 인공 재료를 소화, 수용하는 데 적합하지 않다. 이러한 재료 가운데 다수가 지용성이므로 인체는 이를 에너지원이나 세포 복구에 사용하지 않고 체지방에 저장한다. 하지만 안타깝게도 이러한 성분은 그저 체지방 안에 얌전히 자리 잡고 있는 것이 아니라 세포의 구조와 신진대사에 변화를 가져오기도 한다. 또한 오랜 시간이 지나 발암물질, 즉 암을 유발하는 물질로 변하는 경우도 있다.

다음은 가공식품에 사용되는 인공 재료 가운데 일부와 이러한 재료가 인체에 들어왔을 때 어떤 일이 일어나는지를 설명한 내용이다.

» 항생제 : 특히 가금류와 돼지 사육 농가에서는 밀집된 사육 환경에서 감염에 의한 사망률을 낮추고 발육과 체중 증가를 촉진하기 위해 가축에게 항생제를 먹인다. 그리고 잔여 항생제는 인간이 섭취하는 가공 육류에 그대로 남아 있게 된다. 항생제를 과용하면 그 어떤 항생제도 듣지 않도록 진화한 슈퍼박테리아를 탄생시키고, 이는 누구나 상상할 수 있듯이 인류에게 좋은 일은 아니다. 안타깝게도 식품에 함유된 항생제를 소량만 섭취해도 이러한 막강한 세균이 탄생하는 데 최적의 조건을 제공하게 된다. 항생물질 내성 박테리아는 이제 의학 분야에서 큰 문제로 대두되고 있다. 단순히 베이거나 긁히기만 해도 치료 방법이 없는, 목숨이 위태로운 감염이 발

생할 날이 올지도 모른다.

» **아스파탐** : 인공 감미료인 아스파탐은 소화 과정에서 신경전달물질로 변화한다. 즉 혈액과 뇌 사이의 장벽을 넘어 침투할 수 있다는 의미다. 이 장벽을 넘으면 뇌세포를 손상시키고 죽일 수 있다. 인체는 아스파탐을 신속하게 소화하여 메탄올로 분해하며, 그런 다음 포름알데히드로 이를 전환하기도 한다. 바로 이러한 전환 때문에 세포 구조가 변화하고, 그 결과 질병과 만성적인 건강 문제가 일어나기도 한다.

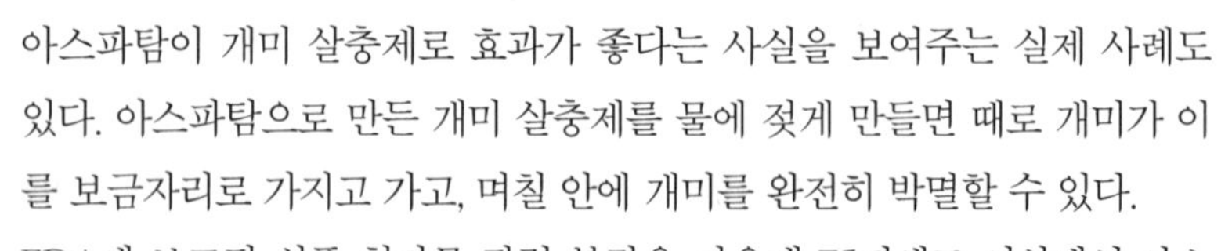
아스파탐이 개미 살충제로 효과가 좋다는 사실을 보여주는 실제 사례도 있다. 아스파탐으로 만든 개미 살충제를 물에 젖게 만들면 때로 개미가 이를 보금자리로 가지고 가고, 며칠 안에 개미를 완전히 박멸할 수 있다.

FDA에 보고된 식품 첨가물 관련 부작용 가운데 75퍼센트 이상에서 아스파탐이 언급된다. 이러한 부작용 가운데 대부분은 발작, 사망 등 매우 심각한 것이다. FDA 부작용 보고서에서 언급된 90가지 증상 가운데 몇 가지만 소개하자면 다음과 같다.

- 호흡곤란
- 우울증, 불안증, 피로감, 자극감수성
- 어지럼증
- 두통, 편두통
- 청력 상실
- 심계항진
- 불면증
- 관절통
- 기억력 감퇴
- 근육 경련
- 구역질
- 발진
- 발작
- 빈맥
- 시각 이상
- 체중 증가

» **카페인** : 카페인은 인체에서 매우 빠른 속도로 소화, 흡수되며 상대적으로 안전한 정신 활성화 자극제이다. 그래서 그토록 많은 사람이 아침이면 카페인을 찾아 헤매는 것이다. 카페인은 혈압을 높이고 뇌의 아데노신 수용체를 차단하여 졸음을 줄여준다. 또한 도파민 생성을 증가시켜 뇌의 쾌락 중추를 자극하므로 점점 더 중독되는 느낌을 갖게 만든다. 카페인은 **이뇨제**다. 즉 인체의 혈액과 세포로부터 칼슘, 아연, 마그네슘 등의 미네랄은 물론 수분을 제거한다는 의미다. 하지만 장기간 섭취할 경우 이뇨 작용은 감소하거나 완전히 사라진다.

» **액상과당(HFCS)** : 인체는 화학적으로 농축된 이 설탕을 부분적으로 소화하여 지방으로 저장하며 실제로 그 속도는 매우 빠르다. **그렐린**이라는 분자는 식욕을 자극하는 물질로서 음식을 섭취하면 분비가 줄어드는데, 액상과당은 그렐린의 분비를 억제하지 않는다. 그 결과 인간의 뇌는 음식을 충분히 섭취했다는 메시지를 전달받지 못한다. 더욱이 인간의 간은 액상과당을 트리글리세라이드로 전환한다. 이는 너무 많을 경우 심장질환 발병 위험을 높일 수 있다.

» **호르몬** : 공장식 농장에서는 대부분 사육하는 육용 동물을 더 빨리, 더 크게 키우기 위해 호르몬과 인공 호르몬을 먹인다. 인조 호르몬은 불완전하게 진짜 인간의 호르몬을 모방한 인공 분자를 말한다. 그리고 이러한 화학물질은 육용 동물의 체지방에 저장되고, 결국 이를 인간이 섭취하게 된다. 호르몬과 인공 호르몬은 인간의 성장과 발달에 영향을 줄 수 있다. 예를 들어 에스트로겐과 인공 에스트로겐을 과도하게 섭취할 경우 유방암과 전립선암 발병 위험이 높아진다.

» **글루탐산모노나트륨(MSG)** : 유리 글루탐산이라고도 알려진 글루탐산모노나트륨은 도처에서 사용되는 첨가제로서 수많은 가공식품에 함유되어 있으며 다음과 같이 인체에 다양한 방식으로 영향을 미친다.

- MSG는 흥분독소이다. 즉 뇌세포를 과도하게 자극하고 손상을 입힌다.
- MSG는 중독성이 있어 MSG를 함유한 음식을 갈망하고 자주 섭취하는 악순환의 고리를 만들 가능성이 있다.
- MSG는 감칠맛 미뢰를 자극하여 인간으로 하여금 자신이 섭취하는 음식이 영양가가 높은 것이라고 착각하게 만든다.

- MSG는 혈관 크기에 변화를 가져온다. 이 때문에 MSG를 섭취한 뒤 더운 느낌을 받고 두통이 생기는 사람이 있다.
- MSG는 췌장을 자극하여 인슐린 분비를 증가시킨다. 결국 혈당이 급격하게 떨어지고 공복감을 빨리 느낀다.
- MSG의 섭취는 파킨슨병, 다발성 경화증, 뇌졸중, 비만, 우울증 등의 질병의 원인이 되거나 가속화하는 데 관련된 것으로 드러났다.

MSG는 육류 등의 식품에서 자연적으로 생성되는 성분이지만, 이러한 식품의 단백질 복합체와 관련된 것으로서 MSG처럼 인체에 영향을 미치지 않는다.

» **질산염과 아질산염** : 이 두 가지 화학물질은 핫도그와 베이컨 같은 가공육류에 사용된다. 질산염과 아질산염은 인체 구석구석으로 산소를 운반하는 혈액 내 세포인 헤모글로빈과 결합하여 어지럼증, 두통, 빠른 맥박 등을 유발한다. 인간의 간은 질산염을 니트로사민으로 전환한다. 이는 동물 실험에서 발암물질로 판명되었고 인간에게서도 암을 유발할 가능성이 높은 물질이다. 아질산염은 인체에 발암물질이다.

» **올레스트라** : 올레스트라는 과자에 함유된 인공 지방이다. 처음에 과자 제조사들은 인체 내에서 소화되지 않으므로 올레스트라가 손쉽게 체중을 감량할 수 있는 방법이라고 과장해서 선전했다. 즉 소화, 흡수되지 않고 인체에서 그대로 빠져나간다는 것이었다. 하지만 불행하게도 바로 이렇게 소화되지 않는다는 특징 때문에 불쾌하고 심각한 신체 반응을 일으켜 섭취한 사람이 화장실을 들락거리게 만들 수 있다. 더욱이 인조 지방인 만큼 인체에 필요한 지용성 비타민과 결합하여 몸 밖으로 바로 빠져나가게 만든다.

» **트랜스 지방** : 다불포화지방산에 수소를 첨가해서 만드는 인조 지방인 트랜스 지방은 가장 위험한 합성 재료 가운데 하나다. 심장마비, 뇌졸중, 당뇨, 고혈압, 암의 발병 위험을 높인다.

인체가 인공적인 것으로 인지하지 않는 까닭에 트랜스 지방은 세포막의 구성 성분이 되어 세포를 약하게 만든다. 트랜스 지방을 섭취하면 혈액 내 LDL 콜레스테롤(나쁜 콜레스테롤) 수치가 높아진다. 인체는 간단하게 트랜스 지방을 저장하지만 연료로 사용하기 위해 다시 회수하는 일은 쉽지 않고,

그 결과 체중이 증가하게 된다.

한 가지 명심해야 할 사실이 있다. FDA는 적어도 소량에 한해서라면 인간이 이러한 재료 대부분을 섭취해도 안전하다고 말한다. 그나마 2015년에 트랜스 지방을 규제하는 커다란 변화가 있기는 했다. 어쨌든 이 가운데 식품 보존에 도움이 되는 것도 있다. 저장, 그리고 공장에서 식료품점까지 운송되는 긴 기간 동안 식품의 안전성을 보장해주기 때문이다. 하지만 이제 아무것도 모르던 과거의 당신이 아니다. 그러므로 무엇을 섭취하고자 하는지 스스로 결정할 수 있다. 홀 푸드는 안전성을 유지하고 더 먹음직스러워 보이며 맛을 좋게 만들기 위해 인공 화합물을 필요로 하지 않는다는 사실만 기억하라.

클린 이팅 플랜이 지닌 최고의 장점 가운데 하나는 인체에 해로운 가공식품, 화합물, 첨가물을 피하는 동시에 단백질, 지방, 탄수화물, 비타민, 미네랄 등 인체가 필요로 하는 모든 영양소를 적절한 양, 적절한 비율로 함유한 홀 푸드를 먹는다는 것이다.

거대 영양소와 칼로리를 너무 많이 섭취하면 어떤 일이 일어날까

인간의 몸이 쓰고 남은 탄수화물, 단백질, 지방, 칼로리를 배설물, 섬유질, 그리고 필요하지 않은 수분처럼 배출하지 않는 것은 심히 유감이다. 이처럼 인체가 '연료'에 집착하도록 진화한 것은 단순히 초기 인류의 삶에서 굶주림이 일부였기 때문이다. 일주일에 한 번, 또는 한 달에 한 번밖에 음식을 먹지 못한다면 인간의 몸은 굶주림에서 스스로를 보호하기 위해 최대한 많은 칼로리를 보존하려 할 것이다. 물론 하루 24시간 슈퍼마켓이 문을 열고 피자를 배달시킬 수 있는 환경에서 굶주림은 더 이상 인간의 걱정거리가 아니다.

인간의 몸은 효율성이 극도로 높다. 섭취된 음식에서 필요한 에너지를 모두 빼내서 사용하고 남는 것은 지방으로 전환하여 체내에 저장한다. 필요 이상의 칼로리는 필요 이상의 지방과 같은 말이다. 하지만 칼로리라고 다 같은 것이 아니다. 물론 열역학의 법칙 면에서는 똑같지만 말이다. 어쨌든 인간의 몸은 금속과 가동 부분으로 만들어진 기계가 아니다. 사람은 저마다 다르다. 예를 들어 단순 탄수화물과 설탕은 인슐린 반응을 일으켜 인체가 지방을 저장하도록 만든다. 이러한 반응이 매우 쉽게 일어나 고탄수화물 식단을 섭취할 경우 체중이 증가하는 사람들도 있다. 반면 대부분의 경우 인체는 탄수화물보다 단백질을 소화하는 데 더 많은 노력을 필요로 하여 고단백질 식단을 섭취할 경우 체중이 덜 증가한다.

인체는 쓰고 남은 영양소를 어떻게 처리할까

탄수화물, 단백질, 지방을 너무 많이 섭취하면 인체는 쓰고 남은 이 영양소들을 각기 다른 방식으로 처리한다.

» **탄수화물** : 인체는 탄수화물을 포도당으로 분해한 다음 연료로 사용한다. 또한 사용하고 남은 포도당을 글리코겐으로 전환하여 근육과 간으로 보낸다. 체내에 글리코겐이 너무 많을 경우 간은 이를 지방으로 전환하여 지방세포에 저장한다.

» **단백질** : 단백질은 인체 내에서 소화 과정을 통해 다양한 아미노산과 펩티드로 분해된다. 그런 다음 간은 세포를 유지, 복구하고 일부 호르몬, 신경전달물질, 효소를 생성하기 위해 이러한 아미노산과 펩티드를 혈류로 보낸다. 인간의 몸은 쓰고 남은 단백질을 지방으로 전환하여 지방세포에 저장한다.

» **지방** : 지방은 인체 내에서 지방분해라는 과정을 통해 지방산, 콜레스테롤, 글리세롤, 트리글리세라이드로 분해된다. 지방은 다량의 열량을 함유한 에너지원이기 때문에 인체는 이를 세포 생성에 사용한다. 식물성 오일 역시 지방이다. 여기에 함유된 지방산은 인체가 세포를 건강하고 강하게 유지하고 혈류를 통해 산소를 운반하는 신진대사 과정에 사용된다. 지방산(오메가-3와 오메가-6) 가운데는 필수 영양소인 것도 있다. 인체는 쓰고 남은 지방과 오일을 지방으로 저장한다. 뻔하지 않은가!

세 가지 거대 영양소 모두 적절한 섭취량이 있으며 '과다 섭취'가 일어날 수 있다. 예를 들어 단백질을 지나치게 많이 섭취하는 반면 탄수화물을 충분히 섭취하지 않으면 신장에 무리가 가해져 케토시스를 일으킬 위험이 생긴다. 케토시스는 탄수화물이 아닌 지방을 연소하여 에너지를 얻을 때 인체에서 발생하는 현상이다. 이렇게 신장에 부담이 가해지면 신장질환, 신장결석, 골다공증, 그리고 종국에는 당뇨병 환자의 경우 위험한 증상인 케토산증이 발생할 수 있다. 또한 단백질을 지나치게 많이 섭취할 경우 통풍을 유발할 수 있다. 액상과당을 섭취하면 요산 수치가 높아지고, 그 결과 통풍이 발생하기도 한다. 연구 결과 요산의 수치가 높을수록 특히 신장에 치명적인 손상을 가져온다는 사실이 드러났다.

대부분의 경우 탄수화물을 과다 섭취했을 때도 문제가 발생할 수 있다. 제2형 당뇨와 관련한 유전적 소인을 지닌 사람은 미국 인구의 약 1/3이며, 이들은 유전적 소인을 지니지 않은 사람에 비해 매우 적은 양의 탄수화물을 섭취한 다음에도 상대적으로 더 많은 인슐린이 분비된다. 이렇듯 '과도한' 인슐린 분비는 인슐린 내성으로 이어진다. 이러한 내성을 극복하기 위해 더 많은 인슐린이 분비되고, 더 심각한 인슐린 내성이 발생한다. 끝없는 악순환이 반복되면 결국 유전적 소인만 지니고 있는 상태에서 제2형 당뇨 환자가 된다. 이 경우 심장질환, 신부전 등 더 많은 합병증이 발병할 위험이 높아진다.

반면 유전적 소인이 **없는** 사람들은 너무 많은 탄수화물을 섭취해서 체중이 지나치게 증가하더라도 제2형 당뇨, 그리고 그 결과 일어날 수 있는 모든 합병증이 발생할 확률이 훨씬 낮다.

너무 많은 지방을 섭취하면 비만이 발생하여 인체의 기관과 뼈에 부담을 주고 그 결과 심장질환, 암, 당뇨, 관절염 등이 발생할 수 있다. 하지만 팔레오 다이어트를 수행하며 먹고 싶은 대로 지방을 먹는데도 체중이 감소하는 경우도 있다. 이런 사람들은 신체에서 특정한 대사가 일어나는데, 이는 제2형 당뇨가 발생할 유전적 소인이 있다는 의미다. 이에 대한 자세한 내용은 제5장에서 다룰 것이다.

클린 다이어트를 수행하면 지방, 탄수화물, 단백질, 비타민, 미네랄, 섬유질의 함량이 잘 조화를 이루는 홀 푸드를 섭취하게 된다. 홀 푸드는 먹고 소화하는 데 시간이 더 많이 걸리고, 이는 포만감이 더 오래 지속된다는 의미다. 그 결과 사람들이 과식할 위험이 줄어들고 인체에 들어오는 에너지와 나가는 에너지 사이에 균형이 유지되어 건강한 체중을 유지할 수 있다.

과도한 칼로리와 체중 증가 사이에는 어떤 관련이 있을까

섭취한 칼로리와 연소한 칼로리가 같으면 체중은 그대로 유지된다. 반면 충분한 칼로리를 섭취하지 않으면 체중이 감소하고 연소하는 것보다 많은 칼로리를 섭취하면 체중이 증가한다. 너무나도 이해하기 쉽지 않은가?

하지만 수많은 '규칙'처럼 여기에도 예외가 존재하는 법이다. 예를 들어 제2형 당뇨 환자와 가족력이 있는 사람(전체 인구의 약 36퍼센트가 해당된다)은 탄수화물을 거의, 또는 완전히 배제한 채 단백질, 지방, 오일을 통해 대부분의 칼로리를 섭취하면 체중이 감소된다. 바로 이 때문에 고단백질, 저탄수화물 다이어트가 그토록 인기를 끌고 있지만 정작 이를 실천해야 하는 것은 36퍼센트에 해당하는 사람들이다. 제5장 팔레오 다이어트를 다룬 부분에서 이러한 내용에 대해 더 자세히 알아보고 자신이 해당하는지를 판단해보라.

하지만 이러한 다이어트 방법들은 산성 성분을 다량 만들어내고, 결국 혈액 pH가 낮아져 뼈와 치아에서 칼슘이 빠져나가 통풍과 골다공증으로 이어진다. 이러한 까닭에 저탄수화물 다이어트를 시작하기 전에는 영양학 및 천연 의학과 관련한 지식을 갖춘 의사와 상의해야 한다.

지방 454그램(1파운드)에는 3,500칼로리가 함유되어 있다. 1주일에 체중 1파운드를 감량하기 위해서는 하루에 500칼로리를 더 연소하거나 500칼로리를 덜 섭취해야 한다. 하루 동안 필요한 칼로리의 양은 성, 연령, 체중, 활동 수준에 따라 달라진다. 젊고 활동량이 많은 사람, 그리고 여성보다 남성이 더 많은 칼로리를 필요로 한다. 나

【 그렇다면 칼로리는 무엇일까? 】

여기서도 칼로리, 저기서도 칼로리를 문제 삼는다. 그렇다면 칼로리란 과연 무엇일까? 과학적 정의는 다음과 같다. '1칼로리는 물 1세제곱센티미터를 섭씨 1도 높이기 위해 필요한 에너지다.' 다르게 표현하자면 칼로리는 저장된 에너지다. 인체는 에너지를 지방의 형태로 저장하고, 필요할 경우 신속하게 사용할 수 있게 지방 세포 안에 보관한다. 그런 다음 지방을 포도당으로 전환하고, 인체 세포는 이를 사용하여 에너지를 만들어낸다.

거대 영양소마다 낼 수 있는 칼로리는 다르다. 각각 1그램이 연소될 때 발생하는 칼로리는 다음과 같다.

- 단백질은 1그램당 4칼로리를 발생시킨다.
- 탄수화물은 1그램당 4칼로리를 발생시킨다.
- 지방은 1그램당 9칼로리를 발생시킨다.

이가 많고 정적인 생활 방식을 지닌 사람, 그리고 여성의 경우 상대적으로 적은 칼로리를 필요로 한다.

인체는 칼로리, 즉 에너지를 다음과 같은 목적으로 사용한다.

- » **생명을 유지한다** : 호흡, 뇌기능, 근육 활동 모두 에너지를 필요로 한다. 살아 있는 것만으로 매일 일정 수준의 칼로리를 소모한다. 그 수준은 개인별로 차이가 있으며 이를 기초대사율(basic metabolic rate, BMR)이라고 부른다. 기초대사율이 높은 사람들은 주로 생명을 유지하는 데 더 많은 칼로리를 연소하므로 효율성이 떨어지는 신체를 지녔다고 할 수 있다.
- » **손상된 부분을 복구한다** : 인체의 세포는 매일 죽는다. 그리고 인간의 몸은 이를 대체할 세포를 만들어야 한다. 바로 새로운 세포 생성에 에너지가 소모된다. 또한 유리기와 산화에 의해 손상을 입은 세포를 복구하거나 폐기하는 데 에너지가 사용된다.
- » **활동성을 유지한다** : 인체는 잠을 자고 휴식을 취하는 동안에도 에너지를 소모한다. 하지만 돌아다니거나 달리거나 운동을 할 때는 더 많은 에너지를 사용한다. 인체는 신진대사라는 과정을 통해 칼로리를 연소하여 세포에 에너지를 공급한다. 그렇게 인간은 근육을 움직일 수 있다.

필요한 미량 영양소를 섭취하지 못하면 어떤 일이 일어날까

뚱뚱한데 영양실조? 실제로 이것이 가능한 일이라는 사실을 아는가? 이 경우 단백질, 탄수화물, 지방 같은 거대 영양소가 부족한 것이 아니다. 비타민, 미네랄 등 미량 영양소가 부족하면 영양실조가 발생하는 것이다. 일부 미량 영양소가 심각하게 부족할 경우 질병으로 직결되기도 한다. 예를 들어 음식을 통해 비타민 B1을 충분히 섭취하지 않으면 각기병이 발생하고 비타민 C가 부족할 경우 괴혈병이 발생할 수 있다. 미량 영양소가 약간 부족한 경우에도 고혈압, 우울증, 면역 저하 등의 증상이 발생할 수 있다.

비타민과 미네랄 같은 미량 영양소는 인체 내에서 다음과 같은 역할을 한다.

- » 뇌에 적절한 산소 수치를 유지한다.

» 불안정한 형태의 산소로서 세포 손상을 일으키는 자유기에 대항한다.
» 적혈구를 건강한 상태로 유지하여 적혈구가 인체 내의 세포에 산소를 전달할 수 있게 해준다.
» 신경 세포를 건강한 상태로 유지하여 인체가 자극에 반응하고 건강을 유지할 수 있으며 일정한 심장박동수를 유지하고 안정된 감정 상태를 지니게 해준다.
» 호르몬 균형을 맞춰서 당뇨 같은 질병이 발생하지 않게 해준다.
» 칼슘과 인의 균형을 맞춰 뼈와 치아를 건강하게 유지해준다.
» 효소를 만들고 유지하여 인체가 음식을 소화시키고 에너지와 세포 구성 성분으로 전환하게 만들어준다.

홀 푸드, 특히 과일과 채소를 섭취하면 자신의 몸에 필요한 미량 영양소를 공급할 수 있다. 그리고 여기에는 아직 인간의 힘으로 밝혀내지 못한 영양소도 있을 수 있다! 과학자들도 아직 인체가 필요로 하는 모든 미량 영양소를 밝혀내지 못했다. 하지만 홀 푸드에는 그 모든 것이 적절한 비율로 함유되어 있다. 더욱이 유기농으로 재배된 것이라면 이러한 영양소가 더욱 많이 함유되어 있다.

미량 영양소가 부족할 경우 인체에 이상이 생긴다. 몇 달, 또는 몇 년 동안은 별 이상이 없을지 몰라도 언젠가는 질병이 발생한다. 자신의 몸에 지속적으로 필수 미량 영양소를 공급하는 것은 건강한 신체를 만들고 유지하는 최고의 방법이다.

【 음식의 사막(케이크와 파이가 아니라 뜨거운 모래를 생각하라) 】

미국, 특히 도심에서는 영양학적 관점에서 말 그대로 음식의 사막이 존재하는 지역이 발견되고 있다. 음식의 사막(food desert)은 건강한 홀 푸드를 구하기 힘든 지리적 지역을 말한다. 도시의 빈곤 지역 가운데 많은 곳에 방금 생산된 건강에 좋은 식품을 판매하는 슈퍼마켓이 없다. 대신 패스트푸드점, 피자 매장, 편의점이 도처에 깔려 있다. 이런 곳에서 사는 사람이 가장 쉽게 배고픔을 해결하는 방법은 99센트짜리 햄버거를 사는 것이다. 이런 사람들은 신선한 식품을 판매하는 슈퍼마켓까지 멀리 이동할 시간도, 돈도 없으며 굳이 비싼 식품을 사와 집에서 음식을 직접 조리할 여력도 없다. 이런 지역 주민들은 거대 영양소는 충분히 섭취하지만 미량 영양소는 부족할 수밖에 없으며, 결국 과체중인 동시에 영양부족을 겪을 수 있다.

단백질, 탄수화물, 지방은 인체 내에서 어떤 역할을 할까

모든 음식에는 단백질, 탄수화물, 지방이 함유되어 있다. 이 거대 영양소들은 인체에 에너지를 공급하고 세포를 유지, 복구하는 데 사용되는 구성요소를 만들며 세포가 제 기능을 하는 데 도움을 주는 호르몬과 효소 등의 화학물질을 제공한다.

이 절에서는 단백질, 탄수화물, 지방의 구성을 살펴보고 인간이 식사를 통해 세 가지 거대 영양소를 모두 섭취해야 하는 이유를 설명할 것이다. 또한 거대 영양소가 인체 기능에서 어떤 역할을 하는지를 살펴보고 각각 어떤 식품이 가장 깨끗한 공급원인지 보여줄 것이다.

깨끗한 단백질 : 아미노산, 생명의 구성요소

섭취하는 음식 가운데 단백질이 차지하는 비율이 30퍼센트 정도 되어야 한다.(하지만 제2형 당뇨 환자, 또는 과체중인 동시에 제2형 당뇨 가족력이 있는 경우 팔레오 다이어트 등 더 많은 단백질을 섭취해야 할 수도 있다. 따라서 의사와 자세한 내용을 상담해야 한다.)

단백질의 구성단위는 아미노산이다. 각각의 아미노산은 말 그대로 인체의 구성성분이 되는 분자다. 아미노산은 다양한 형태로 존재한다. 그 가운데 90퍼센트는 **필수아미노산**이라 불리며, 이는 인체가 합성하지 못하고 다른 아미노산으로부터 만들어낼 수도 없기 때문에 식품 공급원을 통해 섭취해야 한다는 의미다. 단백질 소화성을 기준으로 한 아미노산가는 단백질원의 질과 인체에서 소화, 흡수되는 비율을 평가한 수치를 말한다. 이 방법에 따르면 달걀의 경우 지수가 100이며, 이는 완벽한 단백질원이라는 의미다.

인체가 음식을 소화하면 단백질은 간으로 옮겨져 아미노산으로 전환된다. 인체는 조직을 구축, 복구하고 에너지를 공급하며 효소와 신경전달물질, 일부 호르몬을 생성하는 데 이러한 아미노산을 사용한다. 단백질을 충분히 섭취하지 않으면 인간의 몸은 세포 복구 등의 기능을 위해 근육을 구성하고 있는 단백질을 분해하기 시작한다. 매 끼니마다 그럴 필요는 없지만 1주일을 기준으로 각각의 필수아미노산을 필요량 이상 섭취해야 한다.

미국인은 필요 이상으로 단백질을 많이 섭취한다. 식사량 자체가 적은 노년층이나 특정한 섭식을 필요로 하는 경우, 또는 위산 분비가 부족해 충분한 양의 단백질을 제대로 아미노산으로 소화할 수 없는 경우를 제외하고 단백질 보충제나 셰이크를 섭취하지 않아도 신체에 필요한 단백질을 충분히 공급할 수 있다. 또한 가면성 글루텐 감수성을 지닌 사람들은 건강한 몸을 유지할 만큼 충분한 아미노산을 흡수하지 못한다. 깨끗한 단백질은 육류, 유제품, 달걀, 그리고 홀 그레인, 협과(콩과), 견과류, 씨앗류, 콩 같은 홀 푸드로부터 얻을 수 있다. 클린 이팅 플랜을 실천한다면 질이 높은 단백질을 적당량 섭취할 수 있다.

완전 단백질 : 인체가 필요로 하는 모든 것

아홉 가지 필수아미노산을 모두 함유한 단백질을 **완전 단백질**이라고 부르는데, 이러한 완전 단백질을 지니고 있는 식품은 다음과 같다.

» 쇠고기, 닭고기, 생선, 양고기, 돼지고기 등의 육류, 그리고 패류
» 치즈, 우유, 요거트 등의 유제품
» 퀴노아, 대두, 아마란스 : PDCAAS 지수가 100에 미치지 못할 가능성이 있지만 완전 단백질 식품이다.
» 달걀 : 질과 소화율 두 가지 면에서 모두 완벽한 단백질원이다.

이는 충분한 단백질을 섭취하는지에 대해 걱정할 필요가 없는 공급원이다. 하지만 유제품, 달걀 등 일부 육식을 병행하는 채식주의자나 동물성 식품을 완전히 배제하는 비건의 경우 신경 써서 올바른 종류의 단백질을 섭취해야 한다. 이때 명심해야 할 사항을 쉽게 기억하는 방법이 있다. '채소, 과일, 견과류, 씨앗류, 협과 등 그저 구할 수 있는 모든 식물성 식품을 섭취하라'이다.

불완전 단백질 : 필수아미노산을 필요한 만큼 얻을 수 있게 여러 가지 식품을 함께 섭취하라

아홉 가지 필수아미노산을 모두 함유하지 않은 것을 **불완전 단백질**이라고 부른다. 완전 단백질을 충분히 섭취하지 않을 경우 여러 가지 불완전 단백질을 함유한 식품을 함께 섭취하여 인체에 필요한 필수아미노산을 모두 충족시켜야 한다. 이러한 불완전

단백질의 조합을 **보완 단백질**이라고 부른다. 완전 단백질을 섭취하는 것과 같은 효과를 얻기 위해 섭취해야 할 불완전 단백질은 다음과 같다.

- **곡류와 협과** : 채식용 렌틸 수프에 홀 그레인 빵을 곁들인다. 또는 쌀에 콩을 넣은 식사를 한다.
- **곡물과 견과류, 또는 씨앗류** : 홀 그레인 빵에 아몬드나 땅콩버터를 곁들인다.
- **협과와 견과류, 또는 씨앗류** : 병아리콩과 호두를 한데 섞어 홈무스(hummus, 병아리콩을 으깨어 만든 음식으로, 레반트 지역과 이집트의 대중음식-역주)를 만들어 섭취한다.

탄수화물 : 인체가 사용하는 에너지

요즘 언론에서는 탄수화물(carbs라고도 부른다)에 대해 이러쿵저러쿵 떠들어댄다. 고단백질 다이어트를 지지하는 사람들은 탄수화물이 건강에 해롭다고 주장한다. 물론 탄수화물을 너무 많이 먹으면 건강에 해롭겠지만 그건 어떤 영양소든 마찬가지이며, 탄수화물 그 자체나 이를 섭취하는 일은 전혀 나쁜 것이 아니다. 실제로는 식사의 40~50퍼센트를 탄수화물로 구성해야 한다(제2형 당뇨 발병 위험이 있어 팔레오 다이어트를 수행해야 한다면 그보다 훨씬 적게 섭취해야 한다).

탄수화물은 복합 탄수화물과 단순 탄수화물 두 가지 형태로 존재한다. 그 가운데 식단에 포함시켜야 할 것은 복합 탄수화물이다. 복합 탄수화물은 포도당, 자당, 유당, 과당 등의 단순 탄수화물(또는 설탕)이 여러 개 연결되어 만들어진 긴 사슬을 말한다.

복합 탄수화물을 함유한 식품으로는 다음과 같은 것이 있다.

- 밀, 보리, 메밀, 귀리, 퀴노아, 현미, 야생벼, 아마란스 같은 홀 그레인
- 당근, 감자, 옥수수, 양배추, 아스파라거스, 콜리플라워, 짙은 녹색 식물, 애호박, 브로콜리, 셀러리, 오이, 마늘, 양파 같은 채소
- 사과, 자몽, 배, 딸기, 자두, 오렌지, 베리류, 건조 과일 등의 과일
- 핀토빈, 병아리콩, 렌틸, 강낭콩, 스플릿 피 같은 협과

식단에서 탄수화물에 대한 계획을 세울 때는 위의 식품에 초점을 맞춰라. 최소한의

가공 과정만을 거쳐 클린 이팅 라이프스타일에 꼭 맞는 식품이므로 단순 탄수화물보다 많은 것을 인체에 제공한다. 예를 들어 복합 탄수화물은 섬유질, 비타민 B, 그리고 철분, 마그네슘, 셀레늄 같은 미네랄을 제공한다. 또한 인간의 몸 안에서 천천히 소화되므로 혈당치를 안정시키는 데 도움을 주기도 한다. 다행히 클린 이팅 플랜에 포함되는 홀 푸드에는 이러한 복합 탄수화물이 다량 함유되어 있다.

복합 탄수화물과 달리 단순 탄수화물은 섭취 즉시 혈당치를 높이고 에너지를 공급한다. 이는 제2형 당뇨에 대해 유전적 소인을 지닌 사람에게 특히 강하게 나타나는 현상이다. 하지만 단순 탄수화물이 함유된 식품을 섭취하자마자 에너지가 급격히 증가해도 곧 혈당이 급격하게 떨어지게 된다. 즉 금세 배고픔을 느끼고 기분이 우울해지며 에너지가 떨어진다. 단순 탄수화물을 함유한 식품으로는 다음과 같은 것이 있다.

- 일반 설탕
- 옥수수 시럽을 비롯한 각종 시럽
- 과일 주스
- 사탕
- 탄산수 같은 가당 음료
- 백미와 파스타
- 백설탕과 흰 밀가루로 만든 빵 종류
- 당이 첨가된 가공 시리얼

식품 포장지에 있는 라벨을 항상 읽어야 한다! 단순 탄수화물 함량이 높은 식품은 주로 많이 가공된 형태이며 첨가제와 방부제를 함유하고 있다. 즉 클린 이팅을 추구한다면 피해야 한다는 말이다. 글루코스(포도당), 프룩토스(과당), 덱스트린, 말토덱스트린, 갈락토스, 말토스(맥아당), 기타 '오스'로 끝나는 모든 것이 추가로 함유된 제품은 모두 피해야 한다.

물론 복합 탄수화물은 이러한 단순 탄수화물이 연결되어 만들어진다. 하지만 복합 탄수화물을 함유한 식품에는 섬유와 각종 비타민, 그리고 미네랄도 함유되어 있다. 레몬 사탕을 먹는다고 섬유, 비타민 B, 칼륨을 섭취할 수 없다! 하지만 통밀빵 한 조각에는 이러한 영양소가 모두 들어 있다.

인체에 꼭 필요한 깨끗한 지방

식품에 함유된 거대 영양소 가운데 세 번째는 바로 지방이다. 저지방 다이어트가 인기를 끌고 있기는 하지만 인간은 식사를 통해 필수지방산(오메가-3와 오메가-6 지방산)을 매일 섭취하는 것은 물론 실제로 섭취하는 음식 가운데 30퍼센트를 지방으로 구성해야 한다. 또한 많은 영양학자들이 단백질과 지방 함량은 높은 반면 탄수화물 함량은 낮은 식단을 구성할 것을 권장한다.

지방은 인체에 다음과 같은 도움을 준다.

- 장기와 골격기관의 온도를 유지하고 충격을 완화해주는 역할을 한다.
- 신진대사에 도움을 주고 세포 구조의 구성성분이 된다.
- 성장과 생식에 도움을 준다.
- 비타민 A, D, E, K 같은 지용성 비타민이 인체에서 이동하게 만들어준다.

이렇게 인체에 반드시 필요한 것은 사실이지만 어떤 종류의 지방인지 따져봐야 한다. 트랜스 지방을 피하고 포화지방의 양을 제한해야 한다(다음 절에서 그 이유를 설명할 것이다). 음식을 통해 섭취하는 지방을 최대한 활용하기 위해서는 견과류, 아보카도, 올리브 오일, 지방 함량이 높은 해산물, 그리고 씨앗류 등 식품에서 찾을 수 있는 깨끗한 지방만을 섭취해야 한다.

지방은 어떻게 구성되는지 살펴보자

지방은 지방산과 글리세롤로 구성된다. 지방산은 탄소 원자와 수소 원자가 결합한 긴 사슬 형태를 띠며 탄소 원자와 결합한 수소 원자의 수에 따라 분류된다. 지방 분자에서 수소 원자가 이탈되면 지방 분자는 2개의 탄소 원자가 서로 결합하는 이중결합 구조를 만들어 수소 원자를 대체한다.

지방은 크게 세 가지로 분류할 수 있다.

- **포화지방** : 지방산 사슬의 모든 탄소 원자가 수소 원자와 결합한 지방을 '포화(saturated)'지방이라고 부른다. 포화지방은 실온에서 고체 형태를 지닌다. 여기에는 버터, 수소화 쇼트닝(hydrogenated shortening, 이름을 주의 깊게

살펴보라. 이는 식물성 기름을 고체로 만들기 위해 수소가 첨가되었다는 의미다), 그리고 동물성 지방이 포함된다.

» **단불포화지방** : 여기에 속하는 지방은 지방산 사슬에 1개의 이중결합 구조를 지닌다(이 때문에 모노엔산라고 부르기도 한다). 상온에서 액체 형태를 띠는 단불포화지방은 아보카도, 올리브, 코코넛, 견과류, 특히 마카다미아 너트에 함유되어 있다. 다가불포화지방에 비해 안정성을 지닌 이 지방이 바로 인간의 건강에 가장 도움이 되는 것이다.

» **다가불포화지방** : 지방산 구조에 2개 이상의 이중결합 구조를 지닌 지방을 말한다. 상온에서 액체 형태이며 해바라기유, 홍화유, 옥수수유 등 식물성 재료에서 얻을 수 있다.(카놀라유 역시 다가불포화지방이지만 유전자조작식품으로 만들기 때문에 피하는 것이 바람직하다. 유전자조작식품, 즉 GMO에 대한 더 자세한 내용은 제10장에서 다룰 것이다.) 다가불포화지방이 지닌 문제는 상태가 불안정하여 쉽게 산화되고, 그 결과 인체 내에서 염증 반응을 일으킨다는 것이다.

오메가-3는 지금보다 더 많이, 오메가-6는 적게 섭취하라

필수아미노산이 인체에 매우 중요한 영양소인 것처럼 필수지방산도 인체 내에서 중요한 역할을 담당한다. 필수지방산은 일렬로 된 탄화수소 사슬과 그 끝에 카복실기가 있는 형태로 구성된다. 또한 길이, 사슬 안의 이중결합 구조의 위치를 기준으로 분류된다. 이중결합이란 분자 안에서 탄소 원자가 이중으로 결합하는 것을 말한다.

» 오메가-3 지방산은 3번 지점에 이중결합이 위치하고, 여기에는 알파-리놀렌산, 에이코사펜타에노산, 도코사헥사노익산이 포함된다.

» 오메가-6 지방산은 6번 지점에 이중결합이 위치하고, 여기에는 리놀렌산, 감마리놀렌산이 포함된다.

인체는 이러한 영양소들을 스스로 합성할 수 없으므로 식품을 통해 섭취해야 한다. 또한 충분한 오메가-3와 오메가-6 지방산을 섭취하면 오메가-9(9번 지점에 이중결합을 지닌다)을 합성할 수 있다. 인간은 각기 다른 지방산들을 명확하게 구분해야 한다. 건강을 유지하기 위해서는 식단의 지방산 비율을 제대로 맞춰야 하기 때문이다. 지방산은 다음과 같은 신체 작용에서 중요한 역할을 한다.

» 뇌, 신경말단, 척주 등 중추신경계 작동에 관여하여 우울증 등 정신 질환을 예방하는 데 도움을 줄 수 있다.
» 세포의 활동을 감시, 조정하는 호르몬인 에이코사노이드의 생성에 관여한다.
» 인슐린 민감성을 조정하는 데 관여하여 당뇨병을 예방하는 데 도움을 줄 수 있다.
» 심장박동, 혈압, 혈전, 면역계를 조절하는 프로스타글란딘의 생성에 관여한다.
» 혈액 내에서 좋은 콜레스테롤인 HDL 콜레스테롤 수치를 높이고 나쁜 콜레스테롤인 LDL 콜레스테롤 수치를 낮춘다.

지방산의 섭취와 관련해서 해결하기 어려운 문제가 바로 오메가-3와 오메가-6 지방산의 비율이다. 이 비율을 적절하게 맞춰야 건강해질 수 있지만 쉽지 않은 일이기 때문이다. 영양학자들은 오메가-3와 오메가-6를 1:1에서 1:4의 비율로 섭취할 것을 권장한다. 하지만 미국인 식단의 대부분은 이 비율이 1:25에 달한다. 이렇듯 두 가지 지방산 비율의 균형이 깨진 것이 오늘날 인류를 고통에 시달리게 하는 수많은 질병의 주요 원인일 수 있다.

고대의 구석기인은 동물의 살코기와 생선이 포함된 식사를 했고 이 두 가지 모두 오메가-3 지방산이 풍부한 식품이다. 이들은 현대인에 비해 수명이 짧았다. 언제 맹수와 마주칠지 모르는 데다 상처가 생겼을 때 항생제를 쓸 수 없는 것도 한몫을 했을 것이다. 하지만 심장질환이나 암 같은 질병은 거의 발병하지 않았다.

문명이 발달함에 따라 옥수수와 밀 같은 곡물이 인류 식단에서 가장 중요한 기반이 되었다. 오늘날 고기를 얻기 위해 사육하는 가축조차 원래 야생에서 먹었을 풀이 아니라 옥수수와 밀을 먹는다. 그래서 어떤 일이 일어났는지 아는가? 이러한 가축에서 얻은 고기에 오메가-6 지방산 함량이 높아졌다. 가공식품, 특히 고도로 정제된 탄수화물을 함유한 현대의 식단에는 필수지방산인 오메가-3와 오메가-6의 비율이 엉망이 되어 건강에 도움을 주지 못하고 있다.

오메가-3에 비해 너무 많은 오메가-6를 섭취하면 인체에서는 훨씬 빠르고 쉽게 염증이 일어난다. 오메가-6를 너무 많이 섭취하면 인체는 이를 특정한 화합물로 분해하는데, 이는 단백질을 파괴하여 염증을 일으키는 작용을 한다.

오메가-3 지방산이 풍부한 식품은 다음과 같다.

- 연어, 참치, 크릴, 고등어 등 지방 함량이 많은 갈색살생선
- 아마씨, 참깨 등의 씨앗류
- 호두, 브라질너트, 피스타치오 등의 견과류
- 브로콜리, 케일, 시금치 등의 짙은 녹색 채소
- 강낭콩, 네이비 빈(말린 흰 콩-역주) 등의 협과

오메가-6 지방산이 풍부한 식품은 다음과 같다.

- 옥수수유, 대두유, 면실유 등 정제된 식물성 오일
- 옥수수와 밀을 주재료로 한 사료를 먹인 가축의 고기
- 식물성 오일로 조리한 음식
- 대량생산된 튀긴 음식과 냉동식품 등의 가공식품
- 패스트푸드

어떤 유형의 지방을 섭취할지 결정할 때 오메가-3 지방산이 풍부한 식품을 더 많이 포함시키는 것이 바람직하다.(미국인의 식단에는 이미 오메가-6 지방산이 풍부하게 포함되어 있으므로 부족할까봐 걱정할 필요가 없다.) 많은 사람이 오메가-3 지방산을 충분히 섭취하기 위해 생선 오일 영양제를 섭취하며 이는 바람직한 방법이다. 하지만 클린 이팅 플랜을 따른다면 자동적으로 오메가-6 지방산 함량이 높은 식품 섭취를 크게 줄이는 동시에 오메가-3 지방산의 섭취를 증가시킬 것이다. 참고로 말하자면 노년 남성은 과도한 아마씨 섭취를 피하는 것이 좋다. 생선이 아닌 식물을 통해 오메가-3 지방산을 너무 많이 섭취할 경우 전립선암 발병 위험이 높아질 수 있다.

건강을 유지하기 위해 반드시 필요한 비타민과 미네랄을 섭취하라

탄수화물, 지방, 단백질을 적절하게 섭취해야 인간의 몸은 원활하게 돌아가고 세포를 복구할 수 있다. 하지만 정확히 어떤 과정을 통해 그런 일이 일어나는 것일까? 그 해답은 비타민과 미네랄이다. 인체가 제대로 작동하기 위해 필요한 연료가 거대 영

양소라면 물질대사가 일어나게 도와주는 '노동자'는 바로 비타민과 미네랄, 즉 미량 영양소다.

비타민과 미네랄은 인체 내에서 합성되지 않으므로 음식을 통해 섭취해야 한다. 그리고 홀 푸드를 먹는 것이 이러한 귀중한 미량 영양소를 적절한 양으로 섭취하는 완벽한 방법이다.

이 절에서는 건강한 신체를 만드는 데 중요한 역할을 하는 비타민과 미네랄이 인체에서 어떤 역할을 하는지, 각각의 영양소에 대한 일일섭취권장량은 얼마인지, 그리고 이러한 미량 영양소가 가장 풍부하게 함유된 식품은 어떤 것인지 살펴볼 것이다.

일일섭취권장량과 일일섭취기준

미국 정부는 질병을 예방하기 위해 매일 섭취해야 하는 영양소의 최소량을 정했다. 이것이 바로 **일일섭취권장량**(recommended daily allowances, RDAs)이다. 미국 정부는 제2차 세계대전 당시 육군과 해군 지원병 가운데 많은 수가 영양실조 상태라는 사실을 발견하고 RDA를 만들었다. 영양제 등 많은 식품의 라벨에 이 수치가 표시되어 있다.

RDA 외에 영양과 관련한 중요한 숫자, 즉 일련의 숫자들이 있다. 일일섭취기준(dietary reference intakes, DRI)이다. 1997년, 미국과학아카데미는 필수가 아닌 영양소를 매일 얼마나 섭취해야 하는지, 최대 얼마까지 보충해도 안전한지를 언급하기 위해 DRI를 정했다. 미국 농무부는 최근 RDA를 대신해서 DRI를 사용해야 할지 검토하고 있다. DRI에는 다음 네 가지 숫자가 포함된다.

- **일일섭취권장량** : 건강한 성인 98퍼센트가 하루 필요량을 충족시킬 수 있는 영양소의 양
- **적정 섭취량**(Adequate Intake, AI) : RDA가 설정되지 않은 영양소의 일일권장량
- **최대허용량**(Tolerable Upper Levels, UL) : 지용성 비타민 등 다량 섭취했을 때 인체에 해가 될 수 있는 영양소의 일일권장량
- **평균필요추정량**(Estimated Average Requirement, EAR) : 전체 인구 50퍼센트의 필요를 충족시키는 영양소의 양

숫자에 약하다고 걱정하지 말라. 영양사가 아닌 이상 RDA 외에 다른 용어는 굳이 알 필요가 없다. 그저 RDA 수치가 괴혈병, 구루병 등의 질병을 예방하기 위해 필요한 최소한의 수치라는 사실만 기억하면 된다. 하지만 최고의 건강 상태를 유지하기 위해서는 아마도 RDA 이상을 섭취해야 할 상황이 많을 것이다. 조금이라도 불안한 마음이 든다면 천연 약품을 많이 다뤄보고 충분한 지식을 갖춘 의사와 상의하라. 또한 RDA 수치는 건강한 성인을 기준으로 만들어진 것이므로 건강에 문제가 있는 경우 그보다 많은 비타민을 섭취해야 한다.

물론 수많은 영양소를 섭취하는 최고의 방법은 다양한 식품을 홀 푸드의 형태로 먹는 것이다. 하지만 비타민과 미네랄을 식품 외의 형태로 추가로 섭취하고자 할 수도 있다. 이런 경우 UL 수치를 알아야 비타민이나 미네랄 과다 섭취로 인한 질병을 예방할 수 있다.

비타민은 어떤 역할을 할까

비타민은 물질대사에서 핵심적인 역할을 한다. 우선 거대 영양소를 소화하는 효소를 보조하여 인체가 이를 사용할 수 있게 만든다. 또한 인체 내에서 새로운 분자가 생성되는 데 도움을 준다. 비타민이 없다면 인간은 생존할 수 없다. 비타민이 부족하면 질병이 발생하지만 반대로 어떤 유형의 비타민을 과다 섭취하면 건강에 해가 되기도 한다.

비타민은 크게 수용성 비타민과 지용성 비타민 두 가지로 나눌 수 있다. 그리고 각각 물질대사, 성장, 복구에서 다른 역할을 한다. 다음 절에서 이 두 가지 유형의 비타민에 대해 자세히 설명할 것이다.

유형에 상관없이 모든 유형의 비타민은 홀 푸드를 통해 섭취하는 것이 바람직하다. 생물유효성(bioavailable)이 가장 높은, 즉 가장 쉽게 흡수되는 형태이기 때문이다. 보충제를 섭취하는 것도 좋은 방법이지만 합성이 아니라 천연 영양제를 선택해야 화학물질, 색소, 방부제를 피할 수 있다.

알아두어야 할 것 : 홀 푸드와 채소에는 소량의 비타민이 함유되어 있지만 바로 이 소량이 건강한 신체에 반드시 필요한 것이다. 비타민은 밀리그램(mg, 1,000분의 1그램),

마이크로그램(mcg, 100만 분의 1그램), 또는 국제단위(International Units, IU)로 표시한다. IU는 생물학적 영향을 만들어내는 비타민의 양을 의미한다.

수용성 비타민

수용성 비타민은 식물성은 물론 동물성 식품에 함유되어 있다. 수용성 비타민은 인체 내에 저장되지 않으므로 어떤 형태로든 매일 섭취해야 한다. 수용성 비타민의 종류는 다음과 같다.

» **비타민 C** : 아스코르브산이라고도 부르는 비타민 C는 감귤류를 비롯한 신선한 과일과 채소에 함유되어 있다. 괴혈병을 예방하기 위해서는 매일 45밀리그램 이상의 비타민 C를 섭취해야 한다. 비타민 C의 결핍증으로는 허약증, 거친 피부, 창백함, 잇몸 출혈 등이 있다. 비타민 C는 인체 내에서 콜라겐을 합성하는 데 사용된다. 콜라겐은 피부, 골격, 근육, 인대, 혈관 등 인체 모든 부분에 존재한다. 비타민 C는 상처가 빨리 치유되게 만들어주고 암, 뇌졸중, 심장질환의 원인이 되는 유리기에 대항하는 항산화제 역할을 한다. 또한 해독 작용에도 도움을 준다.

유전학과 소아과 교과서에서는 종종 인류 공통으로 지닌 유전적 결함 때문에 인체에 비타민 C가 필요하게 되었다는 사실을 지목한다. 최고의 건강 상태를 위해 필요한 비타민 C의 권장량을 알고 싶다면 숙련되고 천연 의약품에 지식이 풍부한 의사와 상의하라.

» **비타민 B 복합체** : 비타민 B1, B2, B3, B5, B6, B12, 엽산, 비오틴을 통틀어 비타민 B 복합체라고 부른다. 비타민 B 복합체가 함유된 식품으로는 생선, 육류, 가금류, 신선한 채소, 홀 그레인이 있다. 그리고 클린 이팅 플랜을 실천할 때 섭취하는 바로 그 음식들이다! 비타민 B 복합체는 인체 내에서 탄수화물, 단백질, 지방을 대사하여 여러 기관들이 제대로 작동하게 만들어준다. 그 가운데서도 뇌, 심장, 간, 신장 건강에 특히 중요하다. 또한 건강한 혈액세포를 형성하는 데 도움을 주고 우울증 발병 위험을 최소화하며 선천성 이상을 예방한다. 비타민 B 복합체의 필요량은 연령에 따라 다르다.

인체는 질병에 걸리거나 스트레스를 받는 즉시 비타민 B 복합체를 사용하므로 매일 충분한 양을 섭취해야 한다. 비타민 B3, 즉 니아신 결핍증인 펠라그라의 증상으로는 피부 병변, 허약증, 정신 착란, 태양광에 대한 민감성 등이 있다. 티아민이라고도 부르는 비타민 B1 결핍은 각기병의 원인이며, 심각할 경우 심부전을 유발하기도 한다.

수용성 비타민은 빛과 열에 약하다. 그러므로 색이 어두운 용기에 담긴 비타민을 선택하여 서늘하고 그늘진 장소에 보관해야 한다. 또한 비타민은 가열하는 동안 많이 파괴되므로 익히지 않은 상태로 섭취하는 것이 바람직하다.

지용성 비타민

지용성 비타민이 함유된 식품으로는 과일, 채소, 유제품, 견과류, 육류가 있다. 인체는 지방세포와 간에 지용성 비타민을 저장할 수 있다. 또한 장에서 흡수된 다음 지방에 용해된 상태로만 인체 내에서 이동할 수 있다. 하루 이틀 정도는 지용성 비타민을 섭취하지 않아도 되지만 최고의 건강 상태를 유지하기 위해서는 매일 섭취하는 것이 바람직하다. 지용성 비타민의 종류는 다음과 같다.

- **비타민 A** : 고구마, 캔터루프, 당근 등 선명한 색을 지닌 과일과 채소에는 비타민 A의 전구체가 함유되어 있다. 하지만 실제 비타민 A는 소 간, 강화 유제품, 치즈, 달걀 등의 식품을 통해 섭취할 수 있다. 비타민 A는 시력을 보호하는 데 도움을 주고 위장기관이 원활하게 작용하도록 만들어준다. 또한 골격과 치아의 강도와 성장에 도움을 주고 여성의 경우 에스트로겐, 남성의 경우 테스토스테론 생성을 촉진한다. 비타민 A는 매일 4,000~5,000IU 이상 섭취해야 한다. 이보다 많이 섭취하면 종종 감기나 독감 예방에 도움이 되기도 한다. 자신에게 적절한 양이 궁금하다면 경험이 많고 영양제에 지식이 풍부한 의사와 상의하라.
- **비타민 D** : 비타민 D가 강화된 유제품, 갈색살생선에 함유된 비타민 D는 비록 극소량이지만 달걀에도 함유되어 있다. 또한 인간의 몸은 자외선차단제를 바르지 않았을 때 피부를 통해 비타민 D 전구체를 합성하므로 태양광 비타민이라고도 불린다. 비타민 D는 골격과 치아를 강하게 만들고 인체 내에서 필수 미네랄인 칼슘과 인이 흡수되는 것을 도와준다. 비타민

D가 결핍되면 구루병에 걸리는데, 이는 뼈가 약하고 구부러지는 병이다. 지난 20여 년간의 연구 결과 비타민 D는 유방암, 전립선암, 대장암의 발병 위험을 줄여준다는 사실이 밝혀졌다. 또한 비타민 D를 다량 섭취할 경우 외상을 제외한 모든 종류의 죽음, 즉 원인불명 사망률을 낮추는 데 도움이 되는 것으로 밝혀졌다.

비타민 D를 섭취하는 가장 좋은 방법은 매일 일정량 이상 햇볕을 쬐는 것이지만 마음껏 햇볕을 쬘 수 없는 기후의 지역에서는 매일 영양제를 섭취하는 것이 바람직하다. 최고의 건강 상태를 유지하기 위해 어린이의 경우 매일 800~1,000IU, 성인의 경우 2,000~3,000IU를 필요로 한다. 숙련되고 천연 의약품에 지식을 갖춘 의사와 상의해서 자신에게 가장 적합한 양이 얼마인지 판단하라.

» **비타민 E** : 비타민 E는 짙은 녹색 식물과 채소, 견과류, 홀 그레인, 버터, 달걀, 그리고 소의 간에 함유되어 있다. 비타민 E는 다른 비타민과 지방산의 산화를 막아주고 유리기로부터 보호해준다. 항산화제인 만큼 세포의 건강에도 중요한 역할을 한다. 하루 최소 섭취량은 10~15IU지만 최고의 건강 상태를 유지하기 위해서는 100IU 이상을 섭취하는 것이 바람직하다. 실제로 천연 의약품과 영양제에 정통한 많은 의사들이 하루 300~400IU 이상을 섭취할 것을 권장한다. 자신에게 적합한 섭취량이 궁금하다면 의사와 상의해보라.

비타민 E는 실제로 4개의 유사한 분자, 즉 알파-토코페롤, 베타-토코페롤, 델타-토코페롤, 감마-토코페롤로 구성된다. 자연적인 형태와 마찬가지로 보충제에 네 가지 토코페롤이 모두 들어 있을 때 한데 묶어 혼합 토코페롤이라고 불리며 언제나 함께 섭취해야 한다. 연구 결과 알파-토코페롤만 섭취하면 특정한 건강 이상을 일으킬 위험이 실제로 높아진다는 사실이 드러났다.

» **비타민 K** : 비타민 K는 자연계에서 두 가지 형태로 존재하는데 바로 K1과 K2다. K2는 다시 몇 가지 아형으로 나뉘는데, 그 가운데 가장 잘 알려진 것이 MK4와 MK7이다. 짙은 녹색 채소를 섭취하면 천연 형태의 비타민 K를 모두 섭취할 수 있으며, 소의 간을 통해 K1과 K2를 섭취할 수 있다. 장에 서식하는 인체에 유익한 균은 비타민 K2 한 가지 유형만 합성할 수

있으며 육류를 비롯한 동물성 단백질 식품에도 비타민 K2가 함유되어 있다. 비타민 K는 혈액이 원활하게 응고되고 뼈가 단단해지는 데 필수적인 영양소다. 비타민 K가 결핍되면 쉽게 멍이 들고 베였을 때 출혈이 심해지고 극단적인 경우 과다출혈로 사망할 수도 있다. 인간은 매일 비타민 K를 80mcg 이상 섭취해야 한다.

미네랄은 어떤 역할을 할까

영양학자들이 말하는 미네랄은 강철 덩어리나 암염이 아니라 건강한 신체를 지탱하기 위해 필요한 화학성분, 즉 미량 영양소를 의미한다. 미네랄은 생명체의 생화학 작용, 물질대사, 효소와 호르몬 활동, 세포 생성을 지탱해준다.

이 절에서는 매일 섭취해야 하는 미네랄과 각각의 역할, 그리고 결핍증에 대해 살펴볼 것이다.

인체에 필요한 미네랄은 어떤 것이 있을까

인간이 매일 섭취해야 하는 미네랄의 양은 아주 적다. 하지만 극소량이라 해도 이를 충족시킬 정도로 섭취해야 건강한 신체를 만들 수 있다. 또한 비타민의 경우와 마찬가지로 필수 미네랄을 적절한 양, 적절한 비율로 섭취하는 최고의 방법은 클린한 홀푸드를 먹는 것이다.

미국 정부는 칼슘, 인, 마그네슘을 포함한 14가지 필수 미네랄의 RDA를 정했다. 다음은 이 필수 미네랄에 대해 알아야 할 내용이다.

- **칼슘** : 칼슘은 유제품, 뼈째 가공한 생선 통조림, 견과류, 씨앗류, 녹색잎채소에 함유되어 있다. 오렌지주스 같은 일부 가공식품에 칼슘이 강화되기도 한다. 일반 성인은 매일 1,000~1,300mg의 칼슘을 섭취해야 한다. 어린이와 모유 수유 중인 여성, 임신부는 그보다 많은 양을 섭취해야 한다. 칼슘이 결핍되면 심장에 부정맥이 생기거나 쉽게 골절이 일어나거나 근육에 경련이 일어나는 등 심각한 질병이 발생할 수 있다.
- **인** : DNA의 구성성분이니만큼 인은 생명체에서 중요한 역할을 한다. 생

명체에 반드시 필요한 성분이라는 말은 모든 생명체 안에 함유되어 있다는 의미다. 따라서 거의 모든 식품을 통해 손쉽게 섭취할 수 있지만 그 가운데서도 유제품, 생선, 육류가 특히 훌륭한 공급원이다. 인은 뼈와 치아를 강하게 만들고 유지하는 데 도움을 주며 튼튼한 물질대사를 위해 반드시 필요한 영양소다. 인체 세포는 아데노신 3인산(adenosine triphosphate, ATP)이라는 분자로부터 에너지를 얻는데, 바로 인이 ATP를 생성하는 데 사용된다. 인의 RDA는 성인 대부분의 경우 700mg, 어린이와 청소년의 경우 1,200mg이다.

인을 섭취할 수 있는 식품 가운데 한 가지 문제를 유발할 수 있는 것이 있다. 바로 청량음료다. 이 달콤한 음료 안에 함유된 인산은 혈중 칼슘 수치를 낮춰 뼈와 치아를 약하게 만들기도 한다. 그러므로 청량음료 외의 것을 통해 수분을 섭취하는 것이 바람직하다!

» **마그네슘** : 식물이 녹색을 띠는 것은 엽록소 때문이며, 마그네슘은 엽록소에 함유되어 있으므로 녹색 채소를 통해 섭취할 수 있다. 또한 견과류, 코코아, 대두를 통해서도 섭취할 수 있다. 마그네슘은 방금 설명한 에너지 분자인 ATP 생성과 물질대사에서 다양한 역할을 수행한다. 또한 뼈를 튼튼하게 유지하고 혈관을 수축시키며 근육의 경련을 예방하는 등 다양한 역할을 한다. 인간은 하루 약 400mg의 마그네슘을 섭취해야 한다.

» **칼륨과 나트륨** : 이 두 가지 전해질 성분은 밀접하게 연관되어 있다. 실제로 많은 미국인의 경우 나트륨 섭취는 너무 높은 반면 칼륨 섭취는 너무 낮다. 가공식품에 나트륨 함량이 높은 반면 칼륨 함량이 낮기 때문이다. 영양학자들은 나트륨 섭취와 관련한 주요 문제는 섭취량이 너무 많은 것이 아니라 칼륨 섭취량이 부족한 것이라고 생각한다. 그리고 나트륨과 칼륨을 균형 있게 섭취하는 최고의 방법은 바로 홀 푸드를 먹는 것이다.

칼륨은 근육 수축에 도움을 주며 신경전달에 중요한 역할을 한다. 또한 인체의 pH 균형을 유지하고 혈압을 조절한다. 더 많은 칼륨을 섭취하면 과도하게 섭취된 나트륨의 영향을 상쇄하는 데 도움이 된다. 칼륨은 신선한 채소와 과일, 특히 과일의 껍질에 함유되어 있다. 그 가운데서도 건포도와 대추, 바나나, 고구마와 러셋 감자, 화이트빈 등이 특히 좋은 공급원이다.

나트륨 역시 근육 수축과 신경전달에 역할을 하고 인체가 체액의 양을 일정하게 유지하며 영양소를 흡수하는 데 도움을 준다. 하지만 인체 내의 나트륨 수치가 높으면 체액의 양이 증가하여 심장 근육과 혈관에 부담을 준다. 다른 사람보다 나트륨 섭취에 민감한 사람도 있다.

» **염소** : 인체는 음식을 소화하는 데 필요한 위산을 만드는 데 염소를 사용한다. 인체 세포 역시 인간이 섭취한 거대 영양소로부터 에너지를 얻는 데 염소를 사용한다. 인간이 하루 섭취해야 하는 염소의 양은 약 2,300mg이다. 염소의 주된 공급원은 나트륨과 염화칼륨이 결합한 형태인 테이블 솔트(table salt)다. 하지만 이는 고혈압을 유발할 위험이 높으므로 염화칼륨으로 염소를 섭취하는 것이 분명 더 바람직하다. 연구 결과 염화칼륨은 혈압을 낮출 수 있는 것으로 드러났다.

» **철** : 철은 헴철과 비헴철, 두 가지로 나뉜다. 헴철의 좋은 섭취원은 붉은 육류, 가금류, 생선이다. 인체는 녹색 채소, 코코아, 말린 과일 등에 함유된 비헴철보다 헴철을 쉽게 흡수한다. 비헴철은 식물의 피토케미컬과 결합된 형태로 존재하기 때문에 산화될 가능성이 상대적으로 낮고 유리기로부터 손상될 위험성은 더욱 낮다. 하지만 철분 섭취에서 비헴철에 대한 의존도가 너무 높으면 헴철보다 1.7배 많은 철분을 섭취해야 한다. 철분이 결핍되면 빈혈, 피로감이 발생하고 감염의 위험이 높아진다.

어린이, 젊은 남성, 그리고 폐경기 이전의 여성은 하루 약 15mg의 헴철을 섭취해야 한다. 폐경기 이후의 여성이나 남성의 경우 약 10mg의 헴철을, 임신부는 약 30mg의 헴철을 매일 섭취해야 한다. 철은 인체 내에 저장되므로 과다 섭취될 수 있다. 그 원인은 특히 철이 쉽게 산화되어 인체에 악영향을 미치는 유리기를 만들어낼 수 있다는 데 있다. 철분의 최대허용량은 약 40mg이다.

» **아연** : 아연은 점차 시력을 상실하는 황반변성을 예방하는 데 중요한 역할을 하며 테스토스테론 생성 및 호르몬의 성장에 필수적인 영양소다. 또한 인체가 탄수화물과 알코올을 처리, 소화하는 효소를 만드는 데도 사용된다. 아연 수치가 낮으면 종종 상처가 잘 아물지 않는다. 아연의 RDA는 약 8~11mg이다. 쇠고기, 가금류, 해산물 등 단백질이 풍부한 식품은 아연도 다량 함유하고 있다. 그 가운데서도 아연을 가장 많이 함유한 식품은 굴이다. 하지만 유제품, 콩류, 홀 그레인, 그리고 감자와 호박 같은 일부 채소에

도 아연이 함유되어 있다.

» **크롬** : 영화 '에린 브로코비치'를 본 사람이라면 건강하지 않은 형태의 크롬에 대해 들어보았을 것이다. 크롬은 두 가지 유형으로 나눌 수 있다. 먼저 3가 크롬이라고도 불리는 크롬3, 6가 크롬이라고도 불리며 건강에 해롭고 나쁜 존재인 크롬6다. 인간의 몸에 필요한 것은 3가 크롬이며 다양한 식품에 함유되어 있다. 크롬은 탄수화물, 지방, 단백질의 물질대사에 사용된다. 또한 인슐린이 제 기능을 하고 활동하는 데 반드시 필요한 영양소다. 성인은 하루 25~35μg 섭취해야 한다. 연구 결과 제2형 당뇨 환자나 가족력이 있는 사람의 경우 그보다 훨씬 많은 양을 섭취해야 한다. 크롬은 버섯, 맥주효모, 브로콜리, 홀 그레인, 포도, 포도주스, 쇠고기, 마늘에 함유되어 있다.

» **구리** : 구리는 적혈구, 콜라겐, 탄성조직, 아드레날린, 신경섬유를 만드는 데 사용된다. 이 미량 영양소는 혈압과 심장박동의 리듬을 조절하고 항산화제 역할을 한다. 또한 효소가 생성되고 제 기능을 하는 데 사용된다. 구리의 RDA는 2mg이다. 하지만 하루 10mg 이상 섭취할 경우 간 손상, 구역질, 근육 통증 같은 심각한 부작용을 일으킬 수 있다. 생선, 협과, 견과류, 렌틸, 대두, 시금치, 씨앗류에 구리가 함유되어 있다.

» **아이오딘**(요오드) : 아이오딘과 아이오딘화물(요오드화물), 두 가지 모두 신체가 최고의 기능을 발휘하기 위해 필요한 영양소다. 아이오딘은 갑상선에서 다양한 호르몬이 합성되는 데 사용되는 것으로 가장 잘 알려져 있다. 아이오딘 수치가 낮을 경우 갑상선이 비대해지는 **갑상선종**이 발생한다. 인체는 세균을 죽이는 데도 아이오딘을 사용한다. 아이오딘은 유방 조직에 '바람직한' 영양소다. 정상적인 경우 유방에는 지방이 존재하며, 아이오딘은 이러한 지방과 만나 많은 종류의 유방암 세포를 실제로 죽이기 때문이다. 아이오딘과 아이오딘화물 모두 여성의 신체에서 중요한 항발암성 에스트로겐인 에스트리올 수치를 건강한 수준으로 유지하는 데 도움을 준다.

산모에게 아이오딘이 부족할 경우 영아와 아동에게서 지적장애가 발생할 수 있다. 아이오딘 수치가 낮을 경우 아동 및 성인에게서 지적장애가 발생할 수도 있다. 대부분의 아이오딘이 보관되는 곳은 갑상선인 반면 아이오딘화물의 경우 유방, 난소, 뇌하수체, 침샘, 간에서 만들어진 담즙에 보관된 것이 다른 신체 부위에 보관된 것을 합친 것보다 많다. 성인 대부분은 하루 120~150mg의 아이오딘과 아이오딘화물을 필요로 하는 반면 임신부나 모유 수유 중인 여성은 하루 최고 290mg이 필요하다. 해조류와 생선을 많이 섭취하는 일본과 아이슬란드의 경우 아이오딘 섭취가 세계에서 가장 높은 동시에 유방암 발병률이 가장 낮다. 아이오딘은 은은한 맛과 향을 내는 양념인 다시마 가루, 기타 해조류, 생선을 비롯한 해산물, 요오드 첨가 소금, 근대, 리마빈, 참깨, 버섯, 마늘, 유제품에 함유되어 있다.

» **망간** : 망간은 뼈와 연골을 형성하고 만드는 데 사용된다. 또한 물질대사에 핵심적인 요소이며 아미노산 합성을 돕는다. 망간은 때로 '뇌 미네랄'이라고 불리는데, 이는 기억 및 뇌 기능에 중요한 영양소이기 때문이다. 성인의 경우 하루 약 3~5mg의 망간이 필요하다. 망간의 좋은 공급원으로는 견과류, 씨앗류, 협과, 홀 그레인, 바나나, 오렌지, 딸기가 있다.

» **몰리브데넘**(몰리브덴이라고도 불린다-역주) : 몰리브데넘은 황의 물질대사와 해독에 핵심적인 영양소다. 단백질은 모두 황을 포함하고 있으므로 몰리브데넘은 단백질 물질대사에 매우 중요한 역할을 한다. 샐러드 바에서 식사를 하거나 특정한 와인을 마신 다음 몸이 안 좋아진다면 이는 방부제로 사용된 아황산염 때문일 가능성이 높다. 몰리브데넘을 추가로 섭취하면 아황산염 물질대사를 활발하게 만들어 이러한 반응을 멈출 수 있다. 몰리브데넘은 정상적인 혈액의 구성요소인 요산 생성에도 도움을 준다. 성인의 경우 하루 45~50mg의 몰리브데넘이 필요하다. 몰리브데넘은 홀 그레인, 견과류, 협과, 짙은 녹색잎채소에 함유되어 있다.

» **셀레늄** : 셀레늄은 인체 내에서 항산화제 역할을 하며 암, 특히 전립선암을 예방하는 데 도움이 되기도 한다. 미국의 경우 토양에 셀레늄 함량이 유난히 높은 지역에서 암 발병률이 낮은 것을 볼 수 있다. 셀레늄은 비타민 E와 함께 유리기가 세포를 손상시키는 일을 막고 인체의 해독작용에 도움을 준다. 성인은 하루 약 55~60mg의 셀레늄을 필요로 한다. 셀레늄은 홀 그레인, 해산물, 육류, 견과류, 그 가운데서도 브라질너트에 함유되어 있다.

클린한 미네랄이 제 기능을 하게 만들어주자

비타민과 마찬가지로 미네랄은 인체가 거대 영양소로부터 에너지를 끌어내 인체 세포가 각자의 역할을 하고 성장하며 복구, 교체되는 데 도움을 준다. 식물, 유제품, 육류에 함유된 미네랄은 사실 모두 토양에서 오는 것이다. 그런 만큼 점점 더 많은 농부들이 쉬지 않고 작물을 재배하여 토양을 고갈시키고 이러한 식품에 자연적으로 존재하는 미네랄의 양 역시 줄어드는 것을 걱정하는 영양학자들도 있다. 토양도 시간이 지나면 결국 황폐해진다. 농부가 부패한 식물 물질로 토양을 다시 채워 넣지 않는 한 언젠가 토양에 함유되었던 영양소는 사라지고 마는 것이다.

합성비료, 살충제, 제초제 역시 토양을 황폐화한다. 토양에 자연적으로 서식하는 세균은 미네랄을 식물이 사용할 수 있는 형태로 변환하는데 살충제 같은 독성물질을 좋아하지 않는다. 제초제, 그리고 특히 살진균제는 토양의 미네랄 내용물에 부정적인 영향을 미칠 수 있다. 식물 가운데는 곰팡이와 공생관계를 이루어 토양으로부터 더 많은 미네랄과 영양소를 흡수하는 것도 있다. 농부가 살진균제를 작물에 사용하면 이러한 식물들이 흡수할 수 있는 미네랄은 줄어든다. 실제로 라이너스 폴링 박사가 발표한 논문들은 1940~1991년 사이, 과일과 채소에 함유된 미네랄 함량이 20~70퍼센트까지 감소했다는 사실을 보여주었다!

이러한 추세가 신경 쓰인다면 멀티비타민과 미네랄이 함유된 좋은 영양제를 복용하는 것도 좋은 생각이다. 아니면 지속가능성을 기반으로 작물을 재배하는 농장에서 유기농 식품을 구입하는 것도 좋은 방법이다. 아니, 두 가지 모두 실천해도 된다! 지속가능한 농장에서는 유기농 농업기술을 사용하고 토양의 건강을 유지하기 위해 농지를 휴경 상태로 두는 방법을 이용한다. 또한 정향처럼 영양소를 토양으로 되돌려주는 피복작물(cover crops)을 심는다. 인근 지역의 유기농 농장을 지원하는 일에 대해서는 제10장에서 더 자세히 다룰 것이다.

라벨과 관련한 문제들, 가짜 식품, 그리고 클린 이팅

지난 몇 년 동안 시민운동이 활발해지며 식품가공업체에 제품 안에 무엇을 넣었는지 라벨에 표기하라는 소비자의 요구가 강해지고 있다. 소비자 활동가들은 유전자조작 식품의 개발, 트랜스 지방, 수입 식품의 안전성에 대해 우려하고 있다. 클린 이팅 플랜을 아무리 철저하게 따른다 해도 라벨이 붙어 있는 식품을 어떻게든 살 가능성이 높으므로 이러한 문제에 대해 숙지하고 있어야 한다.

유전자조작식품(GMO)

유전자조작식품은 1980년대와 1990년대부터 뉴스에 등장하기 시작했다. 과학자들이 다른 식물이나 동물의 DNA를 세포에 삽입하여 어떤 식물이나 동물의 특성을 바꾼 것이 바로 유전자조작식품이다. 제초제와 살충제에 저항성이 강해지게 품종이 개량된 GMO도 있는 반면 더 빨리 성체로 만들기 위해 성장 속도를 높이거나 식품의 손상이 잘 드러나지 않는 방향으로 개량된 GMO도 있다.

실제로 바로 얼마 전, 한 기업이 빨리 성체로 성장하도록 개량된 유전자 조작 연어를 양식할 수 있도록 FDA로부터 승인을 받았다. 생태학자들은 이 연어가 양식장을 탈출하여 야생 연어 무리를 오염시키지 않을지 우려하고 있다.

많은 과학자들이 GMO 식품이 안전하다고 말한다. 지금까지 10여 년 이상 GMO 식품을 섭취했지만 심각한 건강상 문제가 발견되지 않았다는 이유에서다. 하지만 10년 안에 겉으로 드러나지 않는 질병도 있다. GMO 식품에 대한 테스트 역시 문제다. 해당 유전자에 대한 특허권을 지닌 기업이 테스트를 감독하는 데다 테스트 기간이 고작해야 석 달 남짓이었기 때문이다.

미국에서 재배되는 옥수수, 대두, 카놀라, 그리고 사탕무 대부분은 유전자가 조작된 것이다. 바로 이러한 사실 때문에 이 책에서 이러한 재료로 만든 오일과 설탕을 피하라고 권하는 것이다. 하지만 굳이 이러한 식품을 구매해야 한다면 유기농 옥수수가루, 에다마메, 두부, 된장, 팝콘, 콘 토르티야를 선택하라.

GMO 때문에 발생하는 문제 가운데 하나는 농부들이 작물을 재배할 때 점점 더 많은 제초제를 사용한다는 것이다. 1992년 이후, 라운드업이라는 명칭의 제초제 성분인 글리포세이트의 사용량은 약 907톤 이상 증가했다. 이로 인해 제초제가 듣지 않는 슈퍼 잡초가 급속도로 확산되었고, 그 결과 농부들은 다른 제초제를 더 많이 사용하는 악순환이 반복되었다.

소비자 운동가 대부분은 GMO 작품을 포함한 모든 식품의 라벨에 이러한 사실을 표시해서 소비자들에게 먹을거리에 대한 선택권을 보장해야 한다고 주장한다. 반면 대형 기업들은 이러한 라벨 표기에 저항하고 있으며, 이러한 라벨 표시를 의무화하자는 수많은 시민 발의는 실패로 돌아갔다.

그런 만큼 우리가 할 수 있는 일이라고는 옥수수유, 대두유, 카놀라유, 그리고 라벨이 붙은 식품, 특히 많이 가공된 식품을 피하는 것뿐이다. 한 가지 더 있다면 이러한 문제에 대해 숙지하여 법안이 발의되었을 때 국민투표에 참여하는 것이다.

트랜스 지방

트랜스 지방이 식품 업계에 등장한 것은 1950년대였다. 이후 버터를 대신할 수 있는 저렴하고 건강한 재료로 널리 사용되었다. 하지만 안타깝게도 이러한 모든 주장은 틀린 것이었다. 과학자들은 트랜스 지방이 현대인이 섭취하는 것 가운데 가장 건강에 해로운 것이며 지난 40년 동안 치솟고 있는 심장질환의 원인 가운데 하나일 거라고 생각한다.

이 가짜 지방은 오일 형태의 다불포화지방에 수소를 첨가해 만든다. 이렇게 하면 상온에서 액체 상태인 오일이 고체로 변한다. 트랜스 지방은 나쁜 콜레스테롤인 LDL 콜레스테롤 수치를 높이는 동시에 좋은 콜레스테롤인 HDL 콜레스테롤 수치를 낮춘다. 또한 말 그대로 인체 세포벽의 구성성분이 되어 세포벽을 흐물흐물하고 약하게 만든다.

트랜스 지방은 오랜 세월 GRAS 목록에 올라 있었다. 트랜스 지방을 함유한 식품은 라벨에 이 같은 사실을 표기하도록 되어 있지만 약아빠진 식품가공업체들은 1회 섭취량 안에 트랜스 지방이 0.5그램 미만일 경우 '트랜스 지방 0그램'이라는 문구를 사용할 수 있다는 허점을 악용하고 있다. 하지만 오랜 논쟁 끝에 FDA는 2015년 식품에 대한 트랜스 지방 사용 승인을 철회하기로 결정했다. 정말 좋은 소식이 아닐 수 없다.

2018년부터 식품제조업체는 트랜스 지방을 사용할 수 없게 된다. 하지만 계속 사용

할 수 있게 해달라는 청원을 FDA에 제출하는 기업들이 있을 것이다. 지금도 1회분에 0.5그램 미만의 트랜스 지방을 함유할 경우 '1회분 트랜스 지방 0그램'이라는 문구를 사용할 수 있다는 사실을 결코 잊지 말라. 라벨을 꼼꼼하게 읽어보고 수소첨가(hydrogenated)라는 용어가 적힌 것은 무조건 피하라.

수입 식품

라벨과 관련한 또 하나의 문제는 바로 원산지표기법(country of origin labeling)이다. 스테이크나 아보카도처럼 단순한 것일지라도 우리가 섭취하는 식품 가운데는 수입된 것이 있다. 그리고 미국의 경우 생산된 국가가 어디인지 라벨에 명시하지 않아도 되는 식품이 많다.

소비자 운동가들은 소비자가 정보에 근거한 선택을 할 수 있게 식품의 원산지를 라벨에 표시해야 한다고 주장한다. 많은 소비자가 오랫동안 식품 안전성에 심각한 문제를 겪어 온 중국 등의 국가에서 수입된 식품에 대해 우려하고 있다. 최근 국제사법재판소는 미국의 라벨 표기법을 기각했다. 결국 소비자는 자신이 구매하는 쇠고기와 돼지고기가 어디에서 생산된 것인지 알 수 없게 되었다.

이러한 문제를 피하려면 쇠고기, 돼지고기, 닭고기를 포함한 식품을 인근 지역에서 생산되는 것으로 구매하는 것이 바람직하다. 원산지 문제를 완전히 피하는 동시에 결과적으로 지역 산업을 지원할 수 있다.

chapter

04

다른 영양소에 대해 알아보자 : 피토케미컬, 수분, 섬유, 프로바이오틱스와 프리바이오틱스

제4장 미리보기

- 피토케미컬이 어떻게 건강한 신체를 유지하는지 탐험한다.
- 수분 섭취의 중요성을 살펴본다.
- 식단에 더 많은 섬유를 첨가하는 데 초점을 맞춘다.
- 프로바이오틱스와 프리바이오틱스의 중요성을 살펴본다.

생명 유지를 위한 '필수 영양소'는 아니지만 건강한 신체를 위해 반드시 섭취해야 하는 것 중에는 피토케미컬, 수분, 섬유가 있다. 먼저 생명을 유지하기 위해 인간은 물을 마셔야 한다. 이는 너무나도 당연한 일이다. 또한 섬유는 소화와 대장 건강에 중요한 영양소지만 인체는 이를 흡수하거나 소화하지 못한다. 프로바이오틱스는 인간의 장에 사는 세균으로 면역체계에 반드시 필요한 영양소이며 프리바이오틱스는 프로바이오틱스의 먹이가 되는 음식이다. 그리고 피토케미컬은 급격한 노화와 염증으로부터 인체를 보호하는 화합물이다.

피토케미컬, 프로바이오틱스와 프리바이오틱스, 수분, 섬유는 인간의 전반적인 건강에 큰 변화를 가져올 수 있다. 그리고 클린 이팅 라이프스타일을 실천하면 건강 유지에 필요한 양의 수분, 섬유, 프로바이오틱스와 프리바이오틱스, 그리고 피토케미컬을 매일, 별다른 노력 없이 섭취할 수 있다. 이 네 가지 건강에 도움이 되는 영양소는 인체에 큰 이로움을 가져다줄 수 있지만 꾸준히 섭취할 때만 그럴 수 있다. 이 장에서는 피토케미컬, 프로바이오틱스와 프리바이오틱스, 수분, 섬유의 중요성에 대해 다룰 것이다. 또한 이러한 영양소들이 주는 혜택을 최대화하기 위해 클린 이팅 다이어트 플랜을 어떻게 이용할지도 보여줄 것이다.

자연이 인체에 선사한 갑옷 : 인체를 보호하는 피토케미컬에 대해 알아보자

피토케미컬은 이미 약 100년 전에 '발견'되었지만 영양학 분야에 꽤 새로운 영양소다. 여기에 속하는 화합물들은 식물의 건강을 보호하기 위해 진화되었다. 비록 필수 영양소는 아니지만 영양학자들은 피토케미컬을 발견한 후 이 화합물들이 인간의 건강 유지에도 필요하다는 사실을 발견했다. 특히 현대 사회에서 세포와 인체를 공격하여 세포 손상과 염증을 일으키고 그 결과 암과 심장질환 같은 질병을 일으킬 수 있는 오염과 화학물질에 대한 노출이 증가하는 상황에서 피토케미컬의 중요성은 더욱 커졌다. 피토케미컬은 세포 손상과 염증에 대항하는 데 도움을 준다. 다행히 자연계에는 수천 가지 피토케미컬이 존재하며 각각 건강한 상태를 유지하는 데 중요한 역할을 한다.

이 절에서는 어째서 피토케미컬이 건강을 유지하는 데 중요한지, 어떻게 인체가 유리기와 염증에 맞서 싸우는 데 도움을 주는지, 그리고 가장 풍부하게 함유된 식품은 무엇인지를 살펴볼 것이다.

피토케미컬은 무엇이고 어떤 작용을 하는 것일까

피토케미컬은 과일과 채소에 함유된 천연 화합물로서 많은 질병의 원인으로부터 인체를 보호한다. 과학자들은 식물이 스트레스와 주변 환경으로부터 유입되는 독성물질에 대항하여 스스로를 보호하기 위해 피토케미컬을 만들어냈다고 추측한다. 예를 들어 밝은색을 띤 많은 과일과 채소의 껍질은 태양의 자외선으로부터 과일과 채소를 보호하는 역할을 하는 식이다.

반면 정제된 식품에는 대부분 피토케미컬이 함유되어 있지 않다. 정제된 식품을 만들기 위해서는 익히고 가공해야 하는데, 이 과정에서 많은 피토케미컬이 파괴된다. 그러므로 이러한 식품을 피하는 대신 홀 푸드를 즐기지 않을 이유가 없지 않은가?('피토케미컬은 어디에 함유되어 있을까'에서 더 자세한 내용을 다룰 것이다.)

피토케미컬은 인체에서 여러 가지 중요한 역할을 담당한다. 그 내용은 다음과 같다.

» **항산화제 역할을 한다** : 유리기란 세포에 손상을 일으켜 암, 당뇨, 심장질환 같은 질병을 유발하는 변이 분자를 말한다. 그리고 항산화제는 유리기로부터 인체의 세포를 보호하는 천연 화합물이다.(뒤에 언급할 '피토케미컬이 중요한 이유는 무엇일까'에서 유리기에 대한 보다 완전한 설명을 할 것이다.) 잘 알려진 항산화제로는 카로티노이드, 플라보노이드, 폴리페놀, 안토시아니딘, 황화알릴이 있다.

» **호르몬을 모방하여 그 역할을 도와준다** : 피토케미컬 가운데는 인체의 호르몬을 조절하는 데 도움을 주는 것도 있다. 예를 들어 대두에 함유된 이소플라본은 여성호르몬인 에스트로겐과 비슷한 작용을 하여 폐경기 증상을 완화하는 데 도움을 준다. 또한 계피에 함유된 폴리페놀은 인슐린 기능을 향상시키는 데 도움을 준다.

» **콜레스테롤을 감소시킨다** : 피토스테롤은 혈액 내의 콜레스테롤 수치를 낮추고 인체의 자연적인 콜레스테롤 배출 방법을 가속화한다.

» **콜라겐을 생성한다** : 안토시아니딘은 혈관의 콜라겐 생성을 증가시킨다. 또한 관절염 증상을 완화하는 데 도움이 될 가능성이 있다.

» **면역체계를 자극한다** : 플라보노이드와 피토에스트로겐은 종양의 성장을 억제하고 테르펜은 세포의 성장과 번식을 지나치게 자극하는 단백질을 차단한다. 그 밖에도 인체를 감염으로부터 보호하는 백혈구의 생성과 이동을 증가시키는 피토케미컬도 있다.

» **효소를 자극한다** : 양배추, 브로콜리, 콜리플라워, 방울양배추, 배추 등의 채소에 함유된 인돌은 인체에서 좋은 에스트로겐과 나쁜 에스트로겐의 균

형을 맞춰 세포 손상을 방지하는 효소 작용에 도움을 준다. 단백질가수분해효소 억제제와 테르펜 역시 암의 형성을 억제하는 효소를 더 많이 생산하게 만든다.

» **DNA 복제에 간섭한다** : 여기에 속하는 피토케미컬에는 사포닌이 포함된다. 이는 많은 식물에 함유된 천연 세정제다. 이러한 피토케미컬은 세포의 복제에 개입하며, 그 결과 통제 불능으로 세포, 그 가운데서도 주로 암세포가 성장하는 것을 막는 것으로 추정된다. 반면 정상적인 세포의 성장을 감소시키거나 여기에 개입하지는 않는다.

» **세포를 결속시킨다** : 세포벽에 직접 결합하여 세균과 바이러스 같은 병원체로부터 세포를 보호하는 피토케미컬도 있다. 예를 들어 크랜베리에 함유된 프로안티시아니딘은 세균을 차단함으로써 요로 감염을 예방해준다.

» **박테리아, 바이러스, 곰팡이에 대항한다** : 음식, 물, 공기를 통해 인체에 유입되는 침입자를 파괴하는 피토케미컬도 있다. 예를 들어 마늘에 함유된 알리신은 항균작용을 한다.

이러한 강력한 화합물들은 인체 세포를 보호하고 세균, 유리기 등의 침입자에 대항해 싸우며 호르몬을 조절하고 효소작용을 돕는다. 그러므로 영양학자들이 이러한 피토케미컬을 함유한 과일과 채소의 섭취량을 늘려야 한다고 독려해 온 것은 너무도 당연한 일이다.

알약 형태로 피토케미컬을 섭취할 수도 있지만 식단에 포함시켜 자연적인 형태로 섭취해야 더 많은 혜택을 누릴 수 있다. 그 이유는 다음과 같다.

» 과일과 채소에는 다양한 형태와 조합의 피토케미컬이 함유되어 있다. 이는 알약 1개로 흉내 낼 수 없다. 신선한 과일과 채소를 통해 섭취할 수 있는 항산화제를 모두 담으려면 알약이 삼킬 수 없을 정도로 커질 것이다!

» 아직까지 과학자들은 자연이 선사하는 모든 피토케미컬을 발견하지 못했다. 그리고 아직 발견하지 못한 피토케미컬을 함유한 영양제는 존재할 수 없다.

» 천연 화합물인 피토케미컬은 인체 내에서 극도로 복합적으로 작용하며 실험실에서 테스트하거나 복제하기 어렵다. 그러므로 과일과 채소를 섭취하

지 않고 영양제에만 완전히 의존한다면 문제가 발생할 수 있다.

피토케미컬이 중요한 이유는 무엇일까

제3장에서 설명했듯이 필수 비타민과 미네랄은 괴혈병, 각기병 같은 특정한 질병을 예방하는 역할을 한다. 반면 피토케미컬은 세포 손상에 의해 장기간 진행되어 발생하는 암, 심장질환, 당뇨 같은 주요 질병으로부터 인체를 보호한다. 실제로 피토케미컬은 노화와 질병과의 전쟁에서 최전방에서 싸우는 군인이라고 생각할 수 있다. 이러한 화합물들은 평생에 걸쳐 건강에 중요한 역할을 하고 건강한 상태를 유지하기 위해 유전자와도 상호작용을 할 것이다.

거대 영양소는 인간이 생명을 유지하는 데 필요하다. 피토케미컬을 포함한 미량 영양소는 세포를 건강하게 만들고 염증과 유리기로부터 인체를 보호하며 인간의 몸이 스스로 치유하는 데 도움을 주어 건강을 유지하게 만들어준다. 피토케미컬은 생리활성 물질이다. 즉 인체 내에서 일정한 역할을 하지만 정확히 영양가가 있는 것은 아니다. 즉 살아있는 상태를 유지하기 위해 필요하지는 않다는 의미다.

피토케미컬에 대한 이야기에서 유리기는 중요한 부분을 차지한다. 유리기(free radical)란 공해, 노화 과정, 스트레스, 인체에 해로운 화학물질, 방사선, 심지어 정상적인 물질대사에 의해 만들어지는 변이 원자나 분자를 말한다. 유리기는 전자 1개 내지 2개가 부족하거나 반대로 많은 상태다. 이러한 전자의 불균형 때문에 분자의 상태는 매우 불안정해지고, 부족한 전자를 채우거나 남는 전자를 없애 상태를 안정시키기 위해 세포막, DNA, 단백질, 지방세포를 공격한다. 상태를 안정시키려는 이 모든 공격을 받아 더 많은 세포의 분자가 유리기로 변화한다.

이러한 캐스케이드 현상 때문에 인체 세포에 손상이 발생하고, 그 결과 염증이 일어나 다음과 같은 질병에 이르기도 한다.

- 알츠하이머병
- 암
- 인지장애
- 우울증

- 당뇨
- 심장 및 혈관 질환
- 면역장애

항산화제는 유리기에 전자를 내준 뒤에도 상태가 불안정해지지 않는다. 그 덕에 캐스케이드 현상의 연쇄 반응을 멈추게 만들고 인체 세포를 안정시킨다. 건강을 위해 항산화 성분이 풍부한 식품을 섭취해야 하는 이유를 굳이 또 설명할 필요는 없을 것이다.

불안정이라든지 유리기에 대한 이 모든 이야기가 조금은 무서울 거라는 건 안다. 하지만 걱정할 필요 없다. 홀 푸드로 구성된 식습관만 지킨다면 건강에 도움이 되는 영양소를 섭취하고 다양한 질병을 피할 수 있다. 반면 제대로 된 음식을 섭취하지 않고 필요한 영양소를 충족시키기 위해 영양제에 의존한다면 건강을 위해 필수적인 많은 화합물들을 놓치게 될 것이다.

피토케미컬은 어디에 함유되어 있을까

피토에스트로겐, 안토시아노사이드, 카로티노이드, 플라보노이드 등 자연계에는 다양한 종류의 피토케미컬이 존재한다. 각 그룹은 다양한 면에서 건강에 도움을 주며, 대부분 과일과 채소마다 각기 다른 조합으로 피토케미컬을 함유하고 있다. 각각의 피토케미컬은 분자구조, 인체를 보호하는 방식, 만들어내는 색 등에 따라 다양한 방식으로 분류된다.

가장 일반적이고 가장 많은 내용이 밝혀진 피토케미컬은 다음과 같다.

- **황화알릴** : 마늘, 부추, 차이브 등이 속한 양파류 채소는 황화알릴의 좋은 공급원이다. 황화알릴은 혈액순환을 개선해주고 염증을 예방하며 고혈압을 완화하고 암 발병 위험을 낮춘다. 또한 항균작용과 항산화제 역할도 한다.
- **안토시아니딘** : 플라보노이드 그룹에 속하는 안토시아니딘은 블루베리, 포도, 라즈베리, 무, 양배추 같은 과일과 채소에 밝은색을 만들어낸다. 안토시아니딘은 인체의 콜라겐을 튼튼하게 만들고 강력한 항산화제 역할을 한다.

» **베타-글루칸** : 다당류에 속하는 베타-글루칸은 귀리, 보리, 효모에 함유되어 있다. 베타-글루칸은 면역체계를 활성화하며, 항종양 및 항암작용을 하는 것으로 추측된다. 또한 고지혈증, 암, 당뇨 치료제에 사용되어 왔다.

» **카로티노이드** : 비타민 A와 겹치는 부분이 있기는 하지만 카로티노이드에 속하는 피토케미컬이 비타민 A를 대체할 수는 없다. 단, 비타민 A의 전구체인 베타카로틴은 비타민 A로 대사될 수 있다. 베타카로틴은 오렌지 계열의 과일과 채소에 함유되어 있다. 그 밖에 카로티노이드에 속하는 피토케미컬에는 리코펜, 루테인, 잔틴이 있다. 또한 과일과 채소가 지닌 600가지의 색소를 만들어내는 화합물이 있는데, 여기에는 당근, 파프리카, 토마토, 살구, 수박, 자몽 등이 지닌 노란색, 오렌지색, 붉은색도 포함된다. 카로티노이드는 동맥경화를 예방하고 점막을 보존하며 면역을 강화하는 역할을 한다.

» **카테킨** : 녹차에 함유된 피토케미컬인 카테킨은 와인, 포도, 초콜릿에도 소량이나마 존재한다. 카테킨은 종양세포의 성장을 억제하고 동맥에 플라크가 형성되는 것을 감소시키는 것으로 추측된다. 또한 녹차에 함유된 카테킨은 비타민 E보다 25배 강한 항산화물질이다.

» **플라본** : 곡물과 파슬리 등의 허브에 함유된 플라본은 당뇨, 다양한 암, 골다공증, 죽상경화증을 예방하는 것으로 추측된다.

» **플라보놀** : 토마토, 사과, 적양파, 코코아 파우더, 브로콜리, 케일, 베리류, 차, 레드 와인에 함유된 플라보놀은 혈소판 활성을 감소시키고 혈관을 강하게 만들어 혈관 질환 발병 위험을 낮춘다. 또한 항산화 작용도 한다. 케르세틴은 항염 작용을 하는 중요한 플라보놀이며, 전립선암을 예방하고 관절염 통증과 천식 증상을 완화하는 데 도움을 주는 것으로 알려졌다.

» **글루코시놀레이트** : 쌉쌀하고 톡 쏘는 맛을 지닌 글루코시놀레이트는 머스터드, 겨자무, 무는 물론 콜라비, 방울양배추, 콜리플라워, 브로콜리 같은 유채속 채소에 함유되어 있다. 이는 초식동물로부터 식물을 보호하기 위한 자연적인 방어기제로 작용한다. 글루코시놀레이트는 종양의 생성을 차단하고 강력한 항산화 작용을 한다.

» **인돌** : 양배추를 비롯한 유채속 채소에 함유된 인돌은 악성종양의 성장을 막는 효소의 생성을 증가시켜 암 발병 위험을 감소시킨다.

- **아이소티오시아네이트** : 양배추, 브로콜리, 콜리플라워, 콜라비, 배추, 무 같은 유채속 채소에 함유된 아이소티오시아네이트는 강력한 항암제로서, 특히 폐암과 식도암에 가장 효과적인 것으로 추측된다.
- **페놀산** : 엘라그산, 갈산을 포함한 페놀산은 홀 그레인, 포도, 감귤류 과일, 베리류에 함유되어 있다. 페놀산은 면역체계를 증진하고 염증을 억제하며 혈액순환을 개선한다.
- **피토에스트로겐** : 여성호르몬인 에스트로겐을 모방하는 피토에스트로겐은 세포 사이의 의사소통에 영향을 주어 암으로 발전할 수 있는 세포의 변이를 방지할 수 있다. 견과류, 씨앗류, 베리류, 과일, 곡물, 채소 등 다양한 홀 푸드에 함유되어 있다. 남성의 경우 인지 저하 같은 건강상의 문제를 야기할 수 있으므로 대두 섭취를 일주일에 2회 이하로 제한하는 것이 바람직하다. **경고** : 보충제 형태로 피토에스트로겐을 섭취할 때는 주의를 기울여야 한다. 과다 섭취하면 에스트로겐 의존성 종양의 성장을 자극할 수 있다.
- **피토스테롤** : 홀 그레인, 견과류, 협과, 비정제 식물성 오일에 함유된 피토스테롤은 나쁜 콜레스테롤인 LDL 콜레스테롤을 비롯한 전체 콜레스테롤의 혈액 내 수치를 감소시켜준다. 또한 암 발병 위험도 줄여주는 것으로 추측된다.
- **폴리페놀** : 강력한 항산화제인 폴리페놀은 LDL 콜레스테롤 수치를 낮추고 암세포 성장에 필요한 효소를 차단한다. 차와 일부 버섯처럼 타닌이 함유된 폴리페놀도 있다.
- **레스베라트롤** : 폴리페놀의 일종인 레스베라트롤은 항염 및 항산화, 항암 작용을 하며 심혈관을 보호하는 역할을 한다. 레스베라트롤은 적포도 껍질과 레드 와인에 함유되어 있다.
- **사포닌** : 대두, 허브, 완두콩 등에 함유된 사포닌은 콜레스테롤 수치를 낮추는 강력한 능력을 지닌 것으로 추측된다. 또한 항균 작용을 하고 면역체계를 자극하기도 한다.
- **타닌** : 차, 포도, 석류, 감, 레드 와인, 렌틸, 콩류에 함유된 타닌은 강력한 항염 및 항균 효과를 지녔다. 진한 차나 레드 와인을 마실 때 혀에서 떫은 맛이 느껴지는 것은 바로 이 타닌 때문이다.

이 목록을 보면 피토케미컬이 건강한 식단에 중요한 부분을 차지하고 많은 과일과 채소에 다양하고 풍부하게 함유되어 있다는 사실을 알 수 있다. 피토케미컬은 현재 비필수 영양소로 분류되지만 앞으로 필수 영양소로 지위가 상승될 것이다. 하지만 당장은 다양한 음식을 통해 다채로운 색을 지닌 홀 푸드를 섭취하라. 매일 과일과 채소를 5~9회 섭취하도록 노력하라. 이는 클린 이팅 라이프스타일과 완벽하게 맞아떨어진다!

가능한 진한 색을 지닌 식품을 선택하라. 예를 들어 밝은 녹색 셀러리와 어두운 녹색 셀러리가 있다면 어두운 녹색을 선택하라. 색이 진할수록 더 많은 피토케미컬을 함유하고 있으므로 건강에도 더 도움이 된다.

섬유로 건강을 지키자

섬유(fiber)란 무엇일까? 섬유란 과일, 채소, 견과류, 씨앗류, 홀 그레인을 구성하는 복합 탄수화물이며 인체는 이를 소화, 흡수하지 못한다. 그 어떤 영양분도 제공하지 않고 인체가 소화할 수 없는데 섬유가 그토록 중요한 이유는 무엇일까? 바로 소화계통이 원활하게 돌아가게 해주고 변의 부피를 증가시켜주며 콜레스테롤 수치를 낮춰주고 포만감을 주기 때문이다. 또한 특정한 유형의 암을 예방하는 데도 도움을 주는 것으로 추측된다.

섬유는 수용성과 비수용성 두 가지 유형으로 나뉘지만 두 가지 모두 건강에 도움이 된다. 섬유를 섭취할 수 있는 가장 좋은 식품은 바로 홀 푸드다. 그리고 클린 이팅 플랜의 핵심이 바로 홀 푸드다.

이 절에서는 다양한 유형의 클린 섬유와 이런 섬유가 함유된 식품은 어떤 것이 있는지 살펴보고 소화관을 통해 빠져나가는 동안 인체에 어떤 일을 하는지 설명할 것이다.

다양한 종류의 클린 섬유를 살펴보자

섬유는 물에 녹는 수용성과 녹지 않는 비수용성 두 가지로 나뉘며 인체 내에서 각각 다른 기능을 수행한다. 섬유는 세균에 의해 장에서 부분적으로 발효되는데, 그 덕에 건강에 도움을 주는 유익균의 균형을 유지할 수 있다. 또한 소화관을 지나가는 동안 다른 기능도 수행한다. 다음은 두 가지 유형의 섬유가 하는 일을 간략하게 설명한 것이다.

» **비수용성 섬유** : 비수용성 섬유는 음식을 비롯한 물질이 소화계를 통과하는 데 도움을 준다. 또한 화장실에서 볼일을 쉽게 볼 수 있게 만들어준다. 즉 클린하고 섬유가 풍부한 홀 푸드를 섭취하면 변비 따위는 걸릴 염려가 없다는 것이다.

  비수용성 섬유는 **게실염**이 발생하는 것을 방지한다. 이는 노화함에 따라 결장의 작은 주머니에 발생하는 염증을 말한다. 이 주머니에 염증이 생기면 세균이 증식할 수 있다. 또한 설탕이 혈류로 흡수되는 속도를 늦추고 장의 산도를 조절한다. 또한 부피감을 만들어내 음식물 등이 장에서 계속 이동하도록 만들고, 이는 암을 예방하는 효과로 이어지기도 한다.

  비수용성 섬유는 밀기울과 옥수수 껍질, 씨앗류와 견과류, 기타 홀 그레인 식품, 과일과 채소 껍질에 함유되어 있다. 잎채소와 그린 빈 같이 섬유질이 많은 채소 역시 비수용성 섬유의 좋은 공급원이다.

» **수용성 섬유** : 물에 녹는 수용성 섬유는 겔 형태의 물질을 형성한다. 영양학자들은 이제 수용성 섬유가 좋은 건강을 위해 반드시 필요하다는 사실을 알고 있다. 혈액 내 콜레스테롤 수치를 낮추고 포도당 수치를 안정시키며, 그 결과 제2형 당뇨를 예방하는 데 도움을 줄 수 있다. 수용성 섬유는 장에서 담즙산과 결합하여 체외로 배출시킨다. 이렇게 되면 간은 혈액에 있는 콜레스테롤을 사용하여 더 많은 담즙산을 만들어내고, 그 결과 전체적인 콜레스테롤 수치를 낮춘다. 또한 염증을 줄이고 혈압을 낮추기도 한다.

  수용성 섬유는 위가 비워지는 속도를 늦춰 식사를 마친 뒤에도 포만감을 더 오래 느끼게 만들어준다. 그러므로 너무 빨리 공복감을 느끼지 않는다. 견과류, 보리, 과일, 채소, 귀리 겨, 건조한 협과, 차전자 껍질 등이 수용성 섬유의 좋은 공급원이다.

지금보다 훨씬 많은 섬유를 섭취하라

평범한 미국인은 하루 약 12그램의 섬유밖에 섭취하지 않는다. 하지만 영양학자들은 여성의 경우 20~38그램, 남자의 경우 30~38그램의 섬유를 매일 섭취할 것을 권장한다. 더 많은 칼로리를 섭취할수록 식단에 더 많은 섬유를 포함시켜야 한다. 권장하는 대로 하루 대여섯 끼에 과일과 채소를 다섯 번, 홀 그레인 식품을 여섯 번 섭취하면 쉽게 필요한 섬유 섭취량을 충족시킬 수 있다.

가공식품을 통해 섬유를 섭취하는 것도 나쁘지 않은 방법이므로 해당 제품에 섬유가 몇 그램 포함되었는지 라벨을 통해 확인하라. 하지만 홀 그레인, 과일, 채소, 협과, 견과류, 그리고 씨앗류를 섭취하는 것이 음식을 통해 충분한 섬유를 섭취할 수 있는 최고의 방법이다. 반면 섬유가 풍부하다고 주장하는 가공식품 가운데 다수는 설탕과 트랜스 지방 함량도 높다[커피숍에서 파는 큼지막한 브랜 머핀(밀기울이나 곡물의 속껍질 가루까지 넣어 만든 머핀-역자)을 생각해보라]. 그러므로 주요 섬유 공급원으로 홀 푸드에 의존해야 한다.

섬유 섭취량을 늘릴 때는 수분 섭취도 늘려야 한다. 섬유는 물과 결합했을 때 가장 큰 효과를 발휘한다. 섬유가 소화관을 매끄럽게 이동하고 쉽게 통과하게 만들어주는 것이 물이기 때문이다.

클린 섬유라고 무조건 많이 먹어도 되는 것은 아니다! 그러므로 클린 이팅 플랜에 따라 홀 푸드를 먹는 동시에 섬유 보충제를 섭취하지 않도록 하라. 섬유를 너무 많이 섭취하면 음식이 너무 빨리 장을 통과해 빠져나가기 때문에 미네랄이 흡수되지 않을 수 있다. 하루 45~50그램 이하의 섬유만 섭취하라.

곱씹어보자 : 섬유와 체중감량은 어떤 관계가 있을까

섬유는 건강한 체중을 유지하는 데 중요한 역할을 한다. 가장 중요한 것은 섬유가 풍부한 음식을 먹었을 때 포만감이 크다는 것이다. 위에 유입되는 음식의 부피를 늘려 더 오래 배부른 느낌이 들게 만드는 것이다.

또한 섬유 함량이 높은 식품은 더 많이 씹어야 삼킬 수 있으므로 먹는 데 시간이 더 오래 걸린다.(초콜릿 사탕 한 주먹은 순식간에 먹어치울 수 있지만 사과는 그럴 수 없다는 사실을 생각해보라.) 씹는 데 더 많은 시간이 걸리므로 위가 가득 찼다는 신호가 위에서 뇌로 전달될 시간이 많아진다.(체중을 감량하기 위해 클린 이팅 플랜, 그리고 섬유를 이용하는 데 대한 더 자세한 정보는 제6장을 참조하라.)

단지 섬유가 인간의 몸에 좋은 일을 하고 체중을 감량하는 데 도움이 된다고 해서 1주일에 7킬로그램을 감량하기 위해 섬유를 폭식해도 된다는 의미는 아니다. 섬유가 부족한 식사를 해 왔다면 천천히 섭취량을 늘려야 한다. 너무 빨리 너무 많은 섬유를 식단에 포함시키면 인간의 몸은 반발할 것이다. 장 속의 세균이 평소보다 많은 섬유를 소화하느라 갑자기 더 많은 시간 일해야 하므로 배에 가스가 차서 부풀어 오르고 복통을 일으킬 것이다. 그러므로 장기가 적응할 수 있게 천천히 섭취량을 늘려야 한다.

수분 : 없어서는 안 될 영양소

물을 필수 영양소로 여기는 사람은 없다. 하지만 물을 마시지 않으면 인간은 죽고 만다, 그것도 아주 금세. 인체의 약 65퍼센트는 수분으로 이루어져 있다. 인간은 음식을 먹지 않아도 몇 달을 생존할 수 있지만 물을 마시지 못하면 고작 며칠밖에 생존할 수 없다. 인체의 모든 기능은 수분을 필요로 한다. 신경이 신호를 뇌로 전달하고 혈액이 몸 구석구석을 돌며 세포가 제 기능을 하고 스스로 복구하며 복제하기 위해서는 물이 필요하다. 또한 영양소가 체내로 흡수되고 배설물을 몸 밖으로 배출하며 정상적인 물질대사를 하고 호흡을 할 때도 물이 필요하다.

충분한 수분을 섭취하라

영양학자 대부분은 하루 8~12잔의 물을 마셔야 한다고 말한다. 언뜻 들으면 많은 양 같지만 클린 이팅 플랜을 실천하며 매 끼니를 먹을 때마다, 혹은 전에 물을 한 잔씩 마신다면 아무 노력도 하지 않고 하루에 여섯 잔을 마실 것이다.(클린 이팅 플랜은 하루 여섯 끼를 먹으라고 권장한다. 자세한 내용은 제2장을 살펴보라.) 또한 섭취하는 음식, 특히 수박, 복숭아, 베리를 통해서도 수분을 섭취할 수 있다. 수분 가득한 과일을 생각해보라!

매일 충분한 수분을 섭취하기 위해 지켜야 할 사항은 다음과 같다.

- 깨끗한 물을 쉽게 구할 수 없을 때를 대비해서 언제나 물을 병에 담아 휴대하고 다닌다.
- 잠자리에서 일어나서 한 잔, 잠자리에 들기 전에 한 잔 물을 마신다.
- 과일과 채소 등 좋은 수분 공급원이 될 수 있는 식품을 더 많이 섭취한다.

내가 마시는 수돗물을 과연 안전할까

싱크대 수도꼭지에서 나오는 물이 마실 수 있을 정도로 깨끗하다고 믿는가? 믿지 못할 수도 있다. 불행하게도 미국의 수돗물에는 세균, 납, 염소, 처방 약품, 호르몬 등 사람들 대부분이 마시고 싶지 않은 뭔가가 많이 들어 있다. 하지만 전반적으로 수돗물에 전염성 미생물이 없고 마셔도 안전한 것으로 여겨진다. 그래도 몇 가지 고려해야 할 중요한 문제가 몇 가지 있다.

미국의 하수시설은 현재 수자원 안으로 흘러 들어가는 수많은 화학물질이 발명되고 대량생산되기 전에 설계되었다. 예를 들어 제초제, 살충제, 그리고 의약품은 최초의 정수장이 건립된 약 100년 전에는 존재하지 않았다.

수돗물에는 염소, 불소, 납, 처방 약품, 호르몬, 기타 건강에 부정적인 영향을 미칠 수 있는 오염물질이 함유되어 있을 수 있다. 2015년, 미시간주 플린트의 의사들은 이 도시의 수돗물이 납에 심각하게 오염되었다는 사실을 발견했다. 납은 특히 아동에게서 정신적 예리함과 IQ를 떨어뜨릴 수 있다. 이러한 사실이 밝혀진 뒤 분노한 사람들은 전국적으로 상수 및 하수시설에 대해 수사를 요구했다. 그 결과 일부 시의 경우 노후한 관을 통해 상수가 흐르면서 납을 비롯한 오염물질이 물 안에 녹아들었다는 사실이 드러났다.

그렇다면 자신과 가족의 안전을 지키기 위해서 어떤 일을 할 수 있을까? 우물 등 자신이 마시는 물의 수질검사를 의뢰할 수도, 미국 환경보호국(EPA)의 수질 보고서를 확인할 수도 있다. 상수도 공급업자가 매년 소비자 신뢰 보고서를 소비자에게 제공해야 할 수도 있다. 더 많은 정보를 원하거나 자신이 마시는 물에 대한 소비자 신뢰 보고서를 찾으려면 https://ofmpub.epa.gov/apex/safewater/f?p=136:102를 방문하라. 직접 의뢰한 수질검사든 소비자 신뢰 보고서든 결과가 만족스럽지 않다면 집에 직접 정수기를 설치하는 것도 한 가지 방법이다. 단순한 카본필터를 사용하는 것에서 더 복잡하고 효율적인 역삼투 필터까지 종류는 다양하다. 또한 브리타 같은 이동 가능한 정수 시스템을 사용해도 된다. 시판 중인 생수를 구입해서 마셔도 되지만 다음 절에서 그 내막을 먼저 알아보라.

시판되는 생수의 장점과 단점을 비교해보자

생수가 오염물질이 너무 많은 수돗물의 대안이 될 수 있을까? 그렇기도 하고 아니기도 하다. 많은 생수 제조사가 그저 그럴싸한 병에 수돗물을 집어넣어 팔고 있다. 하지만 일부 제조사는 한두 가지 정수 과정을 추가한다. 병에 주입하기 전에 역삼투압이나 증류법을 사용해서 염소를 제거하는 제조사도 있다. 또한 불소를 제거하는 경우도 있지만 대부분 제거하자마자 다시 주입한다.

경제적 여건이 된다면 집에 직접 정수기를 설치하는 것도 한 가지 방법이다. 아니, 적어도 가족을 위해 필터 시스템이 장착된 개인용 물병을 구입하라. 미시간주 플린트에서 밝혀진 상수도 문제를 겪은 만큼 그 어떤 불편함도 안전보다 우선시될 수 없다는 사실을 알 것이다. 또한 조리할 때도 정수한 물을 사용해보라.

반면 생수가 지닌 장점도 있다. 수돗물보다 생수 맛이 좋다면 물을 더 많이 마실 것이므로 이런 경우에는 생수를 마셔라! 하지만 다른 것과 마찬가지로 맛이 더 좋고 마시기 편리하다는 장점에는 치러야 할 대가가 있다. 수돗물에 비해 최대 500배 가격이 비싸다. 생수병은 1회용 플라스틱으로 만들어진다. 그러므로 집에 생수를 잔뜩 쌓아 놓고 빈 병을 분리수거하는 문제를 해결해야 한다. 또한 다음과 같은 중요한 문제를 고려해야 한다.

> » **비스페놀A** : 플라스틱을 강하게 만들기 위해 사용되는 비스페놀A는 제노에스트로겐이라는 화학기에 속한다. 이는 호르몬의 경로와 전신으로 전달되는 메시지를 방해하여 내분비계를 교란한다. 비스페놀A는 특히 온도가 높은 장소에 보관했을 때 플라스틱 병에서 물로 스며 나올 수 있다.
> 병 바닥에 숫자 3, 또는 7이 적힌 경우 BPA가 사용되었을 수 있다. 반면 BPA가 사용되지 않은 병에는 숫자 1, 2, 3, 5가 적혀 있다.

» **프탈레이트** : 프탈레이트는 플라스틱을 유연하고 잘 깨지지 않게 만들기 위해 사용된다. 프탈레이트는 발암물질이며 호르몬을 교란하는 화학물질이다. 또한 물병에 사용되면 물 안으로 스며 나올 수 있고, 특히 병을 재사용하거나 뜨거운 물을 넣거나 온도가 높은 장소에 보관할 때 심각한 문제가 발생한다.
병 바닥에 숫자 3이 적혔다면 물속에 프탈레이트가 함유되어 있을 것이다.

안전한 생수를 마시기 위해 할 수 있는 일은 다음과 같다.

» **항상 생수병 바닥에 표시된 재활용 숫자를 확인하라.** 그리고 숫자 3이나 7이 적힌 것은 절대 구입하지 말라.
» **1회용 병은 절대 재사용하지 말라.** 1회용 병을 재사용하면 변형이 일어나 물에 더 많은 BPA와 프탈레이트가 스며 나올 수 있다. 바닥에 숫자 1이 적힌 병은 다공성이 크고, 그 안에 있는 물을 마실 때 사람의 입을 통해 유입된 세균이 증식할 수 있으므로 재사용을 목적으로 만들어진 것이 아니다.
» **플라스틱 병에 절대 뜨거운 물을 넣지 말라.** 뜨거운 물은 플라스틱을 깎아낼 수 있고, 그 결과 물에 더 많은 화학물질이 유출될 수 있다. 플라스틱에는 찬물만 담아야 한다.
» **유리나 스테인리스 병을 사용해보라.** 유리나 스테인리스는 철저하게 세척할 수 있으므로 세균 오염에 대해 걱정할 필요가 없다. 또한 오래 사용할 수 있으므로 비용도 절약할 수 있고 환경에도 도움이 된다.

생수든 유리잔에 담은 것이든 정수한 물이든 수돗물이든 많이 마셔라! 대신 탄산음료나 설탕을 가미한 음료는 마시지 말라. 사람이 마실 수 있는 음료 가운데 아직까지 물보다 좋은 것은 없다. 성능이 뛰어난 정수기를 구입할 경제적 여건이 된다면 물에 관한 한 최고의 선택은 제대로 정수된 수돗물이다.

생수를 마신 뒤에는 항상 병을 분리수거해야 한다. 재활용이 가능한 물품이지만 모든 물병이 재활용되는 것은 아니다. 매년 매립되는 물병의 양은 자그마치 150만 톤이나 된다. 플라스틱은 가볍기 때문에 쉽게 쓰레기 수거 트럭에서 날아가 길가에 쌓여 있다가 결국 바다로 흘러들어갈 수 있다. 엄청난 양의 플라스틱 쓰레기가 지구의 바다에 떠다니며 조류와 해양생물의 생존을 위협하고 있다.

프로바이오틱스와 프리바이오틱스 : 건강에 반드시 필요한 영양소

인간의 장에는 건강에 필수적인 세균이 많이 살고 있다. 이 건강에 유익한 세균은 장에서 건강에 해로운 균과 인간이 섭취한 음식을 두고 경쟁한다. 그리고 대부분 인간의 장에는 85 : 15의 비율로 '좋은' 세균과 '나쁜' 세균이 존재한다.

식품에 함유된 프로바이오틱스는 크게 두 가지로 나눌 수 있다. 요거트, 발효식품에 함유된 다양한 락토바실러스속의 균과 유제품에 함유된 몇 가지 비피도박테리움속의 균(흔히 비피더스라고 부른다-역자)이다.(그 밖에도 식품에는 페디오코커스, 류코노스톡, 바이셀라속의 프로바이오틱스가 함유되어 있다.) 이러한 건강에 유익한 균은 탄수화물을 인체가 사용할 수 있는 에너지원으로 전환하는 데 도움을 준다. 또한 비타민 K와 B의 생성에 관여하며 짧은 사슬 지방산을 만들며 미네랄 흡수를 원활하게 만들고 독성물질을 해독하며 물질대사를 돕는다.

이 절에서는 프로바이오틱스와 프리바이오틱스를 많이 섭취하는 일이 신체를 건강하게 만드는 데 중요하다는 사실을 설명할 것이다. 프로바이오틱스는 살아 있는 유익균을 집단적으로 이르는 말이고 프리바이오틱스는 프로바이오틱스의 먹이가 되지만 인간이 소화하지 못하는 영양소, 즉 섬유를 말한다.

인간과 인체에 서식하는 미생물무리

미생물무리라고도 불리는 **미생물총**(microbiota)은 인간의 장에 서식하는 수많은 미생물을 집합적으로 일컫는 말이다. 장에 서식하는 세균의 유형에 따라 인체가 어떻게 질병에 맞서 싸우는지, 체중이 얼마나 나가는지, 영양소를 얼마나 잘 소화, 흡수하는지가 달라진다. **미생물군유전체**(microbiome)는 이러한 세균들의 유전자를 집합적으로 일컫는 말이며, 그 수가 인간 유전자의 100배에 달한다.

과학자들은 지금도 매일 미생물총에 대해 알아가고 있다. 그리고 최근 인간의 장에 서식하는 세균이 매일의 생활에 영향을 줄 수 있다는 사실이 밝혀졌다. 심지어 식습관까지 바꿀 수 있을지 모른다! 유해균은 자신이 좋아하는 음식, 즉 정크 푸드와 설탕과 소금 함량이 높은 식품을 사람들이 갈망하게 만든다. 장내 미생물이 다양하면 실제로 건강한 음식을 선택하고 클린 이팅 플랜을 잘 지키는 데 도움이 될 수 있다.

과학자들은 대변의 미생물총을 이식하여 세균 감염, 특히 클로스트리디움 디피실리에 의한 감염을 치료하는 실험을 하고 있다. 또한 연구 결과 비만인 쥐의 미생물총을 이식받으면 마른 쥐도 체중이 증가한다는 사실이 밝혀졌다. 이러한 이식은 이미 몇천 년 동안 중국에서 수행되어 온 시술이지만 미국에서는 상당히 새로운 것이다. 하지만 이 요법에 대한 연구가 진행되고 있는 만큼 보편적으로 시술될 날이 올 수도 있다.

인체의 면역계 가운데 60~70퍼센트가 소화계에 있다는 사실을 아는가? 프로바이오틱스는 대식세포, 림프구, 백혈구의 일종인 자연살해세포를 활성화하여 세포의 면역반응을 증가시키고 감정을 조절하는 신경전달물질인 세로토닌 수치에 영향을 미칠 수 있다. 장내 유익균이 많으면 평범한 감기에서 우울증, 심지어 암까지 다양한 질병으로부터 신체를 보호할 수 있다. 유익균은 병원성 세균과 경쟁하고 염증성 면역 반응을 조절하며 실제로 건강을 지켜주는 항생제 성분을 생산한다.

장내에 최대한 다양한 세균이 서식하게 만들기 위해서는 가능한 다양한 종류의 프로바이오틱스와 이들이 필요로 하는 영양소인 프리바이오틱스를 충분히 섭취해야 한다. 프로바이오틱스를 꿀벌로, 프리바이오틱스를 꿀벌이 할 일을 하기 위해 필요로 하는 꽃가루로 생각하면 이해하기 쉬울 것이다.

프로바이오틱스의 모든 것

동유럽의 소박한 국가인 조지아 사람들이 등장하는 다논 요거트 광고를 기억하는가? 이곳에서는 100세까지 장수하는 사람들이 너무도 흔하다. 이 광고에서는 요거트에 함유된 유익한 세균, 즉 프로바이오틱스가 수명을 연장해줄 수 있다고 주장했다. 이 말이 정말 사실일까? 그럴 수도 있다!

인간의 장은 1조 개 이상의 미생물로 가득 차 있다. 그 가운데는 유익한 것도, 유해한 것도 있으며, 바로 이러한 균들이 미생물군유전체를 이룬다. 그리고 미생물군유전체는 인간이 음식을 소화하는 데 도움을 주고 면역체계의 한 부분을 담당한다. 인체의 면역체계에서 중요한 역할을 하는 만큼 장 건강을 유지해야 한다. 그 한 가지 방법은 인체에 유익한 균, 즉 프로바이오틱스가 잘 성장하게 만드는 것이며, 여기에는 락토바실러스와 비피도박테리움속에 속하는 세균도 포함된다. 이러한 세균들은 장의 pH 균형을 적절하게 유지하고 나쁜 박테리아가 장벽을 손상시키는 것을 막으며 면역계를 강하게 만든다.

프로바이오틱스를 섭취하기 위해 식품을 구입할 때는 라벨에 '생', 또는 활성균'이라고 적혀 있는지 확인하라. 또한 제품에 특정한 균주의 박테리아가 함유되어 있는지 살펴보라. 라벨에는 각 세균의 유형을 속, 종, 균주(변이)로 구분해 표기해야 한다. 예를 들어 대부분의 요거트 제품에 함유된 세균을 일컫는 정확한 용어는 락토바실러스 애시도필러스 DDS-1이다.

몇몇 연구를 통해 프로바이오틱스가 크론병, 과민성대장증후군, 그리고 궤양성 대장염 같은 장 질병 치료에 효과가 있는 것으로 드러났다. 또한 감기와 독감을 예방하고 설사와 칸디다 질염을 치료하며 방광염 재발을 줄여주고 습진 치료에 도움을 줄 수 있다. 건강한 미생물군유전체는 체중을 조절하고 비만을 예방하는 데도 도움을 주는 것으로 추측된다. 항생제를 복용한 다음 장에 유익한 세균을 다시 증식하게 만들기 위해 프로바이오틱스가 풍부한 식품을 섭취하라고 권고하는 의사도 있다.

프로바이오틱스는 영양제에는 물론 요거트, 된장, 케피어(카프카스의 산악지대에서 음용되는 발포성 발효유-역주), 사워크라우트, 템페(인도네시아의 자바섬, 수마트라를 중심으로 하고 예부터 식용되어 온 대두 발효식품-역주), 김치 등의 발효식품에 함유되어 있다. 발효식품은 가공 처리된 음식이지만 최소한의 과정을 거치므로 여전히 클린 이팅 플랜에 적합하다.

프로바이오틱스에는 정해진 RDA가 없다. 하지만 인간의 장에는 이미 수많은 세균이 서식하고 있으므로 프로바이오틱스를 과다 섭취하는 일이란 불가능하고, 가능하다 해도 매우 어렵다. 인간의 몸은 필요하지 않은 것을 제거할 것이다.

프리바이오틱스의 모든 것

유익한 세균이 장에 도달하면 이들이 그곳에서 행복하게 머물게 만들어야 한다! 다행히 클린 이팅 플랜에 포함되는 다양한 건강한 식품들은 프로바이오틱스 세균의 먹이가 되는 프리바이오틱스, 즉 발효 가능한 섬유를 함유하고 있다. 특히 건강에 도움을 주는 세균은 올리고당이라는 탄수화물 분자를 즐겨 먹는데, 이는 다음과 같은 다양한 홀 푸드를 통해 섭취할 수 있다.

- 녹색잎채소
- 보리, 그리고 귀리 같은 홀 그레인
- 협과
- 양파와 마늘
- 아스파라거스
- 바나나
- 아티초크

프로바이오틱스 식품 가운데는 프리바이오틱스 섬유까지 첨가한 것도 있다. 그러므로 라벨을 꼼꼼히 살펴보라. 또한 발효 가능한 섬유를 보충제 형태로 섭취할 수도 있다.

불행하게도 우리가 벗어나려 몸부림치는 미국식 식단은 유해한 장내 세균의 먹이가 되는 음식이 많다. 그 때문에 프리바이오틱스는 클린 이팅 다이어트에서 중요한 부분을 차지한다.

가스를 유발할 수도 있으므로 프리바이오틱스를 식단에 추가할 때는 주의를 기울여야 한다. 인간의 몸은 이러한 식물성 섬유를 소화하지 못하지만 장내 세균은 발효시키고, 그 결과 가스가 만들어진다. 다행히 이러한 '부작용'은 인체가 유익한 세균과 이들이 필요로 하는 먹이에 익숙해지면 가라앉는다.

의사들도 아직 하루에 얼마나 많은 프리바이오틱스 섬유를 섭취해야 하는지 정확히 알지 못한다. 하지만 대부분 4~6그램이 적절하다고 생각한다. 거의 모든 사람이 건강을 증진하기 위해 지금보다 더 많은 프리바이오틱스 식품을 섭취해야 하는 것이다. 실제로 프로바이오틱스 섭취량이 같더라도 프리바이오틱스 섭취를 늘리는 것만으로 소화기능을 향상시킬 수 있다. 또한 이러한 식품은 트리글리세라이드를 낮추고 혈당을 조절하며, 음식에 대한 갈망을 줄여줄 수도 있다. 그리고 맛까지 좋다!

chapter

05

더 많이, 자주 먹어라!

제5장 미리보기

- 건강한 배고픔을 인지하고 건강하지 않은 배고픔을 진정시킨다.
- 바람직한 음식을 선택하여 적절한 방식으로 배고픔과 싸운다.
- 클린 푸드가 지닌 자연적인 맛을 음미한다.
- 팔레오 다이어트에 대해 알아본다.

'이만큼만 먹어야지'라고 생각하며 그릇에 담았지만 막상 양을 보고는 '더 많았으면' 하고 바란 적이 얼마나 많은가? 다이어트에 '돌입'하면 박탈감을 느끼고 제발 배 좀 고프지 않았으면 좋겠다고 생각하는가? 클린 이팅 라이프스타일을 따른다면 그러한 날들은 영원히 안녕이다. 클린 이팅을 실천하면 건강이 좋아지고 에너지가 넘치는 등 수많은 장점을 누릴 수 있지만 그 가운데 최고의 장점은 바로 더 많이, 더 자주 먹는다는 것이다.

물론 열쇠는 다양한 영양소가 풍부하게 함유된 식품을 먹는 데 있다. 다시 말해 1칼로리를 섭취할 때마다 적절한 양의 비타민, 미네랄, 섬유, 기타 영양소를 섭취할 수 있는 음식을 먹어야 한다. 주로 정크 푸드와 가공식품이 해당되는 빈 칼로리 식품은 당신의 건강과 지갑을 희생시킬 만한 가치가 없다. 그리고 클린 이팅 라이프스타일에는 발붙일 곳이 없다.

이 장에서는 자신의 몸이 말하는 내용에 귀를 기울이는 방법, 배가 고프거나 목이 마를 때 어떤 신호를 보내는지, 그리고 단지 감정적인 이유로 식욕을 느낄 때 어떻게 구분하는지를 설명할 것이다. 이를 위해 진짜 배고픔의 신호가 무엇인지, 그리고 공복이 진짜 어떤 의미인지 보여줄 것이다. 또한 언제 어떤 것을 먹어야 하는지, 미니밀을 어떻게 만들고 즐겨야 하는지, 일상 속에 클린 이팅 라이프스타일을 어떻게 접목할지 스스로 판단할 근거를 마련할 것이다. 그리고 풍미를 증가시키는 천연 조미료를 사용해서 클린 푸드를 즐기는 방법도 소개할 것이다. 마지막으로 전체 인구의 1/3이 건강을 증진하기 위해 시도해야 할 팔레오 다이어트를 상세히 다룰 것이다.

자신의 몸이 하는 말에 귀를 기울여라

진짜 배고픈 것이 어떤 느낌인지 아는가? 물론 누구나, 특히 너무 바빠 먹을 시간이 없는 날 극심한 배고픔을 느낀 경험이 있다. 하지만 많은 사람이 자신의 몸이 배고프다고 보내는 신호와 진짜 배고픔 사이의 연관성을 이해하지 못한다.

이 절에서는 자신의 몸이 더 많은 음식이 필요하다고 어떻게 말하는지, 어떤 형태로 신호를 보내는지, 때로 다른 감정, 즉 방아쇠를 진짜 배고픔으로 잘못 인식하는지를 살펴볼 것이다. 또한 공복의 의미가 무엇인지, 위가 정말, 그리고 적당히 찼을 때를 어떻게 판단하는지를 설명할 것이다.

클린 이팅의 비결은 건강한 배고픔의 신호를 인지하고 건강하지 않은 신호를 완화하는 것이다. 위와 뇌가 어떻게 상호작용하는지 이해하고 과식과 갈망을 조장하는 방아쇠를 식별할 수 있다면 잘못된 음식을 선택하는 악순환을 멈출 수 있을 것이다.

배고픔의 신호를 해독하라

과학자 이반 파블로프는 다양한 방식으로 배고픔을 유발할 수 있다는 사실을 증명했다. 일련의 실험을 통해 그는 식사 시간을 알리는 종소리를 들은 개들이 침을 흘리기 시작했다는 사실을 보여주었다. 개들은 종소리가 들리면 음식이 주어진다는 사실을 학습했고 여기에 개의 몸이 반응한 것이었다. 그리고 이것은 인간이라고 딱히 다르지 않다!

배고픔은 생존을 위한 생물학적 욕구다. 살아 있는 상태를 유지하려면 음식을 먹어야 하므로 인체는 인간에게 음식이 필요한 순간 이를 알려준다. 하지만 현대 사회에서는 초콜릿 도넛에서 프렌치프라이까지 각종 음식을 연상시키는 이미지가 끊임없이 인간을 공격한다. 결국 사람들이 다른 음식을 갈망하게 만들고자 하는 메디슨 가의 노력은 오랜 세월 동안 엄청난 성공을 거두어 왔다! 하지만 클린 이팅 라이프스타일을 따른다면 진짜 배고픔이 어떤 느낌인지 깨달을 수밖에 없을 것이다.

배고픔은 기본적으로 두 가지로 분류할 수 있다. 하나는 인간의 몸이 스스로 복구하고 정상적인 상태를 유지하기 위해 음식이 필요할 때 발생하는 정상적인 배고픔이다. 다른 하나는 음식 사진 같은 외부적 신호와 스트레스나 슬픔 같은 내부적 신호에 반응할 때 발생하는 배고픔이다. 그리고 이 두 가지 배고픔에서 파생된 몇 가지 배고픔을 경험하게 되며, 그 내용은 다음과 같다.

- **진정한 신체적 배고픔** : 혈당이 떨어지고 호르몬 수치가 변하며 위와 장이 비었을 때 생기는 배고픔이다. 인간의 뇌는 이러한 신호를 해독하여 전신으로 메시지를 보내고, 그 결과 위에서 꼬르륵 소리가 나고 복통이 일어나며 때로 두통이나 무력감이 발생한다. 이러한 배고픔의 신호를 인지해야 자신의 신체에 적절하게 연료를 공급하고 건강하게 유지할 수 있다.
- **심리적 배고픔** : 이는 걱정, 불안, 분노 같은 생각과 감정이 들 때, 또는 음식을 보거나 냄새를 맡았을 때 일어나는 배고픔이다. 이러한 유형의 배고픔을 일으키는 것은 영양 섭취를 위한 신체적 필요가 아니라 정크 푸드 섭취, 폭식, 불규칙한 식습관이다.
- **식욕** : 이는 음식에 대한 흥미, 또는 갈망을 말한다. 식욕은 신체가 음식을 필요로 할 때 생긴다. 하지만 신체가 실제로 충분히 먹었다고 보내는 신

호를 무시하여 사람들이 필요 이상으로 많이, 때로 훨씬 많이 먹게 자극할 수 있다.

가족들이 언제 배고픔을 느끼는지 추적하라

건강한 방식으로 음식을 섭취하고 건강한 신체를 유지하는 데 가장 큰 어려움은 심리적 배고픔과 식욕을 이해하고 이를 신체적 배고픔에서 분리해내는 것이다.

며칠 동안 한 집에 사는 가족을 대상으로 간단한 실험을 해보면 이 두 가지 주요 배고픔의 차이를 이해할 수 있다. 먼저 가족에게 앞으로는 신체적으로 배고픔을 느낄 때만 음식을 섭취해야 하며 자신의 배고픔 신호에 주의를 기울이라고 말하라. 또한 배고픔을 단계별로 평가하도록 한다. 예를 들어 1은 '엄청나게 배고픈' 상태, 10은 '엄청나게 배부른' 상태를 의미하는 것이다. 3~7 사이에 머무르는 것을 목표로 한다. 즉 죽을 것처럼 배고플 때가 아니라 허기를 느낄 때 음식을 먹고 만족감을 느낄 정도로 배가 부르면 먹기를 중단해야 한다. 어느 정도 연습을 해야 이 목표를 달성할 수 있을 것이다. 하지만 결국 모든 사람이 음식 섭취를 자연스럽게 통제하는 이 방법에 익숙해질 것이다.

자신이 감정적인 이유로 음식을 섭취한다는 사실을 깨달았지만 이러한 충동을 통제하기 어렵다면 컵케이크와 포테이토칩 대신 건강한 식품을 집에 쌓아두어라. 충동이 일어난다 해도 건강하지 않은 음식은 쉽게 손에 넣을 수 없는 반면 치즈를 곁들인 사과처럼 건강한 간식을 언제든 먹을 수 있다면 식단은 저절로 개선될 것이다.

외부적 신호를 무시하라

가족 구성원 모두 신체적 배고픔과 심리적 갈망을 구분하게 되면 이제 정말 배고프지 않을 때조차 먹게 만드는 외부적 신호를 해결해야 한다. 어쨌든 먼저 나쁜 식습관을 바꿔야 성공적으로 클린 이팅 라이프스타일을 따를 수 있다.

신체가 건강을 증진하고 심리적 이유가 아닌 배고픔을 해결하기 위해 음식을 섭취하는 데 익숙해지려면 다음과 같은 사항을 따라야 한다.

» **식사 시간에는 텔레비전과 컴퓨터를 꺼라.** 식사 시간에 다른 것에 정신이

팔리면 앞에 놓인 음식과 신체적 느낌에 주의를 기울이지 않고 주로 과식하게 된다. 음식에 집중하지 않았을 때 아무 생각 없이 먹게 되므로 이러한 행동을 하지 않는 것을 목표로 삼아야 한다.

» **천천히 먹어라.** 함께 식사하는 사람들과 이야기를 나누고 가끔 숟가락과 젓가락을 내려놓아라. 그리고 위가 찼다는 신호가 뇌에 전달될 수 있게 기다려라. 이 메시지가 위에서 뇌로 전달되는 데는 20분이 걸린다. 그리고 배가 찼다는 신호가 뇌에 도달하기 전, 마지막 몇 분 동안 실제로 엄청나게 많은 음식을 먹을 수 있다!

» **포션 컨트롤과 적절한 1인분 크기를 이해하라.** 사람들은 대부분 레스토랑에서 서빙하는 슈퍼사이즈 1인분에 익숙하다. 하지만 육류의 건강한 1인분은 겨우 카드 한 벌 크기이고 아이스크림은 1/2컵이라는 사실은 모를 것이다. 적절한 분량을 담는 것이 자연스러운 습관이 될 때까지 음식을 계량하는 연습을 해서 정확한 1인분 크기에 익숙해져야 한다.

» **감정과 먹는 일을 분리하라.** 스트레스는 과식이나 건강하지 않은 음식에 대한 갈망을 촉진할 수 있다. 스트레스를 받거나 화가 나서 뭔가 먹고 싶더라도 10~15분만 기다려보라. 그 시간이 지난 뒤에도 여전히 배가 고프다면 이는 감정적인 것이 아니라 신체적인 신호이므로 음식을 섭취해도 좋다. 단, 건강한 것을 선택해야 한다. 반면 진짜로 배가 고픈 것이 아니라면 방아쇠는 진짜 배가 고파서 음식을 필요로 하는 신체적 요구가 아니라 감정, 또는 외부적 요인이다.

갈증을 알리는 신호를 식별하라

물은 생명 유지에 있어 기본이 되는 요소다. 실제로 인간의 몸은 65퍼센트가 물로 이루어져 있다. 그리고 더 많은 물을 필요로 할 때 갈증을 알리는 신호를 통해 이 같은 사실을 당신에게 알린다. 하지만 사람들은 종종 갈증을 배고픔으로 오해한다는 사실을 아는가?

위가 요동치기 시작하고 뭔가 먹고 싶어지면 우선 물을 한 잔 마셔보라. 탄산음료나 커피, 또는 차가 아니라 그냥 물 말이다. 그리고 몇 분 정도 기다려라. 배고픈 것이 아니라 단순히 목이 말랐던 것이라면 음식에 대한 갈망은 줄어들 것이다. 지난 3시

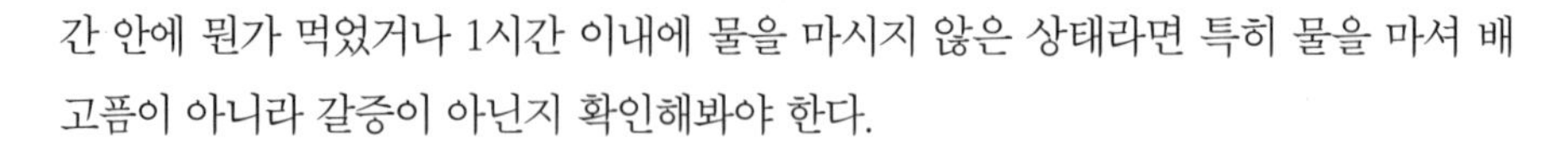

간 안에 뭔가 먹었거나 1시간 이내에 물을 마시지 않은 상태라면 특히 물을 마셔 배고픔이 아니라 갈증이 아닌지 확인해봐야 한다.

물을 많이 마시면 신체에 다음과 같은 도움이 된다.

- 물질대사를 적절한 수준으로 유지한다.
- 음식에 대한 갈망을 줄인다.
- 저장된 지방을 연소한다.
- 근긴장을 유지한다.
- 에너지 수준을 높인다.

실제로 본격적으로 식사를 하기 전에 물을 마시거나 맑은 수프를 먹는 것은 위를 채우고 허기를 달래는 아주 좋은 방법이다. 수분이 충분하게 공급된 상태로 신체를 유지하면 배고픔의 진짜 느낌을 인지하는 데 도움이 될 것이다.

포만감을 이해하자

포만감이란 음식을 먹은 다음 느끼는 만족스러운 감정을 말한다. 배가 부르다거나 불편할 정도로 많이 먹었다는 의미가 아니다. 자신에게 포만감이 어떤 의미인지 깨달아야 클린 이팅 라이프스타일을 영위할 수 있다.

포만감의 의미를 더 잘 이해하려면 수산나 홀트 박사가 개발한 포만감 지수를 살펴보라. 이는 먹었을 때 얼마나 만족스러운지, 배부른 느낌을 받으려면 얼마나 먹어야 하는지, 먹은 다음 허기를 다시 느낄 때까지 시간이 얼마나 걸리는지에 따라 식품에 점수를 매긴 것이다.

포만감 지수의 기준선은 평범한 화이트 브레드 한 조각의 100점이다. 더 오래 배고픔을 막아주는 식품의 점수가 그보다 높은 반면 더 빨리 배고픈 느낌을 일으키는 식품은 점수가 낮다. 당연히 섬유와 복합 탄수화물, 단백질을 함유한 식품이 위를 더 빨리 채우고 먹었을 때 만족감을 주며 혈당 수치를 더 오래 안정시킨다. 배고픔을 막는 데는 고단백질 식품만 한 것이 없다. 반면 섬유가 풍부한 홀 그레인과 과일, 채소는 만족감이 오래 지속되는 데 도움을 준다.

다음은 포만감 지수가 낮은 식품이다.

- » **캔디 바** : 70점
- » **도넛** : 68점
- » **포테이토칩** : 91점
- » **케이크** : 65점

다음은 포만감 지수가 높은 식품이다.

- » **치즈** : 157점
- » **생선** : 225점
- » **사과** : 197점
- » **익힌 감자** : 322점
- » **오트밀** : 209점

점수가 높은 식품이 깨끗한, 즉 클린한 것인 반면 점수가 낮은 식품은 많이 가공된 것이라는 사실은 놀랄 것도 없다. 클린 이팅 라이프스타일은 건강과 안녕을 향상시키는 것만이 아니라 매 끼니를 먹고 났을 때 더 많은 만족감을 느끼게 해준다. 그리고 바로 이것이 클린 이팅 라이프스타일을 실천했을 때 받는 건강한 보상이고 깨달아야 할 즐거움이다!

다음 절에서는 포만감에서 중요한 역할을 하는 두 가지 요소를 추가로 살펴볼 것이다. 바로 음식의 풍미와 위에서의 소화다.

포만감을 만드는 등식에 풍미라는 요소를 더하자

포만감은 단순히 배고픔을 줄이는 것이 아니다. 식욕은 뇌의 다양한 부분이 관여하는 복잡한 생물학적 메커니즘이다. 다양한 풍미를 지닌 식사를 하면 더 다양한 뇌의 식욕중추를 활성화한다. 예를 들어 단맛과 짠맛, 신맛 그리고 감칠맛(우마미라고도 한다)을 포함한 식사를 하면 뇌의 다양한 식욕중추를 작동시키는데, 인간은 자극을 받은 모든 식욕중추에 포만감을 느낀다는 신호가 뇌에 전달될 때까지 먹는 행동을 멈추지 않는다.

그리고 설탕과 소금의 함량이 높은 제품이 많다는 것이 바로 가공식품의 문제점이다. 그 결과 가공식품은 뇌의 많은 식욕중추를 자극하고, 그 결과 사람들은 뇌를 만족시키기 위해 더 많이 먹어야 한다. 하지만 가공식품에서는 그 모든 풍미를 맛볼 수 없다. 예를 들어 가공 시리얼은 설탕 함량이 높다는 사실은 누구나 알 것이다. 하지만 소금 함량까지 높다는 사실을 알고 있는가? 설탕은 단맛 식욕중추를, 소금은 짠맛 식욕중추를 깨워 사람들이 단 음식과 짠 음식을 더 많이 먹게 만든다.

이는 전 FDA 위원인 데이비드 케슬러 박사가 하이퍼이팅(hypereating)이라고 부르는 현상의 핵심 개념이다. 하이퍼이팅이란 가공식품을 섭취해야 하는 강박적 욕구를 말하며, 뇌의 화학반응마저 바꾼다. 설탕, 소금, 그리고 지방이라는 조합이 뇌의 식욕중추를 촉발하고, 여기에서 엔도르핀이라는 좋은 기분이 들게 만드는 호르몬이 분비된다. 즉 가공식품이 실제로 행복, 편안함, 도취감 등의 기분이 들게 만드는 것이다. 이는 마약 중독자들이 마약을 복용한 뒤 느끼는 것과 매우 흡사한 감정이다. 이를 너무나도 잘 아는 식품 제조사들은 특정한 조합으로 똑같은 재료를 사용해서 그토록 많은 종류의 가공식품을 만든다.

무미무취의 음식을 먹고 싶은 사람이 어디 있겠는가. 다행히 홀 푸드를 섭취하면 건강을 위해 필요한 영양소와 풍미라는 두 가지 측면을 최대한 만끽할 수 있다! 그러기 위한 열쇠는 풍미가 다양하고 양이 많으며 다양한 영양소가 함유되어 있는 반면 밀도가 낮은 식품을 선택하는 것이다. 예를 들어 포도나 오렌지처럼 수분과 섬유 함량이 높은 음식이 과일 주스보다 먹고 난 다음 포만감이 높다. 가공식품은 부피가 상대적으로 작으므로 섭취하기 쉽다. 하지만 클린 푸드를 섭취하는 것이 더 건강하고 포만감을 주는 방법이다. 약 340그램짜리 포테이토칩 한 봉지를 먹어치우는 건 순식간이지만 같은 무게의 익힌 감자를 먹으려면 시간이 오래 걸린다. 또한 포만감도 크고 영양가도 풍부하다.

위를 더 오래 바쁘게 만들어라

위내정체시간도 포만감에 중요한 역할을 한다. 이는 위가 유입된 음식을 소화한 뒤 소장으로 비워낼 때까지 걸리는 시간을 말한다. 그리고 위가 음식을 소화하는 데 걸리는 시간은 그 음식에 섬유, 단백질, 탄수화물, 지방이 얼마나 함유되어 있는지에 달려 있다. 예를 들어 단순 탄수화물만 함유한 과일 주스는 순식간에 소화되어 위를 금세 통과한다. 위가 소화해야 할 고체가 전혀 없기 때문이다.

하지만 곡물, 채소, 기름기 없는 육류를 포함한 식사는 소화하는 데 시간이 오래 걸리고 위에 음식이 오래 머물수록 더 오랫동안 포만감을 느낀다. 그리고 이번에도 클린 이팅 라이프스타일의 핵심 요소인 홀 푸드는 위내정체시간이 긴 반면 가공식품은 짧다.

음식의 순수한 양도 중요하다. '먹어야 할 것과 먹지 말아야 할 것을 알자' 부분에서는 클린 이팅의 깨끗한 식사, 즉 클린 밀에 함유된 칼로리와 영양소를 가공식품에 함유된 것과 비교할 것이다. 당연히 클린 밀이 칼로리는 낮은 반면 영양가는 풍부하다. 하지만 함께 차려진 음식들을 바라보면 또 한 가지 사실을 깨달을 것이다. 클린 밀의 양이 훨씬 많다는 것이다.

음식은 눈으로 먼저 먹는다는 말이 있다. 그리고 단지 음식으로 가득 찬 그릇들을 쳐다보는 것만으로도 더 큰 만족감을 느낄 수 있다. 예를 들어 견과류, 그리고 버섯과 아보카도, 토마토 등의 채소가 듬뿍 들어간 푸짐한 샐러드를 보면 패스트푸드 체인점에서 자그마한 프라이드 부리토를 먹을 때보다 만족스러울 것이다.

먼저 식품을 잘 선택하는 것부터 시작하자

미국인 대부분이 겪는 문제는 선택할 것이 너무 많다는 것이다. 식료품점은 안타깝게도 건강에 그리 좋지 않은 식품들로 가득 차 있다. 포장된 식품이 맛도 좋고 편리하지만 이를 섭취한 다음 인간이 치러야 할 건강과 신체적 대가는 엄청나다.

바람직한 음식을 선택하는 것이 클린 이팅 라이프스타일로 향하는 기본적인 단계다. 이 절에서는 클린 이팅 다이어트의 의미가 무엇인지, 쇼핑 바구니에 어떤 종류의 식품을 넣어야 할지 살펴볼 것이다. 또한 전형적인 미국식 패스트푸드 식사에 함유된 칼로리와 영양소를 클린 밀에 담긴 것과 비교하고 언제 음식을 섭취해야 인체에 계속해서 제대로 연료를 공급할 수 있는지 살펴볼 것이다.

먹어야 할 것과 먹지 말아야 할 것을 알자

평범한 미국인조차 매일 필요 이상의 칼로리를 섭취하며, 그 양이 1년이면 22.7킬로그램 이상 체중이 증가하는 수준이라는 사실을 아는가? 이 충격적인 통계 수치는 현대 문화에서 가공식품과 패스트푸드를 너무나도 쉽게 구할 수 있다는 현실이 반영된 것이다.

사람들은 매일 시각적, 감정적 신호를 접한다. 그리고 가공식품의 재료인 화학물질은 물론 이러한 신호에 대한 인체의 자연스러운 반응까지 모두 건강한 음식을 섭취하기 매우 어렵게 만든다. 하지만 약간의 노력과 간단한 규칙 몇 가지, 그리고 자신의 몸에 진정으로 필요한 것이 무엇인지 더 잘 이해한다면 이러한 과정에 변화를 줄 수 있다. 어떤 것을 알아야 그렇게 할 수 있는지 이제부터 살펴보자.

다른 선택의 여지가 없을 때 적절한 포장 식품 고르기

조류, 아메바가 가장 아래 단계에 오고 사자와 호랑이가 가장 위 단계에 위치한 먹이연쇄에 대해 들어보았을 것이다. 하지만 다른 먹이연쇄에 대해서는 모를지도 모른다. 바로 가공식품의 먹이연쇄다. 이는 사과, 녹색 채소, 베리, 곡물 등 자연적인 형태 그대로의 식품이 가장 아래 단계에 오고 달콤한 케이크와 패스트푸드 햄버거 같은 가공식품이 가장 위 단계에 오는 것이다. 식품의 먹이연쇄에서 낮은 단계에 있는 것을 섭취하면 저절로 클린한 음식을 먹는 셈이다. 그러므로 식품을 구입하기 전에 그것이 원래 어떤 상태였는지 생각해보라. 작은 플라스틱 컵에 담긴 과일 젤라틴 샐러드는 복숭아 조각들이 가끔 눈에 띌 뿐 나무에서 갓 딴 신선한 복숭아와는 전혀 다른 것이다.

제13장에서 우리는 가공식품을 버리고 클린 푸드를 섭취하는 데 도움이 될 계획을 몇 가지 소개할 것이다. 하지만 여전히 라벨이 붙은 식품을 구입하고 있다면 다음 규칙을 기준으로 어떤 것을 선택해야 할지 결정하라.

» 라벨을 읽어라. 통밀빵 등의 식품이 다섯 가지, 혹은 일곱 가지 이상의 재료로 만들어졌다면 도로 내려놓아라. 특정한 재료가 들어갔는지에 집착할 필요가 없다. 그저 직접 집에서 간단하게 만들 때 같은 수의 재료를 사용

할지만 생각하라.

» **읽거나 쓸 수 없는 재료, 내용이 무엇인지 이해할 수 없는 재료가 라벨에 적혀 있다면 구입하지 말라.** 인간의 몸은 실험실에서 만들어진 인공 향신료나 화학물질을 필요로 하지 않는다. 화학물질이 FDA 기준에서 안전할지라 해도 앞으로 문제를 일으킬 여지는 충분하다.

» **설탕, 가공된 재료가 사용되거나 지방이 재료 목록에서 첫 번째, 또는 두 번째로 표시된 제품은 구입하지 말라.** 이러한 식품은 빈 칼로리이며 별다른 영양소를 공급하지 않는다.

» **먹이연쇄의 낮은 단계에 있는 식품을 선택하라.** 즉 자연적인 원래 상태를 최대한 유지하고 있는 식품을 선택하라. 병에 든 코울슬로 대신 양배추 한 덩어리를 선택하라. 설탕이 가미된 사과소스 대신 진짜 사과를 선택하라. 일관되게 이러한 태도를 취하면 당신은 순조롭게 클린 이팅의 길을 가게 될 것이다.

이 단순한 규칙을 지키다 보면 즐겨 구입하던 수많은 식품이 더 이상 구매 목록에 없다는 사실을 발견하게 될 것이다. 이렇듯 구매 목록에 변화가 생기려면 시간이 걸리지만 스트레스 받을 필요 없다! 자연스럽게 그렇게 될 것이다. 쇼핑 카트에 자신이 어떤 것을 담아 집으로 가져오는지를 인식하는 것이 첫 번째이자 가장 중요한 단계다.

패스트푸드를 피하라

클린 이팅 라이프스타일로 생활 방식을 바꾸는 동안 자신이 먹는 음식을 신중하게 고려하고 선택하기 시작할 수밖에 없다. 패스트푸드가 상대적으로 저렴하고 즉석에서 먹을 수 있지만 이러한 음식을 지속적으로 섭취하면 장차 건강에 무리가 생겨 약값이 들고 병원까지 가야 하므로 결국 매우 비싼 값을 치르고 시간을 허비하게 될 수도 있다.

가공식품과 클린 푸드가 얼마나 다른지를 눈으로 직접 확인하고 싶다면 표 5-1과 표 5-2를 살펴보라. 전형적인 미국식 패스트푸드와 클린한 홀 푸드로 만든 음식을 비교할 수 있을 것이다. 예전 습관으로 되돌아가는 것 같다면 이 표를 꺼내서 가장 아래 칸을 확인하라.(참고 : g는 그램을, mg는 밀리그램을 의미한다.)

표 5-1 패스트푸드 한 끼 식사

음식	지방	탄수화물	섬유	나트륨	단백질	칼로리
355밀리리터 탄산음료	0g	42g	0g	35mg	0	150
패스트푸드 치즈버거 1개	12g	33g	2g	750mg	15g	300
프렌치프라이 1회분	19g	48g	5g	270mg	4g	380
케첩 3테이블스푼	0g	12g	0g	500mg	1g	45
합계	31g	135g	7g	1,555mg	20g	875

표 5-2 클린 이팅 식사

음식	지방	탄수화물	섬유	나트륨	단백질	칼로리
치킨 양상추 말이	11g	15g	3g	654mg	23g	250
뭉근하게 끓인 토마토 보리 스프	1g	27g	6g	512mg	4g	126
얼린 요거트 바	1g	5g	1g	12mg	4g	39
합계	13g	47g	10g	1,178mg	31g	414

표 5-1에 적힌 패스트푸드 메뉴대로라면 정말 맛있는 한 끼가 될지도 모르지만 먹고 난 뒤 금세 배가 고파질 것이다. 또한 인체에 필요한 영양소를 제대로 공급하지 못하는 반면 나트륨, 지방, 방부제, 인공 향신료는 너무 많이 섭취하게 될 것이다. 이 식사에 함유된 나트륨의 양은 하루 권장량인 2,400밀리그램의 절반을 넘는다. 그리고 하루 권장 섭취 열량 2,000칼로리의 절반 가까이에 해당되며 지방 함량 또한 매우 높다.

패스트푸드 식사는 영양가 면에서도 매우 질이 낮다. 케첩과 치즈버거에 들어간 토마토 덕분에 비타민 C는 어느 정도 섭취할 수 있지만 비타민 D, 칼슘, 기타 미량 영양소는 별로 함유되어 있지 않다. 또한 이런 식사는 육류에 남아 있는 호르몬, 그리고 감자, 토마토, 양상추에 남아 있는 농약을 다량 함유하고 있을 가능성이 높다. 이런 곳에서는 공장식 대형 농장에서 사육, 재배한 재료를 사용하기 때문이다.

표 5-2에는 제5부에 소개할 클린 이팅 식사의 조리법을 따른 음식이 나와 있다. 앞

의 두 가지는 제16장에서, 마지막 한 가지는 제18장에서 다룰 것이다. 꼭 이 메뉴일 필요는 없다. 맑은 수프나 샐러드라면 어떤 것이든 대체할 수 있다.

위의 두 가지 표에서 각각의 지방, 섬유, 나트륨, 단백질의 함량, 그리고 칼로리를 비교해보라. 클린 식사는 좋은 지방을 함유한 반면 설탕과 나트륨은 적게 함유하고 있다. 또한 섬유와 단백질 함량도 높다. 그리고 더 풍부한 영양소를 공급하고 포만감은 더 오래 지속시키면서도 칼로리, 방부제, 인공 재료는 적게 들어 있다. 클린 이팅 다이어트는 당신이 평생의 삶을 위해 지켜야 할 원칙이다. 그리고 더 오래 활동적이며 건강한 삶을 누릴 것이다!

배고픔과 싸우는 방법은 미니 밀이다

1980년대, 소에 사용되던 방목이라는 용어가 인간에게도 사용되었다. 과학자들은 푸짐한 세 끼를 먹는 대신 소량의 식사를 하루 동안 자주 하면 인체의 물질대사가 활발해지고, 혈당을 최대한 안정되게 유지하여 과식을 방지할 수 있다고 믿었다. 혈당이 떨어지면 갖가지 못된 일들이 벌어진다. 사람들은 배고픔을 느끼고 초조해지며 의지 따위는 내팽개친 채 눈에 보이는 대로 뭐든 먹을 것에 손을 뻗는다.

수많은 연구를 거듭했지만 과학자들은 아직 미니 밀이 그 모든 장점을 지녔는지에 대해 명확한 답을 찾지 못했다. 하지만 더 자주 먹는다면 가공식품을 간식으로 섭취하고 싶은 충동이 줄어들 수 있고, 이것이 바로 클린 이팅을 실천할 때 전통적인 방식대로 아침, 점심, 저녁식사를 배부르게 먹지 말고 하루 동안 5~6회의 소식을 하라고 권하는 이유이기도 하다. 어찌되었든 한 시간 안에 직접 구운 빵으로 만든 칠면조 샌드위치를 먹을 거라는 사실을 안다면 휴식 시간에 도넛 진열대를 지나더라도 먹고 싶은 충동이 훨씬 줄어들 것이다.

앞 부분 '배고픔의 신호를 해독하라'에서 설명한 배고픔 지수를 잊지 말라. 정기적으로 양이 적은 식사를 하면 배고픔 지수가 1이나 2까지 떨어지는 일을 방지할 것이다. 또한 한 끼의 양이 적으므로 9나 10까지 배부르게 먹는 일이 거의 일어나지 않는다는 의미이기도 하다.

미니 밀이 주는 혜택을 최대한 누리려면 다음 지침을 따라야 한다.

» **각각의 미니 밀에 복합 탄수화물, 기름기를 제거한 육류, 건강한 지방을 포함시켜야 한다.** 복합 탄수화물은 과일, 채소, 홀 그레인에서, 기름기가 없는 단백질은 닭고기, 생선, 기름기를 제거한 쇠고기, 돼지고기에서, 그리고 건강한 지방은 견과류, 견과류 버터, 올리브 오일, 기름기를 제거한 육류를 통해 섭취할 수 있다.

» **어떤 일이 있어도 아침을 먹어라.** 잠에서 깬 뒤 1시간 안에 건강하고 포만감을 주는 음식을 섭취하면 혈당이 치솟거나 곤두박질치는 일을 막을 수 있다. 그 결과 하루 종일 더 큰 만족감을 느낄 수 있다.

» **끼니의 양을 미니(소량)로 제한하라!** 더 자주 먹는 만큼 한 번에 먹는 양을 줄여야 한다. 이러한 지침이 어디에서 왔는지 알려면 간단한 산수를 해야 한다. 하루 2,000칼로리를 섭취하려 하는 사람은 하루 6끼를 기준으로 한 끼에 약 320칼로리를 섭취해야 한다. 이를 기준으로 각 끼니의 양을 조절할 수 있다. 특히 클린 이팅 라이프스타일을 처음 시작하는 단계라면 간식에 해당하는 끼니의 양을 줄이는 대신 전통적인 세 끼의 양을 늘려도 된다.

» **직접 음식을 만드는 만큼 방부제나 첨가제를 완전히 배제할 수 있다.** 직접 간식거리를 챙기거나 크기가 작은 샌드위치, 또는 과일 샐러드를 만들어 보온 도시락에 넣어라.

» **음식을 가지고 나가라.** 집 이외의 곳에서 근무하는 사람은 오전 간식, 점심 식사, 오후 간식을 챙겨 나가야 한다.

» **물이나 설탕을 넣지 않은 차를 하루 동안 많이 마셔라.** 갈증을 배고픔으로 착각할 수 있다는 사실을 잊지 않았기를 바란다. 물을 많이 마시면 소화계가 원활하게 돌아가는 데 도움을 준다.

» **되도록 규칙적으로 음식을 섭취하라.** 매일 같은 시각에 음식을 섭취하면 인체는 더 효율적으로 칼로리를 사용한다. 또한 소화계가 한꺼번에 너무 많은 일을 하거나 너무 비어 있지 않으므로 활력이 더 생길 것이다.

수천 년 전, 고군분투하지 않으면 먹을 것을 전혀 구할 수 없던 시절 인간의 몸은 기아 상태를 방지하기 위해 배고픔을 사용했다. 즉 너무 배가 고프거나 너무 적게 먹었을 때 인체는 말 그대로 기아 상태로 돌입해서 칼로리 소모를 줄인다. 인간의 몸은 더 이상 음식이 들어오지 않을 거라고 생각하여 인간을 보호해야 하는 것이다! 이렇

【 음식 일기를 작성하라 】

클린 이팅 라이프스타일을 시작할 때 음식 일기가 훌륭한 도구가 될 수 있다. 1, 2주 정도 자신이 먹는 모든 것을 적어라. 그렇다, 정말 모든 것을 적어라! 어떤 것이 식욕 충동을 일으키는지 그 신호를 추적하기 위해 이러한 신호를 이해하고 이 때문에 어떤 유형의 음식을 선택하는지 밝혀야 한다. 그러므로 단순히 음식 목록만 적는 것이 아니라 어디에서 어떤 일을 하다가 먹었는지, 음식 생각이 나기 시작했을 때 어떤 감정을 느꼈는지도 기록해야 한다. 2주 정도 지나면 특정한 음식에 대한 충동을 일으키는 요인과 하루 중 각기 다른 시간대에 원하는 음식의 유형을 나타내는 패턴을 발견할 확률이 크다. 쉽지는 않겠지만 일기를 쓸 때는 자신에게 솔직해야 한다. 결국 무엇을 바꿔야 하는지를 모르는 상태에서 변화를 줄 수는 없다.

게 되면 인체는 말 그대로 그 순간만을 산다. 즉 당장의 생존만을 생각하는 것이다. 결국 음식이 풍부한 시기가 아니라 턱없이 부족할 때를 대비해 계획을 세울 수 있다. 미니 밀을 몇 시간마다 규칙적으로 섭취하면 인간의 진화론적인 생존 시스템을 느슨하게 만들어 당신도 긴장을 풀 수 있다.

일상생활과 클린 이팅을 결합하라

클린 이팅 라이프스타일에 맞춰 일상생활을 바꾸는 일은 생각보다 쉽다. 물론 계획하고 식품을 구입하며 음식을 조리하는 데 더 많은 시간을 소모해야 하는 것은 사실이지만 새로운 뭔가를 배울 때 늘 그러하듯 경험이 쌓이면 속도도 올라갈 것이다.

특히 시작 단계에서라면 클린 밀을 섭취하기 위해 식료품점에서 약간의 도움을 받을 수 있다. 견과류 버터를 바르거나 치즈를 얹은 홀 그레인 크래커와 그래놀라 바(granola bar, 다양한 곡물, 견과류, 말린 과일 등을 혼합하여 만든 아침식사용 요리-역주)를 함께 하면 미니 밀로 손색이 없을 것이다. 처음부터 끝까지 모든 것을 직접 만들 필요는 없다.

클린 이팅 플랜을 일상생활 속에 직접 대입하라. 잠에서 깬 뒤 1시간 안에 아침식사를 한 다음 3시간 뒤에 오전 간식을 먹어라. 점심식사는 평소와 같은 시간에 하고 오후 휴식 시간에 과일을 한 조각 먹어라. 다시 저녁식사는 평소와 같은 시간에 한다. 그리고 몇 시간 뒤에 간식을 먹으면 하루를 마무리하고 잠자리에 들 준비를 할 수 있다.

먼저 자신이 좋아하는 미니 밀로 저널을 기록하는 것도 좋은 방법이다. 어릴 적 좋아하던 간식이 무엇인지 생각해보라. 그리고 이를 클린 푸드로 바꿀 수 있는 방법을 찾아보라. 예를 들어 탄산음료와 나초칩을 즐겨 먹었다면 직접 견과류와 씨앗류를 넣은 크래커를 만들어 아가베 시럽을 넣은 아이스티와 함께 몇 조각 맛보라. 미처 알아차리기도 전에 당신은 즐겁게 먹을 수 있는 간식과 미니 밀의 목록이 길게 쌓일 것이다. '음식 일기를 작성하라' 글상자에서 더 상세한 내용을 확인하라.

팔레오 다이어트 : 선택이 아니라 필수인 사람도 있다

최근 언론에 수렵-채집민 다이어트라고도 불리는 팔레오 다이어트가 자주 등장해왔다. 제한적으로 보자면 이 다이어트는 고대 인류의 조상이 먹었던 음식을 중심으로 설계된다. 현대식 농업이 시작되기 전, 인류는 대부분 직접 죽이거나 찾은 음식을 섭취했다. 이들의 식사는 육류, 채소, 견과류, 씨앗류, 생선, 그리고 일부 신선한 과일로 구성되었다. 하지만 어떤 것이든 구할 수 있는 계절이 정해져 있었다. 곡식과 유제품은 결코 먹을거리에 포함되지 않았다. 맹수의 공격과 감염 같은 생활방식 자체가 지닌 문제를 제외하고 당시 사람들은 대체로 더 건강했다. 그리고 허기를 느낄 때마다 원하는 만큼 먹었다.

인류는 생물학적으로 수렵-채집민 유형의 음식과 연결되어 있다. 1만 년 전, 농업 혁명이 발생할 때까지 인류는 야생동물의 고기, 생선, 잎채소와 뿌리채소, 견과류, 베리류, 채소를 섭취했다. 즉 고대 인류의 조상은 정제 탄수화물, 첨가제, 방부제, 너무 많은 소금, 트랜스 지방 같은 것은 전혀 몰랐다는 의미다. 둘러앉아 고도로 가공된 식품을 간식으로 먹는 일 따위는 애초에 존재하지 않았다. 소위 카우치포테이토가 아직 발명되지 않았던 것이다!

물론 동굴에 살던 고대인보다 현대인의 평균 수명이 긴 것은 사실이지만 이는 주로 감염에 대항하는 항생제가 개발되고 야생동물과 천재지변에 노출될 위험이 크게 줄어든 현대적 라이프스타일 덕분이다. 고대인도 80세 이상, 또는 90세 이상 생존하는 경우가 있었다. 하지만 현대인과 달리 심장질환, 고혈압, 암, 당뇨, 골다공증 같은 질병은 없었다.

현대적 농업의 개발 덕분에 인간은 엄청난 양의 밀, 옥수수, 쌀, 기타 곡물을 비교적 쉽게 생산하고 폭발적으로 증가하는 인구를 먹여 살리며 현대 사회가 탄생할 수 있게 되었다. 하지만 동시에 인간의 주요 음식 섭취원이 곡물이 되었고 먹을 것을 구하기 위해 예전처럼 많은 노력이 필요하지 않게 되었다.

팔레오 다이어트란 무엇인가

인류의 조상에게 다음에 또 언제 먹을 수 있을지는 언제나 불투명했다. 먹을 음식을 구하기 위해 엄청나게 노력해야 했고 그 어떤 것도 낭비되지 않았다. 동물, 또는 식물에서 바로 나온 홀 푸드를 먹는 것이 너무도 당연했다.

실제로 팔레오 다이어트는 클린 이팅 다이어트 플랜과 매우 흡사하다. 가공식품, 설탕과 소금 함량이 높은 식품을 피하는 대신 가공되지 않은 건강하고 영양소가 풍부한 식품을 섭취하며 고대에 존재하지 않았던 곡물, 두류를 포함한 협과, 유제품이 제외되기 때문이다. 이러한 음식은 '바람직한' 변이를 일으키고, 그 결과 인슐린 반응을 극도로 활성화시켜 지방이 3배로 늘어나는 반응을 만들어낸다. 선사시대에는 이러한 변이가 바람직한 것이었지만 지금은 전혀 그렇지 않다. 협과와 두류 역시 제외된다. 여기에는 피트산이 함유되어 있는데, 이는 음식의 영양소와 결합하여 인체가 영양소를 흡수하지 못하게 만든다. 또한 일부 사람에게 독성을 띠는 렉틴을 함유하고 있다.

3배 지방 획득인(triple-fat-gainer, TFG)은 똑같이 고탄수화물, 고설탕 식품을 섭취했을 때 이러한 반응을 일으키지 않는 사람에 비해 3배의 지방을 얻는 사람을 말한다. TFG는 그렇지 않은 사람보다 훨씬 많은 인슐린 반응을 일으킨다.

팔레오 다이어트에서 유제품은 절대 금기다. 유제품이 '인슐린' 지수가 높은 식품이라는 사실은 잘 알려져 있지 않다. 정제 버터를 제외한 유제품은 과장된 인슐린 반응을 일으킨다.

하지만 팔레오 다이어트를 하는 동안에는 풍성한 식탁을 즐길 수 있다! 육류, 달걀, 견과류, 씨앗류, 일부 과일, 생선, 채소를 고수하는 이상 포만감을 느낄 때까지 얼마든지 먹어도 된다. 식사량을 극도로 제한하고 칼로리를 계산해야 하는 '다이어트'에 익숙한 사람들에게는 엄청난 보너스다.

팔레오 다이어트에서 중요한 식품은 다음과 같다.

» **기름기를 제거한 쇠고기, 방목해 풀을 먹인 소가 바람직하다** : 기름기를 추가로 제거해서 간 쇠고기, 기름기를 제거한 스테이크, 또는 런던 브로일(소의 옆구리 또는 혹은 우둔을 사용하여 얇게 썰어 구운 스테이크 요리-역주). 풀을 먹인 소는 염증이 잘 생기지 않는 반면 곡물을 먹인 소는 염증이 잘 생기므로 풀을 먹인 소의 고기를 섭취해야 한다. 실제로 대부분의 소에게 곡물을 먹여 키우기 시작한 것은 1800년대 중반 이후였다. 잊지 말아야 할 것이 있다. 선사시대에는 소는 물론 그 어떤 동물도 곡물을 먹지 않았다는 사실이다!

» **기름기를 제거한 돼지고기** : 가장 바람직한 것은 등심과 갈비다. 돼지 안심도 매우 좋다.

» **껍질을 제거한 흰 살 가금류** : 닭고기, 칠면조 고기, 야생 암탉이 포함된다.

» **달걀** : 달걀은 완벽한 단백질원인 동시에 팔레오 다이어트에 아주 적합한 음식이다.

» **야생동물 고기** : 가족 중에 사냥하는 사람이 있다면 순록, 거위, 버펄로, 꿩, 메추라기, 사슴 고기를 포함시킬 수 있다.

» **갈색살생선** : 해산물을 먹고 싶을 때는 연어, 정어리, 농어, 청어, 대구, 광어, 멸치를 선택하라. 이 생선들에 함유된 오메가-3 지방산은 모든 다이어트에서 중요한 부분을 차지한다.

» **유채속 채소** : 콜리플라워, 브로콜리, 콜라비, 방울양배추를 풍부하게 섭취하라.

» **짙은 녹색잎채소** : 아스파라거스, 비트 잎, 가지, 시금치, 엔다이브, 케일, 근대, 루타바가, 고추, 콜라드 그린을 마음껏 섭취하라.

» **신선한 채소** : 파프리카, 시금치, 셀러리, 당근, 오이를 중점적으로 섭취하라.

» **과일** : 베리류, 체리, 감귤류 과일, 루바브, 사과, 캔터루프, 복숭아, 키위, 크랜베리, 스타 프루트, 무화과 등을 섭취하라. 단, 당도가 높으므로 소량만 먹어야 한다.

» **견과류와 씨앗류** : 아마씨, 호두, 아몬드, 캐슈너트, 헤이즐너트, 피스타치

오, 잣, 피칸, 참깨, 해바라기씨, 호박씨를 통해 오메가-3 지방산을 섭취하라.

반대로 팔레오 다이어트에 발을 붙일 수 없는 음식은 다음과 같다.

- 우유와 치즈를 포함한 유제품
- 밀, 옥수수, 아마란스, 메밀 등의 곡류
- 러셋 감자를 비롯한 화이트 포테이토
- 두류, 완두콩, 병아리콩 등의 협과
- 가공식품, 즉 상자에 담긴 모든 것
- 베이컨, 보존처리된 육류, 피클 종류, 소시지, 대량생산 및 판매되는 소스와 드레싱 등 소금 함량이 높은 식품
- 소프트드링크 혹은 빈 칼로리이며 설탕이 가미되고 인공 화합물이 첨가된 모든 음료
- 설탕 함량이 매우 높아 쉽게 혈당 수치를 높일 수 있는 과일 주스
- 단 음식

그렇다면 원시인이 되어야 하는가?

체중과의 전쟁 중인 사람, 복부 지방과 고트리글리세라이드, 고혈압, 고콜레스테롤로 대표되는 대사증후군을 지닌 사람, 또는 제2형 당뇨 환자거나 가족력이 있는 사람은 대부분 팔레오 다이어트로 효과를 볼 수 있다. 이러한 질병을 일으키기 쉬운 사람의 수는 놀랄 정도로 많다. 전체 인구의 약 1/3이나 된다.

퇴행성관절염 환자가 궁극적으로 제2형 당뇨가 발병할 위험이 80퍼센트에 달한다는 최근 연구 보고를 눈여겨봐야 한다. 50대 이전에 발병했다면 확률은 그보다 더 높아진다. 퇴행성관절염이 있는 사람은 경험이 많고 천연 의약품에 대한 지식을 갖춘 의사와 '크라프트 당뇨 전 단계 검사'를 받을지 상의하라. 이는 실제 제2형 당뇨가 발병하기 전에 말 그대로 몇십 년 미리 이 사실을 찾아낼 수 있는 검사다. 크라프트 당뇨 전 단계 검사에서 양성 반응이 나타났을 때도 건강을 위한 최선책은 팔레오 다이어트를 실천하는 것이다!

물론 모든 사람에게 최고인 다이어트는 존재하지 않는다. 하지만 이미 저지방 다이어트 등 특정한 다이어트를 시도했지만 체중 감량에 성공하지 못했다면 팔레오 다이어트에 도전해보라. 건강에 도움이 되고 균형이 잘 잡혀 있으며, 어쩌면 건강에 문제가 있고 체중을 감량하려 고군분투하는 사람에게 탈출할 수 있는 열쇠가 될 수도 있다.

팔레오 다이어트를 실행하기 시작하면 처음 몇 주 동안은 소화에 문제가 생길 수 있다. 섬유가 풍부한 음식을 다량 섭취하면 배에 가스가 많이 차는 것처럼 위장관에 부담을 줄 수 있다. 하지만 시간이 지나면 몸이 적응할 것이므로 계속해서 나아가라.

팔레오 다이어트는 라이프스타일을 바꾸는 일이라는 사실을 명심하라. 그저 권장하는 음식만 섭취할 때까지 식단에서 다른 음식을 제거해 나가면 저절로 적응할 수 있다.

TFG인 사람이 팔레오 다이어트를 실천하는 중이라면 다음과 같은 신체 변화를 경험할 것이다.

- 혈압이 낮아진다.
- 에너지 수준이 향상된다.
- 인슐린 감수성이 높아지는 반면 인슐린 저항성은 낮아진다. 또한 혈당치가 개선된다.
- 콜레스테롤과 트리글리세라이드 수치가 낮아진다.
- 체중이 감소한다. 때로 아주 많이!

PART
2

클린 이팅 목적을 달성하라

제2부 미리보기

- 체중 감량이든 에너지를 높이는 것이든 수명 연장이든, 자신의 클린 이팅 목표를 달성하는 법을 배운다.
- 질병을 예방하기 위해 어떻게 클린 이팅을 할지에 대한 정보를 얻는다.
- 질병이 있는 사람은 자발적으로 클린 이팅을 실천한다.

chapter

06

더 길고 건강하며 활동적인 인생을 위해 클린 이팅을 실천하자

제6장 미리보기

- 클린 이팅과 건강한 삶 사이의 관계를 이해한다.
- 클린 이팅 라이프스타일과 체중 감량에 대해 알아본다.
- 에너지 수준을 높이기 위해 어떤 클린 푸드를 먹어야 하는지 알아본다.
- 클린 이팅 비결을 이용해서 신체를 해독한다.

누구나 장수를 꿈꾼다. 하지만 장수란 단순히 몇 년을 사느냐의 문제가 아니다. 중요한 것은 바로 그 세월의 질이다. 사람들은 살아 있는 동안 질병 없이 활동적인 상태를 유지하고자 한다. 그래야 매 순간을 즐길 수 있기 때문이다. 우울감이 있는 사람에서 암 발병 위험이 높은 사람 등 타고난 유전자가 그리 건강하지 않더라도 싸워보지도 않고 그저 멍하니 앉아 패배만 기다릴 필요는 없다. 얼마든지 자신의 삶의 통제권을 거머쥐고 건강을 위해 싸울 수 있다.

그리고 자신의 건강을 통제하는 가장 확실한 방법은 '잘 먹는 것'이다. 오랫동안 제대로 영양분을 섭취하지 못하면 신체에 엄청난 해를 끼칠 수 있다. 유리기와 오염물질, 인공 화합물이 신체 세포와 기관을 공격하는 것을 막을 수 없는 것이다. 하지만 좌절할 필요 없다! 나이와 상관없이, 이제껏 무엇을 먹었는지 상관없이 클린 이팅 라이프스타일을 따르기로 한 이상 지금까지와는 다른, 건강한 삶을 향한 길을 걸을 수 있을 것이다.

이 장에서는 클린 이팅이 어떻게 더 길고 건강하며 활동적인, 총체적으로 더 나은 삶에 도움을 줄지 살펴볼 것이다. 그 가운데서도 클린 이팅을 통해 체중을 감소하고 신체를 정교하게 조정하며 에너지와 힘을 기르고 신체를 해독하여 잘못된 섭식, 스트레스, 노화, 오염의 영향을 제거하는 방법을 알아볼 것이다.

장수를 위한 클린 이팅

우리가 아무리 원한다 해도 단지 좋은 음식을 먹어서 더 오래 살 거라는 보장은 할 수 없다. 하지만 모든 요소가 동일하다고 가정했을 때 건강한 음식을 섭취하고 가공식품, 트랜스 지방과 설탕, 첨가제가 많이 함유된 식품을 피한다면 더 오래, 건강한 삶을 영위할 확률은 높아진다. 단순히 오래 사는 것만 생각해서는 안 된다. 100세까지 살더라도 대부분의 시간을 질병에 시달리고 허약한 상태에 놓인다면 삶의 질은 상당히 나빠질 것이다. 수명이 길든 짧든, 최대한 건강하고 활력이 넘치는 삶을 목표로 삼아야 한다.

이 절에서는 염증이 인체에 어떤 영향을 미치고 어떤 음식을 선택하는지에 따라 이러한 파괴적인 과정을 완화할 수 있을지 살펴볼 것이다. 또한 감염성 질병은 초기 사망으로 이어질 수 있으므로 면역체계를 증진하는 방법도 알아볼 것이다. 마지막으로 건강한 신체를 유지하는 데 도움을 줄 프로바이오틱스와 프리바이오틱스에 대해서도 살펴볼 것이다.

신체의 염증을 줄여라

점점 많은 과학자들이 수많은 만성 및 급성 질환의 주범이 염증일지 모른다는 사실을 발견하고 있다. 염증이 인체에 영향을 미치는 방식은 다음 두 가지다.

» 좋은 염증은 상처와 부상을 치료하는 데 도움이 된다. 예를 들어 손가락을 베였을 때 상처 주변의 피부가 부풀어 오르고 붉게 변하는데, 이는 좋은 염증 반응이다. 인체가 혈소판과 백혈구(백혈구, 림프구, 호중구)를 상처 부위에 보내 출혈을 멈추고 치유 과정을 시작하는 것이다. 이러한 과정이 진행되는 동안 인체는 손상을 복구하는 데 초점을 맞춘다.

» 나쁜 염증은 강도가 낮고 만성적인 것이며, 심장 질환 등 주요 질병을 일으키는 원흉 가운데 하나일 수 있다. 강도가 낮은 염증은 손가락을 베였을 때처럼 극적인 반응은 아니다. 심각한 질병이 발생하기 전까지 염증이 있다는 사실조차 알지 못할 것이다. 유리기가 세포를 공격한 결과 나쁜 염증이 발생하기도 한다.[궁금한 사람을 위해 설명하자면 유리기(free radicals)는 자연적인 노화 과정, 오염, 나쁜 섭식, 스트레스, 알레르기 요인, 독성물질 등의 부산물이다.]

  만성 염증, 즉 나쁜 염증은 다음과 같은 질병을 유발할 가능성이 있는 것은 물론 빠르게 악화시킨다.

  - 심장 질환
  - 죽상경화증
  - 대장염
  - 고혈압
  - 관절염
  - 당뇨
  - 암

그렇다면 만성 염증이 있다는 사실, 그리고 이러한 질병의 발병 위험이 높다는 사실을 어떻게 알 수 있을까? 100퍼센트 확신할 수는 없지만 병원에서 신체 내에 염증의 유무를 판별하는 C-반응 단백질 검사(CRP test)를 받아 보는 것도 한 가지 방법이다. CRP 수치가 높다는 것은 더 많은 염증이 있다는 의미이며, 염증 수치가 높으면 심장 질환과 혈관 질환 발생 위험이 높아진다.

좋은 소식은 적절한 종류의 음식을 섭취함으로써 만성 염증을 최소화할 수 있다는 것이다. **피토케미컬**(질병을 예방하는 데 도움이 되는 항산화제 등의 화합물), 비타민, 미네랄, 필수지방산 모두 세포를 공격하고 염증 반응을 촉진하는 유리기를 중화시켜 염증을 완화하는 역할을 한다. 실제로 금연 및 중간 강도의 운동과 더불어 건강한 섭식이 염

증을 완화하는 데 최고의 비약물 방법 가운데 하나다.

염증과 싸우기 위해 섭취해야 할 최고의 식품은 다음과 같다.

- **지방 함량이 높은 갈색살생선** : 지방 함량이 높은 생선에는 강력한 항염 화합물인 오메가-3가 다량 함유되어 있다.
- **올리브 오일** : 호두 오일과 더불어 올리브 오일은 항염증 작용을 해서 심장 질환 발병 위험을 줄이는 역할을 한다.
- **베리류** : 딸기, 라즈베리, 블루베리는 페놀, 플라보노이드, 안토시아닌 등 유리기가 인체에 주는 손상과 산화에 맞서 인체를 보호하는 피토케미컬로 가득 차 있다.
- **차** : 녹차에는 EGCG라는 폴리페놀이 함유되어 있다. 이는 염증반응을 촉진하는 유전자의 발현을 막는다.
- **오렌지색과 노란색 계열 식품** : 이러한 식품은 베타-크립토잔틴, 카로티노이드의 좋은 공급원이다. 인체는 이러한 성분을 비타민 A로 전환한다. 일주일 치 식단을 작성할 때 살구, 캔터루프, 망고, 오렌지, 복숭아, 파인애플, 당근, 노란색 파프리카, 고구마, 호박을 더 많이 넣어라.
- **향신료와 허브** : 커리 가루와 생강처럼 풍미가 강한 재료들을 넣어 음식을 만들면 홀 푸드가 지닌 항염증 특성을 높일 수 있다.

염증을 줄이기 위해 피해야 할 식품은 다음과 같다.

- **트랜스 지방** : 이 가짜 지방은 먹어서 당장 죽지 않는 것 가운데 최악의 물질이다. 염증을 멈추는 효소를 차단함으로써 염증을 촉진하기 때문이다. 라벨에 수소첨가라는 단어가 적힌 모든 음식에 트랜스 지방이 함유되어 있다. 그러므로 라벨이 붙은 식품을 애초에 가까이 하지 않는 것이 좋다. 그래도 꼭 그런 식품을 구입해야 한다면 라벨을 꼼꼼히 잘 읽어야 나쁜 성분을 피할 수 있다!
- **설탕** : 설탕을 섭취하여 인슐린 수치가 높아지면 에이코사노이드라는 호르몬과 지방산인 아라키돈산이 증가한다. 염증성 화합물인 에이코사노이드와 아라키돈산은 염증을 악화할 수 있다. 식품의 라벨을 읽어보고 설탕, 수크로스, 프룩토스, 덱스트로스, 시럽, 덱스트린, 옥수수 시럽, 락토스 등

이 적힌 것은 피하라.

» **식물성 오일** : 옥수수, 대두, 면화, 홍화로 만든 오일은 염증을 일으키는 오메가-6 함량이 높다. 또한 유전자조작 농산물의 씨앗으로 만들 가능성이 높으므로 기본적으로 클린 이팅 플랜에서는 피해야 할 식품이다.

» **곡물을 먹인 가축의 고기** : 풀을 먹인 소의 고기보다 곡물 사료를 먹인 소의 고기에 포화지방산 함량이 높아 훨씬 많은 오메가-6 지방산이 함유되어 있다. 또한 소의 원래 먹이는 곡물이 아니기 때문에 축산 농가에서는 종종 곡물 사료와 함께 호르몬과 항생제를 먹인다.

» **가공처리된 육류** : 가공처리된 육류에 함유된 질산염과 아질산염은 세포에 손상을 입힐 수 있다. 그리고 인체는 손상된 부위를 복구하기 위해 염증반응을 일으킨다. 그러므로 소시지, 런치 미트, 핫도그, 볼로냐 햄, 페퍼로니 같은 가공처리된 육류를 피해야 한다.

» **식품 첨가제** : MSG, 벤조산염, 아스파탐은 인체 내에서 염증을 유발할 수 있다. 또한 독성을 지니고 있으며 두통에서 복통, 호흡곤란, 발한, 근육통, 감정 변화 등 다양한 증상을 일으킬 수 있다.

» **정제된 곡물** : 흰 밀가루, 백미, 화이트 파스타는 홀 푸드가 아니다. 이러한 식품은 겨와 배엽층을 제거했으므로 섬유가 줄어들어 당뇨지수가 높다. 즉 혈당을 높여 염증반응이 시작되게 만든다.

» **알레르기성 식품** : 어떤 식품에 알레르기가 있는 사람은 이를 섭취했을 때 몸 안에서 염증반응이 일어난다는 의미일 수 있다. 클린 이팅 플랜과 관련해서 식품 알레르기를 해결하는 데 대한 자세한 내용은 제14장에서 다룰 것이다.

면역계를 강하게 만들어라

면역계는 외부 공격에 맞서는 인체의 방어 시스템이다. 인체를 해자로 둘러싸인 성이라고 생각해보자. 그리고 성벽의 작은 탑들에는 활을 겨눈 채 병사들이 자리를 잡고 있다. 면역계는 복잡한 신체적 네트워크다. 이는 방벽에 해당하는 피부와 점막, 세포벽, 위장기관 전체, 침입자를 공격해서 죽이는 세포인 백혈구, 흉선과 비장 같은 내장기관, 골수, 림프계, 호르몬, 그리고 항체로 이루어진다.

건강한 면역계는 인체를 보호하기 위해 다음과 같은 일을 수행한다.

- 질병을 유발하는 바이러스와 세균을 파괴한다.
- 암과 심장질환 같은 질병으로 이어질 수 있는 세포 손상을 막는다.
- 부상을 입었을 때 감염이 발생하지 않게 싸운다.

면역계가 약해지거나 손상되면 질병에 걸리기 쉬워진다. 강력한 면역계가 없다면 인간은 세상과 상호작용할 수 없다.['사랑의 승리(*The Boy in the Plastic Bubble*)'라는 영화를 기억하는가? 면역계의 기능이 결핍된 주인공에게 모든 세균과 바이러스가 생사를 좌우하는 위협이 되므로 어쩔 수 없이 무균 상태인 환경에서 살아야 했다.]

섭취하는 음식이 면역계를 강하게 만들 수도, 약하게 만들 수도 있다. 예를 들어 가공식품과 빈 칼로리 식품, 또는 인공 화합물을 함유한 식품을 다량 섭취하면 인체는 독성의 부산물로부터 유리기를 만들어낼 가능성이 높다. 이러한 유리기는 인체 세포에 손상을 입힐 것이다. 반대로 클린한 홀 푸드를 섭취하면 유리기와 산화에 의한 손상을 막아주는 피토케미컬, 비타민, 미네랄이 공급되어 면역계를 강화할 수 있다. 음식을 통해 유리기에 의한 손상을 방지하면 면역계에 주는 부담도 덜 수 있다. 또한 인체는 홀 푸드에 함유된 영양소를 사용하여 T-세포, 대식세포, 림프구를 만들어내는데, 이는 면역계의 최전선에서 싸우는 병사들인 셈이다.

인체의 면역기능은 나이가 들면 떨어진다. 그러므로 유리기의 손상으로부터 인체를 보호하는 피토케미컬, 비타민, 미네랄이 풍부하게 함유된 식품을 섭취해서 면역기능을 강화해야 한다. 하지만 나이가 들면 식욕도 감소하므로 홀 푸드로 이루어진 건강한 음식을 섭취한다 해도 피토케미컬, 비타민, 미네랄을 영양제 등으로 보충해야 할 수도 있다.

장이 면역계에서 중요한 부분을 차지한다는 사실을 아는가? 장 내벽에 인체의 면역세포의 60퍼센트가 분포해 있다고 말하는 의사들도 있다. 그리고 바로 장 내벽이 인체를 보호하는 장내 세균이 서식하는 곳이다. 그러므로 프로바이오틱스와 프리바이오틱스를 섭취하여 이러한 세균이 증식하게 만들어주어야 한다.(프로바이오틱스와 프리바이오틱스에 대한 더 자세한 내용은 제4장에서 확인하라.) 따라서 클린 이팅 다이어트를 통해 홀 푸드를 섭취해야 면역계를 강화하고 장을 건강하게 유지하며 그 기능을 극대화할 수 있다.

건강한 면역계를 만들기 위해 가장 중점적으로 섭취해야 할 최고의 영양소는 다음과 같다.

- **비타민 C** : 강력한 항산화성분인 비타민 C는 강력한 면역계를 만드는 데 반드시 필요한 영양소다. 비타민 C는 T-세포의 기능을 지원해주고 백혈구 기능을 촉진하여 면역계를 자극한다. 또한 인터페론의 생성을 증가시키는데, 이는 바이러스로부터 세포를 보호하는 항체다. 감귤류 식품, 파프리카, 짙은 녹색잎채소, 베리류에 함유되어 있다.
- **비타민 E** : 비타민 E가 부족하면 병원성 세균에 취약해진다. 아몬드 한 줌, 또는 견과류, 아보카도, 밀 배아를 섭취하면 하루 권장량인 약 10밀리그램을 간단하게 채울 수 있다. 하지만 면역계가 약해진 상태라면 매일 영양제를 통해 400밀리그램을 섭취해야 한다. 상세한 내용은 의사와 상의하라. 단, 혼합 토코페롤로 구성된 영양제를 복용해야 한다. 알파-토코페롤 한 가지만 섭취하면 비타민 E 비율의 균형이 깨져 실제로 건강상의 문제를 일으킬 수 있기 때문이다.
- **비타민 D** : 인체는 이 태양광 비타민을 이용하여 살균 단백질을 만든다. 식품을 통해 충분한 비타민 D를 섭취하는 일은 쉽지 않으므로 햇살이 풍부한 열대 지역에 사는 사람이 아닌 이상 영양제를 복용해야 한다. 천연 의약품과 영양제에 정통한 의사를 찾아 자신에게 적절한 섭취량이 얼마인지 알아보라.
- **비타민 B 복합체** : 비타민 B 복합체는 인체의 최전방 면역계인 항체와 T-세포를 촉진한다. 비타민 B6는 혈액 림프구를 뒷받침해주고, 엽산은 T-세포가 인체 곳곳으로 이동하게 만들며 면역세포의 활동성을 높인다. 비타민 B 복합체가 풍부하게 함유된 식품으로는 강화 시리얼, 견과류, 렌틸, 달걀, 닭고기, 짙은 녹색잎채소가 있다.
- **카로티노이드** : 비타민 A의 전구체인 베타카로틴, 그리고 다른 카로티노이드는 암세포를 죽이는 면역 성분의 활동성을 증가시킨다. 또한 산화에 의해 세포막 지방이 손상을 입지 않게 보호한다. 카로티노이드는 녹색잎채소와 당근, 고구마, 호박, 캔터루프에 함유되어 있다.

- **아연** : 아연은 **면역자극제**, 즉 T-세포의 기능을 촉진하는 미네랄이다. 감기에 걸렸을 때 증상을 완화하고 빨리 낫게 도와주는 기능이 있어 드롭스 형태로 아연을 섭취하는 사람이 많아졌다. 자, 이제 그 이유를 알 것이다! 아연이 많이 함유된 식품으로는 기름기를 제거한 쇠고기, 밀 배아, 병아리콩, 견과류가 있다.
- **셀레늄** : 셀레늄 같은 미량 영양소는 인체의 면역계를 구축하고 면역계가 효율적으로 기능을 유지할 수 있게 만들어준다. 셀레늄은 백혈구가 인체에서 바이러스와 세균을 제거하는 데 도움을 준다. 셀레늄은 생선, 브라질너트, 말린 두류, 버섯, 치아시드, 현미를 통해 섭취할 수 있다.
- **마그네슘** : 마그네슘은 면역계를 조절하고 감염 위험을 줄여준다. 면역계를 조절함으로써 자가면역질환 발병 위험을 줄여준다. 자가면역질환이란 면역계가 과도하게 활성화되어 발생하는 질병이다.(클린 이팅 플랜을 통해 자가면역질환을 예방 및 관리하는 자세한 내용은 제7장과 제8장을 살펴보라.) 마그네슘이 함유된 식품에는 짙은 녹색잎채소, 견과류, 씨앗류, 그리고 생선이 있다.
- **오메가-3 지방산** : 필수지방산인 오메가-3 지방산은 세포막과 위장관의 막을 튼튼하게 만들어준다. 또한 면역계를 증진시키고 노화 과정의 속도를 느리게 만들어준다. 오메가-3 지방산은 생선과 달걀을 통해 섭취할 수 있다.

체중 감량을 위한 클린 이팅

요즘은 누구나 체중을 감량하고 싶어 하는 것 같다. 미국 인구의 60퍼센트 정도가 과체중이나 비만이니 납득이 가는 일이다! 하지만 일시적인 다이어트, 집중 다이어트, 그리고 괴상한 다이어트는 체중 감량에는 도움이 될지 몰라도 건강에 손상을 입힐 수도 있다.

클린 이팅 플랜이야말로 체중 감량을 위한 최고의 식단이다. 이유는 간단하다. 지키고 유지하기 쉽기 때문이다. 클린 이팅 다이어트는 평생 지속할 수 있다. 또한 칼로리, 탄수화물이나 지방의 섭취량을 따져볼 필요도 없고 결핍감에 허덕일 필요도 없다. 그저 기름기를 제거한 육류(가능하면 풀을 먹인 가축만), 생선, 채소, 홀 그레인, 과일 등 가공되지 않은 홀 푸드를 먹고 몸무게가 줄어드는 것을 지켜보기만 하면 된다.

이 절에서는 클린 이팅 플랜에서 체중을 감량하기 위한 특정한 비결을 살펴볼 것이다. 또한 전형적인 미국식 패스트푸드 식사와 클린한 홀 푸드 식사의 칼로리를 비교할 것이다. 마지막으로 의지력의 중요성에 대해 논의하고 감량한 체중을 유지하기 위해 변화를 주어야 할 행동이 무엇이 있는지 살펴볼 것이다.

【 가장 안전한 생선 】

생선에 수은이 들어 있다는 말은 누구나 들어보았을 것이다. 불행하게도 이 말은 사실이다. 지방 함량이 풍부한 생선이 오메가-3 지방산의 훌륭한 공급원인 것은 사실이지만 대형 생선에는 지나치게 많은 수은이 함유되어 있을 수 있다. 대형 생선은 상대적으로 작은 생선을 잡아먹는데, 이렇게 섭취된 수은이 지방에 쌓인다. 러시아의 마트료시카를 생각하면 이해가 쉬울 것이다. 그러므로 참치, 황새치, 상어, 황적퉁돔, 배불뚝치, 오렌지 러피, 동갈삼치, 타일피시 같이 크기가 큰 생선 대신 자연산 연어, 고등어, 정어리, 청어, 가자미 같이 지방 함량이 높은 소형 생선을 섭취하라. 작은 생선의 수은 함량이 훨씬 낮다.

【 체중 감량에 도움이 되는 영양제 】

언뜻 듣기에 체중 감량에 영양제가 도움이 될 수 있다는 말이 이상할지 몰라도 물질대사를 활발하게 하는 데 정말로 도움이 되는 중요한 비타민과 미네랄이 존재한다. 그 내용은 다음과 같다.

- 비타민 D는 복부지방을 감소시키는 데 도움이 된다.
- 비타민 C는 포도당을 에너지로 전환하는 데 도움을 주어 빠른 속도로 지방을 연소하게 만들어준다.
- 여성의 경우 칼슘 보충제는 더 많은 체중을 감량하게 도와준다.(단, 마그네슘과 함께 섭취하지 않으면 관절염 등의 질병을 유발할 수 있다.)
- 엽록소는 지방을 대사하는 데 도움이 될 수 있다. 엽록소를 보충제로 섭취할 때는 올리브 오일을 정기적으로 함께 섭취해야 한다. 그렇지 않으면 실제로 엽록소 때문에 퇴행성관절염을 일으킬 위험이 높아진다.
- 크롬은 설탕에 대한 갈망과 공복에 의한 속 쓰림을 감소시켜 결과적으로 체중 감량에 도움을 준다.

알아두어야 할 것 : 영양제나 보충제를 복용하기 전에 의사와 상의해서 복용과 관련한 금기 사항이 없는지 확인하라.

자신이 얼마나 많은 칼로리를 섭취하는지 인식하라

클린 이팅 플랜이 지닌 최고의 장점 가운데 하나는 많이 먹을 수 있다는 것이다. 칼로리를 극심하게 제한하는 다이어트를 해본 사람이라면 얼마나 쉽게 규칙을 어기게 되는지 잘 알 것이다. 하지만 클린 이팅 다이어트는 다르다. 가공되지 않은 홀 푸드는 건강 면에만 좋은 것이 아니라 섬유와 수분도 풍부하게 함유하고 있어 포만감을 높여주고 한 입 안에 들어 있는 칼로리도 줄여준다.

전형적인 '다이어트 식단'에 따라 차린 식탁과 비교해보면 클린 이팅 플랜에서 얼마나 많은 음식을 먹는지 알 수 있다. 전형적인 다이어트 식탁에는 약 113그램의 생선, 브로콜리 몇 조각에 치즈를 얹어 녹인 것, 다이어트용 마가린을 바른 저탄수화물 빵 한 조각, 프루트 컵(잘게 썬 여러 가지 과일을 컵에 담은 것-역주)이 전부다. 반면 클린 이팅 다이어트 식탁에는 풀을 먹인 쇠고기 스테이크, 신선한 허브로 양념한 풍부한 삶은 채소, 딸기와 호두를 넣은 다량의 시금치 샐러드가 차려질 수 있다. 그리고 두 가지 식탁 모두 동일한 칼로리를 제공한다. 당신이라면 어떤 쪽을 선택하겠는가?

전형적인 미국식 패스트푸드 식사에는 1,000칼로리 이상이 함유되어 있고, 이는 하루 권장량의 절반 이상에 해당된다. 실제로 며칠 분의 칼로리, 지방, 나트륨을 함유한 것도 있다! 유명한 패스트푸드 체인에서 시판 중인 햄버거 가운데는 1,300칼로리의 열량과 3,150밀리그램의 나트륨, 38그램의 포화지방을 함유한 것도 있다. 반면 포만감을 주는 클린한 식사에는 500칼로리의 열량, 적절한 양의 건강한 지방과 소량의 나트륨, 그리고 하루 필요량의 1/3을 충족시키는 비타민과 미네랄, 섬유, 피토케미컬이 함유되어 있다.

강한 의지를 키우자

이팅, 즉 섭식에 대해 생각하고 어떤 음식을 먹고자 하는지 계획을 세울 때 인간의 뇌의 세 군데에서 말 그대로 전쟁이 일어난다. 쾌락을 추구하는 뇌 구역, 그리고 당장 먹지 않으면 굶주릴 것을 두려워하는 뇌 구역이 충동을 억제하는 기능을 담당하는 뇌 구역과 치열한 전투를 벌인다. 처음 두 구역은 인간의 뇌 가운데 더 오래되고 원시적인 부분에 자리하고 있으며, 대뇌기저핵이라고 부른다. 세 번째이자 자기억제를 담당하는 뇌 구역은 상대적으로 나중에 생긴 부분으로 전두엽에 위치하고 있다.

그리고 대뇌기저핵에서 통제하는 생존 본능은 너무나도 쉽게 전두엽을 압도해버린다.

인간의 뇌 안에서 일어나는 이 전쟁 때문에 다이어트를 시도하는 사람 가운데 95퍼센트가 결국에는 원래 체중으로 돌아가는 것일까? 그렇다! 그렇다면 희망은 영영 사라진 것일까? 아니다! 자신의 뇌에서 권력을 위한 암투가 벌어진다는 사실을 아는 이상 기본적인 기술 몇 가지를 사용하여 원시적 충동과 싸우고 자신을 억제할 수 있다.

자기억제의 또 다른 말인 **의지**는 근육처럼 계속 사용하고 단련해야 강해진다. 하지만 근육과 마찬가지로 의지는 특정한 조건에 놓일 때 무너질 수 있다. 그리고 그런 일이 일어날 때 의지보다 강력한 것을 담당하는 뇌 구역의 지배를 받을 수밖에 없다. 적게 먹고 적절한 음식을 선택하며 스트레스를 받았을 때 먹지 않고 운동을 추가하는 등 체중 감량에 성공하기 위해서는 너무도 다양한 요소를 충족시켜야 하므로 의지는 쉽게 꺾이고 만다. 훈련을 전혀 하지 않은 채 마라톤에 참가한다고 생각해보라. 당신은 쓰러지고 말 것이다! 마찬가지로 한꺼번에 너무 많은 것을 바꾸려다 보면 의지도 무너지고 만다.

안타깝게도 과체중인 사람들은 대부분 살을 뺄 의지가 없는 것이라는 비난을 들어왔다. 전적으로 틀린 말인 것은 물론, 당연히 이런 비난을 하는 말은 대체로 체중과 관련한 문제를 겪어보지 않은 사람들이다. 무한한 의지력을 지닌 사람은 없다. 그저 자신에게 중요한 곳에 의지력을 사용할 뿐이다. 즉 너무 빨리 너무 많은 것을 하려고 하지 말라.

체중은 시간을 두고 천천히 감량해야 한다. 그 많은 살이 한두 달 안에 찐 건 아니지 않은가? 1주일에 0.5~1킬로그램 정도 감량하는 것이 안전하다. 그 이상 무리하면 신체에 지나치게 부담을 주고, 지방 대신 근육과 수분이 빠져나갈 것이다. 1주일에 5킬로그램 감량을 보장하는 다이어트 프로그램은 거짓일 뿐 아니라 건강에 위협이 될 수 있다.

좋은 습관을 들여라

좋은 습관만 들인다면 체중을 감량할 수 있다. 클린 이팅 플랜에 따라 성공적으로 체중을 감량하기 위해서는 다음과 같은 습관을 몸에 배게 해야 한다.

» 가공식품을 피하고 식단에서 패스트푸드를 제거한다.

» 건강한 홀 푸드를 메뉴에 더한다. 원래 상태 그대로인 식품을 중심으로 식품의 먹이연쇄에서 가능한 아래에 위치한 음식을 섭취하라.

» 배가 고프면 먹고 배가 부르면 그만 먹어라.(간단한 일처럼 들릴지 몰라도 일부러 의식하지 않으면 지키지 못하는 사람도 있다.) 이렇게 하는 한 가지 방법은 천천히 먹는 것이다. 단, TV를 시청하거나 뭔가를 읽는 등 주의를 음식 이외의 것에 뺏겨서는 안 된다. 자신의 몸이 어떻게 느끼는지에 주의를 기울이고 배고픔과 포만감을 나타내는 진짜 신호를 알아차려야 한다.

» 자신의 몸에 가장 좋은 유형의 음식을 섭취하는 데 초점을 맞춰라. 당뇨병의 가족력이 있는 사람은 팔레오 다이어트 플랜을 따라야 할 수도 있다. 아니면 채소와 과일, 생선, 올리브 오일을 주재료로 사용하는 지중해식 다이어트를 시도하고자 할 수도 있다. 자신이 올바른 음식을 섭취하고 있다는 사실은 체중이 더 이상 증가하지 않고 기분도 상쾌하며 피부가 빛이 나는 것을 보면 알 수 있다. 어떤 방법을 선택하든 클린한 다이어트면 상관없다.

» 근육을 키우고 감정 상태를 좋게 만들며 더 많이 체중을 감량하려면 운동을 해야 한다.

한 번에 이 모든 습관을 들이려 애쓰지 말라. 2주에 한 가지씩 변화를 주어라. 그리고 한 가지 변화가 습관이 되려면 3주 이상의 시간이 필요하다는 사실을 명심하라. 2주에 한 가지씩만 변화를 주면 인체는 이러한 변화와 새로운 라이프스타일에 적응할 시간을 갖게 되고, 한 가지 습관을 바꿀 때마다 뇌도 긍정적으로 변할 것이다. 건강한 다이어트에 의한 변화를 한 가지씩 확실하게 쌓아나가라. 건강한 음식을 먹는 습관을 들이면 대뇌기저부는 말 그대로 새로운 패턴을 배우게 된다. 그리고 놀랍게도 당신은 자신도 모르게 퍼지 브라우니와 프렌치프라이가 아닌 과일과 샐러드, 구운 닭고기를 찾을 것이다.

클린 이팅 플랜을 활용하여 좋은 습관을 들이고 의지를 강하게 만드는 심리적 요령이 있다. 사람들은 대부분 나쁜 습관을 영영 없애고 싶어 한다. 물론 정크 푸드를 모조리 집에서 몰아내는 것이 클린 이팅 플랜을 시작하는 단계로 바람직하겠지만 이렇게 하면 심리적으로 공허함을 느끼는 것은 물론 찬장도 텅 비게 된다. 당연히 뭔가 다른 것으로 채워야 한다. 정원의 잡초를 제거할 때를 생각해보라. 잡초가 무성하던 곳에 다른 것을 심지 않으면 곧 더 많은 잡초가 무성하게 자랄 것이다. 그러므로 정크 푸드를 제거한 공간에 포만감을 주고 건강한 간식용 식품을 채워 넣음으로써 의지력과 클린 이팅 플랜이 무너지지 않게 지탱해주어라. 지금까지 익숙해 있던 건강하지 않은 식품을 몰아내기 위해 클린 푸드를 더하라. 언제든 먹을 수 있게 건강한 간식을 준비해서 냉장고에 채워 넣어라. 언제나 홀 푸드로 만든 건강에 도움이 되는 간식을 마련해놓고 당장 구할 수 있는 것이면 뭐든 먹겠다는 생각이 들 정도로 배가 고파지기 전에 먹어야 한다.(새로운 클린 이팅 라이프스타일에 적합한 음식으로 주방을 채우는 방법은 제9장에서 다룰 것이다.)

새로운 다이어트 계획이나 라이프스타일을 시작할 때는 실패도 계산에 넣어야 한다. 실패를 겪을 것이라는 사실을 받아들여라. 도넛을 먹을 날이 올지도 모른다. 어쩌면 프렌치프라이나 포테이토칩을 간식으로 먹을지도 모른다. 하지만 실패하더라도 이 사실 하나만큼은 기억해야 한다. 클린 이팅 라이프스타일이 다른 모든 다이어트 계획과 가장 크게 차이나는 점은 규칙에 100퍼센트 집착할 필요가 없다는 것이다. 브라우니가 마구 당기면 마음껏 즐겨라. 실패했다는 사실을 받아들여라. 그리고 다음 끼니부터 다시 시작하면 된다.

정크 푸드와 가공식품은 중독성이 있다. 실제로 설탕, 지방, 소금, 첨가제는 헤로인만큼이나 중독성이 강하다. 그러므로 자신을 너무 다그치지 말고 좋은 습관을 하나씩 더해 나쁜 습관이 설 자리를 없애라. 그리고 성취한 것에 대해 스스로에게 보상하고 계획에서 어긋나더라도 자책하지 말라.(클린 이팅 플랜에서 후퇴하고 벗어났을 때 이를 어떻게 해결할지에 대해서는 제2장에서 더 자세히 다루었다.)

에너지를 더해주는 클린 이팅

더 많은 에너지를 원하지 않는 사람이 과연 존재할까. 굳이 원하지 않더라도 피곤하고 기진맥진하며 소파에서 일어나려면 나름 안간힘을 써야 하는, 축 처진 삶을 원하는 사람은 없을 것이다. 완전히는 아니더라도 다행히 자신의 에너지 수준을 통제할 수 있는 방법이 있다. 먹을 것과 먹지 않을 것을 구분하는 것이다. 그리고 클린 이팅 플랜이 당신에게 그토록 좋은 또 한 가지 이유가 바로 이것이다!

이 절에서는 에너지 수준을 높이는 데 도움이 될 클린 푸드를 살펴볼 것이다. 혈당치는 에너지 수준에 직접적으로 영향을 주므로 혈당치가 치솟았다가, 당연한 결과로 곤두박질치는 현상 없이 에너지를 증가시키는 음식을 다룰 것이다. 또한 에너지 넘치는 삶을 사는 데 핵심적인 역할을 하는 갑상선의 건강에 도움이 되는 클린 푸드도 살펴볼 것이다.

슈거 롤러코스터에서 내려라

누구나 한 번쯤 슈거 롤러코스터를 경험했을 것이다. 무슨 말인지 잘 알 것이다. 늦은 오후 시간이면 에너지가 바닥나서 자동판매기에서 캔디 바를 사서는 단숨에 먹어치운다. 인스턴트 식품으로 얻는 인스턴트 에너지다! 바로 기운이 샘솟고 일을 할 준비가 된다. 하지만 1시간 뒤, 당신은 그 작은 달콤한 간식을 먹기 전보다 더 피곤하고 처질 것이다. 도대체 무슨 일이 일어나고 있는 것인가?

이것이 바로 전형적인 슈거 롤러코스터다. 설탕 함량이 높은 식품을 섭취하면 혈당이 치솟고, 그 결과 그 모든 설탕을 소화하기 위해 인슐린이 혈류로 분비된다. 혈액으로 들어간 인슐린은 곧 혈당치를 낮추지만 이로 인해 허기가 몰려들어 더 많은 설탕이 먹고 싶어진다.

많은 사람이 에너지를 증진하기 위해 단 간식을 먹는 대신 카페인 음료로 눈을 돌린다. 하지만 이러한 음료는 단 음식과 비슷한 방식으로 혈당에 영향을 미친다. 단 간식으로든 카페인을 함유한 음료로든 에너지를 증진하려 할 때 사람들은 자신의 몸, 특히 쓸개와 간, 부신에 과도한 부담을 준다. 그리고 이러한 부담 때문에 피로감이 생길 수도 있다.

다음은 지긋지긋한 슈거 롤러코스터에서 내리는 최고의 방법으로서 클린 이팅 플랜을 생활에 접목하는 것이다.

» 가공식품의 섭취를 완전히 중단하거나 줄인다.
» 건강한 천연 홀 푸드를 섭취한다.

- » 자주, 소식하라.
- » 정상적인 세끼와 더불어 간식도 챙겨 먹어라.
- » 매 끼니와 간식에 단백질, 탄수화물, 지방을 포함시켜라.
- » 언제나 건강한 간식을 휴대하고 다닌다.
- » 손에 잡히는 대로 뭐든 먹을 정도로 배가 고파지기 전에 건강한 음식을 먹어라.

에너지를 증진하고 싶다면 매일 섭취하는 음식 메뉴에 다음 식품을 포함시켜라.

- » **견과류와 씨앗류** : 여기에는 섬유, 아연, 단백질, 마그네슘이 풍부하게 함유되어 있다. 이는 모두 음식을 에너지로 전환하는 데 필수적인 영양소이며 포만감을 오래 유지시켜주기도 한다. 또한 견과류와 씨앗류에 함유된 좋은 지방은 배고픔을 몰아낸다.
- » **기름기를 제거한 육류** : 육류에 함유된 건강한 지방과 단백질은 에너지를 높여주고 혈당 수치의 균형을 잡아준다. 단백질에는 티로신이라는 성분이 함유되어 있는데 이는 각성효과를 내는 도파민의 생성에 반드시 필요한 것이다. 탄수화물 식품을 섭취할 때는 육류나 단백질원을 함께 먹어야 소화 속도를 늦춰 더 오래 에너지 수준을 높일 수 있다.
- » **과일** : 과일 주스가 아닌 통과일은 과당이 함유되어 있어 에너지를 폭발적으로 제공할 수 있다. 견과류나 치즈와 함께 섭취하면 소화 속도를 늦춰 허기를 잠재울 수 있다.
- » **채소** : 브로콜리, 파프리카, 버섯 같은 통채소를 중점적으로 섭취하라. 통채소에는 섬유가 풍부하여 소화 속도가 느리고 그 결과 꾸준히 에너지를 공급할 수 있다. 또한 혈당을 안정시키고 더 오래 포만감을 느낄 수 있다. 요오드 섭취를 늘리려면 해양 식물을 식단에 포함시키면 된다. 해조류, 김, 다시마는 맛도 좋고 풍부한 영양소를 함유하고 있다.
- » **짙은 녹색잎채소** : 섬유가 풍부하게 함유된 짙은 녹색잎채소는 소화 과정의 속도를 늦춰 혈당치를 일정하게 유지해준다. 또한 어두운 녹색이라는 것은 세포를 튼튼하게 만들어 더 많은 에너지를 제공하는 피토케미컬이 풍부하다는 의미다.
- » **물** : 클린 이팅 다이어트 플랜에서 물은 반드시 필요한 영양소다. 탈수는

에너지를 잡아먹는 킬러인 데다 물질대사 속도를 늦춘다. 물의 중요성에 대한 더 자세한 내용은 제4장을 살펴보라.

갑상선의 건강을 유지하여 물질대사를 개선하라

목 기저부에 위치한 갑상선은 내분비계의 한 부분으로 에너지 사용, 물질대사, 수면 사이클, 그리고 체중 증가와 감소를 통제한다. 갑상선은 섭취하는 음식과 그 안에 함유된 영양소, 그에 따른 부족한 영양소에 지대한 영향을 받으므로 갑상선의 건강을 유지하기 위해서는 제대로 잘 먹어야 한다. 당연히 클린 이팅 플랜에 따라 홀 푸드를 먹는다면 갑상선 건강에 필요한 모든 영양소를 섭취할 수 있다.

무기력감, 허약함, 활기 부족 모두 갑상선이 제 기능을 하지 못하고 있다는 신호다. 갑상선의 기능이 떨어지는 **갑상선기능저하증**에 걸리면 피로감을 느낀다. 반대로 갑상선이 지나치게 활발하게 작용하는 **갑상선기능항진증**에 걸릴 경우 불면증을 겪을 수 있고, 이는 무기력감으로 직결된다. 그러므로 갑상선기능저하증이든 갑상선기능항진증이든 에너지가 떨어진다는 공통적인 문제를 겪게 된다.

물론 갑상선 질환이 의심될 경우 영양제에 대해 풍부한 지식을 갖춘 의사와 상의해서 검사를 받을 수도 있다. 하지만 음식과 관련한 다음 사항을 실천함으로써 갑상선 기능을 개선하고 에너지 수준을 높이며 기분까지 좋아질 수 있다.

【 보충제를 복용하여 삶에 에너지를 더하자 】

잠재적으로 더 많은 에너지를 얻는 데 도움이 되는 영양제 또는 보충제들이 있다. 그 가운데 몇 가지만 소개하겠다.

- 코엔자임 Q10 : 인체에 에너지를 공급하는 데 도움을 준다.
- L-카르니틴 : 지방을 에너지로 전환하는 데 도움을 주고 노인층의 뇌기능 향상과 연관된다.
- 니코틴아마이드 아데닌 다이뉴클레오티드(NADH) : 탄수화물, 단백질, 지방을 에너지로 전환하는 데 도움을 준다.
- 다시마 분말과 해조류 : 다시마 분말과 해조류에 함유된 요오드는 실제로 갑상선 기능을 증진하는 역할을 한다. 더욱이 다시마에 함유된 요오드는 유방암 위험까지 낮춘다. 다시마 분말을 과다 섭취하기란 매우 어렵지만 액체나 알약 형태의 요오드와 요오드화물은 훨씬 쉽게 과다 섭취할 수 있으므로 주의해야 한다.
- 비타민 B 복합체, 철분, 비타민 A, D, E, K가 함유된 멀티비타민 : 에너지 수준을 향상시킬 수 있다.

» **반드시 아침식사를 한다.** 모든 사람이 건강하고 영양가가 풍부한 아침식사를 해야 한다. 특히 갑상선 질환을 앓는 환자의 경우 반드시 아침을 먹어야 한다. 아침식사를 하는 사람들이 물질대사도 활발하고 높은 에너지 수준을 하루 종일 유지하며 체중도 적게 나간다. 또한 갑상선 질환의 증상 가운데 체중 증가가 있으므로 건강한 아침식사를 반드시 해야 한다.

» **클린 이팅 플랜을 지키고 가공식품, 정제 탄수화물, 설탕을 식단에서 줄이거나 완전히 제거하라.** 이러한 식품은 혈당치에 재앙을 가져오고 갑상선에 더 많은 부담을 준다.

» **하루에 걸쳐 조금씩, 더 자주 먹는다.** 이렇게 하면 혈당치를 안정되게 유지하고 갑상선에 주는 부담을 덜 수 있다.(또한 더 자주 먹는 것이 클린 이팅 플랜의 핵심 가운데 하나이기도 하다.)

» **너무 배가 고파질 때까지 기다리지 말라.** 혈당치가 낮아지면 배고픔을 느껴 건강에 해로운지 이로운지 상관없이 아무것에나 손을 뻗게 된다. 배고픔의 신호에 대한 더 자세한 내용은 제5장에서 확인하라.

» **비타민 B 복합체 전체를 섭취하라.** 비타민 B군은 연료를 에너지로 전환하는 데 필수적인 영양소다. 비타민 B군이 풍부한 식품으로는 쇠고기, 칠면조, 브라질너트, 아보카도, 감자, 바나나, 협과가 있다.

» **충분한 요오드와 요오드화물을 섭취하라.** 요오드는 단독으로는 거의 존재하지 않고 칼륨 같은 미네랄과 결합하여 요오드화물 형태로 존재한다. 이 미량 영양소는 갑상선 기능에서 핵심적인 역할을 한다. 요오드를 사용하는 호르몬은 갑상선 호르몬 한 가지다. 요오드와 요오드화물의 좋은 공급원은 해산물, 요오드화 해염, 달걀, 버섯, 시금치, 참깨, 마늘이다.

» **해조류를 섭취하라.** 전통적인 미국 식탁에는 해조류가 오르지 않지만 전 세계 수많은 사람이 매일 음식을 만들 때 다양한 형태의 해산물을 사용한다.(일본 레스토랑의 스시를 생각해보라.) 해조류를 음식 재료로 많이 사용하는 문화권의 사람들이 더 건강한 갑상선을 지니고 있고, 유방암 발병률도 낮다. 미국에서 해조류를 건조해서 압착한 식품인 김을 구할 수 있는 매장은 몇 군데 있다. 반면 다시마 가루는 천연식품 매장이라면 어떤 곳에서든 매우 부드러운 짠맛을 지닌 양념 코너에서 판매하고 있다. 음식을 만들 때 다시마 가루를 조금 뿌려보라. 다른 해조류와 달리 비교적 풍미가 약해서

거부감 없이 먹을 수 있다. 클린 다이어트 플랜의 일환으로 해조류를 사용하면 가족의 갑상선을 더욱 건강하게 유지할 수 있다.

» **비타민 D를 함유한 식품을 섭취하라.** 비타민 D는 이제 보조호르몬이라고 인식된다. 갑상선이 제 기능을 하는 데 반드시 필요하기 때문이다. 충분한 비타민 D를 섭취하지 않으면 인체 세포는 갑상선 호르몬을 흡수하지 못한다. 소위 태양광 비타민인 비타민 D는 버섯, 고등어, 청어, 정어리(특히 성체가 되어서도 크기가 작은 종류), 달걀에 함유되어 있다. 열대 기후 지역에 사는 사람이 아니라면 영양제를 섭취하는 것도 고려해보라. 단, 비타민 D3여야 한다.

» **셀레늄 섭취를 잊지 말라.** 셀레늄은 갑상선 기능을 조절하고 갑상선 호르몬 생성을 활성화한다. 또한 인체가 요오드 양을 조절하고 재활용하는 데 도움을 준다. 셀레늄을 함유한 식품으로 가장 잘 알려진 것은 브라질너트다. 대두, 해바라기씨, 버섯, 쇠고기에도 셀레늄이 풍부하게 함유되어 있다.

» **아연과 철분, 구리를 충분히 섭취하라.** 필수 영양소인 이 미네랄들은 갑상선 호르몬 생성을 조절하는 데 도움을 준다. 아연과 구리가 가장 풍부하게 함유된 식품은 굴과 조개류가 있고, 그다음으로는 쇠고기를 비롯한 동물성 단백질, 그다음은 해바라기씨와 호박씨, 렌틸, 다크 초콜릿이다.

클린 이팅을 실천하여 몸을 디톡스하자

몇 년 전, 디톡스 광풍이 분 적이 있다. 이 트렌드 뒤에 자리한 이론은 알코올중독과 마약중독 치료에서 시작되었다. 간이 알코올과 약물의 물질대사를 담당하는 만큼 이 두 가지 물질을 과다 섭취하면 간에 과도한 부담을 주어 약화시킬 거라고 여겨졌다. 그러므로 간을 해독해주어야 한다는 것이었다. 마찬가지로 디톡스 다이어트는 인체에서 독성물질과 기타 화학물질을 제거하기 위해 디톡스, 즉 해독하는 것이 목적이다. 가공식품과 오염물질을 통해 섭취되는 독성물질과 화학물질은 간을 비롯한 장기에 손상을 입힐 수 있다.

이 절에서는 클린 이팅 플랜을 개조하여 간을 해독하는 방법을 살펴볼 것이다. 해독을 위해 식단에 추가해야 할 식품과 허브에 대해 논의하고 피해야 할 식품을 다룰 것이다.

클린 디톡스란 무엇인가

글자 그대로의 정의에 따르면 **디톡스 다이어트**(detox diet)란 다음과 같은 의미를 지닌다.

- 가공식품 및 여기에 함유된 화학물질의 섭취를 줄이거나 완전히 배제한다.
- 풍부한 영양소를 함유한 클린 푸드를 중요시한다.
- 섬유와 수분 섭취를 늘리는 데 초점을 맞춘다.

클린 이팅 플랜과 비슷하게 들리지 않는가? 실제로 디톡스 다이어트가 주는 혜택은 클린 이팅 플랜이 주는 것과 매우 흡사하다. 소화 기능이 향상되고 피부가 깨끗해지며 에너지가 많아지고 집중력 또한 예리해진다.(클린 이팅 플랜이 주는 혜택에 대해서는 제19장에서 더 자세히 다룰 것이다.)

해독의 목표는 독성물질을 인체가 배출할 수 있는 수용성 물질로 만드는 것이다. 그리고 **생체내변환**(biotransformation)이라 불리는 과정을 통해 이 같은 기능을 수행하는 기관이 간이다. 생체내변환은 두 단계로 이루어진다. 편의상 단계 1이라 부를 첫 번째 단계에서 간은 독성물질을 활성화해서 효소가 이 물질을 인지하고 중화하게 만든다. 단계 2인 두 번째 단계에서 간은 활성화된 독성물질과 수용성 분자를 결합시켜 소변이나 쓸개즙을 통해 체외로 배출한다.

독성물질이 우리 몸 안에 들어오면 최대한 신속하게 단계 1과 2를 거쳐 배출되어야 한다. 이러한 물질은 처음부터 발암물질일 가능성이 있기 때문이다. 그리고 신속하게 변환이 이루어지기 위해서는 섭취하는 음식과 피하는 음식, 식단에 추가하는 허브와 영양제가 중요한 의미를 지닌다. 특정한 클린 홀 푸드, 허브, 영양제에 함유된 영양소들이 간이 해독작용을 하는 데 핵심적인 효소의 생성을 증가시켜 최대한 빨리 독성물질을 처리하고 제거할 수 있게 만들어준다.

사람들은 대부분 1년에 한두 번 정도만 디톡스 다이어트를 한다. 하지만 클린 이팅 플랜을 따른다면 디톡스 다이어트를 할 필요가 없다. 매일 너무도 건강하고 독성물질이 전혀 없는 음식을 섭취하기 때문이다! 하지만 가끔 자신의 몸을 완전히 해독하기로 마음먹는다면 식단에 어떤 식품을 포함시키고 어떤 식품을 제외해야 하는지 알아야 한다.

클린 이팅 다이어트와 달리 디톡스 다이어트를 할 때 다음 식품은 특히 민감한 사람들의 경우 몸에 부담을 줄 수 있으므로 피해야 한다.

» **유제품** : 특히 유당내성을 지닌 사람의 경우 위와 장에서 장애와 염증을 일으킬 수 있다.
» **밀로 만든 식품, 그리고 호밀, 보리, 귀리 등 글루텐을 함유한 모든 식품** : 밀 등에 함유된 글루텐이 장에서 영양소가 흡수되는 것을 방해할 수 있다.
» **설탕** : 설탕은 빈 칼로리의 또 다른 이름일 뿐이며, 설탕 함량이 높은 식품은 대체로 포화지방과 첨가제, 보존제, 기타 화합물의 함량 역시 높다. 또한 설탕은 염증을 유발할 수 있고 중독성을 지닌다.
» **효모** : 칸디다 알비칸스라는 특정한 유형의 효모는 자가면역질환과 효모감염을 촉발할 수 있으므로 인체 내에서 과도하게 번식할 경우 문제를 일으킬 수 있다. 맥주 양조나 제빵에 사용되는 것과는 다른 유형의 효모다.
» **초콜릿** : 적절한 양의 다크 초콜릿을 섭취하면 건강에 도움이 되는 것은 사실이지만 디톡스 다이어트를 하는 중이라면 설탕을 제한해야 하므로 초콜릿 자체를 아예 섭취하지 말아야 한다. 초콜릿에는 카페인도 함유되어 있는데, 이는 디톡스 다이어트에서는 절대 금해야 할 성분 가운데 하나다.

디톡스의 핵심이 간을 도와주는 것이므로 디톡스 다이어트에 간 건강에 도움을 주는 영양소를 특히 많이 섭취하는 것이 좋다. 클린 이팅 플랜을 디톡스에 응용할 때는 다음과 같은 식품을 포함시켜야 한다.

» **신선한 과일과 채소** : 가공하지 않은 유기농 과일과 채소는 디톡스 다이어트의 토대를 닦아준다. 독성물질이 없는 데다 비타민, 섬유, 항산화성분이 다량 함유되어 있기 때문이다.
» **비트** : 뿌리채소인 비트에는 간을 치유하고 담즙산 생성을 늘리는 베타인이라는 아미노산을 함유하고 있다.
» **십자화과 채소** : 브로콜리, 콜리플라워, 미나리, 방울양배추, 콜라비, 양배추, 케일은 간 기능을 도와준다. 이러한 식품들에는 간 효소가 독성물질을

제거하는 데 도움을 주는 항산화물질과 섬유, 그리고 글루코시놀레이트 같은 피토케미컬이 풍부하게 함유되어 있다.

- » **양파와 마늘** : 양파와 마늘은 맛도 좋지만 황화알릴을 비롯한 황화합물을 다량 함유하고 있다. 이는 효소를 도와 간에서 독성물질을 제거하고 세포에서 중금속을 제거하는 데 도움을 준다.

디톡스를 위해 클린 이팅 플랜을 실천하려 한다면 약용 식품(식품 형태로 된 약품-역주)이나 영양제보다 가공되지 않은 천연의 홀 푸드를 섭취해보라. 하지만 다른 사람과 영양학적 요구가 다른 사람들은 특히 비타민 C, 비타민 D, 마그네슘과 칼슘 같이 중요한 성분의 경우 필요량을 충족시키기 위해 영양제를 섭취하는 것도 좋은 방법이다.

디톡스를 위해 허브와 양념을 첨가하라

조리할 때 허브를 사용하는 것은 클린 이팅 플랜에서 중요한 부분을 차지한다. 음식에 향기로운 허브를 첨가하면 소금에 대한 의존도를 줄이고 음식에 중요한 피토뉴트리언트를 추가하며 건강에 이로운 것은 물론 맛까지 끝내주게 만들 수 있다.

다행히 허브와 양념은 디톡스 계획에서도 중요한 의미를 지닌다. 한 가지만 명심하면 된다. 건조한 것이 아니라 신선한 생 허브와 양념을 사용해야 한다는 것이다. 양념은 대부분 평범한 주방 환경에서 약 6개월밖에 보관할 수 없다. 그 이후로는 효능과 더불어 풍미까지 잃는다!

간의 기능과 건강에 중요한 역할을 하는 허브도 있다. 간을 생각한다면 음식에 다음의 허브를 넣어보라.

- » **페퍼민트** : 페퍼민트는 여성에게 강장제이자 소화를 자극하는 허브다. 다진 페퍼민트 잎을 닭고기 요리에 뿌리거나 그린 샐러드에 첨가해보라. 반면 남성은 페퍼민트나 스피어민트 차를 마셔서는 안 된다. 테스토스테론 수치를 낮춰 심혈관계 질환, 골다공증, 알츠하이머병의 발병 위험을 높일 수 있기 때문이다. 남성은 평범한 녹차나 홍차를 고수하는 것이 바람직하다.
- » **파슬리** : 여기에는 정화인자 역할을 하는 피토케미컬, 비타민 C, 엽록소가 풍부하게 함유되어 있다.

» 마늘 : 마늘에는 해독작용을 돕는 건강에 이로운 화합물을 많이 함유하고 있으며 간에서 단계 2의 효소 활동을 활발하게 만든다. 이런 기능을 하는 성분만 분리해서 알약 형태로 시판되고 있기는 하지만 많은 과학자들은 자연적인 형태의 마늘을 섭취하는 것이 건강에 더 도움이 된다고 생각한다.

» 울금 : 울금에 풍부하게 함유된 긴요한 피토케미컬인 커큐민은 해독작용에 필수적인 성분이다. 울금에 함유된 커큐민은 간의 단계 2에 작용하는 효소를 증가시키고, 그 결과 인체가 독성물질을 더 쉽게 제거하게 만들어준다. 또한 울금의 커큐민 부분은 알츠하이머병의 발병 위험을 현저히 낮출 수 있다.

» 로즈마리와 세이지 : 여기에는 단계 2의 효소를 증가시켜주는 피토케미컬인 카노솔이 함유되어 있다.

» 녹차 : 녹차에 함유된 화합물들은 단계 1과 단계 2의 효소 활동을 모두 증가시킨다.

여성이라면 녹차에 페퍼민트를 첨가해보라. 아니면 다진 파슬리를 수프에서 미트로프까지 모든 음식에 넣어라. 볶음 요리와 캐서롤에 커리 가루를 첨가해보라. 어떻게 하는지 이해가 갈 것이다!

이러한 식품만을 집중적으로 섭취하는 식으로 가끔 디톡스를 하든, 클린 이팅 플랜으로 충분하다고 생각하든, 식단에 음식들을 잘 조합해야 한다는 사실을 명심하라. 새로운 재료를 사용하면 식사시간이 흥미로워지는 것만이 아니라 비타민, 미네랄, 피토케미컬을 더 많이 섭취하는 계기가 될 수 있다.

단 음식을 폭식한 뒤 회복하기

밸런타인데이든 핼러윈이나 크리스마스든, 또는 이웃집 사람이 맛있기로 소문이 자자한 캐러멜 퍼지 브라우니를 만들었든, 많은 설탕을 섭취했을 때 컨디션을 회복하고 클린 이팅 플랜으로 되돌아오기 위해 해야 할 일이 있다.

단 음식을 잔뜩 먹고 나면 기분이 그리 좋지 않을 것이다. 인슐린 수치가 널뛰듯 오르내리고 살짝 속이 메스꺼울 수도 있다. 신체 컨디션을 회복하기 위해 할 수 있는 일은 다음과 같다.

» 물을 많이 마셔서 신장 기능을 향상시키고 설탕을 몸 밖으로 배출한다.
» 과격하지 않은 운동을 통해 신체가 설탕을 저장하지 않고 사용하게 만든다.
» 견과류 같이 단백질이 풍부한 간식을 섭취하여 신체가 회복되고 소화 속도를 늦추게 만든다. 끼니를 걸러서는 안 된다. 균형 잡힌 혈당치를 유지해야 한다.
» 다음 날 식사 계획을 세운다. 고단백질, 저탄수화물 식품 가운데 건강한 지방을 함유한 것을 포함시킨다.

다음 단계는 자신을 용서하는 것이다. 한 번 삐끗했다고 자신을 몰아붙이지 말라. 달콤한 음식에 유혹당한 이유가 있을 것이다. 불쾌한 소식이라도 들었는가? 직장에서 안 좋은 일을 겪었는가? 아니면 그저 뭔가 마구 먹어치우고 싶었는가?

클린 이팅의 목표는 삶을 개선하는 것이다. 간식을 즐겼더라도 자신을 용서하고 지

【 보충제와 영양제를 섭취하여 해독작용을 높여라 】

간 해독에 도움이 되는 보충제와 영양제에는 다음과 같은 것이 있다.

- **오미자** : 약용 식물인 오미자는 독성물질에 의한 손상으로부터 간세포를 보호하고 단계 1과 2에서 효소 활동을 활발하게 만든다.
- **밀크티슬** : 밀크티슬은 간에서 단계 2의 효소 생성에 도움을 주는 글루타티온의 생성을 증가시킨다.
- **시트러스 오일** : 시트러스 오일에 함유된 리모넨은 필수 간 효소 수치를 증가시켜 발암물질의 해독작용을 돕는다. 또한 강력한 항산화물질인 비타민 C를 함유하고 있어 간이 유리기를 제거하는 활동을 도와준다.
- **프로바이오틱스와 프리바이오틱스** : 장에 서식하는 유익균인 프로바이오틱스와 이들이 성장하는 데 뒷받침이 되어주는 프리바이오틱스는 장에 '좋은' 균을 재이식하는 데 도움을 주고, 그 결과 간에 가해지는 부담을 덜어줄 수 있다.(더 자세한 내용은 '프로바이오틱스와 프리바이오틱스를 섭취하라' 절에서 찾아보라.)
- **비타민 C** : 비타민 C는 해독 과정에서 핵심적인 역할을 한다. 독극물, 발암물질, 치료용 약물, 화학물질 등 그 어떤 것이든 해독작용이 일어날 때 동물의 간은 즉시 비타민 C, 즉 아스코르브산을 더 많이 만들어내고, 같은 상황에 처했을 때 인간의 간도 같은 일을 하려고 시도는 한다. 하지만 동물의 간이 포도당에서 비타민 C를 만드는 과정에서 마지막으로 작용하는 네 가지 효소가 인간에게는 결핍되어 있다.

  비타민 C가 부족하면 각기병이라는 심각한 질병이 발생할 수도 있다. 음식을 통해 이를 예방할 정도로 충분한 아스코르브산을 섭취하기란 매우 어려울 뿐 아니라 최고의 건강 상태를 만들기에는 턱없이 부족하다. 천연 의약품과 영양제에 정통한 의사 대부분은 매일 비타민 C 영양제를 복용할 것을 권장한다.

나가라. 그리고 또다시 충동이 일거든 먹기 전에 생각해보라. 이 치즈케이크를 정말 먹고 싶은가? 아니면 삶의 빈 공간을 채우거나 먹는 것으로 문제를 해결하려 하는 것인가? 별 다른 문제가 없고 그저 달콤한 간식이 먹고 싶은 것이라면 한 입 정도는 먹어도 된다. 그리고 그 맛을 최대한 즐긴 다음 건강한 생활로 다시 돌아가라. 클린 이팅 플랜을 포기하거나 예전의 나쁜 습관으로 돌아가지만 말라. 평생 지속될 클린 이팅 플랜에서 한 발짝 벗어난 것뿐이다.

chapter

07

클린 이팅을 통해 질병을 예방하자

제7장 미리보기

- 심장질환을 예방하고 콜레스테롤 수치를 낮춘다.
- 혈압을 안정시킨다.
- 암 발병 위험을 줄인다.
- 당뇨를 예방한다.
- 자가면역질환으로부터 신체를 보호한다.

병에 걸리고 싶은 사람은 없다. 하지만 매일, 수많은 사람이 침해적이고 엄청난 비용이 드는 치료를 필요로 하는 심각한 질병에 걸린다. 일부 질병의 경우 유전적 요인이 발병에 영향을 미치지만 무엇을 먹고 어떻게 생활하는지도 건강을 유지할지, 질병에 걸릴지를 결정하는 데 매우 중요한 요소다.

식단에서 가공식품과 정제된 식품을 제거하는 것만으로도 질병 예방을 위한 훌륭한 첫 단계가 된다. 화학물질이 잔뜩 들어간 이 식품들에서 벗어나면 다음 단계로 질병 예방을 목적으로 클린 이팅 플랜을 정교하게 다듬을 수 있다.

이 장에서는 특정한 질병을 예방하기 위해 기본적인 클린 이팅 플랜을 변형하는 방법에 대해 살펴볼 것이다. 또한 심장질환을 예방하고 암 발병 위험을 낮추기 위해 어떤 것을 먹어야 하는지, 콜레스테롤 수치를 낮추고 당뇨를 예방하기 위해 다이어트 계획을 어떻게 세워야 하는지, 그리고 자가면역질환을 예방하기 위해 어떻게 클린한 이팅을 할지 논의할 것이다.

이 장을 읽는 동안 독자들은 다양한 질병에 맞서는 도구로서 같은 물질이 반복해서 등장한다는 사실을 알게 될 것이다. 클린 이팅 플랜이 지닌 놀라운 점은 계획에 따라 섭취하는 클린한 홀 푸드가 최대한 건강한 상태를 유지하는 데 다양한 역할을 한다는 것이다.

클린 이팅을 실천하여 심장질환을 예방하자

심장질환은 미국 내에서 남녀 가릴 것 없이 제1사망 원인이다. 하지만 운동을 하고 몇 가지 생활 방식을 바꾸는 것은 물론 제대로 된 영양소를 섭취함으로써 그 가운데 많은 죽음을 예방할 수 있다. 그리고 그 시작은 클린 다이어트다.

이 절에서는 심장 및 순환계 건강을 유지하기 위해 먹어야 할 음식과 먹지 말아야 할 음식을 살펴볼 것이다. 먹지 말아야 할 음식 목록에 포함된 식품 대부분이 가공식품, 그리고 포화지방과 트랜스 지방, 설탕, 합성재료가 다량 함유된 식품이므로 클린 이팅 플랜을 실천하는 것만으로도 자동적으로 옳은 길로 접어들게 될 것이다.

심장의 건강을 생각한다면 클린 이팅 플랜에 운동도 포함시켜야 한다. 운동은 스트레스를 줄여주고 체중 감량에 도움을 주며 신체의 모든 근육을 강하게 만들어준다. 물론 심장 근육을 포함해서 말이다!

다양한 음식으로 식단을 채워라(과일과 채소도 많이 포함시켜라)

심장질환 예방으로 방향을 잡았다면 몇 가지 최적화된 다이어트 가운데 하나를 따를 수 있다. 그 가운데 하나인 고혈압을 예방하는 다이어트법(Dietary Approaches to

Stop Hypertension)은 종종 대시(DASH)라고도 불리며 주요 목적이 섭취하는 음식 가운데 포화지방과 트랜스 지방, 콜레스테롤, 소금 함량이 높은 것의 수를 줄이는 일이다. 하지만 신선한 홀 푸드를 주로 먹는 클린 이팅 플랜을 따르면 자동적으로 지방, 콜레스테롤, 소금 섭취를 줄이게 된다(그 밖에도 많은 건강상의 장점이 있다).

매일 5~10회분의 신선한 채소와 과일을 섭취하려 부단히 노력해보라. 미국인 가운데 농산물을 많이 섭취하는 사람은 많지 않으며, 그 때문에 건강 상태가 나쁘다. 어쨌든 신선한 과일과 채소에 함유된 피토케미컬, 비타민, 미네랄은 혈중 콜레스테롤 수치를 낮춰주고 심혈관계를 튼튼하게 만들며 세포 손상을 예방하고 혈액 내 혈전을 감소시키며 동맥경화 및 혈관의 혈전 축적을 막아주고 혈액순환을 원활하게 해준다.

심장 건강을 위해 다음 피토케미컬을 다량 섭취하라.

- **항산화성분** : 색을 지닌 과일과 채소에 함유된 항산화성분은 심장과 혈관이 유리기로부터 손상을 입는 일을 막아준다. 또한 콜레스테롤의 산화를 막고 동맥 혈관 벽에 들러붙지 않게 해준다. 한 가지 성분으로 만들어진 피토케미컬 보충제도 도움이 되지만, 다른 장점도 많고 더 효과적인 홀 푸드를 섭취하는 것이 바람직하다.
- **피토스테롤** : 피토스테롤은 인체에서 콜레스테롤이 배출되는 속도를 높여 혈류의 콜레스테롤 수치를 낮출 수 있다. 홀 그레인, 협과, 견과류를 통해 섭취할 수 있다.
- **플라보놀** : 토마토, 사과, 브로콜리, 차에 함유된 플라보놀은 혈관을 튼튼하게 만들고 혈소판의 혈액 응고 반응을 감소시킨다. 심장질환에 대항하는 열쇠는 바로 튼튼한 혈관이다.
- **폴리페놀** : 폴리페놀이 풍부한 식품을 섭취함으로써 혈액 내 나쁜 콜레스테롤인 LDL 콜레스테롤 수치를 낮출 수 있다. 폴리페놀이 풍부한 식품에는 통채소, 과일, 홀 그레인, 협과가 있다. 올리브 오일에 함유된 폴리페놀은 실제로 죽상경화증 유전인자, 즉 동맥벽이 두꺼워지는 증상을 일으킬 수 있는 유전자를 수정할 가능성이 있다.
- **카테킨** : 와인, 포도, 다크 초콜릿 등 카테킨이 풍부한 식품을 섭취하면 동

맥에 플라크가 형성되는 것을 줄일 수 있다.(플라크 형성은 관상동맥 질환과 심장마비로 이어질 수 있다.)

- » **황화알릴** : 마늘, 부추, 차이브에 함유된 황화알릴은 플라크와 혈병 생성 위험을 낮춰 혈액순환을 개선하는 데 도움을 줄 수 있다. 또한 트리글리세라이드가 응고되는 것을 막아 심장마비 위험을 낮춘다.
- » **카로티노이드** : 심장질환 발병에서 가장 큰 위험요소는 바로 동맥이 단단해지는 것이다. 그리고 카로티노이드는 이러한 현상을 막아준다. 카로티노이드는 오렌지색, 노란색, 그리고 붉은색 과일과 채소에 함유되어 있다.

피토케미컬과 홀 푸드 섭취를 최대한 늘리려면 지금까지 접하지 못한 새로운 과일과 채소를 정기적으로 먹어보라. 매주 새로운 재료를 식단에 추가하고 농부 직거래 장터를 찾아 특이한 농산품이 있는지 알아보라. 그리고 슈퍼마켓의 농산물 진열대 사이를 지나면서 흥미를 자아내는 과일과 채소가 있는지 살펴보라. 더 많은 과일과 채소를 식단에 추가하면 메뉴가 다양해져 건강에 해로운 가공식품으로 눈길을 돌릴 가능성이 줄어들 것이다.

심장의 건강을 위해 다음과 같은 비타민과 미네랄을 함유한 식품을 섭취하는 데 초점을 맞춰라.

- » **비타민 E** : 비타민 E는 염증을 감소시키는 강력한 항산화물질이다. 실험실 실험 결과 비타민 E가 존재하는 환경에서 LDL 콜레스테롤은 산화하지 않는다는 사실이 발견되었다. 이는 죽상경화증을 첫 단계에서 막을 수 있다는 의미다. 또한 비타민 E는 혈액세포가 뭉치는 것을 방지한다. 영양제에 의존하지 말고 비타민 E가 풍부한 식품을 섭취하라. 여기에는 견과류, 토마토, 시금치, 강화 시리얼, 짙은 녹색잎채소, 해바라기씨, 땅콩버터, 아보카도가 포함된다.
- » **코엔자임Q10** : 비타민과 유사한 항산화물질인 코엔자임Q10은 간, 쇠고기, 정어리, 땅콩 등 다양한 식품에 함유되어 있다. 또한 인간의 심장 근육에도 존재하며 세포의 에너지 능력을 증가시킨다(심장이 얼마나 많은 에너지를 사용하는지 생각하면 중요한 능력이다!). 인체는 코엔자임Q10을 합성하지만 나이가 들수록 그 양이 줄어든다. 특히 스타틴 등의 심장약을 복용하는 중이

거나 만 55세가 넘었다면 영양제로 보충해주는 것도 고려해보는 것이 좋다. 만 55세 이후로는 인체 내에서 생성되는 코엔자임Q10의 양이 줄어든다.

» **비타민 C** : 대부분의 연구에서 심장 건강을 위해서는 비타민 C를 반드시 섭취해야 한다는 사실이 드러났다. 비타민 C는 세포를 건강하게 유지시켜 주고 조직을 보존해주는데, 이는 특히 심장 근육과 동맥벽에 중요한 기능이다. 감귤류 과일, 붉은색 파프리카, 브로콜리, 캔터루프, 토마토, 딸기, 기타 밝은색을 띤 과일과 채소가 비타민 C의 좋은 공급원이다.

» **비타민 D** : 심장전문의들은 이제 환자들에게 더 많은 비타민 D를 섭취할 것을 권하고 있다. 비타민 D는 염증과 혈당 수치를 통제하고 혈압을 조절하는 데 도움을 준다. 비타민 D가 중요한 영양소임에도 불구하고 미국에서 비타민 D 결핍증은 매우 흔하게 발생하고 있다. 가능하다면 매일 피부에 자외선 차단제를 바르지 않은 채 햇볕을 쬐어야 한다. 하지만 로스앤젤레스와 사우스캐롤라이나보다 위도가 높은 지역의 경우 10월 말에서 4월 초까지 비타민 D를 만드는 태양광이 지구 표면에 닿지 않으므로 그 기간 동안 맨살에 햇볕을 쬐어도 비타민 D 수치에 전혀 도움이 되지 않는다! 그러므로 보충제를 섭취하고 비타민 D가 풍부한 대구간유, 연어, 다랑어과 생선, 강화우유, 달걀, 간, 치즈를 섭취하라.

» **비타민 B 복합체** : 비타민 B6, B12, 엽산은 혈액 내 호모시스테인 수치를 낮출 수 있다. 혈액 내 호모시스테인 수치가 너무 높으면 심혈관계 질환 발병 위험이 높아진다. 활성화된 형태의 비타민 B6는 인체의 염증을 줄여준다. 비타민 B 복합체는 채소와 과일, 홀 그레인, 협과, 강화 시리얼에 풍부하며 그보다 양은 적지만 기름기가 없는 생선, 가금류, 유제품에도 함유되어 있다.

» **칼슘** : 마그네슘과 짝을 이루면 칼슘은 혈압을 조절하는 역할을 한다. 다른 영양소처럼 먼저 식품을 통해 칼슘을 섭취하도록 해야 한다. 요거트, 폐당밀, 화이트 빈, 치즈, 브로콜리, 퀴노아, 참깨 등이 칼슘의 좋은 공급원이다. 하지만 만 40세가 지나면 아마도 칼슘/마그네슘 영양제를 복용해야 할 것이다.

마그네슘을 제외하고 칼슘만 함유된 영양제를 복용하면 심장마비 위험이 증가할 수 있다는 사실이 몇몇 연구 결과 드러났다. 그러므로 칼슘 영양제

를 복용할 때는 마그네슘도 들어 있는 것을 선택해야 한다.

» **마그네슘** : 마그네슘은 심장 리듬을 조절하고, 관상동맥 및 전신 근육 경련을 멈추는 역할을 한다. 또한 인체 내에서 가장 중요한 에너지 분자인 ATP 합성에 관여하는 주요 미네랄이다. 마그네슘은 고혈압도 조절한다. 질은 녹색잎채소, 홀 그레인, 견과류를 통해 마그네슘을 섭취하라. 채소를 익히지 않고 생으로 먹어야 흡수율을 높일 수 있다.

» **칼륨** : 마그네슘과 함께 칼륨은 소금이 심장에 미치는 영향에 균형을 잡아주는 영양소다. 전해질인 칼륨은 동맥벽을 부드럽게 만들어 혈압을 낮추는 데 도움을 준다. 칼륨 섭취량이 늘수록 뇌졸중 위험이 줄어든다. 나트륨과 칼륨 균형을 유지하기 위해 칼륨을 섭취하는 최고의 방법은 홀 푸드를 먹는 것이다. 칼륨이 풍부한 식품으로는 감자, 바나나, 살구, 아보카도, 비트, 시금치, 토마토가 있다. 많은 의사가 혈압이 높은 사람에게 염화나트륨 소금 대신 염화칼륨 소금을 사용할 것을 권한다. 염화칼륨 소금은 식료품점이나 천연식품 매장에서 구입할 수 있다.

» **셀레늄** : 항산화물질인 셀레늄은 염증을 방지하고 혈액 내 호모시스테인 수치를 낮춰준다. 또한 전립선암 발병 위험을 줄인다. 셀레늄 결핍증인 케샨병은 심장 근육이 극도로 약해지는 심근병증의 한 가지 형태다. 식물성 식품 전체가 셀레늄의 좋은 공급원이지만 그 가운데서도 최고는 브라질너트다. 그 밖에도 기름진 생선, 아스파라거스, 마늘, 시금치를 비롯한 녹색잎채소, 소맥배아, 달걀, 귀리, 두부, 현미, 캐슈너트도 좋은 공급원이다.

그렇다면 심장을 건강하게 지켜주는 이 모든 피토케미컬, 비타민, 미네랄을 충분히 섭취하는 방법은 무엇일까? 바로 다음과 같은 클린한 홀 푸드를 듬뿍 넣어 만든 식사를 하는 것이다.

» **채소** : 다양한 색의 채소를 선택하여 식탁을 형형색색으로 물들여라. 다양한 채소를 섭취하는 것이 피토케미컬, 비타민, 미네랄을 충분하게 섭취하는 최고의 방법이다.

» **홀 그레인** : 홀 그레인에 함유된 섬유는 인체 내에서 콜레스테롤 수치를 조절하는 중요한 영양소다. 수용성 섬유는 위장관에서 콜레스테롤을 제거

하는 역할을 한다. 또한 홀 그레인은 비타민 B군의 중요한 공급원이다.

» **과일** : 신선한 과일은 피토케미컬, 섬유, 필수 비타민의 훌륭한 공급원이다. 비만, 당뇨, 심장질환 가족력이 있는 사람은 과일 주스를 피하는 대신 홀 프루트만을 섭취해야 한다. 홀 프루트를 섭취해야 과학자들이 아직 찾아내지 못한 영양소까지 섭취할 수 있다는 사실을 명심하라. 또한 홀 프루트는 허기를 달래주는 역할도 한다.

» **갈색살생선** : 일주일 치 식단에 자연산 연어, 정어리, 청어를 포함시켜라. 아니, 일주일에 두 번 섭취하도록 해야 한다! 이러한 생선은 오메가-3 지방산이 풍부하며, 이는 혈액 내 트리글리세라이드 수치를 낮추는 역할을 한다. 또한 단백질 함량도 높고 포만감도 준다.

» **견과류** : 견과류를 꾸준히 섭취하는 사람은 LDL 콜레스테롤 수치가 낮다. 견과류 식품은 동맥벽 건강을 개선해주고 혈병 생성을 줄여준다. 거의 모든 견과류가 단불포화지방산, 섬유, 비타민 E, 식물성 스테롤, L-아르지닌을 함유한 덕분에 심장 건강에 매우 유익한 식품이 된다. 식단에 호두, 아몬드, 헤이즐너트, 마카다미아너트, 피칸, 피스타치오를 추가하라.

» **씨앗류** : 해바라기씨, 참깨, 호박씨는 아연, 단백질, 비타민 E, 마그네슘의 좋은 공급원이다. 열을 가하면 항산화물질이 감소하고 필수지방산 대부분이 산화되므로 볶지 않은 상태로 섭취하는 것이 바람직하다. 아마씨의 경우 소량은 별 문제가 되지 않지만 다량 섭취하면 전립선암 발병 위험을 높일 수 있다.

» **협과** : 협과의 모든 식품은 홀 푸드이며 심장 건강에 유익하다. 소금이 첨가되지 않고 BPA 프리 캔에 담긴 제품을 선택하거나 건조한 협과를 음식에 사용하라. 협과에 함유된 섬유는 콜레스테롤 수치를 늦추는 데 도움을 주고 많은 협과 식품에 함유된 사포닌은 죽상경화증의 원인이 되는 염증을 줄여준다.

앞서 소개한 목록에서 소개한 심장 건강에 유익한 식품을 섭취하고 있더라도 1회분의 양을 조절해야 한다는 사실을 잊어서는 안 된다. 스스로 양을 조절할 수 있는 상황에서 미국인 대부분은 그 어떤 식품이든 너무 많이 먹는 경향이 있다. 홀 그레인 파스타의 건강한 1회분은 1/2컵밖에 안 된다. 또한 기름기를 제거한 육류는 약 85그

【 심장 건강에 도움이 되는 영양제 및 보충제 】

심장 건강을 위해 권장되는 것이라 해도 영양제를 추가로 섭취하기 전에 의사와 상의를 거쳐야 한다. 하지만 많은 의사들이 비타민과 미네랄이 아닌 특허약, 즉 제약에 더 정통하므로 천연 의약품에 대한 전문성을 갖춘 의사와 상담해야 한다.

심장 건강을 위해 복용을 고려해야 할 보충제는 다음과 같다.

- **생선 오일** : 생선 오일에 함유된 오메가-3 지방산은 전신의 염증을 줄여주고 비정상적인 혈병 형성을 막아주며 트리글리세라이드 수치를 낮춰준다.
- **식물성 스테롤** : LDL 콜레스테롤 수치를 낮춰준다.
- **나이아신** : 특히 천천히 방출되는 형태의 나이아신은 콜레스테롤 수치를 낮춰주고 HDL 수치를 향상시킨다. 최근 연구들에 따르면 비정상적인 동맥의 두께를 줄여주는 것으로 드러났다.
- **녹차 추출물** : LDL 콜레스테롤 수치를 낮춰준다.
- **코엔자임Q10** : 항산화물질인 코엔자임Q10은 인체 세포의 에너지 능력을 증가시킨다. 스타틴을 복용 중이거나 만 55세가 넘은 사람은 보충제 형태로 섭취하는 것도 고려해야 한다.
- **홍국**(red yeast rice) : 홍국균인 붉은누룩곰팡이를 멥쌀밥의 밥알 표면에 배양한 약 누룩인 홍국은 콜레스테롤 전체 수치, LDL 콜레스테롤, 트리글리세라이드 수치를 낮춰준다.
- **마그네슘** : 마그네슘은 혈관을 확장시키고 혈압을 낮춰주며 ATP 생성에 도움을 주고 정상적인 심장 리듬을 유지해준다.
- **허브, 그리고 서양 톱풀과 홀리 바질, 아티초크 잎 등의 추출물** : 이러한 재료들은 콜레스테롤과 트리글리세라이드 수치를 낮추는 데 도움을 준다.

어떤 영양제나 보충제를 복용할지 선택한 다음에는 평판이 매우 좋은 제품을 선택해야 한다. 하지만 먼저 식품을 통해 섭취해야 한다는 사실을 명심하라. 클린 이팅 플랜을 바탕으로 한 건강한 식단을 심장질환에 맞서 싸우는 가장 중요한 무기로 삼아야 한다.

램, 카드 한 벌과 비슷한 크기다. 심장 건강을 향상시키는 아주 좋은 방법은 클린 이팅 플랜을 실천할 때 반드시 포션 컨트롤을 중요한 기준으로 삼는 것이다.

나쁜 음식을 피하라

심장 건강을 위한 음식을 먹고 싶다면 다음 식품들은 피해야 한다.(최고의 방법은 클린 이팅 플랜을 따르는 것이다. 자동적으로 가공식품, 합성 재료를 사용한 식품, 트랜스 지방 함량이 높은 식품, 그리고 빈 칼로리를 제공하는 식품을 배제하기 때문이다.)

» **나트륨 함량이 높은 식품** : 성인의 경우 나트륨 섭취량을 하루 2,400밀리

그램 이하로 제한해야 한다고 말하는 전문가들이 있지만 실제로 미국인 대부분은 3,400밀리그램 이상을 섭취한다. 전해질인 나트륨은 특히 칼륨 섭취가 부족할 때 혈압을 높이고 심장마비 위험을 높인다.

가공식품 대부분은 다량의 나트륨을 함유하고 있다. 그러므로 클린 이팅 다이어트 플랜에 따라 가공식품 섭취를 줄이는 것만으로도 자동적으로 나트륨 섭취를 줄일 수 있다. 음식에 풍미를 낼 때 소금 대신 향신료와 허브를 사용해보라. 그리고 덜 짠 음식의 맛에 익숙해져야 한다.

» **트랜스 지방** : 트랜스 지방은 심각한 건강상의 문제와 연관되어 왔다. 자연적으로 생성되는 트랜스 지방은 매우 드물고 거의 대부분 식품제조사들이 다불포화지방을 상온에서 고체 상태로 만들기 위해 수소를 첨가함으로써 제조하는 것이다. 트랜스 지방은 실제로 인체 세포 구조의 일부가 되어 세포를 약하게 만들고 문제가 생기기 쉽게 만든다. 여성 간호사 연구 결과 트랜스 지방이 함유된 식품을 섭취하는 여성이 그렇지 않은 여성에 비해 심장질환 발병 위험이 3배 이상이라는 사실이 드러났다.

가공식품, 특히 베이커리에서 판매하는 빵, 크래커, 쿠키, 간식거리의 섭취를 피하라. 트랜스 지방 함량을 알기 위해 라벨을 읽어볼 수는 있지만 제조사들은 1회분의 트랜스 지방 함량이 0.5그램 미만일 경우 '트랜스 지방 0그램'이라는 문구를 사용할 수 있으므로 신뢰해서는 안 된다. 이러한 식품을 5번 섭취하면 2.5그램의 트랜스 지방을 섭취하는 꼴이다. 즉 이 가짜 지방 섭취량에 안전한 제한은 없다는 의미다.

» **가공처리된 육류** : 가공처리된 육류를 섭취하면 심장질환 발병 위험이 높아진다. 질산나트륨 같이 이러한 식품에 함유된 소금과 방부제는 혈압을 상승시키고, 죽상경화증을 촉진할 가능성도 있다. 이러한 까닭에 많은 과학자가 실제로 가공처리된 육류가 건강에 위협이 되는 원인이 포화지방이 아닌 소금과 방부제라고 생각한다. 질산나트륨과 아질산염은 육류에 함유된 화합물과 반응하여 발암물질인 니트로사민을 형성한다. 그러므로 가공처리된 육류를 섭취할 때는 비타민 C 함량이 높은 식품을 곁들여 니트로사민 형성을 막는 것이 바람직하다.

» **패스트푸드** : 지속적으로 패스트푸드 햄버거와 프렌치프라이를 섭취하면 건강에 해롭다는 사실은 누구나 안다. 하지만 이러한 식품들이 왜 그토록

나쁜 것일까? 여기에는 다량의 방부제, 첨가물, 합성재료가 함유되어 있기 때문이다. 또한 지방, 설탕, 트랜스 지방 함량이 높은 반면 홀 그레인, 과일, 채소 같이 건강에 유익한 재료는 적게 사용된다. 더욱이 최종당화산물(advanced glycation end products, AGEs) 함량이 높다. 이는 강한 불에서 지방 함량이 높은 식품을 조리할 때 만들어지는 물질이다. AGEs는 세포에 염증을 일으키고, 이는 심장질환, 당뇨, 알츠하이머병, 뇌졸중으로 이어질 수 있다. 캐나다 과학자들은 전 세계에서 발생하는 심장질환 가운데 35퍼센트가 패스트푸드 때문이라는 사실을 밝혀냈다.

» **설탕 함량이 높은 식품** : 미국인 한 사람이 1년에 소모하는 설탕의 양은 자그마치 68킬로그램에 달한다! 다량의 설탕을 섭취하면 관상동맥성 심장질환 발병 확률이 높아진다는 연구 결과들이 있다. 설탕은 지단백에 변화를 유발할 수 있다. 그리고 이러한 변화는 좋은 콜레스테롤인 HDL 콜레스테롤의 혈액 내 수치를 감소시킨다. 또한 설탕 함량이 높은 식품을 섭취하면 혈액 내 트리글리세라이드 수치를 증가시킨다. 미국인의 1/3에게서 다량의 설탕 섭취 때문에 고혈압, 고 콜레스테롤증이 생기고, 최종적으로 제2형 당뇨가 발생한다. 만 40세 이상인 남성이 설탕 섭취량이 높을 경우 테스토스테론 수치는 낮아지는 반면 에스트로겐 수치는 높아진다.

설탕 함량이 높은 음식을 섭취하면 대체로 다른 영양소의 섭취가 부족해진다. 설탕이 듬뿍 들어간 음식은 영양학적 가치가 떨어지는 반면 다량의 빈 칼로리만 제공하기 때문이다. 그러므로 설탕 섭취를 줄이고 신선한 과일을 통해 스위트 투스(sweet tooth, 단 것을 좋아하는 성향-역자)를 만족시켜라.

이러한 음식을 완전히 끊을 수 없다면 최대한 자제해보라. 언제든 간식을 먹을 수 있다는 사실도 잊지 말라. 하지만 이러한 음식을 간식으로 굳이 선택해야겠다면 잔뜩 먹어치우지 말고 소량으로 만족하라.

식단에 클린한 단불포화지방을 추가하라

단불포화지방은 실제로 심장 건강에 좋은 유일한 지방의 형태다. 트랜스 지방과 포화지방 대신 특히 견과류와 채소에 함유된 단불포화지방을 섭취하면 심장질환 발병 위험을 낮출 수 있다. 단불포화지방은 중요한 항산화물질인 비타민 E가 풍부한 식품에 함유되어 있다. 연구 결과 단불포화지방은 실제로 동맥의 플라크를 제거하고 혈중 LDL 콜레스테롤 수치를 낮출 수 있다는 사실이 드러났다. 그뿐 아니라 HDL 콜레스테롤 수치는 높여준다!

단불포화지방은 아보카도, 땅콩버터를 비롯한 견과류 버터, 홀 너트, 씨앗류를 통해 섭취할 수 있다. 특히 올리브 오일과 마카다미아 너트 오일에 풍부하게 함유되어 있으므로 조리용으로 이 오일을 사용하는 것이 좋다. 하지만 유전자조작 작물로 만들어진 오일도 있다는 사실을 유의해야 한다. 카놀라유는 단불포화지방 함량이 높지만 주로 GMO 옥수수로 만들어지며, 장기간 섭취했을 때 인체에 어떤 영향을 미치는지는 현재로서는 알려진 바가 없다.

주의 : 하루 동안 섭취하는 전체 칼로리 가운데 지방이 35퍼센트를 넘어서는 안 된다. 하지만 클린 이팅 플랜에 맞춰 자연 상태의 농산물, 홀 그레인, 가공하지 않은 식품을 중점적으로 섭취한다면 이러한 숫자에 연연할 필요가 없다.

콜레스테롤 수치를 낮추는 것을 목표로 다이어트를 하는 중이라면, 즉 의사가 콜레스테롤 섭취를 줄이라고 말했다면 단불포화지방을 식단에 추가하여 더욱 건강에 도움이 되게 만들 수 있다.(제2형 당뇨 유전인자를 보유한 사람의 경우 팔레오 다이어트를 했을 때 콜레스테롤 수치가 낮아진다는 사실을 명심하라. 하지만 이러한 유전인자가 없는 사람은 팔레오 다이어트를 해도 콜레스테롤 수치가 낮아지지 않는다.) 많은 영양학자가 콜레스테롤 수치를 낮추려는 사람들에게 단불포화지방이 풍부한 지중해식 식단을 권한다. 이는 지중해 주변

【 팔레오 다이어트란 과연 무엇인가? 】

인류의 조상이 사냥과 채집 생활을 하던 시절 먹던 음식을 기반으로 한 팔레오 다이어트는 심장질환에 대항하는 강력한 무기가 될 수 있다. 팔레오 다이어트가 효과가 있는 것은 자유롭게 돌아다니며 먹이를 먹는 다양한 야생동물과 생선을 동물성 단백질원으로 삼기 때문이다. 이러한 동물의 고기에는 영리를 목적으로 곡물을 먹여 키운 동물의 고기보다 전체 지방 함량은 낮은 반면 오메가-3 지방산이 훨씬 풍부하게 함유되어 있다. 이러한 동물들은 원래 곡물을 먹고 살지 않았기 때문에 이러한 동물의 고기에는 염증 유발성이 훨씬 높은 오메가-6 지방산이 훨씬 많이 함유되어 있고 전체 포화지방 함량도 높다. 심장질환을 예방하기 위해 팔레오 다이어트를 시도하고 싶다면 천연 의약품에 경험이 많은 의사와 상의하라. 또한 더 자세한 것은 팔레오 다이어트의 전반적인 내용을 다룬 제6장에서 확인하라.

【 오메가-3와 오메가-6의 비율에 대해 알아보자 】

심장질환을 예방하기 위해서는 섭취하는 음식에서 오메가-3와 오메가-6 지방산의 비율을 적절하게 유지해야 한다. 인체에서 합성되지 않으므로 인간은 이 두 가지 지방산을 음식을 통해 섭취해야 한다. 하지만 자신이 두 가지 지방산을 각각 얼마나 섭취하는지 알아야 한다. 오메가-3 지방산과 오메가-6 지방산의 이상적인 비율은 1:1에서 1:4다. 하지만 전형적인 미국식 식단에서 이 비율은 1:10에서 1:20까지 이른다!

그렇다면 이상적인 비율을 지켜야 하는 까닭은 무엇일까? 일반화해서 말하자면, 오메가-3 지방산은 항염증성을 지니며, 이는 전신의 염증을 감소시킨다는 의미다. 반면 오메가-6 지방산은 거의 유일하게 염증 유발성을 지니며, 인체에서 염증 반응을 일으킨다. 상처 치유에서 염증이 반드시 필요한 과정이기는 하지만 염증을 그대로 둔다면, 그리고 오메가-3 지방산 섭취가 부족하다면 인체는 조직의 손상과 질병으로 고통 받을 것이다.

실제로 많은 전문가가 대체로 만성 염증이 죽상경화증의 원인이라고 생각하고 있다. 오메가-6와 오메가-3 지방산의 자연적인 불균형 때문에 항염증제 복용이 그렇게 많은 가장 큰 원인이다.

오메가-3 지방산은 심장 건강에 매우 도움이 된다. 혈소판이 응고되어 동맥벽에 들러붙는 것을 막아주고, 그 결과 비정상적인 혈병과 플라크를 감소시킨다. 오메가-3 지방산의 좋은 공급원으로는 해산물, 특히 연어와 정어리 같은 지방 함량이 높은 생선, 방목해서 키운 소와 들소, 기타 동물의 고기, 오메가-3가 강화된 달걀, 호두, 아마씨가 있다. 오메가-3 지방산 섭취를 늘리면 만성 심장질환 발병 위험을 낮출 수 있다.

오메가-6 지방산은 아보카도, 홀 그레인, 그리고 거의 모든 견과류와 씨앗류에 함유되어 있다.(하지만 볶은 견과류와 씨앗류의 경우 필수 지방산 대부분이 산화된다는 사실을 명심하라. 조리법에 어울린다면 이러한 재료를 볶지 않고 사용하는 것이 바람직할 수도 있다.) 과자, 케이크 믹스, 정크 푸드 등 많은 가공식품과 정제식품은 오메가-6를 함유한 식물성 오일, 특히 옥수수유, 홍화유, 해바라기씨유, 땅콩 오일을 재료로 만들어진다. 많은 미국인이 이러한 음식을 너무도 많이 섭취하는 반면 오메가-3 지방산이 풍부한 식품은 적게 섭취하므로 오메가-3 지방산 대 오메가-6 지방산의 비율은 잘못된 방향으로 변하게 되었다.

오메가-6 지방산이 실제로 심장에 나쁜지를 놓고 과학자들의 의견이 양쪽으로 갈린다. 하지만 한 가지에는 동의한다. 사람들이 특히 클린 이팅 다이어트 플랜에서 권장하는 공급원으로부터 더 많은 오메가-3 지방산을 섭취해야 한다는 것이다.

지역에 사는 사람들의 섭식 패턴을 수용한 식단이다. 혈중 콜레스테롤 수치가 높은 사람은 먼저 천연 의약품에 경험이 많고 지식이 풍부한 의사에게 크라프트 당뇨 전단계 검사를 받은 다음 팔레오 다이어트와 지중해식 다이어트 가운데 한 가지를 선택하라.

다양한 점에서 지중해식 다이어트와 클린 이팅 다이어트는 정확히 일치한다. 두 가지 모두 다음과 같은 특징을 지닌다.

- 밝은색을 지닌 과일과 채소 등 신선한 홀 푸드를 다량 섭취한다.
- 일주일에 3회 이상 지방 함량이 높은 생선을 섭취한다.
- 조리법에 올리브 오일이 빈번하게 등장하고 음식을 만들 때 이를 사용한다.
- 간식으로 견과류를 섭취한다.
- 협과와 홀 그레인을 다량 섭취한다.
- 너무 많지 않은 양의 기름기가 없는 먹을거리를 섭취한다.

지중해식 다이어트와 클린 이팅 플랜의 한 가지 차이점은 지중해식 다이어트에서는 매일 레드 와인을 한 잔씩 마셔야 한다는 것이다. 물론 클린 이팅 플랜을 실천할 때도 레드 와인 한 잔쯤은 마셔도 좋다. 하지만 평소 술을 마시지 않는다면 레드 와인이 건강에 이롭다는 이유로 굳이 마시기 시작하지 말라.

클린 이팅을 통해 혈압을 낮추자

고혈압(hypertension)은 미국인을 위협하는 침묵의 살인자다. 8,000만 명이나 되는 미국인이 고혈압을 앓고 있으며, 이로 인해 심장마비, 신부전, 뇌졸중이 발생하기도 한다. 다행인 것은 클린 이팅 프로그램이 혈압을 조절하는 데 도움이 된다는 사실이다.

고혈압 진단과 약물 처방을 받았다면 식단을 바꾸는 것을 고려해보라. 미국심장협회가 권장하는 다이어트는 대시 다이어트다.[대시(DASH)는 고혈압을 예방하는 다이어트법(dietary approaches to stop hypertension)의 약자다.]

대시 다이어트를 따르면 혈압을 낮추는 데 도움이 되는 칼륨, 칼슘, 마그네슘이 풍부한 식품을 다양하게 섭취하게 된다. 클린 이팅 플랜과 똑같지 않은가! 홀 푸드를 섭취하고 포장된 식품과 가공식품, 패스트푸드를 멀리하라. 나트륨 섭취를 줄여라.

또한 다음과 같은 칼륨, 칼슘, 마그네슘 함량이 풍부한 식품을 식단에 포함해도 좋다.

- 칼륨이 풍부한 바나나
- 칼륨과 마그네슘이 함유된 레드 빈과 화이트 빈
- 칼슘과 마그네슘이 함유된 저지방 요거트

» 칼륨과 마그네슘이 함유된 복숭아와 승도
» 칼슘, 마그네슘, 칼륨이 함유된 케일

가공되지 않은 홀 푸드를 섭취하면 자동적으로 나트륨 함량을 줄일 수 있다. 인간이 섭취하는 나트륨은 대부분 가공식품에서 온다. 제품을 구입할 때는 반드시 라벨을 읽어 나트륨 함량을 확인하라. 고혈압 환자들은 나트륨을 하루 1,500밀리그램 이상 섭취해서는 안 된다.

음식을 통해 혈압을 낮추고 그 상태를 유지하는 매우 간단한 방법이 한 가지 더 있다. 대부분의 슈퍼마켓과 천연식품 매장에서 판매하는 염화칼륨 소금으로 바꾸는 것이다. 《고혈압을 위한 해결책(The High Blood Pressure Solution)》에서 저자인 리처드 무어 박사는 이해하기 쉬운 언어로 염화나트륨 소금을 버리고 염화칼륨 소금만을 사용하면 혈압을 현격하게 낮출 수 있다고 설명한다. 더욱이 염화나트륨과 달리 얼마든지 넣어도 된다.

염화나트륨과 비슷하거나 더 나은 또 다른 소금이 있다. 바로 나트륨-마그네슘 소금이다. 게다가 여기에는 극소량이지만 라이신, 실리콘, 아연, 구리, 셀레늄, 요오드까지 함유되어 있다. 이는 핀란드에서 1976~2006년까지 30년 동안 이루어진 '의학 기적(Medical Miracle)'에서 중요한 부분의 원인인 것과 같은 소금이다. 국가적 운동인 의학 기적을 통해 핀란드 정부는 전국의 염화나트륨 소금을 모두 나트륨-마그네슘 소금으로 대체하는 동시에 포화지방 섭취를 줄이고 불포화지방 섭취를 늘렸다.

그 결과가 어땠을 것 같은가? 2006년, 30년간 전국적으로 진행된 운동의 결과가 보고되었다. 뇌졸중과 관상동맥 심장질환에 의한 사망률이 75~80퍼센트 감소했다. 물론 여성과 남성 모두 예상수명이 6~7년 증가했다. 이전 보고서에서는 이러한 개선의 10~15퍼센트만이 제약 덕분이라는 사실을 지적했다.

핀란드 전국에서 30년 동안 사용된 나트륨-마그네슘 소금을 사용한 연구 프로젝트는 미국에서도 시도되었다. 하지만 이 책을 쓰는 현재까지 나트륨-마그네슘 소금은 일부 천연식품 매장과 타호마 클리닉 디스펜서리에서만 구할 수 있다(www.tahomadispensary.com).

클린 이팅을 통해 콜레스테롤을 낮추자

콜레스테롤은 모든 세포막과 동물의 신체에 존재하는 기름진 물질이다. 하지만 악명이 높은 콜레스테롤은 인체에 도움이 되는 몇 가지 기능을 한다.

- 세포막을 삼투성이 있게 만들어 세포가 영양소를 흡수할 수 있게 해준다.
- 영양소를 운반한다.
- 간에서 담즙산염으로 전환된 다음 지용성 비타민의 흡수를 돕는다.

인체 내에서 하루에 합성되는 콜레스테롤의 양은 섭취할 수 있는 양보다 훨씬 많다. 하지만 인체에는 부족한 것을 스스로 보충하는 시스템이 있으므로 더 많은 콜레스테롤을 섭취할수록 합성되는 양은 줄어든다.

그렇다면 왜 콜레스테롤은 그런 악의 축으로 변한 것일까? 이 절에서는 그러한 질문들에 대한 답을 줄 것이다. 또한 클린 이팅 다이어트 플랜을 이용하여 콜레스테롤 전체 수치를 줄이고 HDL 콜레스테롤 수치를 높이며 LDL 콜레스테롤 수치를 감소시키는 몇 가지 방법을 소개할 것이다. 콜레스테롤을 줄인다는 것은 그저 수치를 200 이하로 낮춘다는 의미가 아니다. LDL 콜레스테롤의 산화를 방지하는 것이기도 하다. 이 때문에 항산화성분이 그토록 중요한 것이다.

혈중 콜레스테롤 수치가 높다는 것은 순환계에 문제가 있고 인체 내에 만성 염증이 있을 가능성이 있다는 사실을 나타내는 지표다. 하지만 콜레스테롤 전체 수치가 높을 때보다 LDL 콜레스테롤이 높을 때 심장질환 발병 위험이 훨씬 높아지므로 HDL과 LDL 비율이 더 중요하다. 홀 푸드를 통해 피토케미컬과 비타민을 섭취하면 콜레스테롤 수치를 개선하는 데 도움이 될 것이다. 그리고 전반적인 건강까지 좋아지기를 바란다.

높은 콜레스테롤 수치는 식용 탄수화물에 대해 '과도한' 인슐린 반응을 하도록 타고났다는 사실도 의미한다. 이 경우 인슐린 신호를 감소시키는 팔레오 다이어트를 따르라. 콜레스테롤과 트리글리세라이드 수치를 모두 낮출 확률이 매우 높아진다. 천연 의약품에 경험이 많고 지식이 풍부한 의사와 상담하여 자신이 여기에 해당되는지 알아보라.

염증과 동맥

염증이 반드시 나쁜 것은 아니며 좋은 역할을 할 때도 있다. 부상을 입은 부분에 백혈구 등 여러 가지 물질을 보내는 것이 인체가 스스로 치유하는 방식이다. 하지만 급성의 직접적인 위협에 직면하지 않았을 때 발생하는 만성 염증은 반대로 동맥을 비롯한 인체 조직을 손상시키고 이를 시작으로 죽상경화증이라는 재앙 같은 질병이 발생한다.

이제 많은 과학자가 염증 역시 높은 콜레스테롤 수치의 주범일 수 있다고 생각한다. LDL 콜레스테롤이 동맥에 많아지면 플라크가 형성된다. 이렇게 플라크가 축적되면 염증이 일어나고, 그 결과 더 많은 콜레스테롤이 여기에 모인다. 플라크가 축적된 것이 너무 커지면 동맥을 막아 심장마비를 일으킨다. 또는 동맥에서 떨어져 나와 혈병이 되고, 이 역시 심장마비와 뇌졸중의 원인이 된다.

인체에서 만성 염증의 원인이 되는 핵심 요소는 다음과 같다.

- **평범한 노화** : 나이가 들면 인체 내에는 유리기가 훨씬 많아지고 산화된 화합물에 의해 손상되어 세포 구조가 약해진다. 그렇게 만성 염증이 시작된다. 이러한 연쇄 반응은 노화를 더욱 촉진하고 결국 악순환이 일어난다.
- **건강하지 않은 음식 섭취** : 홀 푸드가 부족하고 고도로 가공된 식품을 다량 섭취하면 염증을 증가시킬 수 있다. 설탕, 지나친 나트륨, 첨가제는 세포를 손상시킬 수 있고, 피토케미컬, 비타민, 미네랄이 부족한 식사는 인체의 자연적인 치유 과정을 저해한다. 건강하지 않은 식사를 하는 사람은 과체중이면서 영양실조에 걸릴 수 있다.
- **트랜스 지방** : 이 가짜 지방은 인체 세포의 일부가 되며, 현대 식단 가운데 염증의 주요 원인이다. 많은 식품제조사가 자사의 제품에서 트랜스 지방을 제거하고 있지만 여전이 미국인의 식단에 만연해 있다. 트랜스 지방은 LDL 콜레스테롤을 증가시키고 HDL 콜레스테롤을 줄인다. 또한 혈관 내벽 세포에 손상을 입힌다.
- **비만** : 지방세포는 염증을 촉진한다. 하지만 반대로 비만 때문에 염증이 일어날 수도 있다. 이 얼마나 사악한 순환이란 말인가! 지방세포는 면역세포의 한 가지인 대식세포, 그리고 다른 화합물이 염증을 유발하는 리지스틴

을 좋아하게 만든다. 이러한 화합물은 지방세포에서 분리되어 혈류로 유입된다.

» **공해** : 공기 오염에 장기간 노출되면 인체에 염증이 일어난다. 화학적 오염물질이 인간의 폐에 들어가면 위험한 유리기를 만들어내고, 그 결과 부상과 염증이 발생한다.

» **스트레스** : 스트레스는 인체가 회피-투쟁 반응을 일으키게 만든다. 혈류로 아드레날린이 유입되면 인체는 위협에 대해 민첩하게 반응할 준비를 한다. 하지만 현대 사회에서 사람들은 생명을 위협하는 상황에 매일 맞닥뜨리지 않는다. 그러므로 이러한 반응은 실제로 인체에 부정적인 영향을 미친다. 혈압을 높여 혈관을 손상시키고 거칠게 만들어 플라크가 생성되기에 완벽한 지점을 만든다. 아드레날린 자체도 염증을 촉진한다.

콜레스테롤 플라크가 대부분 형성되는 바로 그 지점에 발생하는 염증과 직접적으로 연관되는 또 다른 핵심 요소는 바로 혈액의 농도다. 두 가지 연구 결과 헌혈을 해서 혈액의 농도가 낮아지면 심장마비 발생 위험이 남성의 경우 45퍼센트, 여성의 폐경기 이후 여성의 경우 88퍼센트 낮아진다는 사실이 밝혀졌다. 이는 매달 생리 기간 동안 혈액을 잃는 가임기 여성에게는 적용되지 않는다. 혈관 염증 감소에 대한 이러한 접근 방식에 대해 더 자세히 알고 싶다면 심장전문의 케네스 켄지 박사의《피가 묽어야 산다(The Blood Thinner Cure)》를 살펴보라.

다행히 앞서 소개한 목록에서 설명한 염증 유발 요소 가운데 다수는 클린 이팅 플랜을 통해 대항할 수 있다.(실제로 채식 위주의 식사를 하는 것이 처방약만큼 콜레스테롤 수치를 낮추는 데 효과적일 수 있다는 사실을 보여준 연구들도 있다.) 예를 들어 홀 푸드를 섭취하면 인체가 유리기와 싸우기 위해 필요한 피토케미컬 등의 영양소를 공급하고 체중을 감량하는 데 도움이 된다. 또한 클린 이팅 플랜에 따라 가공식품의 섭취를 피하면 트랜스 지방, 첨가제, 보존제의 섭취가 줄어들고, 그 결과 세포에서 유리기의 활동성이 감소한다. 그리고 홀 푸드를 섭취하면 노화, 공해, 스트레스에 의해 발생하는 염증에 대항하는 데도 도움이 된다.

그 가운데서도 지방 함량이 많은 생선, 과일(특히 타트 체리 종류), 채소, 필수지방산(특히 오메가-3지방산), 견과류, 씨앗류 등 염증과 직접 싸우는 식품을 섭취해야 한다. 염증에 대항하는 향신료, 보충제와 영양제, 허브로는 계피, 생강, 울금, 비타민 C와 E, 비오틴, 비타민 B군 전체, 은행, 마그네슘, 유향 그리고 강력한 항산화물질인 오레가노와 바질이 있다.

설탕, 지방, 단당류는 어떻게 콜레스테롤 수치를 높이는가

설탕, 특정한 지방, 그리고 단순 탄수화물 함량이 높은 식품은 콜레스테롤, 특히 나쁜 유형인 LDL 콜레스테롤의 수치를 높일 수 있다. 이러한 먹을거리는 전형적인 미국식 식단에 흔하게 존재하며 가공식품과 정제된 식품에 많이 함유되어 있다. 그리고 이러한 식품을 식단에서 완전히 제거하지는 못하더라도 최소로 줄일 수 있는 방법은 바로 클린 이팅 플랜이다.

설탕과 콜레스테롤

2010년 〈미국의학협회지〉에 발표된 한 연구에서 설탕의 형태로 하루 섭취 칼로리 가운데 1/4을 섭취한 사람에게서 HDL 콜레스테롤 수치가 낮을 확률이 3배라는 사실이 밝혀졌다. 여기에 속하는 사람들은 혈액 안에 존재하는 또 다른 형태의 지방인 트리글리세라이드 수치도 높았다.

설탕 함량이 높은 식품은 그 자체로 인체에 손상을 입히고, 주로 영양학적 가치가 거의 없다. 설탕 함량이 높은 식품의 빈 칼로리는 또 다른 염증의 위험요소인 비만을 유발하고 LDL 콜레스테롤 수치를 높이며 심장질환을 일으킨다.

설탕은 면역계를 억제하고 호르몬 불균형을 일으키며 고혈압 발병 위험을 높인다. 또한 일부 과학자들은 설탕 분자가 실제로 세포벽과 동맥 내벽에 손상을 입히고, 그 결과 염증이 발생하여 콜레스테롤을 더 많이 끌어당겨 결국 플라크가 형성되고 질병이 발생한다고 생각한다.

제2형 당뇨에 앞서 나타나는 선천적인 '과도한' 인슐린 반응을 지닌 사람에게 '설탕 위험'은 훨씬 크다. 천연 의약품에 경험이 많고 지식이 풍부한 의사를 찾아 설탕을 섭취했을 때 이러한 추가적 위험을 지니고 있는지 알아보라.

지방과 콜레스테롤

특정한 유형의 지방은 혈중 콜레스테롤 수치를 높인다. 트랜스 지방은 플라크를 만드는 LDL 콜레스테롤을 증가시키는 반면 실제로 콜레스테롤을 동맥에서 제거하는 HDL 콜레스테롤을 감소시킨다. 일부 사람의 경우 다불포화지방이 LDL 콜레스테롤을 감소시키기는 하지만 모든 사람에게 해당되는 것은 아니다. 또한 다불포화지방은 HDL 콜레스테롤 수치를 감소시킨다. 포화지방은 LDL 수치를 높이지만 뇌졸중이 일어나지 않게 인체를 보호하는 역할도 한다.

클린 이팅 다이어트를 하면 GMO 채소로 만든 건강에 해로운 트랜스 지방과 다불포화지방을 피할 수 있다. 다불포화지방은 반응성이 있어 산화될 수 있고 쉽게 불쾌한 냄새가 날 수 있다. 그 결과 섭취했을 때 염증과 직접적으로 연결된다.

하지만 자연적으로 발생하는 다불포화지방산 가운데는 오메가-3 지방산처럼 건강에 유익한 것도 있다. 사실 다불포화지방은 산화에 의한 손상을 가할 수 있다는 점을 제외하고는 건강에 도움이 된다. 그러므로 이러한 위험성을 줄이기 위해서는 비타민 E가 풍부한 식품을 함께 섭취해야 한다. 비타민 E는 근대, 시금치, 순무 잎, 케일, 헤이즐너트, 아몬드, 씨앗류에 풍부하게 함유되어 있다. 아니면 혼합 토코페롤 비타민 E 영양제를 복용하는 것도 한 가지 방법이다.

클린 이팅 플랜을 실천하는 중인지 여부와 상관없이 단불포화지방을 선택하는 것이 훨씬 바람직하다. 또한 포화지방은 지금까지 알려진 것처럼 나쁜 것은 아니다. 실제로 제2형 당뇨를 지녔거나 가족력이 있는 사람은 고지방, 저탄수화물 식사를 하는 것이 더 낫다. 이런 사람들의 경우 탄수화물이 인슐린 체계를 완전히 망가뜨려 LDL 콜레스테롤은 물론 콜레스테롤 전체의 수치를 높이는 반면 HDL 콜레스테롤을 감소시킨다. 또한 혈압을 상승시키고 혈총뇨산 증상이 일어나게 만든다. 종합해서 말하자면, 고 설탕, 고 탄수화물 식단은 대사증후군으로 이어지고 이를 정상 상태로 되돌리지 않으면 결국 제2형 당뇨로 발전하게 된다.(나중에 다룰 '클린 이팅을 통해 당뇨를 예방하자' 부분에서 더 자세한 내용을 확인하라.)

염증을 유발하는 질병이나 제2형 당뇨의 가족력이 있는 사람은 영양제에 지식이 풍부한 의사와 상담하라. 한두 달 클린한 음식을 섭취한 다음 혈중 콜레스테롤, C-반

응성 단백질, 그리고 HDL/LDL 수치를 점검하라. 자신에게 적합한 다이어트를 찾을 때까지 의사와 함께 노력하라. 저지방, 고탄수화물 다이어트든, 고단백, 저탄수화물 다이어트든 상관없다. 인간의 몸은 제각각 다르므로 지방에 대한 반응도 제각각 다르다.

단순 탄수화물과 콜레스테롤

단순 탄수화물에는 설탕, 꿀, 당밀, 흰 밀가루, 흰 파스타, 그리고 가공식품이 포함된다. 이러한 재료로 만들어진 식품 다수는 칼로리가 높고 영양소 함량은 낮다. 그 결과 이런 식품을 섭취하면 염증이 발생하고 체중이 증가한다.

과학자들은 설탕 성분이 얼마나 많이, 그리고 빨리 혈당을 높이는지에 따라 식품을 분류하기 위해 당지수(glycemic index, GI)를 개발했다. 당지수가 높은 식품은 혈당에 큰 영향을 미치고 HDL 콜레스테롤 수치를 낮출 수 있다. 또한 인슐린 지수에 대해서도 고려해보라. 이는 유제품, 아침식사 대용 시리얼, 빵 종류 등 정제 탄수화물 함량이 높은 식품을 섭취했을 때 제2형 당뇨 유전인자를 지닌 사람들에게서 나타나는 반응을 표시한 것이다. 더 자세한 내용은 제5장을 참조하라.

단 것을 좋아하거나 단순 탄수화물을 먹기로 결심했다면 과일과 홀 그레인으로 만든 식품을 선택하라. 이런 식품은 섬유, 비타민, 미네랄을 함유하여 소화에 시간이 더 오래 걸리고, 그 결과 설탕이 혈당에 미치는 영향을 완화한다.

엽산, 루테인, 레스베라트롤, 기타 영양소의 역할

어떤 영양소들은 LDL 콜레스테롤 수치를 감소시키는 동시에 HDL 콜레스테롤 수치를 증가시킨다. 콜레스테롤 수치가 높고 LDL/HDL 콜레스테롤 비(比)가 나쁘다면 다음의 영양소를 중점적으로 섭취하라.

» **엽산** : 비타민의 일종인 엽산은 LDL 콜레스테롤 수치를 줄일 가능성이 있다. 2010년 〈미국 영양학회지〉에 게재된 한 연구에 따르면 혈중 엽산 수치가 높은 사람은 상대적으로 LDL 콜레스테롤 수치가 낮았다. 영양제보다 식품을 통해 엽산을 섭취하는 것이 바람직하다. 녹색잎채소, 협과, 바나나와 멜론 같은 과일, 내장 고기, 버섯과 브로콜리, 토마토 같은 채소에 엽산

이 함유되어 있다.

- **나이아신** : 비타민 B3의 두 가지 형태 가운데 하나인 나이아신은 콜레스테롤 전체 수치를 낮추고, 적정량을 섭취했을 때 HDL 수치를 15퍼센트 이상 높인다. 즉시 효력을 나타내는 나이아신 영양제는 위장장애, 피부 홍조 같은 부작용을 일으킬 수 있으므로 요즘은 천천히 효력이 나타나는 타임드-릴리스, 또는 익스텐디드-릴리스 형태의 영양제, 즉 서방정으로 전환하는 추세다. 식품을 통해 섭취하는 것이 가장 바람직한 방법이지만 콜레스테롤 수치에 확실한 영향을 줄 정도로 섭취하기란 어려울 수 있다. 나이아신은 유제품, 홀 그레인, 생선, 견과류에 함유되어 있다.
- **루테인** : 항산화성분인 루테인은 인체 내에서 유리기를 중화시켜 LDL 콜레스테롤의 산화를 방지한다. 또한 LDL 입자의 형성을 감소시켜 동맥에 플라크가 축적되는 것을 줄일 수 있다. 루테인이 풍부한 식품으로는 시금치 같은 짙은 녹색잎채소, 호박, 방울양배추, 옥수수, 완두콩이 있다. 루테인은 열에 민감하므로 가능한 생으로 먹거나 가볍게 조리해야 한다.
- **레스베라트롤** : 피토케미컬인 레스베라트롤은 LDL 콜레스테롤의 산화를 줄이고 혈소판의 점성을 낮춰 플라크 형성을 예방할 수 있다. 레스베라트롤은 붉은 포도, 포도 주스, 레드 와인, 땅콩, 일부 짙은 색 베리류에 함유되어 있다.
- **크롬과 마그네슘** : 이 두 가지 미네랄 모두 HDL 콜레스테롤 수치를 높여준다. 마그네슘이 풍부한 식품으로는 짙은 녹색잎채소, 홀 그레인, 견과류가 있다. 크롬이 풍부한 식품에는 버섯과 맥주효모가 포함된다.
- **비타민 D** : 비타민 D는 두 가지 형태로 존재한다. 식물이 합성하는 비타민 D2와 햇볕을 쬘 때 인간의 피부에서 합성되는 비타민 D3 전구체다. 비타민 D2는 LDL 콜레스테롤은 물론 콜레스테롤 전체, 그리고 트리글리세라이드 수치를 낮춰준다. 비타민 D3는 HDL 콜레스테롤 생성에 도움을 준다. 그러므로 가능하다면 매일 햇볕에 피부를 노출시키고 비타민 D가 풍부한 식품을 섭취하라. 오렌지 주스, 우유 등 비타민 D를 강화한 식품도 괜찮지만 이상적인 건강 상태를 만들기 위해서는 대부분 영양제를 복용해야 한다. 비타민 D를 원하는 만큼 만들 정도로 충분한 햇볕을 쬘 수 있는 지역이 드물기 때문이다. 물론 열대 지방은 제외다.

클린 이팅 플랜에 맞춰 과일과 채소를 다량 섭취하는 것이 적절한 비율과 용량으로 이러한 영양소를 풍부하게 섭취하는 완벽한 방법이다. 게다가 클린 이팅을 실천하면 자동적으로 콜레스테롤을 높이는 식품의 섭취를 줄이는 동시에 전체 콜레스테롤을 줄이고 좋은 콜레스테롤 수치를 높이는 식품의 섭취를 늘릴 수 있다.

클린 이팅을 실천하여 암 발병 위험을 줄이자

대부분의 사람에게 가장 두려운 질병은 바로 암이다. 현재 의학 수준으로는 치료가 매우 힘들고 환자 신체에 무리를 주며 일단 암을 진단받으면 그 어떤 것도 장담할 수 없는 상태가 된다. 하지만 가만히 앉아 당하기만 할 필요는 없다. 다행히 특정한 식품을 많이 섭취하여 암 발병 위험을 줄일 수 있다.

이 절에서는 음식과 연관된 암의 원인에 대해 살펴볼 것이다.(과학자들은 암으로 인한 전체 사망 가운데 1/3 이상이 형편없는 식사와 정적인 생활 방식과 직접 연관된다고 추정한다.) 그런 다음 암으로 이어질 수 있는 세포 손상을 줄여주는 데 도움이 되는 특정한 피토케미컬과 비타민, 미네랄에 대해 알아볼 것이다. 마지막으로 암에 맞서 싸우기 위한 무기고를 맛도 끝내주는 수많은 클린 푸드로 채우는 방법을 소개할 것이다.

이 절에서 설명할 물질들은 암 치료제가 아니다. 또한 암의 발병을 막아준다고 보장할 수도 없다. 클린 이팅 다이어트에서 초점을 맞추는 건강한 식품은 암을 비롯한 질병의 발병 위험을 완전히 제거하지는 못하지만 최소화하는 역할을 할 뿐이다.

암의 원인에 대해 살펴보자

불행히도 암의 원인은 다양하다. 그나마 예방할 수 있는 원인이 있다면 그 가운데 가장 중요한 것이 흡연이다. 하지만 형편없는 식사, 화학적 오염물질, 생활 방식, 유전적 요인, 심지어 바이러스까지 암을 유발할 수 있다. 하지만 한 가지 희망이 있다면 좋은 음식을 섭취하고 건강한 생활 방식을 실천한다면 이 모든 원인을 최소화할 수 있다는 것이다.

암은 정상적인 세포의 생애주기에서 벗어나 통제할 수 없이 세포가 증식되어 생기는 최종 결과다. 건강한 세포는 일정 시간이 지나면 죽고 새로 탄생한 세포가 그 자리를 대신한다. 하지만 암에 걸리면 비정상적인 세포가 통제 불능의 상태로 자라기 시작하여 1개 이상의 종양을 형성한다. 이 비정상적인 세포는 전신으로 퍼지기도 하고, 결국 사망에 이르게 만든다.

피토케미컬, 비타민, 미네랄은 클린 이팅 라이프스타일의 가장 큰 부분을 차지한다. 그리고 이러한 영양소들은 세포가 건강을 유지하기 위해 싸울 수 있는 기회를 제공한다. 또한 세포의 변화를 일으키는 유리기 같은 물질을 차단하여 인체가 손상된 세포를 치유하는 데 도움을 준다. 연구 결과 피토케미컬은 발생 단계에서 전암세포, 그리고 촉진 단계와 발병 단계의 종양까지 암의 모든 진행 단계에서 암세포에 작용할 가능성이 있다는 사실이 밝혀졌다. 또한 클린 이팅 플랜을 통해 섭취하는 음식에는 섬유도 풍부하게 함유되어 있다. 섬유는 오염물질이 소화계를 신속하게 빠져나가게 만드는 만큼 섬유도 암과 싸우는 데 필수적인 영양소다.

암 발생 위험을 높일 가능성이 있는 식품으로는 가공식품, 그 가운데서도 가공 육류와 매우 짠 염장 식품이다. 음식의 조리 방법도 암 위험을 높일 수 있다. 훈제하거나 그릴에 구운 음식에는 발암물질인 다행방향족탄화수소가 함유되어 있다. 매우 높은 온도에서 튀기거나 볶을 때는 헤테로사이클릭 아민과 아크릴아마이드가 생성되고 이 두 가지 화합물 역시 발암물질이다. 그러므로 건강을 생각한다면 이러한 방식으로 조리된 음식의 섭취를 줄여야 한다(자세한 내용은 제11장에서 다룰 것이다).

정상 체중을 유지하는 것도 암을 예방하는 방법이다. 가공되고 정제된 식품, 그리고 다른 건강에 해로운 음식은 항암 작용을 하는 영양소가 적게 함유된 것은 물론 이를 섭취하면 쉽게 체중이 증가한다. 문제는 지방 세포가 인체 내에 손상된 세포를 보관하고, 아포토시스(apoptosis, 세포자멸이라고도 한다-역주), 즉 정상적인 예정된 세포의 죽음을 방해한다. 억제되지 않은 채 자라는 세포들이 결국 암이 되는 것이다.

리그난, 엽산, 케르세틴, 그리고 기타 항암물질

클린한 홀 푸드에는 세포를 건강하게 유지하고 손상된 세포의 치유를 도우며 유리기와 발암물질에 의한 손상으로부터 인체를 보호함으로써 암과 싸우는 물질이 다양하게 함유되어 있다. 그 가운데 다수가 세포자멸을 이끌어냄으로써 암세포를 죽인다. 세포자멸, 즉 아포토시스는 일정한 시간이 지나면 세포에서 일어나는 자연적인 죽음이다.

가공되지 않은 과일과 채소를 다량 섭취하는 것이 인체가 암 세포와 싸우기 위해 필요한 물질들을 얻는 좋은 시작점이다. 이러한 식품에는 항암물질로부터 세포를 보호하고 암의 발생을 막아주는 비타민 C와 엽산은 물론 케르세틴, 커큐민, 카로티노이드 같은 피토케미컬이 풍부하게 함유되어 있다.

다음은 암 발병 위험을 줄여주는 피토케미컬과 이를 섭취하기 위해 식단에 포함시켜야 할 식품들이다. 물론 일부에 불과하다.

» **리그난** : 피토에스트로겐에 속하는 리그난 화합물들은 인체 내에서 여성 호르몬인 에스트로겐을 모방한다. 리그난은 암 가운데서도 유방암, 피부암, 대장암의 형성 단계에서부터 예방할 수 있다. 리그난은 에스트로겐이 세포와 결합하는 것을 차단하고, 그 결과 에스트로겐을 사용하여 성장하기 시작하는 암의 형성을 제한한다. 리그난을 함유한 식품을 섭취하면 유방암과 대장암 발병이 낮았다.
리그난은 아마씨, 참깨, 호박씨, 홀 그레인, 두류, 베리류, 녹차나 홍차에 함유되어 있다. 단, 과다 섭취할 경우 실제로 전립선암 발병 위험을 높이므로 남성은 아마씨를 섭취하더라도 소량만 해야 한다.

» **이소플라본** : 이소플라본 섭취는 자궁내막암과 유방암 위험의 감소와 매우 밀접하게 연관된다. 이소플라본은 항산화성분이며, 이는 유리기가 DNA를 손상시키지 못하게 막는다는 의미다. 또한 항암제인 타목시펜과 동일한 방식으로 암 재발을 막는다. 하지만 이소플라본을 규칙적으로 섭취하면 이미 존재하던 유방암의 성장을 촉진할 수 있다. 따라서 영양제 형태로 이소플라본을 섭취하지 말라고 경고하는 의사들도 있다. 영양제는 섭취하는 음식보다 성분이 더 농축되어 있고 효과가 강하기 때문이다.
이소플라본이 함유된 식품으로는 대두, 콩가루, 두유, 두부 등의 대두 식품, 그리고 템페(인도네시아의 대두 발효식품-역주), 참깨, 협과가 있다. 흰강낭콩, 팥, 강낭콩, 병아리콩 역시 이소플라본의 좋은 공급원이다.

» **커큐민** : 여러 연구에서 커큐민은 세포자멸을 이끌어내 암을 죽인다는 사실이 드러났다. 세포자멸은 세포가 저절로 파괴되는 현상을 말하며 암세포는 이러한 과정이 일어나지 않는다. 다시 말해서 커큐민은 암세포가 저절로 죽게 만든다. 커큐민은 인체 내에서 염증을 증가시키는 효소는 물론 암의 성장을 촉진하는 에스트로겐 모방 화학물질을 차단한다. 또한 발암물질로부터 DNA를 보호하는 강력한 항산화물질이다.

커큐민은 대부분의 커리 가루에 재료로 혼합되는 향신료인 울금에 함유되어 있다. 그러므로 커리 가루로 만들어진 인도 음식을 마음껏 즐겨라. 그리고 렐리시(달고 시게 초절이한 열매채소를 다져서 만든 양념류-역주)와 소스에 넣어 식단을 통해 충분히 섭취하라.

» **캡사이신** : 이 화합물은 고추의 매운맛을 내주는 유효성분이다. 여러 연구 결과 실험실 환경에서 캡사이신이 전립선암을 죽일 수 있다는 사실이 드러났다. 또한 인간의 폐에 있는 암세포도 죽이고 백혈병의 악화 속도를 늦출 수도 있다. 캡사이신은 가공처리된 육류에 함유된 니트로사민을 중화하는 데도 도움이 될 수 있다.

캡사이신은 고추, 특히 씨와 내피에 함유되어 있다.

» **케르세틴** : 플라보노이드 계열인 케르세틴은 암세포의 세포자멸을 촉진하므로 암과의 전쟁을 예방하는 강력한 도구다. 집단 연구 결과 케르세틴을 다량 섭취하는 사람들은 유방암, 폐암, 췌장암 발병 위험이 낮다는 사실을 발견했다.

케르세틴이 함유된 식품으로는 브로콜리, 적양파, 사과, 붉은 포도, 레드와인, 녹색채소, 감귤류 과일이 있다.

암 발병 위험을 줄이기 위해 식단에 포함시켜야 할 주요 비타민과 미네랄은 다음과 같다.

» **엽산** : 엽산과 비타민 B12는 협력하여 DNA를 만드는 만큼 세포의 중앙통제시스템 역할을 한다. 이 두 가지 영양소는 암이 될 수 있는 DNA의 변화를 막아준다. 영양제가 아니라 엽산이 풍부한 음식을 섭취하는 데 초점을 맞춰라. 일부 연구 결과 식품에 엽산으로 함유되는 것과 달리 영양제의 성분인 폴산을 과다 섭취하면 암 발병 위험이 높아질 수 있다는 사실이 드러

났다. 그러므로 영양제를 선택할 때는 폴산을 재료로 한 것이 아니라 엽산을 재료로 한 것을 찾아야 한다.

엽산은 동부, 시금치, 아스파라거스, 완두콩, 브로콜리, 소맥배아, 아침식사 대용 강화 시리얼에 함유되어 있다.

» **비타민 C** : 암세포는 산소가 부족한 환경에서도 자랄 수 있다. 비타민 C는 이러한 암세포의 능력을 침해하여 암 발생에 대항한다. 비타민 C가 값진 항산화성분으로서의 역할을 하는 것은 사실이지만 존스홉킨스의 연구가들은 암 예방에 있어서는 이런 암세포의 능력을 침해하는 역할이 더 중요할 수 있다고 생각한다.

비타민 C는 모든 감귤류 과일, 베리류, 브로콜리, 파프리카, 케일, 파파야, 캔터루프, 콜리플라워에 함유되어 있다. 의사들은 식품으로만 이상적인 건강 상태를 만들 정도로 충분한 비타민 C를 섭취하는 일은 어려우므로 영양제를 어느 정도 섭취해야 한다는 사실을 지적한다.

» **비타민 A** : 비타민 A는 면역계를 강하게 유지하여 암세포를 탐지, 살해할 수 있게 해준다. 비타민 A는 달걀노른자, 간, 생선 오일 같은 동물성 식품을 통해 섭취할 수 있다. 비타민 A의 전구체인 베타카로틴은 당근, 브로콜리, 복숭아, 시금치 등의 과일과 채소에 함유되어 있다. 비타민 A와 베타카로틴 모두 세포가 암세포로 변하는 것을 방지할 가능성이 있다. 또한 홀푸드를 통해 다른 비타민, 피토케미컬과 혼합된 형태로 섭취할 때 가장 유용하다.

» **셀레늄** : 미량 영양소인 셀레늄은 암세포가 복제할 수 있는 단계에 도달하기 전에 암세포를 죽일 가능성이 있다. 연구들에 따르면 혈액 내 셀레늄 수치가 낮은 사람들은 방광암에 걸릴 확률이 높았다.

이 강력한 항산화물질은 브라질너트, 버섯, 토마토, 참치, 현미, 달걀, 닭고기에 함유되어 있다. 셀레늄이 풍부한 식품을 비타민 C, 비타민 E, 그리고 베타카로틴이 풍부한 식품과 함께 섭취하면 항산화 효과를 더욱 증가시킬 수 있다.

» **칼슘** : DNA가 손상된 상태로 방치되면 세포에 돌연변이가 일어나 암으로 이어질 수 있다. 칼슘은 인체가 손상된 DNA를 복구하는 데 도움을 준다. 녹색잎채소, 유제품, 강화식품을 통해 칼슘을 섭취하라. 영양제를 복용해

야 할 경우 마그네슘도 함께 복용해야 한다는 사실을 잊지 말라.

» **아연** : 아연이 결핍되면 여성은 유방암 발병 위험이 매우 증가한다. 모유 수유를 위해 유선에 다량의 아연이 필요하기 때문이다. 또한 전립선암 예방과 상처 치유에 중요한 역할을 한다.
아연이 풍부한 식품으로는 굴, 쇠고기, 양고기, 돼지고기, 대합, 연어, 달걀노른자가 있다. 가장 농축된 식물성 아연 공급원은 호박씨다. 그 밖에 육류가 아닌 공급원으로는 우유, 치즈, 요거트 같은 유제품, 땅콩, 두류, 홀그레인 시리얼, 현미, 통밀빵, 감자, 협과, 버섯, 피칸, 소맥배아, 맥주효모가 있다.

암과 맞서 싸울 무기고를 채워라

암 발병 위험을 낮추기 위해서는 많은 홀 푸드를 클린 다이어트에 포함시켜야 한다. 분명 밝은색을 띤 과일과 채소가 첫 번째 선택이어야 할 것이다. 하루에 채소를 5회분 이상, 과일을 3회분 이상 섭취하도록 하라. 생각보다 어렵지 않다! 채소나 과일 1회분은 고작 1/2컵이다(작은 사과나 바나나 1개 크기와 비슷하다).

특히 유기농 식품을 고집하지 않는다면 광범위한 종류의 홀 푸드를 먹는 것 역시 중

【 암 발병 위험을 낮춰주는 영양제 】

현재 과학자들은 영양제를 복용하는 것이 암 발병 위험을 줄일 수 있는지 밝히기 위해 수많은 실험을 진행하고 있다. 그리고 지금까지 밝혀진 것은 다음과 같다.

- 비타민 D는 다양한 암 발병 위험을 줄여준다. 그 가운데서 가장 주목할 만한 것은 전립선암과 유방암, 대장암이다.
- 엽산은 소화계 암 발병 위험을 낮춘다.
- 오메가-3 지방산은 유방암을 예방해주는 강력한 영양소다.
- 양배추, 브로콜리, 콜리플라워, 방울양배추, 기타 유채속 채소에 함유된 디-인돌릴메탄(di-indolylmethane, DIM)은 유방암, 자궁경부암, 전립선암 발병 위험을 낮춘다.
- 흡연자가 특정한 영양제, 특히 베타카로틴을 장기간 복용할 경우 폐암 발병 위험이 높아질 수 있다.

영양학에 경험이 많은 의사와 영양제를 복용하는 것이 바람직한지 상의하라.

요하다. FDA는 소위 식품 내 살충제(이 역시 발암물질이다)의 안전한 사용량을 계산할 때 바로 그 식품을 식사에 얼마나 많이 포함시키는지를 근거로 삼는다. 그러므로 매일 유기농이 아닌 사과를 12개씩 먹는다면 의심할 나위 없이 안전한 것으로 간주되는 것보다 많은 살충제를 섭취하고 있는 것이다. 살충제 섭취를 줄이려면 다양한 과일과 채소를 먹어야 한다. 반드시 유기농으로 구입해야 하는 15가지 식품의 목록은 제10장에서 다룰 것이다.

암을 예방하는 기능을 지닌 다양한 식품을 섭취하는 것이 이 식품들의 유효성을 높이는 길일 것이다. 피토케미컬, 비타민, 미네랄 사이에는 상호작용이 이루어지지만 아직까지 과학자들은 그 모든 것을 밝혀내지 못했다. 아니, 이 세상에 존재하는 모든 피토케미컬을 밝혀내지도 못했다. 그러므로 암과 싸우기 위한 무기고를 채우는 가장 좋은 방법은 홀 푸드를 섭취하는 것이다.

암에 걸릴까봐 걱정이 되거나 가족력이 있는 사람은 식단에 다음 식품을 포함시켜라.

- **생강** : 뿌리채소인 생강은 세포자멸을 촉진하고 항염증성을 지닌다. 실제로 의사들은 생강의 효능과 매운 풍미를 내는 6-진저롤이라는 성분을 추출, 정제하여 항암제로 사용할 수 있다. 볶음요리와 소스에 생강을 첨가하고 수프를 만들 때 양념으로 사용하라. 뜨거운 차로 마셔도 맛이 좋다.
- **버섯** : 버섯에는 암세포가 복제하는 것을 막아주는 렉틴이라는 단백질은 물론 면역계를 강화하는 베타-글루칸 같은 다당류가 함유되어 있다.
- **베리류** : 딸기, 블루베리 등의 베리류에는 엘라그산이 다량 함유되어 있다. 이는 일부 발암물질을 비활성화하는 항산화물질이다. 블루베리에는 매우 강력한 항산화물질인 안토시아닌도 함유되어 있다. 과일 샐러드에 다양한 베리를 혼합해서 섭취하라. 그리고 식사 사이에 간식으로 섭취하라.
- **십자화과 채소** : 브로콜리, 양배추, 방울양배추, 케일, 콜리플라워, 배추 등의 십자화과 채소에는 세포자멸을 시작하는 글루코시놀레이트가 함유되어 있다. 또한 에스트로겐을 인체를 보호하는 유형으로 전환하는 인돌-3-카비놀, 그리고 전립선암 발병 위험을 낮추는 루테인도 풍부하게 함유되어 있다.
- **토마토** : 토마토에 함유된 리코펜은 전립선암 발병 위험을 낮출 수 있다.

토마토를 익히면 리코펜의 흡수율이 높아지므로 주로 토마토 파스타, 소스, 주스로 만들어 먹는 것이 좋다. 버터나 올리브 오일 등 지방을 함유한 식품과 함께 섭취해야 인체 내에서의 흡수율이 높아진다.

» **당근** : 당근에는 식품을 통해 섭취하면 인체를 암으로부터 보호해주는 베타카로틴이 함유되어 있다. 또한 암 발병 위험을 줄여주는 팔카리놀 성분이 함유되어 있다. 하지만 팔카리놀은 수용성이므로 효능을 얻기 위해서는 익히지 말고 먹어야 한다.

» **마늘** : 마늘에 함유된 황화알릴은 종양의 성장 속도를 늦추고 발암물질이 인체 세포 내로 침입하는 것을 막을 수 있다. 항암 효능을 갖춘 이 채소는 헬리코박터파이로리에 대한 항균 특성 때문에 위암을 예방할 가능성도 있다. 이는 암을 유발하는 일반적인 세균이다.

» **오레가노** : 허브의 일종인 오레가노는 케르세틴의 좋은 공급원이다. 실제로 신선한 오레가노 1테이블스푼에 함유된 케르세틴의 양은 사과 1개 분량에 해당한다. 또한 오레가노에는 나트륨과 마그네슘은 물론 다량의 베타카로틴, 비타민 K, 철분, 망간, 칼슘이 함유되어 있다.

» **협과** : 두류에는 피토케미컬, 사포닌, 단백질가수분해효소억제제, 그리고 피트산 등이 함유되어 있다. 이는 모두 암세포 생식의 속도를 늦추거나 멈출 수 있고, 암세포의 분열을 어렵게 만들 수 있다. 협과에는 섬유도 풍부하게 함유되어 있는 덕분에 대장암 발병 위험도 낮출 수 있다.

» **커리 가루** : 커리 가루에 함유된 울금은 대장암에 나타나는 시클로옥시게나아제-2(COX-2) 효소를 억제한다. 또한 세포자멸을 시작하는 커큐민을 함유하고 있다.

» **차** : 녹차와 홍차 모두 암세포가 분열하지 못하게 막는 폴리페놀을 함유하고 있다. 과학자들은 홍차보다 녹차에 이러한 물질이 더 많이 함유되어 있다고 생각한다.

건강한 식품을 먹는다고 질병에 걸리지 않을 거라고 보장할 수는 없다는 사실을 명심하라. 질 좋은 식사를 하는 것과 동시에 규칙적으로 운동하고 담배와 술 같은 발암물질을 피하며 자주 의사에게 점검을 받는 것이 건강을 유지할 확률을 높이는 최고의 방법이다.

클린 이팅을 통해 당뇨를 예방하자

제1형 당뇨는 선천적인 소인 때문에 발생하는 자가면역질환의 한 가지이며 대부분 아동기에 발병한다. 1966년에 태어난 아동 1만 명을 대상으로 1977년까지 연구 관찰한 결과 생후 1년 동안 어머니가 매일 비타민 D를 2,000IU 급여한 아동이 전혀 급여하지 않은 아동보다 제1형 당뇨 발병률이 80퍼센트 가까이 줄어든다는 사실이 드러났다.

제2형 당뇨는 유전적 소인을 지닌 사람에게 발생하며 섭취하는 음식과 매우 밀접한 연관이 있다. 정적인 생활 방식을 지니고 비만인 성인에게서 주로 나타난다. 그리고 건강한 클린 다이어트를 이용하여 예방할 수 있다.

이 절에서는 다량의 설탕을 섭취하면 어떻게 혈당이 교란되고 췌장에 문제가 생기는지 살펴볼 것이다. 또한 설탕 중독에서 벗어나는 요령을 소개하고 당지수와 인슐린 지수를 간단하게 다룰 것이다. 당뇨를 예방하는 데 있어서 목표로 삼아야 할 것은 혈당을 안정시키고 유리기와 혹사로부터 췌장을 보호하며 신체의 인슐린 감수성을 개선하는 것이다. 이러한 목표를 성취하는 데 중요한 역할을 하는 것이 통과일과 채소, 홀 그레인, 그리고 건강한 지방이다.

인간의 췌장에 대해 알아보자

복부에 위치한 췌장은 기본적으로 두 가지 기능을 한다.

- 혈액 안의 설탕 수치를 조절한다.
- 장에서 세포 잔해를 분해, 제거하는 소화효소를 생성하며 혈액 내 염증에 대항한다.

췌장의 랑게르한스섬에 있는 베타세포는 인슐린(혈당치, 즉 혈액 내 설탕의 수치를 낮추는 역할을 한다)과 글루카곤(혈당치를 높이는 역할을 한다)을 생성한다.

췌장에서 충분한 인슐린이 생성되지 않으면 제1형 당뇨로 이어진다. 또는 인체 세포가 인슐린에 반응하지 않으면 인슐린 내성(insulin resistance)이라는 상태가 되고, 제

【 설탕 대용품 : 잘못된 생각 】

설탕 중독에서 벗어나려 한다면 설탕 대신 단맛을 내기 위해 사용하는 인공 감미료를 사용하지 말라. 아니, 클린 이팅 다이어트 플랜에 따라 감미료를 멀리하라. 이 가짜 식품은 자연적으로도 존재하지만 인체에 해롭다. 설탕 대용품은 확실히 단맛을 내므로 설탕이 활성화하는 것과 동일한 뇌 부위를 활성화하여 설탕 중독이 지속된다. 하지만 과학자들은 설탕 대용품이 정말로 안전한지조차 알지 못한다! 쥐를 대상으로 한 연구에서 인공감미료가 흉선, 간, 신장에 손상을 줄 수 있다는 사실이 드러났지만 아직까지 인간을 대상으로 이러한 실험이 이루어진 적이 없다. 또한 과학자들은 인공 감미료를 함유한 식품의 영향에 대해 장기적인 대규모 연구를 수행한 적이 없다.

2형 당뇨로 이어진다. 그리고 두 가지 경우 모두 인체의 세포는 에너지를 얻기 위해 포도당을 충분히 얻지 못하여 제대로 작동할 수 없다.

췌장을 망가뜨리는 가장 사악한 범인 가운데 하나가 바로 설탕이다. 설탕을 섭취하면 췌장에서 더 많은 인슐린이 분비된다. 오랜 시간 이러한 상태가 지속되면 세포는 췌장이 분비하는 인슐린에 저항성을 지니게 될 수 있다. 그리고 인체가 인슐린에 반응하지 않을 때 제2형 당뇨가 발병하는 것이다.

미국 인구의 약 1/3에 해당하는 1억 명이 유전 소인을 지니고 있어 같은 양의 설탕과 탄수화물을 섭취해도 다른 2/3에 해당하는 사람보다 민감한 반응을 일으킨다. 이러한 까닭에 여기에 속하는 사람들은 훨씬 쉽게 인슐린 저항성, 궁극적으로 제2형 당뇨가 발생한다. 제2형 당뇨 가족력이 있거나 혈당이 낮은 사람은 이 1/3에 속할 가능성이 높으므로 설탕과 탄수화물 섭취에 대해 훨씬 더 신중해야 한다.

제1형과 제2형 당뇨 모두 유전적 원인과 밀접하게 연관되어 있지만 어떤 것이든 생활 방식이 발병에 중요한 역할을 한다. 제1형 당뇨는 특히 아주 어릴 때부터 비타민 D 영양제를 복용하고 글루텐과 유제품을 섭취하지 않으면 예방할 수 있다. 특히 글루텐과 유제품은 이러한 식품에 유전적으로 민감한 사람들에게 제1형 당뇨를 일으키는 자가면역의 '방아쇠'인 것으로 드러났다.

제2형 당뇨를 예방하는 방법도 있다. 정제된 식품을 피하고 클린한 식품을 섭취하며 중간 강도의 운동을 하고 의사의 조언에 따라 영양제 등을 복용하는 것이다.

런던대학교의 존 유드킨 교수는 실험에서 똑같이 고설탕, 고탄수화물 식사를 했을 때 제2형 당뇨 가족력이 있는 사람은 그렇지 않은 사람에 비해 체중이 최대 3배 더 증가한다는 사실을 보여주었다. 그의 실험은 '비만이 제2형 당뇨를 유발한다'는 생각을 '제2형 당뇨에 대한 유전적 경향이 비만을 유발한다. 음식 섭취와 운동을 통해 정상 상태로 되돌리지 않으면 제2형 당뇨로 악화될 수 있다'로 정정되어야 한다는 사실을 증명했다.

평생 사랑한 설탕과 이별에 성공하기

불행하게도 인간은 누구나 선천적으로 단 것을 좋아한다. 설탕은 인간의 미각에 쾌락을 선사한다. 많은 사람이 성장하는 동안 대부분은 설탕에 대한 관심이 줄어들고 더 복잡한 풍미를 음미하는 능력을 갖춘다. 하지만 단 것을 갈망하는 면에서 결코 어른이 되지 못하는 사람도 있다.(스위트 투스와 이를 달래는 비결에 대해서는 제13장에서 자세히 다룰 것이다.)

설탕 함량이 높은 음식을 섭취하는 것은 기분에도 직접적인 영향을 미친다. 단순당을 섭취하면 혈당이 치솟고 자연스럽게 췌장은 인체 내로 인슐린을 마구 뿜어낸다. 그러면 혈당이 곤두박질치고 사람들은 배고픔을 느끼고 초조해진다. 이를 달래려 또다시 설탕을 섭취하면 혈당치가 높아진다. 이렇게 롤러코스터는 계속 운행된다.

혈당치를 안정되게 유지하는 것이 갈망을 줄이기 위한 열쇠다. 또한 이러한 균형을 이루는 최고의 방법 가운데 하나가 바로 클린 이팅 다이어트다. 하루 여섯 끼, 각각 포만감을 주는 홀 푸드로 구성하여 섭취하면 혈당치를 차분하게 유지할 수 있다. 혈당치를 안정시키면 갈망을 크게 줄이고 하루 종일 더 에너지 넘치는 생활을 할 수 있다.

단 것을 찾는 습관을 바꾸기 위해서는 정말 배가 고플 때 먹어야 한다(진짜 배고픔의 신체적 신호에 대한 더 자세한 내용은 제5장을 살펴보라). 배고픔은 혈당이 떨어지고 있으며 이를 보충해주어야 한다고 신체가 인간에게 보내는 신호다. 진짜 배고픔의 신호를 알아보는 훈련을 한다. 배가 고플 때 의식하면서 먹고 배가 부르면 먹는 것을 멈춰라. 생각도 많이 하고 계획도 철저하게 세워야 하지만 이렇게 하는 것이 설탕 중독에서 벗어나고 제2형 당뇨 발병 위험을 줄일 수 있는 열쇠다.

【 설탕에 중독되었는가? 】

정말 설탕에도 중독될 수 있을까? 그렇게 생각하는 과학자들도 있다. 이런 사람들이 습관적으로 먹는 유형의 설탕, 즉 정제 수크로스는 자연에 존재하지 않는다. 테이블 슈거, 즉 과립으로 된 설탕은 매우 정제된 형태의 식품이며 클린 다이어트를 할 때는 피해야 하는 것이다. 연구 결과 설탕은 뇌의 화학작용에 영향을 미쳐 중독 증상을 일으킬 수 있다는 사실이 드러났다. 실제로 단맛은 헤로인과 똑같은 뇌의 수용체를 활성화한다. 다른 것도 아닌 헤로인 말이다! 단 음식을 끊지 못하는 사람이 있는 게 너무도 당연하지 않은가.

설탕 중독과 싸우는 최고의 방법 가운데 하나는 의도적으로 다이어트에 홀 푸드를 최대한 다양하게 추가하는 것이다. 식단을 당근, 셀러리, 녹색잎채소, 감귤류 과일로 채우면 위 속에 초콜릿을 입힌 캐러멜과 몰트 밀크 캔디가 들어갈 자리는 없을 것이다!

한 연구 결과 크롬 영양제를 복용하면 설탕에 대한 갈망을 획기적으로 줄일 수 있다는 사실이 드러났다. 크롬 전문가인 리처드 앤더슨과 미국 환경보호국에 따르면 크롬은 하루 7만 마이크로그램 이상 섭취하면 독성을 띤다. 따라서 설탕에 대한 갈망이 잦아들 때까지 하루 3,000마이크로그램, 즉 3밀리그램 정도는 섭취해도 안전하며, 매우 효과적인 방법이다. 단 것을 찾는 습관을 버리려면 몇 주에서 몇 달까지 걸리는 만큼 인내심을 갖고 꾸준히 복용해보라.

설탕을 많이 먹는다는 것은 빈 칼로리를 섭취한다는 것이다. 그리고 빈 칼로리의 섭취는 체중 증가와 두툼한 뱃살로 이어질 수 있다. 제2형 당뇨 가족력이 있다면 이렇게 체중이 증가하여 대사증후군으로 이어질 수 있다. 대사증후군은 당뇨 발병과 직결되는 전조증상이다. 정제된 탄수화물을 먹기로 했다면 단백질이나 지방을 함께 섭취해서 단순당의 소화 속도를 늦춰야 한다.

올바른 영양소와 식품을 섭취하여 당뇨를 예방하라

팔레오 다이어트는 영양소가 풍부하면서도 당지수와 인슐린 지수가 낮은 홀 푸드를 섭취하는 다이어트법이다. 이를 따르는 것이 당뇨 예방을 위한 무기고에 갖출 수 있는 최고의 무기 가운데 하나일 것이다. 팔레오 다이어트가 지닌 최고의 장점은 최고의 건강을 위해 인간에게 필요한 피토케미컬, 비타민, 미네랄, 섬유를 함유하고 있다는 것이다.

당뇨를 예방하려 한다면 다음 피토케미컬을 듬뿍 섭취하라.

- » **리그난** : 리그난은 유리기로부터 췌장을 보호하는 항산화물질이다. 또한

혈액에서 포도당을 조절하는 기능을 향상시킴으로써 당뇨 예방에 도움이 된다. 리그난은 협과, 아마씨, 채소, 그리고 씨앗류에 함유되어 있다.

» **사포닌** : 사포닌 가운데는 인슐린과 유사한 작용을 하는 종류도 있다. 즉 혈당을 조절하고 세포가 인슐린 감수성을 잃는 것을 방지하여 인슐린에 대한 필요를 줄이고 혈당을 안정시킨다. 또한 유리기에 의한 손상을 방지하는 강력한 항산화물질이기도 하다. 췌장 세포 역시 유리기에 의해 쉽게 손상된다. 사포닌은 대두, 완두콩, 아스파라거스, 시금치, 신선한 허브에 함유되어 있다.

» **안토시아닌** : 강력한 항산화제인 안토시아닌은 췌장의 인슐린 생성을 증가시킨다. 또한 대사증후군 발병 위험을 감소시킨다. 안토시아닌은 스위트 체리, 사워 체리, 붉은 포도, 딸기, 블루베리에 함유되어 있다.

» **케르세틴** : 항산화물질인 케르세틴은 세포의 손상을 막아주는 동시에 인슐린의 정상적인 기능을 복원하는 데 도움을 준다. 케르세틴은 인간의 DNA와 반응하여 인슐린 저항성을 유발할 수 있는 염증을 감소시킨다. 케르세틴은 사과 껍질, 녹차, 캐모마일 차, 레드 와인, 감귤류 과일, 양파, 포도, 다크 베리류에 함유되어 있다.

» **레스베라트롤** : 중요한 항산화물질인 레스베라트롤은 인체 세포의 인슐린 반응을 향상시키고 췌장이 손상되는 것을 막아준다. 또한 혈당 수치를 낮추고 인슐린 분비와 감수성을 증가시키는 효소를 활성화한다. 레스베라트롤은 사과 껍질, 레드 와인, 크랜베리, 붉은 포도와 자주색 포도, 땅콩, 딸기에 함유되어 있다.

비타민과 미네랄 역시 당뇨 발병을 예방하는 데 중요한 역할을 한다. 식단에 포함시켜야 할 성분은 다음과 같다.

» **크롬** : 미세 영양소인 크롬은 인슐린이 혈당 수치를 낮추는 데 도움을 준다. 많은 미국인이 크롬이 결핍된 상태인데, 이는 아마도 황폐해진 토양에서 작물이 재배되기 때문일 것이다. 크롬이 풍부한 식품으로는 맥주효모, 버섯, 양파, 로메인 상추, 달걀, 토마토가 있다.

» **비타민 K** : 체내 비타민 K 수치가 낮으면 인슐린 저항성과 포도당에 대한 비정상적인 반응 같은 문제가 일어날 수 있다. 비타민 K가 풍부한 식품으

로는 브로콜리와 시금치 등의 녹색채소가 있다.

- **비타민 E** : 비타민 E 역시 강력한 항산화물질이다. 연구가들은 비타민 E를 최대한 섭취하면 제2형 당뇨 발병 위험을 줄일 수 있다는 사실을 밝혀냈다. 달걀, 유류, 가금류, 생선, 시금치, 견과류, 씨앗류, 토마토, 아보카도에 비타민 E가 함유되어 있다.
- **마그네슘** : 마그네슘은 인슐린 민감성을 향상시키고 인슐린 생성에 필요한 영양소다. 당뇨 환자들은 혈중 마그네슘 수치가 낮다. 실제로 마그네슘이 부족하면 인슐린 저항성이 생긴다. 마그네슘이 풍부한 식품으로는 시금치와 근대 같은 녹색잎채소, 대두, 연어, 호박, 호박씨, 협과, 견과류가 있다.
- **비오틴** : 비타민 B8, 또는 비타민 H로도 알려진 비오틴은 인체가 포도당을 효율적으로 대사하는 데 도움을 주고 당뇨 환자에게서도 인슐린 저항성을 줄여준다. 비오틴은 크롬과 시너지 효과를 일으켜 혈당치를 낮추는 작용을 한다. 비오틴은 간, 효모, 달걀노른자, 현미, 땅콩버터에 함유되어 있다.
- **나이아신과 나이아신아마이드** : 이 두 가지 형태의 비타민 B3는 혈당치를 낮추는 인슐린의 기능을 도와준다. 하지만 이미 당뇨가 발병한 사람 가운데는 너무 많은 나이아신을 섭취하면 실제로 혈당치가 상승하는 경우도 있다. 나이아신아마이드는 과도한 사용에 의해 랑게르한스섬이 손상되지 않게 보호해주며 새로운 섬 세포를 만들어내는 췌장 섬 줄기세포를 자극한다. 나이아신은 붉은 육류와 기름기를 제거한 육류, 강화 시리얼, 홀 그레인, 버섯, 연어, 지방 함량이 높은 생선, 땅콩, 씨앗류를 통해 섭취할 수

【 운동의 중요성 】

운동에 대해 언급하지 않고는 질병 예방으로 하나의 장을 쓸 수 없다. 의사와 영양학자 모두 정기적으로 중간 강도의 운동을 하는 것이 신체와 정신 모두를 위해 할 수 있는 최선의 일이라고 입을 모은다. 한 번에 30분씩, 일주일에 5회 운동을 목표로 하라. 당뇨 환자의 경우 운동은 혈당 수치를 낮추고 인슐린 민감성을 높여준다. 연구 결과 제2형 당뇨에 대한 경향을 되돌리는 데는 유산소운동보다 짧은 시간에 강도 높은 운동을 연달아 하는 인터벌 트레이닝이 훨씬 효과적이라는 사실이 밝혀졌다. 일주일에 5회, 12~15분간의 인터벌 트레이닝이면 충분하다. 또한 운동은 체중을 유지하는 데도 매우 훌륭한 수단이다. 어떤 질병을 예방하고자 하든 일상에 운동을 포함시켜라. 지금의 몸 상태가 어떻든 상관없이 걷기, 수영, 요가 등 모든 운동이 더 나은 삶을 만드는 데 도움이 될 것이다!

있다. 특히 생선, 가금류, 달걀, 육류를 통해 섭취하는 것이 바람직하다.

당뇨를 예방하기 위해서는 다음과 같은 식품을 식단에 포함시켜라.

» **계피** : 놀랍게도 흔한 향신료인 계피가 당뇨 예방에 도움이 될 수도 있다. 계피에는 MHCP라는 플라보노이드가 함유되어 있는데, 이는 인슐린과 유사한 역할을 하여 설탕 대사를 조절한다. 따끈하게 만든 시리얼 위에 뿌리고 각종 조리법에 사용하라. 그리고 오전에 차를 마실 때 조금 첨가해보라. 하루 1/4티스푼이면 충분하다.

» **체리류** : 이 맛 좋은 과일, 특히 몽모랑시 체리는 훌륭한 안토시아닌 공급원으로서 인슐린 생성을 증가시킨다.[마라스키노 체리(잼처럼 설탕으로 보존처리한 체리-역주)는 클린 이팅 다이어트 플랜 식단에 포함되지 않는다는 사실에 주의하라!]

» **사과** : 사과에는 인슐린 기능을 복구하는 피토케미컬인 케르세틴이 풍부하게 함유되어 있다. 사과를 다량 섭취하는 사람들은 당뇨에 덜 걸린다.

» **토마토** : 토마토는 리코펜과 비타민 C의 좋은 공급원이다. 일부 연구 결과 당뇨 환자의 혈중 비타민 C 수치가 낮다는 사실이 드러나기도 했다. 토마토에 함유된 리코펜은 면역계를 자극한다.

» **지방 함량이 많은 생선** : 오메가-3 지방산은 당뇨와의 싸움에서 매우 중요한 영양소다. 염증을 줄이고 췌장 세포를 보호한다. 연구 결과 연어 등 지방 함량이 높은 생선을 다량 섭취하는 사람은 당뇨 발병 위험이 낮다는 사실이 드러났다.

» **녹차** : 녹차에 함유된 카테킨과 타닌은 혈당 수치를 낮추는 데 도움을 준다. 녹차에 함유된 카테킨의 한 가지인 에피갈로카테킨 갈레이트는 인슐린의 효과를 모방하여 세포의 인슐린 저항성을 낮출 수 있다. 식사를 하며 녹차를 조금씩 마시면 인체가 포도당을 흡수하는 양을 줄일 수 있다.

» **식초** : 당뇨 예방 식품 목록에 있을 거라고는 상상하기 어렵지만 식초는 혈당 수치를 낮추는 데 도움이 된다. 이탈리아와 일본에서 수행된 연구에서 식사 때 사과증류주 식초를 한두 숟가락 섭취하면 혈당 수치를 낮추고, 식단에 변화를 주지 않아도 서서히 체중이 감소한다는 사실이 밝혀졌다.

» **견과류와 씨앗류** : 1주일에 5회분 이상 견과류를 섭취하는 사람은 제2형 당뇨 발병 위험이 감소한다. 매일 약 43그램의 아몬드, 피스타치오, 호두를

섭취하라.

» **기름기를 제거한 육류** : 기름기가 없는 육류는 좋은 단백질 공급원이다. 단백질은 포만감이 오래 지속되고 단순당의 소화 속도를 늦추는 데 도움이 된다. 또한 단백질을 많이 섭취하면 혈당이 치솟는 현상도 줄일 수 있다.

» **짙은 녹색잎채소** : 짙은 녹색잎채소에는 비타민 C를 비롯한 항산화물질이 풍부하게 함유되어 유리기에 의한 손상으로부터 인체를 보호한다. 또한 혈당 수치를 낮춰주는 비타민 B군도 풍부하다.

제2형 당뇨 발병 가능성이 있는 사람들에게 팔레오 다이어트가 가장 적합할지 모른다는 사실을 나타내는 연구도 있다. 팔레오 다이어트는 다른 다이어트에 비해 동물성 단백질과 지방을 많이 섭취하고 단순당과 탄수화물을 적게 섭취하는, 즉 인류의 조상과 같은 음식을 섭취하는 방법이다. 야생동물의 고기, 목초를 먹인 쇠고기, 자연산 생선, 방목한 닭고기를 선택해야 더 많은 오메가-3 지방산을 섭취할 수 있다. 또한 채소, 기름기가 없는 육류, 생선, 해산물, 견과류, 씨앗류를 풍부하게 섭취하는 대신 과일 주스 같이 설탕 함량이 높은 식품은 줄이거나 아예 배제하라. 윌리엄 더글러스 박사는 아침에 지방 함량이 높은 식사를 해도 대사증후군 증상이 악화되지 않음을 알아냈다. 그러므로 달걀, 육류 등이 포함된 고지방 식품으로 아침식사를 하라. 팔레오 다이어트에 대한 자세한 내용은 제6장을 참조하라.

【 당뇨 예방에 도움이 되는 영양제 】

'올바른 영양소와 식품을 섭취하여 당뇨를 예방하라' 부분에서 설명한 비타민과 미네랄을 홀 푸드 형태로 최대한 다양하게 섭취하라. 하지만 당뇨를 예방하기 위해서는 영양제가 중요한 부분을 차지할 수 있다는 사실도 알아야 한다. 제2형 당뇨 발병 위험을 줄이는 데 도움이 될 수 있는 영양소로는 L-카르틴, 레스베라트롤, 케르세틴, 비오틴, 크롬, 혼합 토코페롤 형태의 비타민 E 복합체, 비타민 B군 전체, 코엔자임Q10, 마그네슘, 알파-리포산(ALA), 그리고 바나듐이 있다. 이 모든 화합물, 적어도 대부분을 함유하고 있는 복합 비타민/미네랄 영양제를 선택해야 한다.

또한 지방 함량이 높은 생선에 함유된 오메가-3 지방산은 심장을 보호하는 것은 물론 인슐린 감수성도 향상시켜준다. 최근 연구 결과 식물 추출물인 베르베린은 제2형 당뇨가 발병한 다음에도 설탕과 인슐린 조절 기능을 통제할 수 있다는 사실이 드러났다. 소량의 오메가-3 지방산이 제2형 당뇨 예방에 도움이 될 수 있다.

제1형 당뇨 예방을 위해서는 앞서 설명한 비타민 D에 대한 내용을 살펴보라.

클린 이팅을 통해 자가면역질환을 예방하라

자가면역질환의 원인이 무엇인지 아직까지 정확하게 밝혀진 바는 없다. 그러므로 발병 위험을 줄이기 위해 어떤 다이어트법을 따르고 특정한 영양소를 섭취해야 하는지를 판단하기란 매우 어려운 일이다. 하지만 클린 이팅 다이어트 플랜을 따르고 가공식품, 매우 정제된 식품, 그리고 화합물을 잔뜩 뿌리고 입힌 식품을 피한다면 자가면역질환 발병 위험을 낮출 수 있을지 모른다. 자가면역질환 발병은 유전적 요인과 밀접하게 연관된 것으로 추측되므로 가족력이 있는 사람은 클린 다이어트를 통해 발병 시점을 늦출 수 있을 것으로 기대된다.

이 절에서는 면역계를 뒷받침해주는 식품, 그리고 알레르기 테스트를 받는 등의 방법으로 면역계를 관리하는 방법에 대해 살펴볼 것이다. 또한 어떤 피토케미컬, 비타민, 미네랄을 식단에 추가해야 하는지, 자가면역질환에 대항하는 데 유기농 식품이 왜 그렇게 중요한지 설명할 것이다.

자가면역질환의 원인을 파헤쳐보자

자가면역질환은 기본적으로 자신의 신체에 대한 면역반응 때문에 발생하는 질병이다. 즉 뭔가 방아쇠를 당겨 면역계가 정상적인 신체 조직을 공격하게 만드는 병이다.

글루텐, 그리고 글루텐의 동반자격인 글리아딘, 두 가지 단백질이 제1형 당뇨 등 자가면역질환의 방아쇠라고 여기는 연구가들도 있다. 또한 이들은 제1형 당뇨 환자의 경우 특정한 유단백이 자가면역질환의 방아쇠가 될 수 있다는 사실도 발견했다. 미생물 역시 인체가 스스로를 공격하는 방아쇠가 될 가능성도 있다.(오래전, 의사들은 연쇄상구균이 류머티즘열과 류머티즘성 심장질환을 유발한다는 사실을 발견했다. 류머티즘성 심장질환은 연쇄상구균에 반응하여 인체가 만들어낸 항체에 의해 발생하는, 심장이 손상되는 질병이다. 연쇄상구균 항체는 심장 세포의 세포막까지 공격한다.)

자가면역질환 환자 다수는 식품 알레르기도 지니고 있다. 그러므로 자가면역질환 환자는 알레르기 스크리닝을 통해 상태를 악화할 수 있는 식품을 섭취하지 말아야 한다. 대체로 글루텐, 유제품, 효모, 기타 자가면역 조건을 악화할 가능성이 있는 모든 알레르기 유발 물질을 피해야 한다. 클린 이팅 플랜을 통해 식품 알레르기를 조절하는 방법에 대한 자세한 내용은 제14장에서 자세히 다룰 것이다.

식품 알레르기의 진단과 치료를 전문으로 하는 의사는 드물다. 그러므로 자가면역질환이나 식품 알레르기가 있는 사람은 이러한 전문성을 갖춘 의사를 찾아야 한다.

올바른 영양소를 섭취하라

예방하려는 자가면역질환의 종류에 따라 먹어야 할 식품과 먹지 말아야 할 식품이 달라진다. 물론 설탕이 다량 함유된 빈 칼로리 식품은 물론 가공식품과 정제된 식품은 피해야 한다. 어쨌든 이러한 식품들은 인체가 건강한 상태를 유지하기 위해 필요한 피토케미컬, 그리고 다른 영양소들의 함량이 매우 낮다.

면역계를 뒷받침해주는 다음의 식품과 영양소의 섭취에 초점을 맞춰라.

- **기름기 없는 육류** : 단백질은 면역계에서 중요한 영양소다. 인체가 항체 및 다른 면역세포를 생성하는 데 도움이 되기 때문이다. 인체는 세포를 복구하고 조직과 장기를 건강한 상태로 유지하는 데 사용한다.
- **엽록소** : 엽록소는 장 내벽과 점막을 건강하게 유지하는 데 도움을 준다. 따라서 인체가 화학물질과 첨가제가 장벽을 넘어 혈류로 유입되는 것을 막을 수 있다. 엽록소가 풍부한 식품으로는 쇠고기, 해산물, 달걀, 대두, 견과류, 아마씨가 있다. 하지만 엽록소를 보충제 형태로 섭취하려면 반드시 올리브 오일을 규칙적으로 함께 먹어야 한다. 올리브 오일에 함유된 특정한 물질이 없는 경우 엽록소는 실제로 죽상경화증을 일으킬 수 있다.
- **과일과 채소** : 과일과 채소에 함유된 바이오플라보노이드는 세포막을 보호하고 면역계의 효율성을 높여준다. 색을 지닌 과일과 채소에 함유된 이 화합물은 항생제 효과를 지녔고 세포 건강에 없어서는 안 되는 영양소다.
- **섬유** : 섬유가 풍부한 식품은 세포에 손상을 입힐 수 있는 화학물질과 독성물질을 제거하여 장 면역계를 튼튼하게 유지해준다. 대장에서 섬유가 발효되면 짧은사슬지방산도 생성되는데, 위장관 세포가 점막을 건강하게 유지할 때 바로 이러한 짧은사슬지방산을 사용한다.
- **필수지방산** : 필수지방산, 특히 오메가-3 지방산은 세포막의 건강에 중요

한 영양소다. 한류에 서식하는 지방 함량이 높은 생선, 올리브 오일, 견과류에 함유되어 있다.

» 비타민 C : 비타민 C는 면역계의 기능을 원활하게 유지하는 데 필수적인 영양소다. 항산화제 역할을 하여 인체의 치유 기능을 뒷받침해주고 면역계의 효율성을 높인다.

왜 유기농 식품을 섭취해야 하는가

자가면역질환이란 말 그대로 염증 수치가 높고 면역계가 인간의 조직을 공격하게 유도하는 방아쇠가 존재하는 것이다. 그리고 농약, 식품첨가물, 제초제는 이러한 자가면역질환을 일으키는 조건을 악화할 수 있다. 많은 비유기농 식품에 함유된 살충제와 제초제는 실제로 인체 조직에 축적된다. 이러한 화학물질은 백혈구 수를 줄이고 흉선과 비장 등 많은 기관이 제 기능을 하지 못하게 만들 수 있다. 그러므로 가능한 식탁을 유기농 식품으로 채워야 한다.

아직도 많은 과일과 채소가 농약, 살진균제, 살충제, 제초제를 사용하는 기존의 방식으로 다양한 영양소가 결핍된 토양에서 재배된다. 유기농 재배에서는 돌려짓기로 같은 땅에서 여러 가지 작물을 번갈아가며 재배하거나 퇴비로 영양소를 보충하거나 기타 천연비료로 땅을 비옥하게 만드는 등 몇 가지 방법을 통해 이렇듯 결핍된 영양소를 채운다. 그 결과 유기농 식품은 자가면역질환을 예방하고 여기에 대항하는 데 필요한 피토케미컬, 비타민, 미네랄이 훨씬 많이 함유되어 있다. 유기농 식품에 대한 더 자세한 내용은 제10장을 확인하라.

2009년, 7만 5,000명의 폐경기 이후 여성을 대상으로 한 연구에서 과학자들은 1년에 6회 이상 살충제를 흡입한 여성이 류머티즘 관절염과 루푸스 발병 위험이 훨씬 높다는 사실을 발견했다. 살충제에 노출된 기간이 길수록 위험은 컸다. 이 연구 결과 환경적 요인이 많은 사람에게서 자가면역질환을 촉발할 수 있다는 이론에 힘이 실렸다.(알아두어야 할 것 : 여성을 중심으로 연구가 진행된 것은 자가면역질환 환자의 75퍼센트가 여성이기 때문이었다.)

농약, 그리고 비스페놀A 같은 화학물질은 인체 내에서 호르몬과 유사하게 작용하여 내분비계를 교란하고 염증과 감염에 대한 인체의 반응 방식을 바꾼다. 이러한 변화 때문에 자가면역질환으로 이끄는 면역계의 과민반응이 일어날 수 있다.

그렇다면 이 모든 것이 평범한 사람에게 어떤 의미를 지니는 것일까? 아무렇지 않게 농약을 뿌린 과일과 채소를 먹는 동안 당신이 섭취할 그 모든 농약을 생각해보라. 여기에 농약을 뿌려 재배한 곡물을 먹은 가축의 고기와 농약을 뿌린 목초를 먹은 소의 우유까지 생각해보라. 하나씩 짚어보자면 끝이 없을 것이다. 자가면역질환의 가족력이 있는 사람은 클린 이팅 다이어트를 실천하는 동시에 유기농 홀 푸드를 섭취하는 것이 발병 위험을 줄이는 최선책일 수 있다.

【 영양제를 복용하여 면역계를 튼튼하게 만들자 】

면역계를 강하게 만들기 위해 식단에 추가해야 할 영양제는 다음과 같다.

- 비타민 C : 비타민 C는 백혈구 생성을 도와주고 바이러스로부터 인체를 보호한다.
- 비타민 E : 비타민 E 역시 백혈구를 만들어내는 인체의 능력을 향상시킨다. 또한 세균을 찾아 파괴하는 B-세포(B-cell)의 생성에 매우 중요한 영양소다.
- 아연 : 아연은 백혈구 생성에 반드시 필요한 영양소이며 백혈구를 강하게 만들어준다. 아연이 부족하면 면역계의 '최고 통치자'인 흉선은 훨씬 빨리 악화할 수 있다.
- 셀레늄 : 셀레늄은 면역계 질환의 위험을 줄여준다.
- 생선 오일 : 생선 오일에는 오메가-3 지방산이 풍부하게 함유되어 있다. 오메가-3 지방산은 세균을 파괴하는 식세포 생성에 도움을 준다. 또한 면역계를 진정시켜 감염과 염증에 과민반응하지 않게 해준다.

chapter

08

클린 이팅을 통해 질병을 관리하자

제8장 미리보기

- 식단에 강력한 영양소들을 포함시켜 건강을 향상시킨다.
- 심장질환과 싸우고 당뇨를 관리하기 위해 클린 이팅 플랜을 활용한다.
- 암에 대항하고 자가면역질환과 싸우기 위해 클린한 이팅을 실천한다.

이미 만성, 또는 급성 질환을 앓고 있는 사람도 음식을 먹는 습관을 바꾸면, 즉 클린 이팅 플랜을 실천하면 컨디션도 좋아지고 합병증 발병 위험과 해당 질병의 전체적인 영향을 모두 줄일 수 있다. 어쨌든 자신의 몸에 어떤 것을 집어넣는지는 인체가 얼마나 효율적으로 스스로 치유하고 감염, 그리고 세균 및 바이러스 같은 침입자에 맞서 어떻게 싸우는지와 직결된다.

어떤 식품을 어떻게 조리해서 먹는지 인지하는 일이 더 건강한 자신을 만들기 위한 첫걸음이다. 그런 다음 섭취하는 음식을 특정한 질병에 적합하게, 보다 정교하게 조정하여 이를 관리하고 삶을 향상시킬 수 있다. 발병 위험을 줄이기 위해 클린 이팅을 실천하는 것과 발병한 다음에 클린 이팅을 실천하는 것의 가장 큰 차이점은 진단을 받은 다음에는 건강한 식사를 따르기 위해 훨씬 부단한 노력을 기울여야 한다는 것이다. 더 이상 잘못을 저질러도 되는 여유 따위는 없다. 하지만 맛있으면서도 포만감을 주는 음식을 먹을 수 있다!

이 장에서는 클린 푸드에서 섭취할 수 있고 인체에 건강을 증진하는 역할을 하는 강력한 영양소들을 살펴볼 것이다. 또한 심장질환과 맞서고 당뇨를 관리하며 암에 대항하고 관절염과 다발성경화증 등의 자가면역질환과 싸우는 방법에 대해 논의할 것이다.

강력한 영양소를 섭취하여 건강을 증진하자

의약식품(nutraceutical)은 농축식품, 추출식품, 보충제 등 제약과 다른 방식으로 건강에 도움을 줄 수 있는 것을 말한다. 즉 의약식품은 클린 이팅 다이어트 플랜의 중심인 홀 푸드에 함유된 피토케미컬이다.

의약식품 지지자들은 식품 보충제를 '자연의 도구'를 사용하여 건강을 증진할 수 있는 것으로 여긴다. 보충제 형태로 섭취할 경우 이러한 생물활성 화합물들은 식품으로 섭취할 때보다 훨씬 농도가 높다. 하지만 클린 이팅 플랜에서는 이러한 화합물의 식품 공급원에 초점을 맞춘다.

이 절에서는 식품과 질병 관리 사이의 관계를 알아보고 효과가 있다고 증명된 영양소들을 살펴볼 것이다. 이러한 영양소들이 정말 효과가 있는지, 클린 이팅 다이어트가 같은 영양소를 공급하는 보충제를 대체할 수 있는지 고려할 것이다.

클린 푸드의 치유 효과

음식은 생명체에게 반드시 필요한 것이다. 이는 절대불변의 사실이다. 기본 영양소는 물론 미량 영양소를 충분히 섭취하지 않으면 인간은 괴혈병, 각기병 같은 결핍증에 걸린다. 하지만 실제로 음식이 질병이나 외상으로부터 회복하는 데 도움이 될까? 수천 년 역사를 지닌 중국 전통의학, 아유르베다(고대 힌두교의 브라만 경전인 〈베다 경전〉

으로부터 전승된 인도의 전통 의학-역주), 민간요법에 의하면 그 대답은 '그렇다'이다. 그리고 현대 과학도 여기에 동의하고 있다.

클린 이팅 다이어트 플랜에 따라 섭취하는 음식은 대부분 가공되지 않은, 가능하면 유기농이며 건강한 방식으로 조리된 홀 푸드다. 따라서 이를 실천하고 있다면 이미 질병을 예방하고 이에 맞서 싸우는 데 도움을 주는 비타민, 미네랄 등의 영양소를 듬뿍 섭취하고 있는 것이다. 그렇다 해도 면역력을 강화하거나 특정한 질병의 증상과 싸우기 위해 식단에 보충제 형태로 기능성식품을 추가할 수도 있다. 단, 식단에 의약 식품 보충제를 추가하기 전에 영양제에 대해 정통한 의사와 상담해야 한다.

기능성식품을 추가로 섭취할 수도 있다. 이는 비타민과 미네랄 함량을 강화한 식품을 말한다.(예를 들어 제조사들은 종종 맛과 외관에 변화를 주지 않고 우유에 비타민 D를, 오렌지 주스에 칼슘을 첨가한다.) 영양소를 강화하는 목적은 더 많은 영양소를 공급하는 것이다. 가공된 것이지만 기능성식품은 클린 이팅 플랜에 완벽하게 허용된다. 최소한의 과정만을 거치고 인공화합물이 아닌 건강한 재료를 첨가하기 때문이다.

입증된 영양학적 솔루션

인간은 질병에 걸리면 면역기능이 약해진다. 하지만 다행스럽게도 면역계를 강화하고 인체가 질병에 의한 손상을 입지 않게 도와주는 영양소들이 있다. 잠재해 있던 질병을 악화시킬 수 있는 전염병 감염 위험을 줄이고 면역력을 증진하려면 다음과 같은 식품과 영양소를 풍부하게 섭취하는 데 초점을 맞춰야 한다(그리고 알고 보면 이는 클린 이팅 플랜의 주전 선수들이기도 하다).

» **비타민 C가 풍부한 식품** : 아스코르브산이라고도 알려진 비타민 C는 백혈구 생성과 활동을 증가시켜 면역계를 강화하는 데 도움을 준다. 비타민 C가 풍부한 식품으로는 키위, 베리류, 모든 감귤류 과일이 있다.

» **비타민 E가 풍부한 식품** : 유리기를 중화하는 데 매우 뛰어난 능력을 지닌 비타민 E는 면역계가 하는 일을 일부 수행함으로써 면역계가 치유에 집중할 수 있게 도와준다. 견과류, 토마토와 토마토를 재료로 만든 식품, 시금치, 강화 시리얼에 비타민 E가 함유되어 있다.

» **알리신이 풍부한 식품** : 강렬한 맛을 지닌 알리신은 천연 항생제로서 세균

을 죽이고 감염에 대항한다. 알리신의 가장 좋은 공급원은 다지거나 으깬 신선한 마늘이다.

» **베타카로틴을 비롯한 카로티노이드 계열 영양소가 풍부한 식품** : 이 강력한 항산화성분들은 세포에 손상을 입히고 수많은 질병의 원인이 되는 유리기를 소탕해준다. 카로티노이드 계열 영양소는 살구, 당근, 망고, 승도, 호박, 고구마, 토마토, 수박에 함유되어 있다.

» **아연이 풍부한 식품** : 아연은 상처 치유와 면역 기능에서 주인공 역할을 하는 중요한 미네랄이다. 아연은 신체 조직을 성장시키고 치유하는 효소 작용을 돕는다. 아연이 함유된 식품으로는 소맥배아, 간, 참깨 및 호박씨, 초콜릿, 그리고 땅콩이 있다.

질병과 싸우는 데 효과적이라고 널리 인정되는 의약식품으로는 다음과 같은 것이 있다.

» **귀리** : 귀리에 함유된 수용성 섬유는 혈액 내 콜레스테롤 수치를 감소시킨다. 귀리에 함유된 독특한 섬유인 베타글루칸은 장에서 용액을 형성하여 콜레스테롤을 흡수, 체외로 배출한다.

» **리코펜** : 리코펜은 토마토와 오렌지, 채소에 함유된 피토케미컬이며 전립선암 발병 위험을 줄여준다. 특히 익힌 토마토로 섭취할 경우 생체이용률이 더 높다.

» **오메가-3 지방산** : 필수지방산인 오메가-3 지방산은 혈액 내의 트리글리세라이드 수치를 낮추는 데 도움을 준다. 또한 뇌의 형성과 유지에 매우 중요한 영양소다. 지방 함량이 많은 생선은 물론 오메가-3-에틸에스터산의 형태로 된 처방약 로바자(Lovaza)로 섭취할 수 있다. 제약 형태가 아닌 좋은 공급원으로는 생선 오일 보충제와 아마씨가 있다. 복용하기 전에 각각의 EPA와 DHA 최대치를 확인하라.

» **베르베린** : 대조 시험을 통해 허브인 골든실, 오레곤 그레이프(뺄남천속 나무-역주), 그리고 황련에 함유된 베르베린이 제2형 당뇨 치료제로 가장 잘 알려진 처방약 메트포르민만큼 혈당을 조절하는 기능이 뛰어나다는 사실이 드러났다. 또한 제2형 당뇨 환자에게서 콜레스테롤과 트리글리세라이드 같은 지질을 조절하는 능력은 메타포르민보다 베르베린이 뛰어나다는 연

구 보고도 있다. 제2형 당뇨 환자거나 전 단계에 해당하는 사람은 영양제 및 천연 의약품에 지식이 풍부한 의사를 찾아 자신의 상태에서 이러한 의약식품을 복용하는 것이 바람직한지 의논하라.

» **계피** : 이 맛 좋은 향신료에 함유된 유효성분은 폴리페놀, 그리고 계피알데하이드라는 화합물이다. 이러한 성분은 혈액에서 포도당을 제거하는 데 도움을 준다. 실제로 의사들은 포도당과 지질 수치를 향상시키기 때문에 종종 제2형 당뇨 환자에게 매일 계피를 섭취할 것을 조언한다.

» **프로바이오틱스** : 건강을 유지하고 매일 맞닥뜨리는 유해균으로부터 인체를 보호하기 위해서는 장에 좋은 세균이 있어야 한다. 프로바이오틱스는 그러한 유익균을 공급하고, 인체가 칼슘을 이용하고 심장을 건강하게 유지시켜주는 데 도움을 줄 수 있다. 프로바이오틱스는 요거트, 된장, 사워크라우트, 타마리, 숙성 치즈에 함유되어 있다. 식품 라벨에 활성균이라는 중요한 문구가 있는지만 확인하라.

» **비타민 D** : 태양광 비타민인 비타민 D는 뼈 건강에 필수적인 영양소다. 비타민 D 영양제를 섭취하는 사람은 골절 위험이 감소한다. 또한 많은 연구에서 적절한 비타민 D 섭취는 심혈관계질환, 자가면역질환, 기타 여러 질병은 물론 유방암, 전립선암, 대장암 발병 위험을 줄여준다는 사실이 드러났다. 대구 간 오일, 연어, 고등어에서 비타민 D를 섭취할 수 있다.(더 자세한 내용은 www.vitamindcouncil.org에서 확인하라.)

비타민 D의 가장 좋은 공급원은 햇볕이다. 적도에서 멀리 떨어진 지역에 사는 사람들은 충분한 비타민 D를 공급받기 어려우므로 주로 영양제를 복용해야 한다. 하지만 비타민 D는 제한 양이 있어 과다 섭취의 위험이 있으므로 자신과 가족에게 적절한 양이 얼마인지 의사와 상의하라.

» **비타민 C** : 비타민 C는 위암을 예방하고 다른 암의 발병 위험을 줄이는 것으로 여겨진다. 또한 뇌졸중, 당뇨, 심장질환 발병 위험을 줄이고 담석 형성을 줄여준다. 비타민 C는 감귤류 과일, 브로콜리, 파프리카, 딸기, 케일, 수박에 함유되어 있다.

» **베타카로틴** : 피토케미컬인 베타카로틴은 위염을 예방하고, 심장질환, 고혈압, 관절염, 알츠하이머병은 물론 각종 암 발병 위험을 감소시키는 것으로 여겨진다. 인체는 베타카로틴을 비타민 A로 전환한다. 베타카로틴을 보

충제로 섭취할 경우 자연, 그리고 홀 푸드에 존재하는 형태인 혼합 카로티노이드로 구성된 것을 선택해야 한다. 베타카로틴을 단독으로 복용할 경우 때로 문제를 일으킬 수 있다. 베타카로틴이 풍부한 식품으로는 고구마, 당근, 시금치, 애호박, 그리고 브로콜리가 있다.

연령대가 높은 사람이나 갑상선 기능이 약한 사람은 종종 베타카로틴을 비타민 A로 전환하지 못하기도 한다. 그러므로 천연 의약품에 경험과 지식이 풍부한 의사와 상의해서 자신에게 맞는 권장량이 얼마인지 확인해야 한다.

» **글루코사민** : 인체는 아미노당인 글루코사민을 콜라겐으로 전환한다. 이는 관절에서 충격을 흡수하는 역할을 하는 연골을 강화하는 성분이다. 관절염 환자 가운데 글루코사민(정확히는 황화 글루코사민이며, 보충제의 한 형태다-역주) 보충제를 섭취한 경우 통증이 크게 줄었다.

» **식물성 스테롤** : 콜레스테롤과 유사하지만 식물에 함유된 화합물을 말한다. 스테롤에는 베타-시토스테롤, 스티그마스테롤, 캄페스테롤이 포함된다. 식물성 스테롤은 담즙에 의해 만들어진 지방층에서 콜레스테롤과 자리를 놓고 경쟁함으로써 혈중 콜레스테롤 수치를 낮추는 데 도움을 준다. 식품에 함유된 식물성 스테롤의 양은 생리적 이점이 되기에는 대체로 너무 낮다. 그러므로 식품제조사들은 종종 마가린과 스프레드 종류에 이를 첨가한다. 또한 유제품 보충제 형태로도 섭취할 수 있다.

» **커큐민** : 울금에 함유된 화합물인 커큐민은 강력한 항염증 인자다. 항종양성이 매우 강하고 동맥벽에 축적된 플라크를 감소시키는 데 도움이 된다. 실제로 커큐민은 실험실 실험에서 암세포의 성장 속도를 늦추고 알츠하이머병 발병 위험을 낮추는 것으로 드러났다.

정제된 한 가지 성분의 의약식품이 아니라 홀 푸드를 통해 최대한 이러한 영양소를 섭취해야 한다는 사실을 명심하라. 치료 효능을 뒷받침해주는 증거가 다수 발견되기는 했지만 많은 이중구속 플라시보 컨트롤 의학 연구에서 이러한 물질들은 혼합된 결과가 만들어졌다. 하지만 실제로 이러한 연구들에서 나타난 건강상의 이점을 제공하는 것은 한 가지 화합물이 아니라 홀 푸드 형태에서 다른 물질들과 결합되었기 때문일 수도 있다. 인체, 그리고 영양소들 간의 상호작용은 너무나도 복잡한 것이므로 여러 가지 영양소가 함께 작용하여 홀 푸드와 건강한 음식을 섭취했을 때처럼 건강한 신체를 만들 수 있을 가능성이 매우 높다.

또한 홀 푸드에는 아직 과학자들이 존재조차 모르는 영양소와 피토케미컬이 많이 함유되어 있다는 사실을 잊지 말라. 가공하지 않은 홀 푸드를 다양하게 섭취하는 클린 이팅 다이어트 플랜을 따르는 것이 알려진 것이든 미지의 것이든, 치유 효과가 있는 영양소들을 이용하는 가장 안전한 방법이다.

클린 이팅을 통해 심장질환에 맞서자

먹는 음식만으로 심장질환에 맞설 수 있다는 사실을 아는가? 이 절에서는 염증과 혈압을 줄이고 콜레스테롤을 조절하며 심장질환을 관리하는 데 도움이 되는 식품과 영양소를 살펴볼 것이다.

죽상경화증이든 심장마비를 일으킨 적이 있든, 심장질환 환자들이 최우선적으로 명심해야 할 것은 의사의 조언을 따라야 한다는 사실이다. 절대 의사와 먼저 상의하지 않은 채 그 어떤 약도 복용을 중단해서는 안 된다.

항산화물질을 섭취하라

홀 푸드에 함유된 항산화성분은 인체가 심장질환에 맞서 싸우는 데 중요한 역할을 한다. 한 가지 예로 항산화 특성을 지닌 피토케미컬과 비타민은 염증에 대항하며, 이는 많은 의사가 울혈심부전 환자를 치료하는 좋은 방법이라고 생각한다. 또한 콜레스테롤 수치를 낮추는 데도 도움을 준다. 실제로 항산화물질인 피토케미컬, 식물성 스테롤, 섬유, 특히 수용성 섬유가 풍부한 식품을 골고루 섭취하면 스타틴만큼 효과적으로 콜레스테롤 수치를 낮출 수 있다. 게다가 위험한 부작용도 없다!

클린 이팅 다이어트를 통해 심장질환을 관리하기 위해서는 다음 비타민, 영양소, 식품을 중점적으로 섭취하라.

» **비타민 D** : 연구가들은 비타민 D 결핍증과 만성 심부전이 밀접하게 연관

되었다는 사실을 발견했다. 의사들 역시 비타민 D가 어떤 역할을 하여 인체를 보호하는지 확실히 밝혀내지 못했지만 울혈심부전에 대항하는 데 도움을 주고 동맥에 플라크가 축적되는 속도를 줄여줄 가능성이 있다는 사실은 알고 있다.

» **석류** : 고대 과일인 석류는 플라크 형성으로 이어지는 LDL 콜레스테롤의 산화를 막고 세포에 산화를 일으키는 스트레스를 줄여준다. 혈관에서 너무 많은 근육세포가 과도하게 성장하면 고혈압의 원인이 되는데, 석류에 함유된 항산화성분은 이러한 과도한 성장을 막아준다. 석류를 먹으면 실제로 죽상경화증 발병 위험이 줄어들 수도 있다.

» **녹차** : 녹차는 동맥을 확장시켜주어 혈액이 그 안에서 원활하게 흐르게 만드는 역할을 한다. 이러한 장점이 상쇄될 수 있으므로 차에 우유를 넣어 마시지만 말라.

» **블루베리** : 이 자그마한 베리류는 동맥이 단단해지는 것을 막아준다. 하루 1/2컵의 신선한 블루베리를 섭취하면 동맥 병변의 크기를 줄이는 데 도움이 될 수 있다.

» **브로콜리** : 최근 코네티컷대학교의 연구에서 브로콜리에 함유된 피토케미컬이 혈액 내 심장을 보호하는 단백질 수치를 증가시키는 것으로 드러났다.

» **레스베라트롤** : 피토케미컬인 레스베라트롤은 동맥을 통과하는 혈류량을 증가시키고 LDL 콜레스테롤의 산화를 막아주며 혈소판의 응고를 줄여주고 혈관 확장을 향상시킬 수 있다.

» **견과류** : 매일 한 주먹씩 견과류를 섭취하면 LDL 콜레스테롤 수치를 낮추고 동맥 내벽을 튼튼하게 유지하며 혈병 발생 위험을 줄여준다. 가장 좋은 견과류는 호두, 아몬드, 피칸, 마카다미아 너트, 헤이즐너트, 브라질너트다.

» **홀 그레인** : 정제된 곡물과 반대로 홀 그레인은 비타민 B 복합체, 엽산, 철, 마그네슘, 셀레늄의 좋은 공급원이다. 그리고 이는 모두 심장 건강에 중요한 영양소다. 홀 그레인에 함유된 비수용성 섬유 역시 심혈관계 질환의 진전 속도를 늦출 수 있다.

» **익힌 토마토** : 토마토에 함유된 리코펜은 조리했을 때 더 흡수가 잘 된다. 리코펜은 동맥에 가장 치명적인 손상을 입히는 LDL 콜레스테롤을 산화시키는 유리기를 제거한다.

» **오메가-3 지방산** : 오메가-3 지방산은 비정상적인 심장박동 발생 위험을 줄이고 동맥의 플라크 성장 속도를 늦춘다. 심부전 환자도 1주일에 2회 지방 함량이 높은 생선을 섭취하면 심장 기능을 유지하는 데 도움이 된다.

항산화물질과 피토케미컬에 관한 자세한 내용은 제4장에서 다루었다. 심장질환 환자는 의사의 권고 사항을 반드시 따라야 한다. 자신의 식단에 대해 의사와 상의하고 섭취했을 때 가장 좋은 음식이 무엇인지, 평소 식단에 어떤 영양제와 보충제를 추가하는 것이 가장 바람직할지 상의하라.

좋은 지방을 곱씹어라

영양 및 식품 과학 분야에서는 과거 심장질환 발병의 주범을 포화지방 섭취 한 가지를 원인으로 지목했다. 하지만 이제 여기에서 벗어나 음식을 섭취하는 패턴이 더 중요하다는 쪽으로 의견이 변하고 있다. 즉 포화지방에 정제 설탕, 흰 밀가루, 트랜스지방, 가공처리된 육류 함량이 높은 가공식품까지 더해지는 서구의 전형적인 식습관이 미국의 높은 심장질환 발병률의 원인일 가능성이 있다는 것이다. 심장질환을 관리하기 위해서 어떤 식품을 섭취할지 결정할 때는 전체 그림을 살펴봐야 한다.

홀 푸드를 섭취하고 가공식품과 트랜스 지방 섭취를 피하는 데 초점을 맞춰라. 설탕과 정제된 곡물 섭취를 줄이거나 아예 없애며 과일과 채소를 충분히 섭취하라. 다시 말해서 클린 이팅 플랜을 따르라! 섭취하는 지방의 종류를 따지는 것보다 이렇게 하는 것이 심장 건강을 향상하는 열쇠일 수 있다. 실제로 2010년 〈미국 임상영양학회지〉에 게재된 한 연구에 따르면 포화지방 섭취가 심장질환 발병 위험을 높인다는 증거는 발견되지 않았다.

과학자들은 실제로 일부 종류의 지방을 섭취하면 콜레스테롤 수치와 혈압, 트리글리세라이드 수치, 염증을 줄이는 데 도움이 된다는 사실을 밝혀냈다. 특히 여러 연구 결과 올리브 오일, 견과류, 아보카도에 함유된 단사슬불포화지방과 지방 함량이 많은 생선, 아마씨, 호두에 함유된 필수지방산이 심장을 보호하는 데 도움이 된다는 사실이 증명되었다.

그러므로 심장병이 있다고 지방을 두려워할 필요는 없다. 그저 건강한 지방을 섭취하면 된다. 포만감을 주는 음식을 먹어라. 그리고 단백질과 탄수화물을 함께 먹고 홀 푸드를 섭취하라. 정크 푸드를 피하고 건강한 지방의 좋은 공급원이 되는 음식을 즐겨라.

실제로 일부 사람, 특히 심장질환 발병 위험이 높아지는 제2형 당뇨 환자와 복부비만, 고혈압, 인슐린 저항성, 고트리글리세라이드 수치 등의 증상을 보이는 대사증후군 환자는 단백질 함량은 높고 탄수화물 함량은 낮으며 상대적으로 지방 함량이 높은 식단이 최선의 선택일 수 있다. 하지만 모든 사람에게 최선인 방법은 없다. 그러므로 자신의 필요에 부합하는 최고의 이팅 플랜이 무엇인지 의사와 상의하라.

필수적인 영양제를 몇 가지 추가하라 : 코엔자임Q10과 L-카르니틴

많은 사람이 심장질환의 영향을 줄이기 위해 코엔자임Q10과 L-카르니틴 영양제를 복용한다. 정말 효과가 있는 것일까? 연구 결과 이 영양제들의 효과는 어떨까? 나도 복용해야 할까? 그 답을 알고 싶다면 끝까지 읽기 바란다.

코엔자임Q10

코엔자임Q10은 심장 근육(그리고 다른 근육)을 수축하게 만드는 에너지를 생성한다. 또한 동맥에 플라크가 축적되는 것을 줄여주고 복부에 혈병이 형성되는 속도를 늦

【 코엔자임Q10과 스타틴에 대한 짧은 뒷이야기 】

1990년, 스타틴이 일으키는 부작용을 예방, 치료, 또는 개선하기 위해 코엔자임Q10을 함께 사용하는 것과 관련하여 두 건의 특허가 출원되었다. 조너선 토버트가 신청하고 머크앤드컴퍼니에게 양도된 첫 번째 특허는 스타틴이 코엔자임Q10 수치를 낮춤으로써 간 손상을 동반한 간 효소 상승을 동반할 수밖에 없다고 분명히 밝혔다. 또한 스타틴과 함께 코엔자임Q10을 투여하면 이러한 합병증을 예방하거나 이미 발병했을 경우 치료가 가능하다고 밝힌다.

그로부터 한 달 뒤 두 번째 특허가 출원되었다. 노벨상 수상자이자 지방 및 콜레스테롤 물질대사 연구로 과학 분야에서 잘 알려진 의사 마이클 브라운이 신청한 것이었다. 역시 머크앤드컴퍼니에게 양도된 이 특허에서는 코엔자임Q10 감소를 일으키는 스타틴이 근육통, 허약함, 빈혈 같은 합병증을 만들어낼 수 있다고 밝혔다. 두 번째 특허는 이러한 합병증을 예방하기 위해 스타틴에 코엔자임Q10을 첨가한 혼합 약품을 다루고 있다. 코엔자임Q10은 이러한 합병증의 치료에도 사용될 수 있다.

춰주며 LDL 콜레스테롤의 산화를 방지한다. 코엔자임Q10은 심장세포의 미토콘드리아에서 에너지원으로 사용되는 아데노신3인산(ATP)의 생성에 반드시 필요한 영양소이며 강력한 항산화제다.

코엔자임Q10은 인체 내에서 저절로 합성되지만 나이가 들면서 그 양이 급격히 감소한다. 심장질환 및 심부전 환자는 심장근육세포에 코엔자임Q10의 수치도 낮다. 그러므로 심장질환이 발병할 위험이 있는 많은 사람이 코엔자임Q10을 영양제로 섭취한다. 실제로 한 연구에서 심장마비 병력이 있는 사람이 코엔자임Q10 보충제를 섭취한 경우 병이 재발할 위험은 물론 가슴의 통증도 줄어든다는 사실이 밝혀졌다. 코엔자임Q10이 다리가 붓는 부종을 줄이고 폐에 물이 차는 것을 줄여줄 수 있다는 연구 결과들도 있다. 하지만 그 밖의 연구에서는 이러한 효과가 드러나지 않았다. 그러므로 이러한 목적으로 코엔자임Q10을 복용하려는 사람은 의사에게 조언을 구해야 한다.

연구 결과 확실한 결론을 내리지 못했고 반론이 제기되는 상황이므로 코엔자임Q10 보충제에 대한 확고한 결론을 내리지도, 어떻게 하라고 권장하지도 못한다. 하지만 점점 더 많은 의사가 영양제와 의약식품의 사용에 대해 전문적으로 연구하고 있다. 따라서 코엔자임Q10 보충제를 복용하기 전에 그러한 전문가에게 확인을 받아야 한다.

콜레스테롤 감소를 위해 스타틴을 복용 중이라면 코엔자임Q10 보충제를 통해 섭취하는 음식을 보충하는 것이 자신에게 적합한지 상담하라. 코엔자임Q10은 혈당 수치를 낮출 수 있으므로 당뇨 환자는 반드시 의사의 감독을 받는 상태에서 이를 복용해야 한다.

L-카르니틴

의사들은 협심증 증상, 즉 심장의 통증을 줄이기 위해 L-카르니틴을 처방한다. 심장병 환자들은 흉통 때문에 운동을 충분히 할 수 없는데, 아미노산인 L-카르니틴은 이런 환자의 운동 능력을 향상시키는 데 도움을 줄 수 있다. 일부 연구 결과 심장마비 환자 가운데 L-카르니틴을 처방받은 사람들은 재발하는 경우가 적다는 사실이 드러났지만 그러한 효과를 보여주지 못한 연구들도 있다.

코엔자임Q10처럼 L-카르니틴은 인체 세포의 엔진인 미토콘드리아에 에너지를 제공하는 역할을 한다. 심장세포는 방대한 양의 에너지를 사용하므로 심장세포의 미토콘드리아에 에너지가 조금이라도 부족하면 심장 기능에 심각한 부정적 영향을 미친다.

심장질환의 예방 및 치료를 위한 비타민과 미네랄에 대한 자세한 정보는 의사 스티븐 시나트라의《시나트라 솔루션 : 심장질환의 예방 및 치료를 위한 새로운 희망(The Sinatra Solution : New Hope for Preventing and Treating Heart Disease)》을 참고하라.

심장질환과 싸우고 있다면 L-카르니틴으로 식단을 보충해야 할지 의사와 상의하라. L-카르니틴과 코엔자임Q10을 함께 섭취하면 두 영양소 사이에 시너지 효과를 보이며 엄청난 도움이 되는 경우도 있다. 하지만 L-카르니틴을 추가로 섭취했을 때 바람직한 반응을 보이지 않는 사람도 있다. 그리고 바로 이 때문에 식단을 바꾸거나 보충제를 섭취하기 전에 영양제와 의약식품의 사용에 전문성을 지닌 의사와 긴밀하게 협력해야 한다.

클린 이팅을 통해 당뇨를 관리하라

당뇨라는 진단이 내려지면 의사가 가장 먼저 하는 말 가운데 하나가 식습관을 바꾸라는 것이다. 결국 혈당을 최대한 안정되게 유지하는 것이 당뇨 관리의 열쇠이기 때문이다. 당뇨에 걸리면 인체는 충분한 인슐린을 만들지 못하거나(제1형 당뇨) 인체 세포가 당뇨에 저항성을 지니게 된다(제2형 당뇨).

제2형 당뇨 환자의 경우 설탕과 탄수화물을 섭취했을 때 비정상적으로 격렬하게 인슐린 반응이 일어난다. 즉 인체가 정상보다 설탕과 정제 탄수화물에 민감해진다는 것이다. 이런 상태가 오래 지속되면 격렬한 인슐린 반응 때문에 인체 세포는 인슐린 저항성이 생기고, 결국 췌장에서 분비하는 인슐린으로 혈당 수치를 제어하지 못하는 지경에 이른다. 인슐린 저항성이 그러한 지점까지 도달하면 제2형 당뇨 진단이 내려진다.

반면 제1형 당뇨 환자의 경우 인슐린을 생성하는 췌장 세포가 죽는다. 그리고 인슐린 생성에 이상이 생기고 마침내 완전히 중단된다. 혈당을 조절하는 인슐린이 분비되지 않으므로 혈당 수치가 치솟게 된다.

이 절에서는 클린 푸드 다이어트가 어떻게 당뇨를 관리하고 인슐린 의존도를 낮춰주는지 살펴볼 것이다. 심장질환과 마찬가지로 당뇨가 있는 경우 결코 의사와 의논하지 않은 채 그 어떤 약도 복용을 중단해서는 안 된다.

주의 : 클린 이팅을 실천하면 분명 몸 상태가 나아질 것이다. 하지만 특히 초기 단계에서 식사와 체중 감량을 통해 제2형 당뇨를 되돌려야 할 때도 있다는 사실을 명심하라. 하지만 제1형 당뇨를 위한 방법은 없다.

충분한 섬유와 홀 푸드를 섭취하라

섬유, 그리고 클린한 홀 푸드는 당뇨 관리의 핵심이다. 건강한 식품 섭취를 늘리고 식단에서 정크 푸드, 가공식품, 정제된 밀가루, 그리고 설탕을 제거하라.

당뇨 진단을 받은 즉시 어떤 식품을 먹어도 되는지, 혈당을 어떻게 관리해야 하는지를 의사와 상의하라.

섬유

섬유가 풍부한 식품은 포만감을 주는 것은 물론 혈당 수치를 낮추는 데 도움이 된다. 당뇨 환자에게 섬유는 '자유로운 식품(free food)'인 셈이다. 탄수화물의 일종이기는 하지만 인체에서 거의 소화되지 않으므로 혈당에 영향을 미치지 않기 때문이다.

【 비타민 D 보충제를 복용하여 유아에게 발병하는 제1형 당뇨를 줄여라 】

1966년 출생한 신생아 1만 명 이상을 대상으로 31년간 진행된 제1형 당뇨 추적 조사가 있었다. 연구가들은 이 연구를 1997년에 종료했고 2001년 그 결과를 〈랜셋〉 지에 게재했다. 이들은 생후 1년 동안 비타민 D 영양제를 급여한 경우 제1형 당뇨 발병이 80퍼센트 감소했다는 사실을 발견했다.

제1형 당뇨 가족력이 있는 사람은 영양제와 천연 의약품에 대해 정통한 의사를 찾아 자신의 아기에게 비타민 D 보충제를 먹여야 하는지 상의하라.

미국인 대부분은 충분한 섬유를 섭취하지 않는다. 〈뉴잉글랜드 의학회지〉에 게재된 새로운 연구에서 제2형 당뇨 환자의 경우 더 많은 섬유, 하루 최대 50그램까지 섭취하면 혈당 수치를 낮출 수 있다는 사실이 드러났다. 단, 소화기능에 문제가 생기는 일을 피하기 위해서는 섬유 섭취량을 점차 늘려 나가야 한다는 점이 중요하다.

당뇨를 관리하는 것이 목적이라면 식단에 주로 수용성 섬유를 추가해야 한다. 수용성 섬유는 위와 장에서 겔을 형성하는데, 이 겔이 유익균의 먹이가 되고, 위가 비워지는 시간을 늦춰 포만감을 오래 지속시킨다. 또한 수용성 섬유는 탄수화물과 설탕을 겔 안에 가둬 소화 속도를 늦추므로 식사나 간식을 먹은 다음 혈당 수치가 치솟지 않게 해준다. 인체 세포의 인슐린 감수성도 향상시켜주어 필요한 인슐린의 양을 줄여줄 수도 있다. 게다가 수용성 섬유는 인간이 섭취하는 식품에서 콜레스테롤을 제거할 수 있으므로 당뇨 환자에게 치명적인 심장질환 발병을 예방하는 데 도움이 된다.

최대한 다양한 홀 푸드를 통해 수용성 섬유를 섭취해야 한다.

» **홀 그레인** : 홀 그레인을 공급원으로 다량의 섬유를 섭취하는 사람은 혈압과 체질량지수(body mass index, BMI)가 낮다. 귀리는 매우 훌륭한 수용성 섬유 공급원이다. 하지만 영양제에 정통한 많은 의사가 제2형 당뇨 환자들은 곡물과 유제품이 제외되는 팔레오(혈거인) 다이어트를 따라야 한다고 권장한다(자세한 내용은 제6장을 확인하라). 다행히 유기농이 아니더라도 섬유의 훌륭한 공급원을 쉽게 찾을 수 있다(이 목록을 끝까지 읽으면 자세한 내용을 알 수 있다!).

» **홀 베지터블** : 껍질을 제거하지 않은 상태로 채소를 먹어야 더 많은 섬유를 섭취할 수 있다. 수용성 섬유가 가장 풍부한 채소로는 아티초크, 브로콜리, 토마토, 당근, 오이, 셀러리가 있다.

» **신선한 과일** : 수용성 섬유를 최대한 섭취하려면 사과와 배를 껍질째 먹어야 한다. 그 밖에 수용성 섬유가 풍부한 식품으로는 오렌지, 딸기, 블루베리를 비롯한 베리류가 있다. 하지만 많은 당뇨 환자는 당도가 높아 과일 섭취량을 줄여야 한다.

» **건조 과일** : 신선한 과일처럼 건조 과일도 섬유, 비타민, 미네랄이 풍부하

게 함유되어 있지만 당도 또한 높다. 의사에게 식단에 건조 과일을 추가하는 일에 대해 상의하라.

» **견과류와 씨앗류** : 견과류와 씨앗류에는 상당량의 수용성 섬유는 물론 포만감을 지속시켜주는 좋은 지방도 풍부하게 함유되어 있다. 식단에 해바라기씨와 참깨는 물론 헤이즐너트, 브라질너트, 피스타치오, 아몬드를 포함시켜라.

» **협과 및 두류** : 강낭콩, 대두, 리마빈 모두 1회분인 1/2컵 안에 3그램의 수용성 섬유를 함유하고 있다. 다른 두류는 1회분에 약 2그램의 섬유를 함유하고 있다.

섬유 섭취를 늘릴 때 변비를 예방하고 소화 작용을 돕기 위해 평소보다 물을 많이 마셔야 한다는 사실을 잊지 말라.

홀 푸드

비타민, 미네랄, 피토케미컬이 풍부한 홀 푸드를 충분히 섭취해야 당뇨를 관리할 수 있다. 결국 홀 푸드에 함유된 영양소들이 혈당이 치솟았다 곤두박질치는 현상을 조절하고 체중을 감량하며 췌장, 심장, 신장 등의 내장기관을 손상시키는 산화작용과 유리기에 대항할 수 있다. 당뇨 환자들은 상처가 나면 치유되는 속도가 느리므로 감염이 발생할 확률이 높다. 따라서 면역계를 최대한 건강하게 유지해야 한다.

많은 당뇨 환자들은 체중도 줄이고 싶어 한다. 그리고 가장 좋은 방법은 같은 칼로리를 섭취하더라도 최대한 다양한 영양소를 섭취하는 것이다. 빈 칼로리 식품이 아

【 주스를 마시지 말라 】

당뇨 환자와 당뇨 발병 위험이 높은 사람은 주스, 특히 과일 주스를 섭취하지 말아야 한다. 천연 식품이기는 하지만 주스에는 단순당이 매우 많이 함유되어 있고 홀 푸드와 달리 설탕이 혈류로 매우 빠르게 유입되는 것을 막아주는 섬유를 함유하지 않았다. 실제로 공동 저자인 린다의 남편은 심장질환을 진단받은 다음 탄산음료 대신 과일 주스를 마시기 시작했다. 그리고 몇 달 지나지 않아 그의 혈당은 당뇨를 의심할 정도로 높아졌다. 주스 섭취를 거의 제외하고 대신 홀 푸드를 섭취하자 정상 수치로 돌아왔다. 린다를 위해 얼마나 다행인지 모른다!

니라 영양소가 풍부한 식품을 중점적으로 섭취하라. 그리고 이러한 식품은 바로 클린 이팅 다이어트 플랜에서 강조하는 홀 푸드다!

좋은 지방을 두려워하지 말라. 당뇨 환자의 경우 인슐린이 과도하게 분비되면 간에서 더 많은 콜레스테롤, 특히 LDL 콜레스테롤과 트리글리세라이드를 만들어낸다. 또한 인슐린 생성을 과도하게 자극하는 것은 지방이 아니라 탄수화물, 그 가운데서도 단순당이다. 기름기 없는 육류와 견과류, 씨앗류에 함유된 좋은 지방은 만족감을 주고 인체로 설탕이 유입되는 속도를 늦추며 포만감을 오래 지속시킨다. 게다가 탄수화물 섭취를 줄이면 대신 다른 식품을 섭취해야 하고 탄수화물과 지방, 단백질 세 가지 거대 영양소의 비율이 변하므로 자연스럽게 지방 섭취가 늘어난다. 그러므로 건강한 지방을 마음껏 먹어라. 건강에 좋은 영양소다!

당뇨병은 인간의 몸과 면역계를 약하게 만든다. 그러므로 다른 질병을 유발할 위험을 증가시키는 식품, 또는 음식을 피해야 한다. 제10장에서 다룰 유기농 식품, 그리고 피해야 할 15가지 더러운 비유기농 식품에 대한 내용을 읽어야 한다. 유기농 식품만 섭취할 정도로 경제적으로 여유가 있는 사람은 많지 않지만 농약과 제초제로 가장 많이 오염된 식품을 피하면 이러한 화학물질에 노출되는 것을 최소로 줄일 수 있다.

음식에 관해 최선의 선택을 하라

이 절에서는 당뇨 환자가 먹어야 할 음식과 먹지 말아야 할 음식만을 다룰 것이다. 하지만 같은 질병을 앓고 있다고 해서 모든 사람이 똑같은 것은 아니다. 그러므로 자신이 이루고 싶은 목표에 초점을 맞춰라. 체중 감량이 목표라면 클린 이팅으로 남는 살을 없애는 방법을 다룬 제6장을 읽어보라. 심장을 튼튼하게 만드는 것이 목표라면 피토케미컬 등 중점적으로 섭취해야 하는 영양소를 다룬 제7장을 읽어야 한다. 그리고 건강을 증진하고 당뇨 때문에 손상된 부위를 인체 스스로 치유하는 데 도움이 될 치유식품을 선택해야 한다는 사실을 명심하라(제3, 4, 6장에서 상세한 내용을 확인하라).

목표에 맞게 식단을 바꾸기 전에 주치의, 영양사와 매일의 메뉴와 전체 다이어트 플랜에 추가해야 할 식품에 대해 상담하라. 천연 의약품과 영양제에 전문성을 갖춘 의사와 따로 상담을 해야 할 수도 있다. 그리고 운동하는 것을 잊으면 안 된다! 중간 강도의 운동이라도 당뇨 환자에게는 전체적인 삶의 질을 크게 개선할 수 있다. 또한 운동은 클린 이팅 플랜에서 중요한 부분을 차지한다.

가장 많이 섭취해야 하는 식품은 무엇일까

당뇨를 앓고 있다면 다음의 비결을 통해 섭취하는 음식의 장점을 최대한 활용해야 한다.

» **섬유소가 풍부한 식품을 많이 섭취하라.** 홀 그레인, 협과, 채소, 견과류, 씨앗류, 아주 많은 양의 홀 프루트는 식단을 섬유로 채워줄 것이다. 채소와 과일의 껍질을 벗기지 않아야 섬유를 최대한 섭취할 수 있다.

» **섬유, 단백질, 지방과 탄수화물을 결합하라.** 탄수화물은 홀 그레인 형태로 섭취하고 섬유와 좋은 지방이 풍부한 식물을 함께 먹어야 한다. 이렇게 섞어서 여러 가지 식품을 섭취하면 혈류로 설탕이 흡수되는 속도를 늦추고 그 무시무시한 혈당 상승을 예방할 수 있다.

» **음식에 계피를 첨가하라.** 향신료인 계피는 혈당 수치를 조절하는 데 도움을 준다. 가능할 때마다 가루를 내지 않은 원형의 계피를 사용하라. 통 계피 약 1/2티스푼을 물에 넣고 끓인 다음 이 물로 음식과 뜨거운 음료를 만들어라. 물을 우려내고 남은 계피는 버리면 된다.

» **팔레오 다이어트를 따를지 고려한다.** 단백질, 특히 목초를 먹여 키운 쇠고기 같은 유기농 육류를 더 많이 섭취하라. 가장 덜 가공된 식품을 찾고 상대적으로 단백질과 좋은 지방 함량이 높은 식품을 중점적으로 섭취하라.(팔레오 다이어트를 할 때 어떤 음식을 먹어야 하는지, 팔레오 다이어트가 자신에게 가장 적합한 것인지를 알려주는 크라프트 당뇨 전 단계 검사에 대해서는 제6장에서 상세하게 다루었다.)

» **하루 동안 먹는 식단을 피라미드 같이 생각하라.** 오전에 가장 많은 양의 식사를 하고 점심에는 적절한 양의 식사를 한다. 그리고 저녁에는 소식을 하고 그 사이에 건강한 간식을 먹는다. 쥐를 대상으로 한 실험에서 이러한 스케줄대로 음식을 섭취하면 고콜레스테롤, 고트리글리세라이드, 고혈압을 잘 조절할 수 있다는 사실이 드러났다. 모두 당뇨 환자들이 우려하는 증상이다.

» **단맛을 낼 때는 스테비아나 나한(lo han) 같은 천연 감미료를 사용하라.** 천

연 감미료는 혈당 수치에 아무런 영향도 미치지 않는다.

위의 모든 내용을 지켜도 여전히 음식을 즐길 수 있다는 사실을 잊지 말라! 심각한 질병을 진단받은 다음에 뭔가를 먹는 일이 두려워지는 것은 자연스러운 현상이다. 하지만 당신이 당뇨를 관리하는 동안 클린한 홀 푸드가 당신의 동반자가 되어줄 것이다. 가공하지 않은 클린한 식품이라면 자신이 정말 좋아하는 음식을 식단에 포함시켜라. 그리고 천연 허브와 향신료로 풍미를 더해 즐거운 식사 시간을 가져라.

가공식품을 먹을 때 어떤 일이 일어날까

누구보다 당뇨 환자들은 식품 라벨을 꼼꼼하게 읽어야 한다. 올바르게 균형 잡힌 식단을 만드는 최고의 방법은 가공식품을 피하는 대신 홀 푸드를 섭취하는 것이다. 그래도 가공식품을 섭취할 때가 있을 것이다. 이럴 때는 다음 지침을 명심하라.

- 탄수화물의 양을 계산하라. 또는 의사의 지시가 있었다면 단순당과 정제 탄수화물을 피하는 데 초점을 맞춰라. 아니면 두 가지 모두 해도 된다.
- 트랜스 지방, 또는 수소화(hydrogenated)라는 말이 적힌 모든 것을 피하라. 트랜스 지방은 많이 먹든 적게 먹든 건강에 해롭다. 하지만 트랜스 지방을 많이 섭취하는 사람은 당뇨 발병 위험이 특히 높아진다. 이 가짜 지방은 심장질환 발병과도 밀접하게 연관된다.
- 정제 설탕을 완전히 식단에서 몰아내기 위해 최선을 다해야 한다. 이 제품(차마 식품이라고 할 수도 없다)은 마그네슘, 비타민 B 복합체, 크롬 같은 영양소를 인체 밖으로 배출되게 만든다. 설탕 중독(그렇다, 중독이다)에서 벗어나는 방법은 제6장에서 다루었다.
- 식품에 숨어 있는 설탕에 주의하라. 설탕을 대신해서 식품 라벨에 사용되는 단어는 상당히 많다. 그러므로 라벨에 적힌 탄수화물의 양을 확인하고 숫자가 낮은 것을 선택하라.
- 소금 섭취에 주의하라. 당뇨병은 신장을 약화시킬 수 있으므로 소금 섭취를 줄여야 한다. 나트륨은 다양한 가공식품 속에 감춰져 있으므로 라벨을 꼼꼼하게 읽어야 한다.

클린 이팅을 통해 암과 싸우자

암만큼 두려운 질병이 있을까. 의사가 '암'이라는 말을 꺼내기만 해도 사람들은 두려움에 떤다. 하지만 암 생존자가 점점 많아지고 그 기간도 늘어나고 있다. 그리고 섭취하는 음식은 암에 맞서 싸우는 데 중요한 도구다. 체중을 유지함으로써 치료받을 수 있는 힘을 제공하고 감염을 통제하며 삶의 질을 향상시킬 수 있는 것이어야 한다.

이 절에서는 암과 싸울 때 피해야 할 음식과 식품은 무엇인지, 신체와 면역계를 최대한 강하게 만들기 위해 더 많이 먹어야 하는 것은 무엇인지 살펴볼 것이다. 또한 암을 유발할 가능성이 있는 식품과 발병 위험을 낮추는 데 도움이 되는 식품을 알아볼 것이다.(암 발병 위험을 줄일 수 있는 식품이라면 암에 맞서 싸우는 데도 도움이 될지 모른다.) 이러한 식품들은 전통적인 암 치료법의 부작용도 감소시킬지 모른다.

중점적으로 섭취해야 할 정확한 영양소는 암의 유형에 따라 달라진다. 그러므로 식단을 바꾸거나 보충제를 추가하기 전에 영양제에 정통한 의사와 보다 정확한 내용을 상의하라.

설탕과 합성 재료를 피하라

클린 이팅 다이어트 플랜의 주요 교훈 가운데 하나는 가공식품과 정제식품을 피하라는 것이다. 또한 암에 맞서 싸우기 위해 식단을 정할 때 이 교훈을 첫 번째 단계로 삼아야 한다. 어쨌든 클린 다이어트로 바꿨을 때 모든 종류의 암 가운데 절반 이상을 예방할 수 있다면 암과 싸우는 데도 매우 도움이 되지 않겠는가.

다음을 고려해보라 : 미국인은 1년에 평균 첨가제, 보존제, 인공 향신료와 색소, 그리고 유화제를 약 6.35킬로그램 섭취한다. 이러한 화합물들이 그 자체로는 발암물질로 간주되지 않지만 장기간 섭취했을 때, 특히 두 가지 이상을 섭취했을 때 어떤 영향을 미칠지는 그 누구도 모르는 상황이다. 피토케미컬, 비타민, 미네랄이 한데 어우러져 인간을 건강하게 만들어주듯 이러한 인공 화합물은 힘을 합쳐 인간을 병들게 만들 수도 있다. 그러므로 가공식품, 합성재료, 비유기농 식품, 유전자조작식품을 피해야 한다. 특히 암 진단을 받은 사람은 다음 식품들을 반드시 피해야 한다.

- » **포화지방** : 가능한 포화지방을 피하라. 특히 곡물을 먹여 키운 소, 장에 가둬 키운 닭, 공장식 농장에서 사육된 돼지를 섭취하지 말라.
- » **설탕** : 설탕은 이미 인체 내에 존재하는 암세포의 성장을 촉진한다. 실제로 연구가들은 고작 1티스푼의 설탕을 섭취하는 것만으로 몇 시간 동안 면역계를 50퍼센트 저하시킬 수 있다는 사실을 발견했다. 단순당이 세균과 바이러스를 파괴하는 능력을 절반으로 낮추는 것이다.
- » **BGH를 급여한 소의 우유** : 소 성장호르몬(BGH)은 모든 종류의 암 발병 위험을 높이는 것으로 드러났다. 실제로 어떤 연구가들은 우유 섭취와 전립선암 발병 사이의 연관성이 발견되었으므로 우유를 아예 마시지 말아야 한다고 권장하기도 한다. 아직까지 이를 뒷받침할 만한 직접적인 증거는 발견되지 않았지만 아몬드유나 두유를 섭취하는 것이 건강을 위해 나은 선택일 수 있다.
- » **트랜스 지방** : 몇몇 연구에서 트랜스 지방이 모든 종류의 암, 그 가운데서도 유방암과 직장암 발병 위험을 높일 수 있다는 사실이 드러났다. 모든 사람이 그렇지만 특히 암 환자는 가짜 식품인 트랜스 지방을 섭취하지 말아야 한다. 트랜스 지방은 인체 세포의 일부가 되어 세포벽을 약하게 만들고 영양소에 대한 세포벽의 반응성을 떨어뜨린다. 이는 암 환자가 최대한 피하고 싶은 일이다.
- » **가공처리된 육류** : 제조사들은 보존제로 질산나트륨과 아질산염을 첨가한다. 또한 이러한 방부제는 가공처리된 육류가 선홍색을 띠게 만들고 우리가 이미 익숙해진 다양한 풍미를 제공한다. 하지만 인체는 이러한 화합물을 발암물질인 니트로사민으로 전환한다.
- » **대두** : 대두는 인체에 좋은 식품이다. 하지만 여기에 함유된 이소플라본은 인체 내에서 에스트로겐 같은 역할을 할 수 도 있다. 대두를 지나치게 많이 섭취하면 유방암 재발 위험이 높아질 수 있다. 에스트로겐 민감성 유방암의 병력이 있는 사람은 대두 제품을 피해야 한다.
- » **오메가-6 지방산** : 오메가-6 지방산은 암세포의 성장 속도를 높일 수 있다. 실험실 실험에서 전립선암 세포의 성장을 촉진하는 것으로 드러났다. 미국인 대부분은 오메가-3 지방산에 비해 오메가-6 지방산을 지나치게 많이 섭취하고 있다. 따라서 두 가지 지방산의 적절한 섭취 비율을 유지하

【 암에 대항하는 보충제 】

암에 맞서 싸울 때 식단에 포함시켜야 할 보충제와 영양제로는 분별화 감귤 펙틴이 있다. 이는 면역계를 지원해주고 암세포의 전이를 줄여준다. 또한 인체의 적혈구 생성을 도와주고 체중을 유지하며 일부 암세포의 성장 속도를 늦춰주는 멜라토닌도 함께 섭취하는 것이 바람직하다. 햇볕을 충분히 쬔다 해도 나이가 들면서 비타민 D 전구체를 합성하는 인체 능력이 감소하므로 영양제를 복용하는 것도 좋은 방법이다. 또한 엽산, 비타민 B12, 비타민 A, 아연, 비타민 C 영양제 복용도 고려해보라.

그 어떤 영양제와 보충제도 식단에 추가하기 전에 암 전문의에게 먼저 확인해야 한다. 또한 자신이 복용하려는 특정한 영양제에 대해 잘 아는 의사에게 복용해도 된다는 승인을 받아야 한다. 특히 자연요법의 등 의사들 가운데는 기존의 암 치료를 받고 있는 환자에게 영양학적 지지를 제공하는 데 전문성을 지닌 사람도 있다.

기 위해 단불포화지방산이 다량 함유된 식물성 오일처럼 오메가-6가 풍부한 식품의 섭취를 피해야 한다.

위에서 설명한 성분의 섭취를 피하는 것 외에도 조리법을 꼼꼼히 따져봐야 한다. 가장 클린한 조리법에 대해서는 제11장에서 상세히 설명할 것이다. 튀긴 음식, 그릴에 구운 음식, 그리고 높은 온도에서 가열한 모든 음식을 피하라. 이러한 조리법은 발암물질인 아크릴아마이드와 다핵방향족탄화수소의 양을 증가시킨다.

암과 싸우는 데 도움을 주는 식품은 무엇일까

암은 통제할 수 없이 비정상적으로 세포가 자라는 것을 말한다. 그 과정에서 정상적인 세포로부터 영양소와 에너지를 빼앗는다. 그러므로 암 예방이나 관리, 또는 두 가지 모두를 위해서 목표로 삼아야 할 것은 정상세포가 비정상적인 세포로 변이되어 성장하는 일을 방지하는 것이다. 이러한 임무를 수행할 영양소는 피토케미컬, 비타민, 미네랄이 있다. 클린 이팅 다이어트는 누구에게나 훌륭한 식단이지만 특히 암과 싸우고 있는 사람들에게 중요하다.

암에 대항하는 데 도움이 되는 다음 식품들을 선택하라.

» **지방 함량이 높은 생선** : 기름진 생선은 오메가-3 지방산을 섭취할 수 있는 최고의 공급원이다. 오메가-3 지방산은 유방암과 싸우는 데 최고의 영

양소 중 하나이며, 대부분의 암세포 성장 속도를 늦춘다. 참치, 황새치, 삼치, 적도미, 오렌지라피 같이 큰 생선은 수은이 많이 함유되어 있으므로 피해야 한다. 대신 다 자랐을 때 크기가 작은 생선을 선택하라.

» **목초를 먹인 유기농 육류** : 방목하여 목초를 먹인 유기농 고기에는 오메가-6 지방산이 적은 대신 오메가-3 지방산이 풍부하다. 전통적인 방식으로 사육한 동물의 고기에는 농약과 제초제가 함유되어 있으며, 이는 암 발병과 연관성이 있다고 여겨져 왔다.

» **유채과 채소** : 브로콜리, 콜리플라워, 콜라비, 방울양배추, 양배추 등 유채과 채소에는 종양 발생 위험을 줄여주는 화합물인 인돌-3-카비놀(I3C)이라는 성분이 함유되어 있다. 또한 세포배양과 동물실험에서 항암작용을 하는 것으로 드러난 이소티오시아네이트도 함유되어 있다. 여기에 강력한 항산화성분인 루테인과 제아잔틴도 함유되어 있다.

» **유기농 과일과 채소** : 가능한 유기농 과일과 채소를 선택하면 농약, 제초제 등의 독성물질을 피할 수 있다. 사실 모든 식품을 유기농으로 구입할 만큼 경제적으로 여유가 있는 사람은 많지 않다. 그러므로 제10장에서 비유기농인 것은 절대 사지 말아야 할 15가지 식품과 비유기농으로 구입해도 되는 식품 목록을 확인하라.

» **감귤류 과일** : 감귤류 과일에 함유된 리모넨은 현재 암 치료제로 시험 중이다. 또한 모노테르펜을 풍부하게 함유하고 있는데, 이는 발암물질을 인체 밖으로 배출하는 데 도움이 된다.

» **녹차** : 유구한 전통을 지닌 이 음료에는 에피갈로카테킨이 함유되어 있다. 이는 카테킨군에 속하는 피토케미컬이며 항암 작용을 하는 것으로 밝혀졌다.

» **마늘** : 마늘에 함유된 양파속 특유의 화합물은 인체에서 암을 유발하는 물질을 파괴하는 데 도움을 줄 수 있다. 황화디알릴은 간에 도달하는 발암물질을 파괴할 수 있다.

» **울금** : 울금에 함유된 커큐민은 쥐 실험 결과 유방암을 억제하는 것으로 드러났다. 또한 장과 대장암 환자에게 나타나는 효소 생성을 중단시킨다. 실제로 언젠가 커큐민은 암 치료제로 개발될지도 모른다.

» **아마씨 오일** : 아마씨 오일에 함유된 리그난은 항산화 작용을 하고 인체 세포가 암 세포로 변이하는 것을 차단할 가능성이 있다. 또한 오메가-3 지

방산도 다량 함유하고 있다. 하지만 조금이라도 과용하면 전립선암을 일으킬 위험이 증가한다는 사실이 밝혀졌다.

» 물 : 특히 항암 화학요법을 받고 있는 환자는 물을 많이 마셔야 한다는 사실을 잊지 말라. 매일 충분한 물을 마셔야 암 발병 위험을 높이는 것으로 밝혀진 변비를 줄일 수 있다.

클린 이팅을 통해 자가면역질환과 싸우자

자가면역질환이라는 진단을 받으면 섭취하는 음식의 중요성이 커진다. 기본적으로 가공되지 않은 홀 푸드로 구성된 클린 다이어트를 따르고 식품 알레르기에 주의를 기울인다면 루푸스, 궤양성 대장염, 류머티즘 관절염, 다발성경화증 같은 자가면역질환의 증상을 완화할 수 있다.

이 절에서는 어떤 음식을 먹고 어떤 영양소를 중점적으로 섭취하는지에 따라 이러한 절망적인 질병의 증상을 개선할 수 있는지를 살펴볼 것이다. 물론 의사에게 진료받고 처방약을 복용해야 한다. 이를 대신할 수는 없지만 먹어야 할 식품과 피해야 할 식품을 신중하게 선택함으로써 치료에 동참할 수 있다.

루푸스

루푸스는 여성호르몬인 에스트로겐 수치가 가장 높은 가임기 여성에게서 주로 나타나는 질환이다. 하지만 연구 결과 에스트로겐 가운데서도 루푸스를 악화시키는 유형과 그렇지 않은 유형이 있는 것으로 드러났다. 실제로 에스트리올은 루푸스 증상을 크게 완화해준다. 여성 루푸스 환자는 체내 16-하이드록시에스트로겐 수치가 높은 반면 2-하이드록시에스트로겐 수치는 낮은 경향이 있다. 두 가지 모두 에스트로겐의 일종이다. 식단에 유채속 채소를 더해주면 이렇듯 균형이 깨진 비율을 개선할 수 있다.

루푸스 증상을 관리하기 위해서는 다음 영양소를 충분히 섭취하는 데 초점을 맞춰야 한다.

» **생선과 생선 오일** : 생선과 생선 오일에 함유된 DHA와 EPA 지방산은 항염증성을 지녀 루푸스 증상을 개선하는 데 도움을 준다.

» **디-인돌릴 메탄** : 방울양배추, 배추, 브로콜리, 양배추 등 유채속 채소에 함유된 이 화합물은 2-하이드록시에스트로겐 생성을 증가시켜 16-하이드록시에스트로겐과의 비율을 개선해준다.

» **비타민 D** : 태양광 비타민인 비타민 D는 루푸스 예방과 관리에 반드시 필요한 영양소다. 이 질병을 앓는 환자 다수가 비타민 D가 결핍된 상태다. 비타민 D를 섭취하는 최고의 방법은 가능한 자주 자외선 차단제를 바르지 않은 맨살을 햇볕에 노출시키는 것이다. 하지만 루푸스 환자 다수가 햇볕에 노출되었을 때 발진이 생기므로 영양제로 보충해야 할 때도 있다. 영양제에 대해 잘 아는 의사와 비타민 D 영양제에 대해 상담하는 것이 바람직하다.

» **플라보노이드** : 강력한 항산화물질인 플라보노이드는 루푸스 환자에게서 염증을 줄여주는 데 도움이 된다. 또한 지나치게 활성화된 면역계의 영향을 완화해줄 수 있다. 플라보노이드, 그 가운데서도 아피게닌이 함유된 식품은 사과, 체리류, 포도, 파슬리, 아티초크, 견과류, 차, 와인이 있다.

» **엘라그산** : 라즈베리, 딸기, 석류, 호두에 함유된 피토케미컬의 한 종류인 엘라그산은 장관에서 항산화 작용을 한다. 바로 자가면역질환 환자에게 필요한 장소다! 또한 암세포 성장에 필요한 효소를 차단한다.

» **비타민 B6** : 비타민 B6의 다양한 형태 가운데서도 가장 효과가 뛰어난 것은 피리독살인산이다. 루푸스 발병 위험을 급격하게 줄여주는 것으로 알려진 많은 약물과 화합물이 비타민 B6 의존성 효소 시스템을 억제한다. 아직까지 완료된 대조실험은 없지만 지난 40여 년 동안 많은 루푸스 환자가 이 책의 공동저자인 라이트 박사에게 비타민 B6를 추가로 복용했을 때 확실히 몸 컨디션이 좋아졌다고 말했다. 바나나, 셀러리, 양배추, 아스파라거스, 참치, 마늘, 콜리플라워, 방울양배추, 케일, 콜라드 그린 등이 비타민 B6의 좋은 공급원이다.

» **리코펜** : 피토케미컬인 리코펜은 붉은색 계열의 과일과 채소, 특히 토마토에 함유되어 있으며 다른 항산화성분과 마찬가지로 유리기를 중화시켜 염증에 대항한다.

위의 목록에서 소개한 영양소를 섭취하는 것 외에도 모든 종류의 글루텐을 식단에서 최소화하거나 아예 제거해야 한다. 다수의 다른 자가면역질환과 마찬가지로 루푸스는 글루텐 민감성과 매우 밀접하게 연관되어 있다. 실제로 자가면역질환 가족력이 있는 사람은 예방 차원에서 글루텐을 식단에서 완전히 제거해야 할 정도로 깊이 연관되어 있다. 글루텐은 인간에게 필수영양소가 아니므로 아무 걱정하지 말고 식탁에서 추방하라.

한 가지 더 배제를 고려해야 할 식품이 있다. 바로 우유와 유제품이다. 우유와 유제품의 성분 가운데는 제1형 당뇨를 유발하는 것으로 증명된 것들이 있다. 제1형 당뇨 역시 근본적으로 자가면역질환이다. 질병 종류에 상관없이 자가면역질환 환자를 대상으로 한 검사에서 글루텐, 그리고 유제품에 함유된 단백질에 대해 만들어진 항체가 종종 발견된다.

궤양성 대장염

궤양성 대장염 환자는 면역계가 자신의 신체를 공격하는 일을 방지하기 위해 장에 더 많은 유익균을 필요로 한다. 이 질병을 관리하기 위해서는 가장 먼저 가공식품 섭취를 줄여야 하지만 글루텐, 유제품, 효모를 함유한 식품을 배제하는 것도 중요하다.

클린한 홀 푸드, 즉 과일과 채소를 생으로 다량 섭취하는 것이 장의 미생물 균형을 바로잡는 데 최선의 방법 가운데 하나다. 하지만 마늘, 양파, 건조 과일은 물론 십자화과 채소의 섭취를 피해야 한다. 황을 함유하고 있어 장에서 유해균을 증식시킬 수 있기 때문이다. 또한 지방과 단백질 섭취를 줄이도록 해야 한다.

미국 알레르기, 천식, 면역학 학회의 전신인 미국 알레르기 학회 음식 알레르기 협회의 전직 의장인 제임스 브린먼 박사는 저서 《음식 알레르기의 기초(Basics of Food Allergy)》에서 식단에서 우유와 유제품을 완전히 배제하자 궤양성 대장염 환자들에게서 주목할 만한 개선이 있었다고 보고했다. 라이트 박사 역시 환자들을 관찰한 결과 같은 결론에 도달한 것은 물론 실제로 모든 글루텐을 배제했을 때 더욱 개선 효과가 크다는 사실도 발견했다.

하루 동안 소량의 끼니를 섭취하면 하루 두세 끼 다량의 식사를 하는 것보다 소화하

기 훨씬 쉬우므로 궤양성 대장염 환자에게 이상적인 식사 형태는 클린 이팅 플랜이다. 또한 소장과 대장에 장애가 있어 영양소가 제대로 흡수되지 않으므로 클린 이팅 식단을 통해 영양가가 풍부한 식품을 섭취하는 것이 궤양성 대장염을 관리하는 데 매우 중요하다. 주로 싱겁고 부드러운 형태의 음식을 먹는 것 역시 증상을 완화하는 데 도움이 될 수 있다. 하지만 환자마다 증상을 일으키는 유발 인자가 다를 수 있으므로 이를 판단하기 위해 제한적 식사를 따라야 할 수도 있다.

궤양성 대장염을 예방, 치료하는 데 도움이 되려면 다음 영양소를 충분히 섭취하는 데 중점을 두어라.

» **비타민 D** : 비타민 D는 궤양성 대장염은 물론 대부분의 자가면역질환의 예방과 치료 모두와 연관된다. 비타민 D를 얼마나 보충하는 것이 자신에게 적절한지 영양제에 정통한 의사와 상담하라.

» **생선과 생선 오일** : 생선과 생선 오일에는 항염증성을 지닌 DHA와 EPA지방산이 함유되어 있어 궤양성 대장염 증상을 개선해준다.

» **플라보노이드** : 모든 종류의 플라보노이드는 지방의 산화를 줄이고 유리기를 중성화함으로써 소화계 장애를 완화하는 데 도움을 준다. 특히 올리브 오일과 생선 오일에 함유된 플라보노이드는 대장의 염증을 줄이는 데 도움을 준다. 과일, 채소는 물론 바질과 타임 같은 허브, 울금과 커민 같은 향신료에 플라보노이드가 함유되어 있다.

» **펙틴** : 복합 탄수화물인 펙틴은 소화를 조절하고 장내 유익균을 증가시켜준다. 펙틴은 사과, 당근, 완두콩, 두류, 감자에 함유되어 있다.

» **케르세틴** : 항산화성분이자 피토케미컬의 한 가지인 케르세틴은 염증을 유발하는 유리기에 대항한다. 또한 천연 항염증 인자로서 궤양성 대장염 증상과 싸우기 위해 복용하는 모든 약물의 효력을 높여준다.

» **베타글루칸** : 베타글루칸은 면역계를 조절하는 데 도움을 주고 대장암 발병 위험을 낮출 수 있다.(대장암 발병 위험은 과민성대장증후군 및 크론병 환자에게 높게 나타난다.) 버섯과 차를 통해 베타글루칸을 섭취할 수 있다.

» **칼슘** : 칼슘이 풍부한 식품은 대장의 상태를 건강하게 유지하고 설사를 예방하는 데 도움을 줄 수 있다. 칼슘의 제1공급원은 주로 유제품인 경우가 많고 궤양성 대장염 관리를 위해서는 유제품을 피해야 할 수도 있으므로

> 충분한 칼슘을 섭취하기 위해서는 영양제를 복용하는 것이 가장 바람직한 방법일 수도 있다. 또한 시금치, 협과, 견과류를 섭취하면 더 많은 칼슘을 얻을 수 있다. 칼슘을 섭취할 때는 마그네슘도 함께 섭취해야 한다는 사실을 잊지 말라. 하지만 마그네슘을 다량 섭취하면 무른 변을 보거나 설사를 할 수 있으므로 의사와 긴밀하게 협력하여 자신에게 적절한 조합을 찾아야 한다.

류머티즘 관절염

많은 전문가가 자가면역질환의 일종이라고 생각하지만 아직까지 공식적으로 류머티즘 관절염의 원인이라고 밝혀진 바는 없다. 이 질병은 막대한 전신 감염을 야기한다. 널리 알려진 류머티즘 관절염의 치료법은 없지만 올바른 종류의 식품, 특히 염증을 줄여주는 항산화성분 및 기타 피토케미컬을 함유한 식품이 극심한 고통을 수반하는 증상을 완화하는 데 도움이 될 수 있다.

영양가가 풍부한 식품, 그 가운데서도 과일과 채소를 섭취하면 관절과 근육을 건강하게 만드는 데 도움을 줄 수 있다. 또한 식품을 배제하는 방법으로 증상이 약해지기도 하므로 알레르기를 유발하는 식품을 주재료로 사용한 음식을 배제하는 것이 류머티즘 관절염을 치료하는 좋은 시작점이다. 알레르기를 유발하는 식품은 다양하지만 그 가운데 몇 가지만 예를 들자면 유제품, 고추 등이 있다. 또한 곡물 사료를 먹여 키운 소의 붉은 육류와 거의 모든 식물성 오일에 함유된 오메가-6 지방산은 염증을 유발하는 성질을 지녔으므로 류머티즘 관절염 환자는 이러한 식품의 섭취 또한 줄여야 할 수 있다. 또한 설탕도 염증을 유발하므로 정제 설탕을 식단에서 줄이거나 완전히 배제하는 것도 바람직한 방법이다.

류머티즘 관절염에 대해 한 가지 명심해야 할 점이 있다. 바로 모든 사람이 각기 다른 식품에 각기 다른 반응을 보인다는 것이다. 어떤 사람은 유제품을 식단에서 배제해서 효과를 보는 반면 어떤 사람은 애초에 우유와 유제품에 아무런 이상 반응을 보이지 않는다. 마찬가지로 곡물을 먹여 키운 소의 고기 때문에 염증 반응이 증가하는 사람들이 있는 반면 그렇지 않은 사람들도 있다. 생선 오일 보충제는 류머티즘 관절염 증상을 완화하는 효과를 지니지만 모든 환자에게 그런 것은 아니다. 그러므로 자신에게 가장 좋은 식품을 클린 이팅 식단에 포함시키기 위해 의사와 협력하여 정교하게 가다듬어라.

류머티즘 관절염의 증상을 감소시키기 위해서는 다음과 같은 영양소와 식품을 중점적으로 섭취하라.

- **오메가-3 지방산** : 다불포화지방산인 오메가-3 지방산은 항염증성을 지니고 있다. 연구 결과 오메가-3 지방산을 섭취하면 RA 증상 일부를 완화하는 데 도움이 되는 것으로 드러났다. 호두는 물론 자연산 연어, 정어리, 송어를 통해 섭취할 수 있다. 또한 생선 오일 보충제를 섭취하는 것도 고려해보라.
- **감마-리놀렌산(GLA)과 알파-리놀렌산(ALA)** : 천연 오일인 GLA와 ALA는 감염된 관절의 염증과 부기를 줄이는 데 도움이 된다. GLA는 씨앗류와 씨앗으로 만든 오일, 특히 보리지, 블랙커런트, 달맞이꽃에, ALA는 소맥배아유, 지방 함량이 높은 생선, 녹색잎채소에 함유되어 있다.
- **아연** : 전부는 아니지만 대부분 아연과 관련한 연구에서 류머티즘 관절염의 증상을 완화하는 데 도움이 된다는 결과가 나왔다. 아연을 섭취할 수 있는 최고의 공급원은 호박씨, 쇠고기, 돼지고기, 두류, 현미, 요거트, 홀 그레인이 있다.
- **구리** : 구리는 항염증인자로 이미 알려진 미네랄이다. 연구 결과 구리 팔찌를 착용하면 류머티즘 관절염 환자의 통증을 줄일 수 있다는 사실이 발견되었다. 구리를 섭취할 수 있는 가장 좋은 식품은 협과, 굴, 체리류, 버섯, 짙은 녹색잎채소, 두부가 있다.
- **생강** : 뿌리채소인 생강은 항염증성을 지니며 골관절염 통증을 완화하는 데 도움이 되기도 한다. 볶음 요리에 사용하거나 소스, 차에 섞어서 섭취하라.
- **베타카로틴** : 비타민 A 전구체인 베타카로틴은 항산화 작용을 하여 염증을 감소시키며, 그 결과 관절 건강을 향상시키는 데 도움을 준다. 또한 부기도 가라앉혀준다. 당근, 캔터루프, 호박, 시금치, 케일, 파슬리, 고구마를 더 많이 먹으면 베타카로틴을 더 많이 섭취할 수 있다. 단, 베타카로틴을 따로 섭취하지 말고 혼합 카로티노이드 형태로 섭취해야 한다.
- **비타민 C** : 비타민 C는 강력한 항산화성분으로서 감염에 대항하는 데 도

움을 준다. 또한 두 군데 이상의 관절에 동시에 RA가 발병하는 다발성관절염으로부터 인체를 보호하기도 한다. 비타민 C의 좋은 공급원이기는 하지만 관절염 환자는 토마토, 고추, 감자의 섭취를 피해야 하므로 브로콜리, 양배추, 아스파라거스, 라즈베리, 바나나, 딸기가 좋은 공급원이 되어줄 것이다.

» **디-인돌릴메탄** : DIM이라고도 알려진 디-인돌릴메탄은 RA 증상을 개선하는 데 도움을 주며, 방울양배추, 배추, 브로콜리, 양배추 같은 유채속 채소에 함유되어 있다.

» **비타민 E** : 역시 항산화물질인 비타민 E는 근육과 뼈 사이에 이음새 역할을 하는 연골을 안정화하는 데 도움을 준다. 땅콩버터, 견과류, 씨앗류, 홀그레인, 아보카도 등이 비타민 E의 좋은 공급원이다. 영양제를 복용할 때는 혼합 토코페롤 형태로 된 것을 선택하라.

» **칼슘과 비타민 D** : 칼슘과 비타민 D는 뼈와 관절 건강에 중요한 영양소다. 유제품은 칼슘의 좋은 공급원이지만 류마티스 관절염 식단에서 제외되어야 할 수도 있으므로 영양제 형태로 섭취해야 할 수도 있다. 유제품이 아닌 칼슘 공급원으로는 잎채소, 아몬드밀크, 두유, 강화 시리얼, 대두가 있다. 또한 유제품이 아닌 비타민 D의 공급원으로는 대구 간오일, 고등어, 달걀노른자가 있다. 칼슘 영양제를 복용할 때는 마그네슘이 함께 함유된 것을 선택해야 한다.

관절염 환자에게 정상 체중을 유지하는 것 역시 매우 중요하다. 체중이 많이 나가면 이미 손상된 관절에 그만큼 부담을 준다. 안타깝게도 관절염 처방약을 복용하면 체중이 증가하므로 꾸준히 신체활동을 하고 좋은 식품을 섭취하며 클린 이팅 플랜을 따르라.

류머티즘 관절염 환자의 경우 2-하이드록시에스트로겐과 16-하이드록시에스트로겐 비율을 검사해봐야 한다. 류머티즘 관절염 환자는 건강한 사람에 비해 소변으로 유실되는 2-하이드록시에스트로겐의 양이 10배나 많다. 반면 16-하이드록시에스트로겐의 손실량은 변하지 않는다. 인체에 머무는 동안 2-하이드록시에스트로겐은 류머티즘 관절염 환자에게서 발생하는 과도하게 공격적인 조직의 성장과 염증 속도를 늦춰준다. 그러므로 식품과 영양제를 통해 비정상적으로 2-하이드록시에스트로겐이 손실되는 속도를 늦추는 것도 증상을 완화하는 데 도움이 된다.

과민성대장증후군

의사들도 과민성대장증후군(irritable bowel syndrome, IBS)을 유발하는 것이 정확히 무엇인지 모르지만 면역계 질환일 가능성이 있다. IBS의 증상으로는 복통과 경련이 있다. 두 가지 증상 모두 화장실을 다녀온 다음에야 사라지고 대변의 형태와 배변 빈도수가 달라진다. 과민성대장증후군 환자는 가까운 곳에 화장실이 있어야 하므로 생활반경이 제한될 수도 있다.

IBS는 약물로도 조절할 수 있지만 식단을 조절함으로써 증상을 완화할 수 있다. 제외식이요법(elimination diet)이 좋은 시작점이다. 글루텐, 시리얼 그레인, 대두, 유제품, 패스트푸드를 3주 이상 완전히 식단에서 제외하고 그동안 푸드 저널을 작성한다. 그런 다음 한 번에 한 가지씩 식단에 다시 포함시킨다. 다시 증상이 나타나면 그때 추가한 식품이 증상을 유발하는 요인이며 식단에서 영구 추방해야 할 것이다.

스트레스를 잘 관리하면 IBS 증상을 통제하는 데 도움이 될 수도 있다. IBS 증상을 보이는 사람 가운데 다수가 범불안장애라는 진단도 받는다. 긴장 완화 테크닉, 일기 쓰기, 명상, 요가 같이 부드러운 운동이 도움이 될 수 있다.

IBS 진단을 받았을 때 피하는 것이 좋은 식품은 다음과 같다.

- **기름진 음식** : 프렌치프라이, 프라이드치킨, 소시지, 피자는 IBS 증상을 촉발할 수 있다. 하지만 견과류, 지방 함량이 많은 생선에 함유된 건강한 지방은 도움이 된다.
- **고 FODMAP 식품** : 이는 '발효 가능한 올리고당, 이당류, 단당류, 다당류(fermentable oligo-, di-, monosaccharides, and polyols)'의 약자다. 약자가 필요할 정도로 워낙에 이름이 길다. 이는 장에서 거의 흡수되지 않는 탄수화물들이다. 고 FODMAP 식품으로는 사과, 자몽, 배, 승도, 수박, 아티초크, 아스파라거스, 방울양배추, 콜리플라워, 셀러리, 양파, 완두콩, 샬롯이 있다.
- **두류와 협과** : 두류와 협과에 함유된 탄수화물은 소화하기 어렵다. 대신 인간의 장에서 발효되어 다량의 가스를 만들어낸다.

- 매운 음식 : 할라페뇨 같이 매운 고추를 포함한 매운 식품은 복통을 유발할 수 있다. 고추에는 입안에서 통각을 유발하는 캡사이신이라는 성분이 함유되어 있는데, IBS 환자들은 캡사이신에 반응하는 신경섬유가 장에 더 많다는 사실을 보여주는 연구들도 있다.
- 밀 : 밀에는 글루텐이 함유되어 있으며, 이는 셀리악병 환자에게 고통을 야기하고 IBS 환자의 증상을 유발할 수 있다. 하지만 이제 시장에서 언제든 글루텐 프리 식품을 구입할 수 있다.

다발성경화증

다발성경화증 환자 다수는 음식 알레르기도 함께 지니고 있다. 그러므로 이 질병에 맞설 계획을 세울 때 첫 단계로 영양학에 정통한 의사에게 식품 알레르기 검사를 받아야 한다. 검사 결과 특정 음식에 알레르기가 있는 것으로 나타난다면 이 식품을 철저하게 피해야 한다.(음식 알레르기에 대처하는 방법은 제14장에서 더 자세히 다룰 것이다.)

다발성경화증과 싸우는 중요한 단계 가운데는 건강한 식단을 따르는 것도 있다. 특정한 식단을 통해 변화가 생겨 장기간 생존할 수도 있다. 바로 오리건 보건 및 과학 대학의 신경학 교수 로이 스웽크가 최초로 개발한 스웽크 다이어트다. 스웽크 다이어트는 유기농 채소, 과일, 홀 그레인, 견과류, 씨앗류, 지방 함량이 높은 생선을 중심으로 하고 가공식품을 완전히 배제한 저지방 다이어트다. 어디서 많이 들어본 것 같지 않은가? 실제로 이 다이어트는 클린 이팅 다이어트 플랜과 매우 비슷하다.

클린 이팅 다이어트 플랜에서 강조하는 홀 푸드가 다발성경화증 환자의 건강을 유지하는 데 도움이 되는 것은 사실이지만 스웽크 다이어트는 여기에서 조금 더 나아가 다음과 같은 식품을 완전히 피하라고 조언한다.

- 포화지방
- 트랜스 지방
- 식품 첨가물
- 방부제
- 색소
- 인공 향료

» 정제된 밀가루
» 정제된 설탕

스웽크 다이어트는 저지방 다이어트지만 상대적으로 불포화지방산, 특히 올레산, 리놀레산, 리놀렌산, 아라키돈산을 많이 섭취하는 방법이다. 오일 형태의 이 지방산들은 올리브 오일, 참기름, 아마씨 오일에 풍부하게 함유되어 있다. 반면 이 다이어트에서는 수소화 오일, 가짜 지방, 마가린, 쇼트닝을 반드시 피해야 한다.

오메가-3와 오메가-6 지방산의 비율을 개선하는 것 역시 다발성경화증에 대처할 때 반드시 해야 할 일이다. 오메가-3 지방산은 과도하게 활성화된 면역계를 억제하고 인체의 염증을 줄여준다. 오메가-3와 오메가-6 지방산 사이에 결정적인 비율, 그리고 이상적인 비율을 만드는 비결은 제3장에서 다루었다.

2002년 UCLA에서 보고된 연구에서 과학자들은 세 가지 '주요' 에스트로겐 가운데 하나인 에스트리올이 다발성경화증 증상을 현격하게 줄인다는 사실을 발견했다. 여기에 대해 더 자세히 알고 싶다면 천연 의약품에 경험이 풍부하고 지식이 많은 의사에게 확인하라.

【 자가면역질환과의 싸움에 도움이 되는 영양제와 보충제 】

자가면역질환 발병 위험이 있는 사람은 누구나 식단에 품질이 좋은 멀티비타민 영양제를 추가해야 한다. 영양소의 흡수율 감소는 루푸스 환자에게 위험요소이므로 체내에 더 많은 유효 영양소를 공급해야 영양실조를 예방하는 데 도움이 될 수도 있다. 아니면 추가로 비타민 영양제, 특히 비타민 D 영양제의 섭취를 고려해야 할 수도 있다. 이는 자가면역질환의 예방과 치료에 중요한 영양소다. 칼슘과 마그네슘은 물론 비타민 C와 비타민 E 영양제 복용도 고려해보라. 류머티즘 관절염 식단을 따를 때 이러한 영양소를 충분히 섭취하기 어렵기 때문이다.

모든 자가면역질환의 주요 특징은 바로 염증이다. 따라서 천연 항염증 성분을 섭취하면 매우 도움이 될 수 있다. 생선, 특히 생선 오일에 함유된 오메가-3 지방산은 중요한 항염증성을 지닌 필수 영양소다. 자가면역질환 환자는 영양제 및 보충제 프로그램에 생선 오일을 추가해보는 것도 좋은 방법이다.

연구가들은 비타민 B의 한 가지 종류인 파라아미노벤조산이 몇 가지 자가면역질환에 큰 도움이 될 수 있다는 사실을 발견했다. 하지만 효과를 보기 위해서는 꽤 많은 양을 섭취해야 하므로 영양제에 경험과 지식이 풍부한 의사와 상담을 거쳐야 한다.

PART 3

클린 이팅 모험을 계획하고 준비하자

제3부 미리보기

- 클린 키친을 계획하고 채우는 방법을 알아본다.
- 식료품점이든 직거래장터든, 클린 푸드를 구입할 수 있는 최고의 방법에 대한 정보를 얻는다.
- 클린 이팅 플랜에 유기농 식품을 포함시켜야 하는 이유를 살펴본다.
- 최고의 조리법과 최악의 조리법, 식품을 혼합하는 방법, 남은 음식을 안전하게 사용하는 방법을 알아본다.

chapter

09

클린 이팅 키친을 계획하고 채우자

제9장 미리보기

- 이미 주방에 보관하고 있는 식품을 정리한다. 그리고 정크 푸드를 처리한다.
- 클린한 홀 푸드로 주방을 채운다.
- 클린한 목록을 작성하여 식료품점에서 쇼핑을 한다.
- 농장 직거래장터와 협동조합, 지역사회지원농업이 각각 어떻게 다른지 이해한다.

주방을 얼마나 자주 청소하는가? 보통 냉장고는 일주일에 한 번 전체적으로 청소하고 식품 저장실은 몇 달에 한 번 정도, 냉동고는 몇 년에 한 번 청소할 것이다. 그보다 자주 청소한다 해도 클린 이팅 라이프스타일을 시작하기 위해 주방을 청소하는 일은 그 전과는 전혀 다른 개념의 것이다.

클린 이팅 식습관으로 라이프스타일을 바꾸기로 결심하면 가장 먼저 해야 할 일 가운데 하나가 주방에서 특정한 식품들을 치우는 것이다. 최근 건강한 식품을 섭취해 왔다 해도 자신의 냉장고, 식품 저장실, 냉동고에 숨어 있는 가공식품이 얼마나 많은지 놀랄 것이다. 이제 식탁에 놓을 식품의 라벨을 읽고 꼼꼼하게 따져봐야 할 때가 왔다. 그리고 나쁜 녀석들을 제거해야 할 때이기도 하다.

식단에 가장 큰 영향을 미치는 장소 두 곳은 바로 주방과 식료품점이다. 배가 고프면 사람들은 주방에서 찾을 수 있는 것을 먹고, 주방에 존재하는 식품은 식료품점에서 직행한 것들이다. 그러므로 쇼핑 습관에 몇 가지 변화만 주어도 식단을 즉시 개선할 수 있다.

이 장에서는 계속 주방에 놔둬야 할 식품, 그리고 버리거나 기부해야 할 식품이 무엇인지 알아볼 것이다. 또한 클린한 식품으로 주방을 채우는 방법과 이러한 식품의 신선도를 최대한 유지하며 보관하는 방법을 살펴볼 것이다. 그리고 식료품점을 어떻게 돌아다니고, 그곳에서 맞닥뜨릴 수많은 가공식품을 외면하고 클린 이팅 플랜을 고수할 수 있는지 설명할 것이다. 마지막으로 농장 직거래장터와 식품협동조합, 지역사회지원농업이 대형 슈퍼마켓 체인점의 대안이 될 수 있을지 살펴볼 것이다.

주방을 정리하자

혈액형이 A형인 사람은 정리정돈을 신성한 일로 여기지만 뭐, 그렇게까지 여길 건 없다. 그래도 클린 이팅 라이프스타일을 '시작'한다는 것은 일단 주방을 정리해야 한다는 의미다. 다시 말해서 주방에 무엇이 있는지 파악하고 그 가운데 자신의 식단에 더 이상 포함되지 않는 것을 없애야 한다는 것이다.

클린 키친을 만드는 첫 번째 단계는 제거해야 할 식품을 알아내는 것이다. 그렇다, 집 안에 있는 모든 식품, 또는 식품이라 부를 수 없지만 일단 먹을 수 있는 것을 낱낱이 살펴 계속 보관할 것과 버릴 것, 또는 기부할 것을 정한 다음 이를 실행에 옮겨야 한다.

찬장을 정리하는 일은 그 과정을 시작하기에 매우 좋은 장소다. 많은 사람이 여전히 찬장에 더 이상 사용하지 않는 것은 물론 유통기한이 지난 제품을 방치하고 있기 때문이다. 이 절에서는 계속 보관해야 할 식품과 폐기해야 할 식품, 그리고 없애는 식품을 어떻게 처리할지에 대해 살펴볼 것이다.

자신이 갖고 있는 식품을 분류하라

라이프스타일에 변화를 줄 때면 으레 그러하듯 클린 이팅 플랜으로 전환하는 진정한 첫 단계는 자신의 목표를 뒷받침해줄 환경을 조성하는 일이다. 정크 푸드로 가득 찬 집에서는 정크 푸드 정키가 될 수밖에 없다. 치즈 맛 과자와 사워크림 맛 포테이토칩이 눅눅해지고 유통기한이 지날 때까지 그냥 그 자리에 놓여 있을 리가 없기 때문이다. 그러므로 그 모든 정크 푸드를 없애고 그 자리를 맛있고 건강한 클린 푸드와 간식으로 채워야 한다.

우선 식품 저장실이나 주방 선반에 있는 모든 식품을 치워라. 주방 조리대에 모든 것을 올려놓고 분류용으로 단단한 상자를 몇 개 준비한다. 비어 있는 틈을 타서 깨끗한 천에 독성 화학물질이 없는 세척제에 적셔 찬장을 닦는다.(식료품점이나 철물점에서 그린 클리너를 구입할 수 있다. 아니면 물에 레몬즙이나 식초를 약간 섞어 직접 만들어 사용할 수도 있다.) 사실 캔이나 포장을 뜯지 않은 제품들도 모두 닦아야 한다. 다시 찬장을 채워 넣을 때는 모든 것이 깨끗한 것이어야 한다!

모든 식료품을 저장실에서 꺼낸 다음에는 세 가지로 분류해서 각각 다른 상자에 담아야 한다. 보관할 것, 기부할 것, 버릴 것이다. 상자에 이렇게 적은 다음 분류하면 혼동하는 일을 막을 수 있다.

보관해야 할 식품

가장 먼저 골라내야 할 것은 계속 보관하기로 결정한 식품이다. 어떤 식품을 이 상자에 담을 것인지는 전적으로 개인에게 달렸다. 먼저 클린 이팅의 어떤 특징과 장점이 자신에게 가장 중요한지를 판단한다. 새로운 라이프스타일을 당장 100퍼센트 적용하지 않고 천천히 자연스럽게 적응하고 싶다면 한꺼번에 모든 것을 없애지 않아도 된다. 예를 들어 홀 그레인으로 만들어지지 않은 파스타, 일부 양념, 제일 좋아하는 아침식사 대용 시리얼, 또는 당신이 사랑해 마지않는 특정한 과일과 채소 캔은 그대로 놔둬도 좋다. 그리고 그 상태에서 최대한 클린한 식품을 섭취하면 된다. 즉, 한 가지를 다 먹고 새로 살 때마다 클린한 것으로 바꾸면 된다.

일반적으로 다음 식품들은 보관해도 된다.

» **최소한으로 가공된 식품** : 메이플 시럽, 두유, 통밀 밀가루, 캔에 들어 있는 콩
» **라벨에 유기농으로 재배되었다고 적힌 식품** : '100퍼센트 유기농'이라고 라벨에 적힌 식품, 그냥 '유기농'이라고 적힌 식품(이는 95퍼센트 이상의 재료가 유기농으로 재배, 생산된 것이라는 의미다), '유기농 재료로 만든'이라고 적힌 식품(이는 70퍼센트 이상의 재료가 유기농으로 재배, 생산된 것이라는 의미다)이 여기에 속한다.
» **홀 그레인을 재료로 만들어진 식품** : 통밀빵, 홀 그레인 파스타
» **생, 또는 가공되지 않은 식품** : 현미, 홀 너트, 퀴노아, 렌틸, 건조 협과, 꿀
» **설탕 및 소금 함량이 낮은 식품** : 건조 과일, 버섯, 일부 클린한 캔 식품
» **방부제나 첨가제가 없는 식품** : 단순한 오일, 식초, 차

기부해야 할 식품

'보관용' 상자로 향하지는 않지만 아직 멀쩡한 식품은 모두 자선단체나 푸드 뱅크에 기부할 수 있다. 푸드 뱅크와 수많은 자선단체는 개봉하지 않고 포장이 손상되지 않은 식품을 받고 있으며, 많은 식료품점에 드롭 박스가 배치되거나 식품을 놔두고 갈 수 있는 공간이 마련되어 있다. 또한 전화번호부에서 기부할 곳의 위치를 확인해도 된다. 미리 전화를 걸어 자신이 기부하려는 식품을 그곳에서 사용할 수 있는지 확인해야 할 수도 있다.

기부할 수 있는 식품은 다음과 같다.

» 만료날짜가 지나지 않은 식품 : 만료날짜가 따로 적혀 있지 않고 구입한 지 2주 이상 지났을 가능성이 있다면 안전을 최우선으로 고려하여 그냥 버려라.
» 포장도 손상되지 않고 밀봉된 입구나 마개가 망가지지 않은 식품 : 대부분의 푸드 뱅크는 개봉한 식품을 받지 않는다. 하지만 버리기 전에 한 번 더 확인해볼 수도 있다.
» 자신의 식단에서는 퇴출되지만 여전히 먹을 수 있는 식품 : 이제 상자에 들어 있는 마카로니와 치즈 믹스를 더 이상 먹고 싶지 않을 수 있다. 대신 누군가 주린 배를 틀어쥐고 잠자리로 향하지 않게 해줄 수 있다.

식품을 기부할 때는 기부 영수증을 발부해달라고 요청하는 것을 잊지 말라. 푸드 뱅크를 비롯한 자선단체에 기부하는 것은 대부분 세금공제혜택이 주어진다. 게다가 자신보다 덜 운이 좋은 공동체 일원을 돕는 일이므로 뿌듯한 마음도 생길 것이다.

버려야 할 식품

버려야 할 식품에 대해서는 일말의 자비심도 보여서는 안 된다. 사람들은 대부분 냉동고나 냉장고에 미지의 물건을 보관하고 있다. 이는 주로 깊숙한 안쪽에 처박혀 있거나 바닥에 깔려 있는 것들이다. 그리고 맛은 고사하고 그냥 보기에도 정상인 상태에서 벗어난 지 오래다. 식품 안전을 지키는 기본 규칙을 생각하라. '의심이 가면 버려라.'

다음에 해당하는 식품은 모두 폐기처분하라.

- 만료날짜가 지난 것
- 냉동변질된 것
- 곰팡이가 피거나 이상한 냄새가 나거나 색이 바랜 것
- 건조 허브와 양념처럼 강한 향이 나야 하는데 더 이상 그렇지 않은 것
- 포장이 손상되거나 밀봉된 상태가 깨진 것

냉장고와 냉동고에 있던 모든 식품을 위의 과정을 통해 반복적으로 분류하라. 냉장고와 냉동고에 있던 상하기 쉬운 식품을 기부하고자 할 때는 신속하게 푸드 뱅크로 가져가야 한다. 상하기 쉬운 식품을 2시간 이상 냉장고 밖에 두면 더 이상 안전하지 않은 식품이 된다. 푸드 뱅크 직원에게 언제 냉장고나 냉동고에서 식품을 꺼냈는지 반드시 알려주어야 한다.

정크 푸드를 버려라 : 읽을 수 없는가? 그렇다면 없애라!

여전히 주방에 있어도 되는 식품을 골라냈다면 이제 새로운 클린 이팅 라이프스타일에 적합한 물품이 어떤 것인지 결정해야 한다. 어떤 식품이 자신에게 좋은지, 나쁜지를 가장 확실하게 파악하는 방법은 라벨을 읽는 것이다. 어떤 식으로든 손질이 된 식품에는 라벨에 재료 목록이 적혀 있다. 이 목록은 냉동 유기농 딸기 포장지에 있는

것처럼 단 한 가지 재료만 적힌 것부터 인공 향료가 들어간 저지방 쿠키 포장지에 있는 것처럼 사람 팔만큼 긴 것까지 다양하다.

라벨에 적힌 재료 중 읽을 수 없는 것이 있다면 그 식품은 먹지 말라. 미국에서 판매되는 식품에는 14,000여 가지의 인공 화합물이 함유되어 있다. 그 모든 것을 섭취하지 않을 수는 없지만 주방에서, 그리고 자신의 위장에서 분명 그 존재를 줄일 수는 있다.

정크 푸드는 정말로 그 어떤 건강한 다이어트에도 설 자리가 없다. 정크 푸드가 무엇인지 다들 잘 알 것이다. 향을 가미한 포테이토칩과 토르티야 칩, 캔디 바, 인공 향을 가미한 딥과 스프레드, 포장된 쿠키, 탄산음료 등 언급하자면 끝이 없다. 이러한 식품들은 1칼로리당 제공하는 영양소가 거의 없거나 아예 없다. 또한 갖가지 인공 화합물을 엄청나게 많이 함유하고 있다.

정크 푸드는 대체로 단순 탄수화물의 함량이 높아 혈당 수치를 높였다 곤두박질치게 만든다. 또한 나트륨과 설탕, 인공물질 함량이 높은 반면 영양소 함량은 낮다. 유명한 마약 퇴치 캠페인 구호를 외쳐보라. "무조건 노!"

【 만료날짜는 정말로 무슨 뜻일까? 】

식료품점에서 판매하는 제품에 표기되는 만료날짜에는 몇 가지가 있으며 각각 약간 다른 의미를 지닌다.

- *유통기한*은 매장에서 해당 상품을 판매할 수 있는 마지막 날을 의미한다. 이 날짜가 지난 식품을 발견하면 직원에게 이 사실을 알려라.
- *최적 사용 기한*은 제품의 완전한 상태가 아니라 품질을 언급하는 용어다. 즉 이 표시가 된 제품은 해당 날짜까지 먹었을 때 안전하지만 풍미나 질감 등은 떨어질 수 있다.
- *품질 보증 기한*은 해당 제품이 최고의 품질을 유지하는 마지막 날짜를 의미한다.

하지만 법적으로 실제 만료날짜를 표기하게 되어 있는 제품은 유아식과 분유뿐이다. 그 외의 제품은 연방정부의 규제를 받지 않고 자율적으로 표기를 맡기고 있다. 그리고 이러한 날짜는 식품의 안전성보다는 품질을 중점적으로 다루는 것이다. 하지만 식품의 품질은 저장 환경에도 영향을 받는다. 예를 들어 고온다습한 장소에 제품을 저장하면 포장에 표기된 날짜 이전이라도 품질이 손상될 수 있다.

클린 이팅을 위해 다음 성분을 함유한 식품은 모두 폐기하라.

» **비스페놀A** : 이 화합물은 사춘기 조숙증을 유발할 수 있고, 비만과 주의력 결핍장애를 일으킬 가능성이 있다. 제조사들은 비스페놀A를 포장재로 자주 사용한다. 실제로 라벨에 '비스페놀A 프리'라는 문구가 명확하게 적혀 있지 않다면 함유되어 있을 가능성이 매우 높다. 또한 바닥에 7이라는 숫자가 적힌 모든 플라스틱 병은 비스페놀A가 함유되어 있다.

» **프탈레이트** : 일부 제조사들은 양동이, 컨베이어벨트, 플라스틱 용기에 프탈레이트를 사용한다. 불행하게도 프탈레이트는 음식과 접촉하면 음식 안으로 침투할 수 있다. 또한 농장에서 수확한 다음 슈퍼마켓까지 오는 사이, 식품은 얼마든지 프탈레이트가 함유된 물품과 접촉할 수 있다. 최근 연구 결과 프탈레이트가 생식기에 손상을 유발하고 간과 신장을 망가뜨릴 수 있으며 발암물질일 가능성이 있다는 사실이 드러났다. 프탈레이트가 함유된 식품을 피하려면 라벨에 프탈산디부틸, 디에틸프탈레이트, 디에틸헥실프탈레이트, 부틸벤질프탈레이트, 디메틸프탈레이트라고 적힌 것을 찾아내라. 또한 향료(fragrance)라는 용어에 주의하라. 이 재료에는 프탈레이트가 함유되어 있을 수 있다.

» **긴 재료 목록** : 일반적으로 재료 목록이 길수록 식품이 더 많이 가공되었다는 의미다. 또한 재료 목록의 글자 크기가 너무 작아 명확히 보려면 돋보기가 필요할 정도라면 이 제품은 새롭게 '청소'한 주방에 어울리지 않는 것이다.

» **인공 향료와 색소** : 재료 목록에 정확히 '인공 향료'나 '인공 색소'라는 문구가 있다면 그 식품을 먹지 말라. 제품에 사용된 화학물질이 미국 식품의약국(FDA)에서 제정한 GRAS 목록에 있는 한 식품 제조사들은 인공 향료(artificial flavor)와 인공 색소(artificial color)라는 용어 밑에 숨을 수 있다. 이러한 화학물질의 일부만 예로 들자면 황색 5호, 적색 5호, 프로피온산에틸, 디아세틸, 에틸바닐린, 구아닐산염이 있다.

» **방부제와 첨가제** : 이 재료들은 주로 어떻게 읽어야 할지조차 모르는 이름을 지녔다. 여기에는 뷰틸레이트하이드록시톨루엔, 뷰틸레이트하이드록시아니솔, 폴리에틸렌글리콜, 폴리소르베이트 20, 브로민산칼륨, 이노신산

등이 있다. 읽을 수 없다는 말이 뭔지 이제 알겠는가.

» **점증제와 유화제** : 이 화합물들은 샐러드 드레싱의 여러 재료가 혼합된 상태, 그리고 수프와 퓌레의 점도를 유지한다. 여기에는 잔탄검, 알긴산, 알긴산칼륨, 폴리글리세롤 에스터, 락틸레이트 모노글리세라이드가 포함된다.

» **소금 첨가** : 식품 제조사들은 소금을 다양한 용어로 표시한다. 여기에는 나트륨, MSG, 된장, 육수, 소금물, 디소듐포스페이트, 황산수소나트륨, 알긴산나트륨, 프로피온산나트륨, 벤조산나트륨이 있다. 훈제, 소금 절임, 보존처리 역시 식품에 추가된 소금이 들어 있다는 의미다.

» **설탕 첨가** : 식품 제조사들이 재료 목록에 사용하는 설탕의 다른 이름은 액상과당, 옥수수 시럽, 수크로스(설탕), 사카로스, 자일로스, 글루코스(포도당), 덱스트로스, 프룩토스, 말토덱스트린, 당밀, 사탕수수즙, 소르비톨, 말티톨, 아이소말트, 농축과즙이 있다. 이러한 용어가 재료 목록 앞부분에 나오는 제품은 피하라.

» **인공 설탕** : 인공 설탕에는 스플렌다, 사카린, 이퀄(아스파탐이라고도 불림), 그리고 써네트, 스위트 원이라는 제품으로 알려진 아세설팜 K가 있다.

» **합성지방** : 라벨에 분명하게 '트랜스 지방 0그램'이라고 적혀 있다 해도 '수소화'라는 말이 재료 목록에 존재하면 이는 그 식품에 트랜스 지방이 함유되어 있다는 의미다.('트랜스 지방 0그램'이라는 말은 해당 식품 1회분에 0.5그램 미만의 트랜스 지방이 함유되어 있다는 의미다. 그러므로 2회분 이상을 먹으면 순식간에 섭취량이 늘어날 수 있다.)

인체는 트랜스 지방을 세포 구조 안에 포함시키고, 그 결과 면역계가 약해져 각종 질병으로 이어진다. 그러므로 무슨 수를 써서라도 트랜스 지방을 피하라! 그 밖에 피해야 할 합성 지방으로는 올레스트라, 심플레스, 스텔라가 있다.

» **글루탐산모노나트륨**(MSG) : 이 풍미 첨가제는 정말 엄청나게 다양한 단어와 문장에 숨어 있다. 수소첨가 식물성 단백질, 천연 향신료(natural flavors), 글루탐산, 카제인칼슘, 젤라틴, 글루탐산모노나트륨, 효모 식품, 글루탐산나트륨, 인공 단백질, 된장, 맥아추출액, 농축 유장 단백질, 육수, 대두단백, 엿기름, 베친, 그리고 이나트륨이라는 용어가 들어간 모든 문장이 여기에 해당된다.

휴. 피해야 할 성분들이 이게 전부일 리가 없지만 이 책에 다 담을 수는 없는 노릇이다. 그런데도 목록을 보기만 해도 오늘날 미국에서 질병 발생률과 비만율이 치솟는지 알 수 있을 것이다. 클린 이팅 라이프스타일을 100퍼센트 고수하지 않는다 해도 이러한 화학물질로 만들어진 식품은 피하는 것이 좋다.

시간을 들여 이 목록을 훑어보라. 각 성분의 이름과 변형된 형태를 전부 기억할 필요는 없다. 하지만 기본적인 용어만큼은 눈에 익혀놔야 한다. 천연 향료(natural flavor)라는 말이 그 식품에 MSG가 숨어 있을 수 있다는 의미라는 사실을 깨닫는다면 이 이름이 눈에 들어오기 시작할 것이다. 자주 구입하는 것이라 해도 모든 식품의 라벨에 적힌 모든 내용을 꼼꼼하게 읽어보라. 제조사들은 아무런 고지 없이 제품 재료를 바꿀 수 있다. 라벨에 쉽게 이해할 수 있는 말로 짧은 목록만 적혀 있는 식품을 구입하고 섭취하라. 이렇게 하면 음식을 섭취하는 습관이 극적으로 개선될 것이다.

가공식품 분류하기 : 계속 식단에 두어도 괜찮은 식품은 무엇일까

가공식품 그 자체는 건강에 해로운 것이 아니다. 수많은 사람을 먹이기 위해 농부와 식품 제조사들은 국내는 물론 세계 각지로 식품을 운반해야 한다. 그 사이 세균이 번식하고 곰팡이가 피어 손상되는 것을 방지하기 위해 제조사들은 식품에 보존제와 첨가물을 넣는다. 뭐, 어느 정도까지는 크게 해 될 것이 없다.

정말 말 그대로 정의하자면 **가공식품**(processed food)은 다음과 같은 것까지 모두 일컫는 말이다.

【 정크 푸드에 관한 짤막한 이야기들 】

정크 푸드의 위험성에 대해 아직도 반신반의하고 있다면 다음 세 가지 핵심을 명심하라.

- 산모가 임신한 상태에서 정크 푸드를 먹은 경우 아이들은 태어날 때부터 정크 푸드에 대한 갈망을 지니는 경향이 있다.
- 포장을 뜯은 트윙키를 창턱에 며칠간 놔두어도 색, 질감, 겉모습, 풍미까지 변하지 않았다. 파리가 꼬이기는 했지만 새들도 먹지 않았다.
- 지속적으로 정크 푸드를 섭취한 쥐에게 건강한 음식을 주자 이를 거부했다. 겨우 건강한 식품을 섭취하기 시작한 것은 완전히 굶은 지 몇 주가 지난 다음이었다. 정크 푸드에 중독성이 있기 때문이다.

» 캔에 들어 있는 것
» 병에 들어 있는 것
» 무균 포장된 것
» 동결건조된 것
» 냉동된 것
» 건조된 것
» 냉장된 것

그러므로 가공식품이라고 해서 건강하지 않거나 클린 다이어트에서 금지해야 할 필요는 없다. 예를 들어 화학물질을 첨가하지 않은 채 냉동한 채소는 엄밀히 말하면 가공식품이다. 하지만 대부분의 경우 클린 다이어트 플랜에 포함시켜도 전혀 무방하다. 소금을 첨가하지 않고 BPA 프리 캔에 포장되었다면 캔에 들어 있는 콩도 분명 클린 푸드다. 재료의 가짓수가 적고 최소한으로 가공된 식품을 찾아라. 또한 라벨에 적힌 재료 이름을 읽을 수 있어야 한다. 전혀 가공되지 않은 식품을 고수하는 것이 최선이지만 1주일에 몇 번 정도 약간의 가공된 식품을 섭취한다고 해가 될 건 없다.

제조 과정에서 영양소를 첨가한 모든 식품 역시 가공식품이지만 건강에 나쁠 거란 법은 없다. 예를 들어 요즘 칼슘을 첨가한 오렌지 주스나 비타민 D를 강화한 우유, 또는 콜레스테롤 수치를 낮추는 데 도움이 되는 섬유와 차전자를 첨가한 시리얼이 판매되고 있다. 이러한 식품들을 증강식품(enhanced food)이라고 부른다. 제품에 천연적으로 존재하는 것, 또는 제조 과정에서 제거되었던 것 이상의 영양소를 함유하고 있기 때문이다.

증강식품이 꼭 건강에 나쁜 것은 아니지만 한 가지 생각해봐야 할 것이 있다. 과일과 채소, 홀 그레인, 협과, 견과류, 씨앗류, 기름기 없는 육류 등 천연식품으로 가득 찬 클린 이팅 식단을 실천한다면 애초에 이러한 영양소를 추가할 필요가 없다. 게다가 증강식품은 가격도 비싸다!

아무리 좋은 영양소를 첨가했다 해도 이는 인간이 과학적으로 밝혀낸 것에 국한된다. 즉 과학자들조차 건강을 유지하는 데 필요한 모든 영양소, 특히 미량 영양소를 모두 밝혀내지 못했다. 그러므로 가공식품에 의존하는 것보다 홀 푸드를 통해 영양소를 섭취하는 것이 바람직하다. 또한 건강을 위해 필수적인 화합물 가운데는 홀 푸드의 형태로만 섭취할 수 있는 것도 있다. 따라서 가공식품과 강화식품에만 의존한다면 아직까지 세상에 존재가 드러나지 않았지만 실은 필수적인 영양소를 놓칠 가능성이 높다.(미량 영양소에 대한 자세한 내용은 제3장을 확인하라.)

클린한 주방을 채워라

식단에서 배제하고 싶은 식품들을 주방에서 추방하는 과정을 마쳤다면 남은 식품을 저장실, 냉장고, 냉동실에 다시 넣을 준비가 된 것이다. 이제 충분한 공간이 생겼으니 맛있고 건강에 좋은 홀 푸드로 그 자리를 채워야 한다.

하지만 마트에 가기 전에 '재고 목록'을 작성해서 이미 갖고 있는 것이 무엇인지, 어떤 유형의 식품과 기타 가정용품을 새로 구입할지 파악할 수 있다. 대부분의 사람이 냉장고나 식품 저장실에 비해 덜 자주 청소하는 만큼 특히 냉동고를 정리하는 데 재고 목록 작성은 매우 중요하다.

이 절에서는 식품 저장실, 냉장고, 냉동고에 늘 갖춰 놓는 것이 바람직한 클린한 기본 식품은 무엇인지를 살펴보고 이러한 식품의 저장 수명을 늘리는 방법은 물론 신선하고 건강한 상태를 유지하기 위한 보관 방법을 설명할 것이다.

모든 식품의 라벨을 확인하고 구입한 날짜를 표기해 놓아라. 그리고 클린하고 정돈되었으며 맛 좋은 식품으로 가득 채운 주방에서 만들어지는 음식이 주는 만족감을 만끽하라.

식품 저장실에 갖춰야 할 클린한 기본 식품

식품 저장실은 간식과 식사의 재료로 사용할 수 있는 클린한 기본 식품을 보관하기에 아주 좋은 장소다. 이런 식품 가운데는 캔이나 병에 들어 있는 제품도 있다. 여유가 된다면 유기농 식품을 구입하라. 또한 플라스틱 대신 종이를, 캔 대신 유리병을 사용한 친환경 포장 제품을 찾아보라.

홀 푸드를 포함하고 합성 재료를 사용하지 않거나 거의 사용하지 않은 가공식품은

비축해 놓아도 좋다. 예를 들어 수소화 지방을 전혀 함유하지 않은 홀 그레인 크래커와 칩도 있다. 이러한 식품들은 간편하게 간식을 만들 때 사용할 수 있다. 아니면 클린 이팅 플랜으로 조금씩 라이프스타일을 바꾸는 동안 홈메이드 간식으로 대체할 수 있다.

클린한 식품 저장실에 다음과 같은 식품을 포함시켜도 좋다.

- 사과 증류주 식초, 발사믹 식초, 플레인 식초
- 알루미늄이 함유되어 있지 않은 베이킹소다와 베이킹파우더
- 현미와 야생 쌀
- 소금이나 화학물질로 가공하지 않은 토마토 캔
- 즙을 채운 과일 캔
- 자연산 연어 캔
- 건조한 허브와 향신료
- 강낭콩, 검정콩, 가르반조콩, 그레이트 노던 빈, 렌틸 같은 건조한 협과
- 마늘과 양파
- 꿀, 아가베 시럽, 현미 시럽, 메이플 시럽
- 저염 육수
- 머스터드, 처트니 같은 클린한 양념
- 올리브 오일과 참기름
- 병에 들은 유기농 샐러드 드레싱
- 유기농 건조 과일
- 유기농 땅콩버터 등의 견과류 버터
- 몇 가지 천연 재료로만 만든 파스타와 마리나라 소스
- 감자와 고구마
- 바다소금과 통후추
- 호박씨, 해바라기씨, 참깨, 아마씨 같은 씨앗류
- 무가당 유기농 사과소스
- 다양한 차
- 무염, 무향 홀 너트
- 보리, 귀리, 퀴노아, 밀알, 연맥강, 조 같은 홀 그레인

- » 홀 그레인 시리얼
- » 홀 그레인, 또는 멀티 그레인 파스타
- » 통밀 밀가루, 기타 특수한 밀가루

어떤 식단을 따르기로 결정했는지, 클린 이팅으로 옮기는 과정에서 어느 지점에 있는지에 따라 현재 식품 저장실에 이러한 식품이 이미 갖춰졌을 수도, 전혀 다른 식품이 채워졌을 수도 있다. 예를 들어 가족이 식습관을 바꾸는 일에 강하게 반발한다면 이들이 익숙한 식품과 비슷하지만 건강한 것으로 변화를 주어라. 소금과 설탕, 보존제가 잔뜩 들어간 제품 대신 유기농 파스타소스를 구입하라. 홀 그레인으로 만들었지만 여전히 평범한 화이트 파스타처럼 보이는 것을 선택하라. 천연 재료로 만들었지만 가족이 좋아하는 정크 푸드와 맛이 비슷한 식품을 간식으로 구입하라.

이러한 식품 대부분은 개봉하지 않은 상태에서 1년 정도는 보관할 수 있다. 하지만 제품에 표시된 만료 날짜를 확인해야 한다. 제품 포장에 만료 날짜가 따로 명시되지 않았다면 수성 펜으로 포장지에 직접 구입 날짜를 기록하라. 그리고 개봉한 다음 냉장 보관해야 하는 것도 있으므로 식품의 라벨에 적힌 보관 방법을 확인하는 것도 잊지 말라.

【 보관이 까다로운 식품 저장하기 】

식품 저장은 복잡할 것이 전혀 없는 일이다. 그냥 식품 저장실과 냉장고, 냉동고에 넣기만 하면 된다, 그렇지 않은가? 하지만 감자, 토마토, 견과류 등 일부 식품은 보관에 조금 더 주의해야 한다.

- 감자와 양파는 가스를 발산하여 다른 식품을 너무 빨리 익게 만드는 만큼 따로 보관해야 한다.
- 감자, 바나나, 토마토는 냉장보관하지 말라. 감자는 단맛이 강해진다. 바나나는 과육에는 별 이상이 없지만 껍질에 검은 반점이 생긴다. 토마토는 풍미를 잃는다.
- 감자는 직사광선을 피해서 보관해야 한다. 그렇지 않으면 표면에 녹색 점이 생기는데, 여기에는 천연 독성성분인 솔라닌이 함유되어 있다.
- 견과류는 식물성 지방 함량이 높아 시간이 지나면 산패하므로 냉동보관해야 한다. 단, 다져서 사용할 때는 미리 해동해야 한다. 그렇지 않으면 물러진다. 같은 이유로 견과류 오일을 냉장 보관하는 것도 좋은 방법이다. 쓴맛이 나면 견과류가 산패한 것이므로 폐기해야 한다. 주의 : 견과류를 자주 사용한다면 실온에 보관해도 된다.

상하기 쉬운 클린 푸드

상하기 쉬운 클린 푸드는 냉장고로 직행이다. 이 절에서 설명한 수많은 식품을 이미 구입하고 있는 사람도 있을 것이다. 이런 식품을 계속 구입할 수도 있지만 유기농이나 지역에서 생산된 것으로 바꿀 수도 있다. 요거트와 치즈 등 일부는 가공식품에 해당되므로 최대한 재료 목록이 짧고 합성 재료가 적게 들어간 것으로 구입하라.

냉장고에 보관해야 하는 식품과 각각의 평균 저장 수명은 다음과 같다.

- **버터** : 1개월 정도는 보관 가능하다.
- **코티지치즈와 사워크림** : 만료 날짜까지는 괜찮다.
- **오렌지, 포도, 베리류, 사과, 딸기, 멜론, 레몬, 라임, 키위, 복숭아, 배, 파인애플 등의 신선한 과일** : 2~5일까지는 대체로 보관 가능하다.
- **신선한 허브** : 2~3일 동안 보관 가능하다.
- **그린빈, 아스파라거스, 브로콜리, 양배추, 당근, 콜리플라워, 오이, 녹색채소, 양상추, 버섯, 고추, 토마토 같은 신선한 채소** : 2~6일까지 보관 가능하다.
- **우유, 두유, 라이스밀크, 아몬드밀크** : 만료날짜까지 보관 가능하다.
- **천연 치즈** : 만료날짜까지 보관 가능하다.
- **머스터드, 클린한 케첩, 처트니, 살사 등 개봉한 양념** : 만료날짜까지 보관 가능하다.
- **유기농 달걀, 방목한 닭이 낳은 것이 더 바람직하다** : 만료날짜에서 몇 주 지나도 보관 가능하다.
- **유기농 쇠고기, 닭고기, 들소 고기, 자연산 연어, 돼지고기, 간 고기** : 유통기한에서 2~3일 지난 날짜까지 보관 가능하다.
- **아무것도 첨가하지 않은 순수한 과일 주스** : 만료날짜까지 보관 가능하다.
- **플레인 요거트(특히 더 풍부한 맛을 지닌 그릭 요거트)** : 만료날짜에서 약 1주일 지난 날짜까지 보관 가능하다.

이러한 식품을 보관할 때는 잘 포장해야 한다. 냉장고 안은 매우 건조하므로 베리류, 신선한 허브, 녹색채소처럼 세심하게 다뤄야 하는 채소를 제대로 포장하지 않은 채 넣으면 금세 시들어버린다. 식품을 잘 감싸야 하는 또 다른 이유는 한 가지 식품에서 다른 식품으로 향이 옮겨가는 것을 막기 위해서다. 양배추 맛이 나는 버터나 브로콜리 냄새가 나는 요거트를 원하는 사람은 없을 것이다. 재사용 가능한 용기(제발 BPA와 프탈레이트 프리인 용기를 사용하라)는 클린하고 환경에도 도움이 되므로 식품 보관용으로 매우 적합한 선택이다.

정확한 온도를 설정할 수 있을 경우 냉장고 실내 온도를 0~4.5도로 맞춰라. 냉장고 안에 온도계를 놔두고 제대로 작동하는지 확인하라.

쉽게 상하는 식품은 고작해야 며칠밖에 제대로 보관할 수 없다. 그러므로 미리 식단에 대한 계획을 세워 신선한 동안 모두 사용하는 것이 좋다. 즉 도가 지나쳐 일주일 안에 먹을 수 있는 것보다 많은 식품을 구입하지 말라. 생고기와 유제품의 경우는 특히 만료날짜를 철저하게 지켜야 한다.

냉동실에 보관할 클린한 기본 식품

냉동실에 보관해야 하는 식품 대부분이 가공된 것이지만 소스, 치즈, 기타 합성 재료를 첨가하지 않고 가공한 냉동 과일과 채소처럼 클린 이팅 다이어트에 포함시키면 좋은 식품도 있다. 단, 최대한 오래 식품의 안전성과 신선도를 유지하려면 냉동고 온도를 영하 17도 이하로 유지해야 한다. 제대로 저장하면 냉동식품은 약 1년까지 보관할 수 있다. 첨가물이나 화학물질이 첨가되지 않고 재료의 가짓수가 적은 것을 선택하라.

냉동실에 추가하면 좋은 식품은 다음과 같다.

- 복숭아, 딸기, 망고, 크랜베리, 블루베리 등 최소한만 가공한 클린한 냉동 과일
- 옥수수, 그린빈, 스냅피(snap pea, 완두콩과 깍지를 모두 포함한 것-역주), 호박, 풋콩, 방울양배추, 시금치 등 최소한만 가공한 클린한 냉동 채소
- 냉동용으로 포장된 생선
- 설탕을 첨가하지 않은 과일 냉동 농축액
- 요거트 빙과, 과일 빙과, 냉동 혼합 과일 등 집에서 만든 냉동 간식
- 냉동용으로 포장해서 내용물에 대한 정보를 명확하게 표시한 홈메이드 냉동식

» 냉동용으로 포장된 육류
» 최소한으로 가공된 냉동 혼합 채소

냉장고와 마찬가지로 냉동고 내부 환경은 가혹하다. 냉동변질(freezer burn)은 사실 식품이 탈수된 것, 즉 수분이 날아간 것을 의미한다. 꽁꽁 언 식품에 보기 싫게 변색된 부분이 생겨도 먹는 데는 전혀 문제가 없다. 단지 맛이 떨어질 뿐이다. 냉동변질을 막기 위해서는 언제나 냉동용 용기, 비닐봉지 등에 담은 다음 냉동고에 넣어야 한다. 모든 것에 라벨을 붙이고 오래된 것부터 사용하여 식품을 회전시켜라. 이렇게 하면 냉동고에서 꽁꽁 얼어붙은 채 잊히지 않을 것이다.

냉동고 옆에 작은 수첩을 두고 냉동고 안에 저장 중인 식품의 목록을 기록하라. 이렇게 하면 얼마 안 남은 식품을 보충하고, 새로 구입하기 전에 마지막 남은 치킨을 잊지 않고 사용할 수 있다.

마트에서 제대로 된 길을 찾아가자

아, 마트. 쇼핑을 정말 사랑하는 사람이 있는 반면 끔찍하게 싫지만 해야 하는 일로 여기는 사람도 있다. 아니면 장 보러 가지 않으려고 갖은 애를 쓰는 사람도 있다. 하지만 상세한 쇼핑 목록을 작성하고 매장 배치를 머릿속에 넣어둔 상태에서 목적에 맞춰 쇼핑하는 방법을 안다면 마트는 적이라기보다 친구가 될 수 있다.

이 절에서는 먼저 집을 나서기 전에 쇼핑할 식품 목록을 작성하는 방법을, 그다음에는 매장에 도착했을 때 그 목록에 충실하게 장을 보는 방법을 설명할 것이다. 또한 평균적인 마트의 배치를 분석하고 판매자가 소비자를 더 비싼 가공식품으로 유도하기 위해 사용하는 꼼수를 밝힐 것이다.

목록을 고수하라

현재 당신의 식품 쇼핑 목록은 너무나도 완벽해서 예술 작품 같을지도 모른다. 아니면 그저 몇 가지 물품을 종이 쪽지에 대충 적은 것일 수도 있다. 어느 쪽이든 클린 이팅 라이프스타일을 실천하기 위해서는 쇼핑 목록을 정리하는 데 꽤나 부단하게 헌신해야 하므로 몇 가지 변화를 줄 것이 있을 것이다. 명심하라. 당신은 더 이상 패스트푸드에 의존할 수 없다. 따라서 매일 먹을 홈메이드 식사, 미니밀, 간식에 대해 계획을 세워야 한다.

식품 쇼핑 목록을 작성할 때 뒷면에 자석이 달린 노트패드를 냉장고나 주방 중앙에 붙여 놓도록 하라. 쉽게 옮길 수 없는 것에 목록과 펜, 또는 연필을 부착해 놓으면 모든 사람이 지나면서 그 목록을 보게 된다.(사라진 목록을 찾아 헤매는 것은 클린 이팅 라이프스타일을 효율적으로 경영하는 방법이 아니다.) 또한 우유, 양상추, 통밀 파스타처럼 매주 구입하는 물품을 포함하여 기본적인 형식으로 목록을 컴퓨터로 작성할 수도 있다. 그런 다음 프린트해서 그 주에 필요한 다른 식품을 채우면 된다.

식품 쇼핑 목록을 알맞은 장소에 배치하고 나면 다음 단계에 따라 물품을 추가하라.

1. **우유든 피칸이든 올리브 오일이든, 기본 식품 재료가 떨어지면 목록에 적는다.**
   이렇게 하면 음식을 만들다 재료를 찾고 나서야 다 썼다는 사실을 발견하는 사태를 막을 수 있다.

2. **한 주를 시작할 때면 그 주에 먹고 싶은 음식 메뉴와 조리법에 대해 계획을 세운다.**
   식사, 가벼운 식사, 미니밀, 간식을 만들 조리법을 선택하는 것도 잊지 말라.

3. **이렇게 계획한 조리법에 따라 만들고 싶은 음식을 적는다.**

4. **이 음식들과 제1단계에서 추가한 물품을 비교한 다음 중복되는 것은 없는지 점검한다.**

5. **깨끗한 종이에 구입해야 할 모든 식품과 양을 적으면 모든 목록을 한 군데에 모을 수 있다.**
   평소 자주 장을 보는 식료품점 내부 배치에 맞춰 목록을 작성하는 방법도 있다. 예를 들어 진열대 배치에 맞춰 과일과 채소를 먼저 목록에 적은 다음 쌀과 말린 콩, 육류, 유제품, 냉동식품 같은 기본 식품을 적을 수 있다. 이 상태에서 매장에 가면 그저 목록에 적힌 순서대로 구입하면 된다.

마음에 드는 쇼핑 목록을 만드는 요령이 생길 때까지 이미 작성된 목록을 인터넷에서 찾아보라. 몇 개 정도 인쇄한 다음 자신의 클린 이팅 라이프스타일에 적합한지 살펴보라. 검색엔진에 식료품점 쇼핑 목록이라고 치기만 하면 된다.

쿠폰은 돈을 절약할 수 있는 환상적인 방법이다. 그렇다, 홀 푸드, 심지어 농산물에 사용하는 쿠폰도 얻을 수 있다. 인터넷에서 여러 쿠폰 제공 사이트를 찾아보라. 이러한 사이트가 합법적인 것인지 여부는 www.cents-off.com에서 확인하라. 또한 보통 매장 입구에 배치되는 주간 광고지를 살펴보는 방법도 있다. 아니면 신문, 특히 〈선데이〉 지의 식품 코너를 확인하라. 할인 판매 중이거나 쿠폰으로 할인받을 수 있는 물품이 매진되었을 때는 구입 예약권을 요청하라. 이렇게 하면 물품이 다시 입고되었을 때 통지받을 수 있고 매장에서는 당신이 소유한 쿠폰을 받아줄 것이다.

매장에서 도움을 청하는 일을 꺼리지 말라! 특정한 물품을 찾을 수 없을 때는 진열대에만 없고 창고에는 있는지, 따로 주문을 넣어야 하는지 문의하라. 대부분의 매장에서는 기꺼이 당신의 요구에 부응할 것이다. 그리고 클린 푸드를 찾는 쇼핑객이 많을수록 매장에서 더 많은 클린 푸드를 갖춰놓을 것이다.

좋은 통로와 나쁜 통로를 찾아내라

마트 내부는 쇼핑객이 최대한 많이 돈을 쓰게 만들기 위해 디자인되었다. 실제로 어떤 곳은 오로지 집중 타깃인 사람들에게 최대한 매혹적으로 보이게 물품을 진열하는 방식으로 매장 구조를 디자인한다. 심지어 쇼핑객이 더 오래 매장에 머물게 만드는 유형의 음악까지 연구한다! 하지만 이 영악한 디자인에 희생될 필요는 없다. 쇼핑 전략을 세움으로써 이를 이겨낼 수 있다.

더 쉽고 효과적으로 쇼핑하려면 다음 사항을 지켜라.

- 쇼핑 목록에서 벗어나지 말라. 단, 가족이 좋아하는 클린 푸드를 대폭 할인하는 경우는 예외다.
- 배고픈 상태에서는 마트에 가지 말라. 혈당이 떨어진 상태에서는 평소 그냥 지나쳤을 음식이 도저히 그냥 지나칠 수 없을 정도로 맛있어 보일 수 있다. 그러므로 마트로 향하기 전에 건강한 음식을 먹도록 하라.

- 마트의 중앙 통로를 피하라. 대부분 마트에서는 농산물, 육류, 유제품 등 클린한 식품을 외진 곳에 배치한다. 대신 즉석식품, 식사용 냉동식품, 간식 등 많이 가공된 식품이 중앙 통로를 차지한다.
- 진열대 가장 높은 곳과 가장 낮은 곳에 클린 이팅에 가장 적합한 물품이 숨어 있다. 식품 제조사들은 진열대에서 가장 좋은 자리를 차지하기 위해 돈을 지불한다. 그리고 덜 가공된 식품들은 주로 꺼내기 불편한 곳에 위치한다.
- 상하기 쉬운 식품은 쇼핑 마지막 단계에서 장바구니에 담아라. 이렇게 해야 쇼핑하는 동안 온도가 올라가지 않는다. 여기에는 육류, 냉동식품, 유제품, 그리고 차가운 상태로 진열되었던 모든 것이 포함된다.
- 싸워라. 애초에 정크 푸드를 사지 않으면 배가 고플 때 정크 푸드로 손이 가는 일이 벌어지지 않는다. 때로 그렇게 간단한 방법으로 라이프스타일에 변화를 줄 수 있다.
- 마음을 단단히 먹고 계산대 근처에 배치된 것들을 구입하고 싶은 충동에 저항하라. 계산대는 아이들을 유혹하기 위한 캔디 바, 잡지, 자그마한 간식이 도사린 채 마지막으로 소비자의 충동을 공략하는 장소다.

쇼핑을 모두 마친 뒤에는 최대한 빨리 집으로 돌아와야 한다. 상하기 쉬운 식품은 2시간, 기온이 섭씨 26도 이상일 경우 1시간 이상 냉장고 밖에 머물면 안 된다. 또한 냉동식품은 녹지 않아야 한다. 차 안에 보냉쿨러를 싣고 있다가 쇼핑한 물품들을 안에 담으면 집에 올 때까지 찬 식품을 차게 유지할 수 있다.

농장직거래장터와 식품협동조합, 그리고 지역사회지원농업에서 쇼핑하자

클린 이팅 라이프스타일을 실천한다면 마트 외의 곳에서도 식품을 구입할 수 있다. 가공식품을 그만큼 적게 구입하므로 농장직거래장터, 식품협동조합, 지역사회지원농업(CSA)이 품질이 아주 좋은 홀 푸드를 구입하기에 이상적인 장소다. 이런 곳에서는 종종 유기농으로 생산되고 인근 지역에서 재배되며 최소한으로 가공된 신선한 식품을 판매한다.

이 절에서는 이런 곳에서 사야 할 식품과 사지 말아야 할 식품을 살펴볼 것이다. 또한 원하는 물품을 구입하기 전에 질문해야 할 사항, 그리고 가장 신선한 식품을 구입하는 동시에 돈을 절약하는 최고의 방법을 논의할 것이다.

농장직거래장터

대부분의 마을에는 농장직거래장터가 있다. 아니, 적어도 마을 외곽이나 도로 모퉁이에 한두 군데 직접 키운 농산물을 파는 농부 가판대를 찾을 수 있다. 농장직거래장터는 종자에서 구운 식품까지 모든 것을 판매한다. 농산물, 달걀, 유제품, 그리고 육류 등 여기에서 판매하는 것들은 대부분 매우 신선하고 품질 또한 최고 수준이다. 농부들은 당일이나 하루 전에 수확하고 그중 다수가 유기농을 재배한다. 이제 농장직거래장터가 클린 이팅 라이프스타일에 완벽하게 맞아떨어지는 이유를 알겠는가?

농장직거래장터에 갈 때 다음과 같은 요령을 따르면 최고의 식품을 가장 유리한 가격으로 구입할 수 있다.

- **따로 용기를 챙기고 현금을 가져가라.** 지지력이 확실한 손잡이가 달리고 재사용이 가능한 튼튼한 장바구니를 가져가는 것이 가장 바람직하다. 판매자 대부분은 현금만 받는다. 그리고 대부분의 경우 정가로 판매되지만 장이 파할 무렵 흥정을 걸어볼 수도 있다.
- **질문을 많이 하라.** 농작물을 어떻게 키웠는지 농부에게 물어보라. 유기농으로 재배했는지, 언제 수확했는지, 언제까지 먹을 수 있는지를 질문하라. 어떤 농부들은 농작물을 조리하는 방법을 설명하거나 조리법을 알려주기도 한다.
- **마트에서 동일한 식품의 기본적인 가격대를 미리 파악하라.** 돈을 절약하는 것은 쇼핑에서 큰 부분을 차지한다. 길 건너편 마트에서 매우 품질이 좋은 유기농 라즈베리 0.5리터를 5달러에 판매하는데 농장직거래장터에서 같은 양의 라즈베리를 8달러에 판매하는 것을 구입한다면 돈을 낭비하는 것이다.
- **철에 따라 구입하라.** 농장직거래장터의 가장 큰 장점은 모두 해당 지역에서 생산되고 자연이 다 익었다고 말할 때 판매된다는 것이다. 이곳에서는

늦가을에 딸기를 판매하지 않는다. 하지만 제철을 맞아 맛이 무르익을 대로 무르익은 호박과 양파, 사과를 판매할 것이다.

» **즐거운 시간을 보내고 새로운 것에 도전하라.** 통로를 걸어가며 찬찬히 식품을 살펴라. 농부나 판매자와 친분을 형성하고 이곳에서 경험하는 것을 즐겨라. 이곳에서의 시간을 자녀에게 홀 푸드에 대해 가르치고 그곳의 식품들이 건강에 좋은 이유를 직접 눈으로 확인시켜주는 기회로 삼아라.

식품협동조합

식품협동조합, 즉 쿱(coops)은 소비자 소유 사업체로서 주로 유기농 식품과 특산물을 갖춰 놓는다. 미국은 물론 전 세계에 수많은 쿱이 운영되고 있다. 이러한 조직들은 교육에 매우 큰 중점을 두고 있으며 다수가 영양학, 기본 조리법, 건강한 섭식 방법을 교육하는 강좌를 운영하고 있다.

쿱을 최대한 활용하기 위한 조언은 다음과 같다.

» **회원으로 가입해보라.** 쿱에 회원으로 가입할 때 주로 가입비를 지불한다. 하지만 이후로 회비는 없으며 조직의 구성 방법과 판매하는 물품에 대해 발언권을 얻을 수 있다.

» **강좌와 워크숍에 참가하라.** 영양학 전문가, 심지어 영양사까지 회원으로 가입한 쿱이 많이 있다. 이런 사람들에게서 올바른 방식으로 음식을 섭취하기 위한 자문을 구할 수 있을지 모른다.

» **장바구니를 소지하여 1회용 포장지와 그 비용을 절약하라.** 판매인 대부분이 1회용 비닐봉지나 종이봉투를 갖추고 있지만 비용을 지불해야 한다. 전에 사용한 마트 비닐봉투를 다시 사용하면 환경을 생각하는 동시에 경제적으로도 비용을 절약할 수 있다.

» **질문을 하라.** 이곳의 직원들은 판매하는 식품에 대해 상세한 지식을 갖추고 있다. 육류, 유제품, 농산물 대부분이 해당 지역에서 재배, 생산되는 만큼 공급자와도 정기적으로 교류하고 있을 것이다.

» **공동체의식을 만끽하라.** 클린 이팅의 목표와 꼭 맞는 공동체에 소속된다는 것은 커다란 보너스다.

지역사회지원농업

지역사회지원농업은 소비자가 직접 농작물을 재배하는 농부들과 거래하는 일종의 직거래다. 농부들은 소비자가 비용을 지불한 만큼 지분을 제공한다. 그리고 농부가 제철 농산물을 수확하고 달걀을 수집하며 고기를 가공하여 매주 아주 신선한 식품을 소비자에게 배달한다.

지역사회지원농업에서 중점적으로 다루는 것은 과일과 채소지만 육류, 달걀, 치즈를 비롯한 유제품, 꽃, 식물, 심지어 빵까지 판매한다. 농부가 직접 소비자 집으로 배달할 수도 있지만 계약 조건에 따라 소비자가 농장을 방문해서 직접 식품을 가져올 수도 있다. 또한 지역 농가를 지원하는 일은 단순히 식품을 구입함으로써 **탄소발자국**(carbon footprint, 재배 시 발생하는 공해의 양)을 줄이는 방법이기도 하다. 여기에 대한 자세한 내용은 제21장에서 확인하라.

자신이 사는 지역의 지역사회지원농업 프로그램에 참여하기 전에 위험 분담이 발생할 수 있다는 사실을 알아야 한다. 우박을 동반한 강력한 폭풍이나 가뭄 때문에 작황이 나빠지면 소비자 역시 농부와 함께 손실을 입게 된다. 이러한 유형의 계약을 할 때는 거시적 관점에서 바라봐야 한다. 당신은 지역 농가에 투자를 하는 것이다. 폐기물과 운송비용을 줄이고 미래를 위한 투자를 하는 것이다. 어떤 해에 작황이 형편없었다면 다음 해에 풍작일 가능성이 높다. 이러한 개념을 이해한다면 지역사회지원농업에 참여함으로써 근사한 경험을 할 가능성이 높다.

자신의 지역에서 지역사회지원농업 농가를 찾고 이들과 문제가 발생하거나 불만사항이 있을 때는 로컬 하베스트가 도움이 될 것이다. 자세한 내용은 홈페이지 www.localharvest.org/csa에서 확인하라. 지역 식품 운동의 일환인 로컬 하베스트는 가족농장, 제철 음식 섭취, 그리고 클린 이팅을 권장한다.

chapter

10

클린 이팅 플랜에 유기농 식품을 섞어보자

제10장 미리보기

- 어떤 이유로 '유기농' 식품이라고 불리는지 이해한다.
- 자신과 가족에게 가장 좋은 식품이 무엇인지 판단한다.
- 안전한 비유기농 식품에 대해 알아본다.

유기농 식품이라는 말은 1970년대에 인기 있는 표현이었다. 당시 요거트를 먹는 사람들은 주로 우븐 샌들을 신고 삼베로 만든 셔츠를 입었으며 머리에 헤어밴드를 하고 긴 머리를 뒤로 묶거나 그대로 풀어헤친 채 방목 사육한 닭과 무농약 포도에 대해 구시렁거리는 모습이었다.

사람들은 이들을 괴짜 취급했지만 이제 그들이 옳았다는 사실이 밝혀졌다. 천연 식품을 섭취하는 것이 클린 이팅 라이프스타일의 근간이다. 물론 잘 먹기 위해 삼베로 만든 옷을 입고 우븐 샌들을 신을 필요는 없지만 뭐든 당신의 마음을 동하게 만든다면 오케이다.

그리고 지난 몇십 년 동안 유기농 식품 시장은 해마다 약 20퍼센트씩 폭발적으로 성장하며 미국 식품업계에서 가장 빠르게 성장하는 분야가 되었다. 가끔이라도 유기농 식품을 구입하는 미국인은 전체 인구의 70퍼센트에 육박한다. 유기농 식품은 인간은 물론 지구의 건강에도 도움이 되므로 현재 인기가 그리 놀랄 일은 아니다.

이 장에서는 식품에 함유된 농약, 제초제, 성장호르몬, 항생제에 대해 살펴보고 유기농 식품이 이런 일반 식품과 어떻게 다른지 설명할 것이다. 또한 유기농 식품, 특히 육류와 농산물에 대한 정부 기준에 대해 알아볼 것이다. 그리고 반드시 유기농으로 구입해야 하는 식품 15가지와 유기농이 아니어도 안전한 식품들을 살펴볼 것이다.

유기농 식품에 대해 자세히 알아보자

1960년대를 기억하는 사람은 유엘 기븐스라는 이름을 알 수도 있다. 그리고 그가 등장하는 유명한 그레이프-너츠 시리얼 광고도 기억할 것이다. 여기에서 그는 "소나무를 먹어보았는가? 사실 소나무는 대부분 먹을 수 있다"고 말했다. 기븐스 씨가 정말로 무슨 말을 하는지 이해하지 못하는 사람들은 그를 비웃었다. 하지만 사실 그는 그저 유기농 홀 푸드로 이루어진 천연 식품 섭취를 지지한 것뿐이었다.

그렇다면 **유기농**(organic)이란 무슨 뜻일까? 인류의 조상이 수십만 년 동안 먹은 모든 음식이 바로 유기농 식품이다. 그리고 인간의 몸이 먹어야 할 식품이기도 하다. 반면 비유기농 식품은 세상에 등장한 지 고작 150년밖에 되지 않았다. 하지만 현재 생존한 사람 가운데 150년 전에 살았던 이는 없으므로 유기농에서 비유기농으로 변화한 것이 얼마나 급진적인 것인지 인식하지 못한다. 유기농 식품 지지자들이 사람들 대부분이 말 그대로 스스로를 병들게 하는 것을 먹는다고 말하는 것도 놀랄 것이 없다!

유기농 식품은 살충제, 제초제, 살진균제, 화학비료, 성장 호르몬, 합성화학물질, 항생제, 첨가제를 사용하지 않고 재배, 또는 생산되는 것을 말한다. 농부들은 다양한 방법을 사용하여 유기농 농산물, 육우, 유제품을 생산하며 여기에는 그 어떤 인공적인 화학물질도 사용되지 않는다.

이 절에서는 비유기농 식품 재배에 사용되는 화학물질에 대한 진실을 밝히고 유기농 식품 생산에서 가장 중요한 열쇠가 무엇인지, 유기농 식품이라는 명칭의 표기 관련 규정은 무엇인지 살펴볼 것이다.

유기농 식품

농사는 정말 힘든 일이다. 위험하고 까다로우며 농부 개인에게 큰 부를 가져다주지도 않는다. 그리고 농부가 화학물질을 버리기로 결정하고 나면 더더욱 고된 일이 된다. 그렇다면 유기농 농사는 그렇지 않은 것과 어떤 점에서 다를까? 그리고 어째서 어떤 농부들은 유기농으로 농작물을 재배하기로 결정하는 것일까? 유기농으로 농사를 짓는 농부 다수는 이것이 자신은 물론 자신의 가족, 그리고 환경 등 모두를 위해 더 나은 방법이라는 신념을 지니고 있다. 제초제, 성장 호르몬, 살충제, 화학비료 등 현대 농부들이 매일 다뤄야 하는 화학물질의 수만 생각해도 이들의 신념이 옳다는 것을 알 수 있다. 이러한 독성 화학물질에 지속적으로 노출되는 일을 줄인다면 자연스럽게 질병이 발생할 위험도 줄어든다.

하지만 유기농으로 재배된 식품들은 현대식 화학물질을 잔뜩 사용한 것과 어떻게 다를까? 그 대답은 다음 절에 있다.

유기농 식품에 대한 기본 지식

유기농 식품이란 다음을 의미한다.

- 합성비료가 아닌 퇴비나 거름으로 토양을 기름지게 만든다.
- 제초제를 분사하는 대신 직접 손으로 잡초를 제거하고 땅을 갈거나 경작한다.
- 살충제를 분사하지 않고 덫을 놓거나 무당벌레 같은 익충을 이용해서 해충 피해를 예방한다.
- 화학비료가 아니라 돌려짓기와 녹색 거름, 즉 토끼풀 같은 피복식물을 이용해서 비옥하게 만든 토양에서 재배된다.
- 무균모종을 생산하는 유전자조작 씨앗이 아니라 자연적으로 추수한 세습 씨앗을 심어 재배된다.

그렇다면 유기농 식품의 이러한 특성이 클린 이팅 라이프스타일에 어떤 의미를 지니는 것일까? 클린 이팅 라이프스타일의 목표는 최대한 자연스러운 방식으로 음식을 먹는 것이다. 그리고 유기농 식품 이상으로 자연스러운 음식은 없다. 반면 살충제나 제초제는 클린한 부분이 한 구석도 없다. 이러한 화합물들은 식품의 일부분이 되고, 우리가 씻고 껍질을 벗겨내도 그 식품에서 사라지지 않는다.

제초제, 살충제, 기타 화학물질의 문제점

화학물질을 사용하여 재배된 식품은 다음과 같은 문제점을 지니고 있다.

- 미국 농부들은 해마다 작물에 36만 3,000톤의 농약을 사용한다. 이는 미국인 1인당 거의 1.3킬로그램에 해당하는 양이다!
- 농약은 섭취한 지 몇 년이 지난 뒤에도 인체 지방에 남는다. 실제로 신생아 가운데 지방조직에 농약 성분을 지닌 경우가 있는데, 태아일 때 어머니에게서 전해진 것이다!
- 특정한 비유기농 식품, 특히 플라스틱에 포장된 식품과 베리류에는 가소제, 살충제, 기타 농업용 화학물질 같은 호르몬 교란물질이 함유되어 있는데, 이는 비만이나 암 등의 질병의 원인이 될 수 있다.
- 농약을 사용하면 농작물이나 토양에만 머무는 것이 아니다. 연못, 시냇물, 강, 호수로 흘러 들어간다. 그리고 그곳에서 상수도원까지 이른다.
- 특정한 해충만 죽이는 살충제는 없다. 즉 해충을 죽이는 익충까지, 모든 곤충을 죽인다. 예를 들어 무당벌레는 식물을 파괴하는 진딧물을 죽이지만, 살충제는 무당벌레까지 죽인다. 칠성풀잠자리 애벌레는 작물을 망가뜨리는 응애, 가루깍지벌레, 총채벌레를 억제하지만 살충제는 익충인 칠성풀잠자리까지 죽인다.
- 농부들은 종종 두 가지 이상의 농약을 동시에 사용한다. 최근 검사 결과 과학자들은 딸기에서 14가지의 잔류 제초제와 살충제를 발견했다.

이러한 사실이 비유기농 식품을 먹는 사람들에게 어떤 의미일까? 염증에 대해 이런 저런 이야기를 많이 들었을 것이다. 의사와 과학자들은 인체 세포에 염증이 생겨 암에서 심장질환, 파킨슨병과 다발성경화증 같은 퇴행성 질환까지 다양한 질병이 발생한다고 생각한다. 살충제와 제초제는 염증을 촉진하고 세포의 변이를 일으킨다. 또한 인체에서 에스트로겐 같은 호르몬의 작용을 흉내 내서 암 등의 질병 위험을 높인다. 즉 이러한 화학물질에 노출되는 것 자체가 위험하다는 말이다.

하지만 그 위험성이 얼마나 큰지 정확히 밝혀진 바가 전혀 없다. 농약과 관련한 주요 문제 가운데 하나가 바로 과학자들이 얼마나 많이 노출돼야 건강에 문제가 발생하는지 모른다는 것이다. 하지만 적어도 이러한 화학물질이 건강상 문제를 일으키는 양이 사람마다 다르고 어른보다 어린아이가 민감하다는 사실은 밝혀졌다.

이러한 화학물질 가운데는 누적되는 것도 있다. 즉 인체 안에 쌓이기 때문에 노출되는 양이 더해진다는 의미다. 그러므로 누적되는 화학물질을 살포한 사과를 하나 먹는다고 별 일은 없겠지만 장기간 많이 먹으면 해로울 수 있다. 실제로 누적되는 화학물질은 혼자서는 암을 유발하지 않지만 다른 화학물질과 접촉하면 암 발병률을 높인다는 의미에서 보발암제, 또는 **공동발암원**(cocarcinogen)이라고 불린다.

살충제도 상승효과를 낼 가능성이 있다. 다시 말해서 두 가지 이상의 살충제가 인체 내에 들어오면 서로 반응해서 한 가지만 존재할 때보다 더 큰 손상을 유발할 수 있다. 그러므로 어떤 살충제의 안전성을 보여주는 연구가 있다 해도 현실에서 이 살충제가 다른 화학물질과 결합했을 때는 사정이 달라질 수 있다. 가정용 살충제만 해도 그 수가 2만 가지 이상이니 이들 사이에 일어날 수 있는 상승효과는 실로 엄청나다.

2010년 하버드 연구팀은 미국에서 가장 일반적으로 사용되는 살충제인 유기인산염 살충제가 극히 소량일지라도 특히 어린이에게 매우 독성이 강하다는 사실을 발견했다. 이 연구는 주의력결핍(attention deficit disorder, ADD)의 발병에 초점을 맞췄고 살충제에 더 많이 노출된 아동에게서 ADD 발병률이 2배라는 사실을 밝혀냈다. 그렇다 하더라도 연구가들은 농약과 살충제에 장기간 노출되었을 때 정확히 어떤 영향을 받는지는 알지 못한다.

이러한 까닭에 적어도 몇 가지 식품은 화학물질을 사용하지 않은 것을 구입하는 것이 훨씬 이성적인 선택일 것이다. 클린 이팅 라이프스타일을 따른다고 유기농 식품을 고집해야 하는 것은 아니지만 많은 사람이 의식적으로 덜 가공된 식품을 섭취하려 노력한다.

유기농 육류와 유제품

소, 닭, 돼지를 키우는 축산 농가, 그리고 생선 양식장에서 살충제나 제초제를 사용할 필요는 없다. 하지만 거대한 공장식 농장에서는 쉽게 관리하고 더 많은 수익을 내기 위해 종종 배합사료에 화학물질을 첨가한다. 또한 살충제와 제초제를 사용해서 키운 곡물사료를 먹인다면 이러한 화학물질은 가축의 신체의 일부가 된다.

이제부터 평범한 육류 및 유제품과 유기농 식품의 차이에 대해 설명할 것이다.

유기농 육류와 유제품에 대한 기본 상식

유기농으로 사육, 생산된 가축의 고기와 유제품은 다음과 같은 특징을 지닌다.

- 성장 호르몬을 먹이지 않는다. 성장 호르몬은 고기에 남고 사춘기 성조숙증과 연관되었을 가능성이 있다.
- 항생제를 먹이지 않고 키운다. 단, 농장이나 쿱 전체에 실제로 질병이 창궐했을 때는 예외다.
- 인위적으로 곡물 사료를 먹이지 않고 동물 스스로 목초를 먹는다.(실제로 오랜 세월 그래왔듯이 소는 직접 풀을 뜯어 먹는다.)
- 주로 가축을 방목해서 키운다. 즉 가축을 실내 철장 안에 가두지 않고 자유롭게 돌아다니게 놔두며, 그 결과 가축이 더 건강해서 항생제가 필요 없다.

더욱이 유기농이라고 표기하기 위해서는 가축이 1년에 4개월 이상 목초지에서 풀을 뜯어야 하고 목초가 30퍼센트 이상 포함된 먹이를 먹어야 한다. 이것이 소비자에게 어떤 의미일까? 목초를 먹인 가축의 고기는 지방 함량이 낮지만 오히려 좋은 지방인 오메가-3 지방산과 공액리놀레산이 더 풍부하게 함유되어 있다.(유기농 라벨링에 대한 자세한 내용은 뒤에 나오는 '100퍼센트 유기농의 기준과 라벨 표시'에서 확인하라.)

안타깝게도 이러한 유기농 식품 재배 방식은 화학물질을 사용하는 공장식 재배 방식보다 시간과 노동력이 많이 필요하다. 따라서 상대적으로 유기농 식품의 가격이 때로 훨씬 비쌀 수밖에 없다. 그리고 더 많은 비용을 지불하여 유기농 식품을 구입하는 것은 소비자가 결정해야 할 일이다.

호르몬, 항생제, 기타 화학물질의 문제점

호르몬을 먹이지 않고 목초를 먹여 유기농으로 사육한 가축과 반대로 비유기농 사육 방식으로 키운 많은 가축이 다음과 같은 특성을 지닌다.

- **성장을 촉진하기 위해 성장 호르몬을 먹인다** : 성장 호르몬은 도축된 뒤에도 가축의 체내에 남고 이를 섭취하는 인간의 체내에도 남는다. 과학자들은 이러한 호르몬이 인간의 호르몬 균형을 깨뜨리는지에 대해 아직 밝혀내지 못했다.
- **정기적으로 항생제를 투여한다** : 특히 열악한 환경에서 사육되는 공장식 농장의 가축에게서는 질병이 만연할 수 있다. 따라서 농부들은 전염병을 예방하기 위해 일상적으로 가축에게 항생제를 투여한다. 육류, 우유, 달걀에 잔존하는 항생제를 인간이 섭취하고 결국 슈퍼박테리아라고 불리는 항생제 내성균을 탄생시키는 데 일조한다.
- **비용을 절감하기 위해 동물 부산물이 포함된 사료를 먹인다** : 솔직히 말하면 이는 인간에게 식인과 같은 짓이다. 과학자들은 이 때문에 광우병 같은 질병이 발생한다고 생각한다.
- **소화를 돕기 위한 조사료로 플라스틱 펠릿, 또는 거름이나 요소가 함유된 사료를 먹인다** : 이 끔찍한 재료들은 아무리 좋게 말해도 끔찍한 수준이다. 또한 질병에 더 취약하게 만드는 것처럼 다양한 방식으로 가축에게 해를 입힌다.
- **좁아 터진 우리에 갇힌 채 밖으로 전혀 나가지 못하게 한다** : 밀집사육은 가축에게 스트레스를 주고 이 스트레스는 질병으로 이어질 수 있다.
- **원래 자연적인 동물의 습성대로 풀과 식물을 뜯어먹지 않고 화학적으로 생산된 합성사료를 먹인다** : 그 결과 살충제와 제초제 같은 화학물질이 식품 먹이연쇄 안으로 더 많이 유입된다.

미국 농무부와 식품의약국은 인공 재료를 사용하고 비정상적인 환경에서 사육한 가축의 고기와 이들의 젖을 원유로 만든 유제품이 안전하다고 말한다. 하지만 이러한 재료들과 환경을 대상으로 수행된 연구들에서 장기적 영향, 특히 아동에 미치는 영향에 대해서는 사실상 언급하지 않는다. 아동은 성장 속도가 빠르므로 이러한 화학물질에 더 민감할 수 있다. 그리고 농무부와 식품의약국의 공식 성명에 의문을 제기하는 증거가 연구를 통해 계속해서 발견되고 있다.

이렇듯 증거가 쌓여감에도 불구하고 많은 쇠고기 생산자는 비유기농 축산법이 안전하지 않은 식품을 만들어낸다는 주장에 반박한다. 실제로 텍사스 정육이 1990년대 오프라 윈프리를 상대로 소송한 사건을 기억하는 사람도 있을 것이다. 이 소송의 근거는 '명예 훼손적 발언'으로부터 농축산물을 보호하는 법이었다(다들 이 법이 어처구니없다고 생각했다. 정말 소가 마음이 상할 수 있는 것일까?). 오프라 윈프리는 영국에서 돌연 발생한 광우병으로 10명이 사망한 뒤 1996년 이 병에 대한 프로그램을 제작했다. 법원은 "정직하고 견고한 진실에 근간한 전문적 의견의 진술은 헌법 제1조에 의해 보호받는다"는 의견 판결문을 냈다. 그리고 텍사스 정육은 패소했다.

하지만 비유기농 육류와 유제품이 안전하다 해도 클린 이팅 라이프스타일에 따르는 많은 사람이 이러한 방식으로 생산되지 않은 식품을 섭취하려 한다. 동물복지에 대해 걱정하는 사람도 있고 최대한 흠이 없는 식품을 섭취하고 싶은 사람도 있을 것이다. 아니면 유기농 육류, 달걀, 우유, 치즈가 더 맛이 좋기 때문에 선택하는 사람도 있을 것이다. 물론 당연히 비유기농 방식으로 생산된 식품은 그다지 식욕을 자극하지도 않는다.

100퍼센트 유기농의 기준과 라벨 표시

종자 공급자와 농부에서 가공업자까지 누구든 자신의 제품에 대해 유기농 인증을 취득할 수 있다. 국가마다 요건은 다르지만 미국의 경우 농부와 식품 가공업자는 농무부에서 정한 특정한 유기농 기준을 충족시켜야 한다.

미 농무부는 소비자에게 시장에서 판매되는 유기농 식품에 대해 더 많은 정보를 제공하기 위해 2002년 미국 유기농 프로그램(National Organic Program, NOP)을 제정했다. NOP 표준은 인증 취득자, 생산자, 가공업자, 취급인에게 적용된다. 단 한 가지 재료로 만든 홀 푸드를 구입할 때 여기에 직접 부착된 작은 스티커를 살펴보라. 아니면 식품 근처에 농무부 유기농이라는 표지판이 있는지 살펴보라.

클린 이팅 다이어트를 실천하면 여러 가지 재료로 만들어져 판매되는 식품을 먹을

기회가 별로 없다. 하지만 이런 식품에도 유기농 라벨이 붙을 수 있으며 그 종류도 여러 가지다. 따라서 구입하기 전에 모든 유기농 식품의 라벨을 꼼꼼히 확인해야 한다. 모든 제품의 라벨 표기와 마찬가지로 각기 다른 용어는 각기 다른 의미를 지닌다. 가장 일반적인 '유기농' 라벨이 미국에서 나타내는 의미는 다음과 같다.

» **100퍼센트 유기농** : 해당 식품은 유기농으로 생산된 재료만으로 만들어져야 한다.

» **유기농** : 해당 식품은 95퍼센트 이상 유기농 재료로 만들어져야 한다.

» **유기농 재료로 생산** : 해당 식품은 70퍼센트 이상, 95퍼센트 이하 유기농 재료로 만들어져야 한다.

제품에 70퍼센트 미만의 유기농 재료가 사용되었을 경우 유기농이라는 표현은 재료 목록 가운데 해당 재료 바로 옆에만 적혀 있을 것이다. 또한 이 제품은 미국 농무부 유기농 인증 마크는 표시하지 못한다.

생산한 식품에 대해 유기농 인증을 받은 농장에 국한된 얘기지만, 이러한 라벨을 사용할지 말지는 생산자가 자발적으로 결정한다. 유기농 인증을 받기 위해서는 먼저 유기농 인증 심사관이 해당 농장과 기록을 검토하여 유기농 표준과 일치하는지를 확인한다. 이러한 표준은 미국 농무부의 NOP에서 정한 일련의 규정과 운영 지침을 말한다. 농부나 가공업자가 유기농 인증을 받고 이를 라벨에 표기할 경우 인증 취득자는 해당 식품이 어떻게 재배되고 생산되었는지에 대한 정보를 공시해야 한다. 라벨을 사용할지 여부는 자발적으로 결정한다. 하지만 일단 라벨을 사용하고 나면 정보를 반드시 공시해야 한다.

이러한 규정에 한 가지 면제 조항이 있다. 연간 유기농 식품 생산이 5,000달러 미만인 농장이다. 이런 곳은 인증을 받지 않아도 NOP 표준에 부합한다고 표기하는 한 생산하는 식품에 유기농이라는 표시를 할 수 있다. 하지만 이 경우 미국 농무부 인증 마크를 사용할 수 없고 식품 가공업자에게 '유기농'으로 판매할 수 없다.

라벨에 유기농처럼 보이는 용어가 적혔다고 해도 그 식품이 유기농일 거라고 짐작해서는 안 된다. 예를 들어 라벨에 '100퍼센트 천연', '무호르몬'라고 표기되어 있다 해도 유기농이라는 사실을 나타내는 것이 아니다. 생각해보라. 비소도 '천연'이다. 하지만 누가 비소를 먹고 싶겠는가!

아직 혼란스러운가? 그럴 필요 없다. 진정한 순수주의자가 아니라면 클린 이팅 라이프스타일에 따라 생활한다고 해도 라벨에 유기농이라고 표기된 식품을 구입할지 여부는 각자 결정할 일이다. 유기농 식품을 섭취하는지 여부와 상관없이 신뢰할 수 있는 사람이 판매하는 매장과 시장에서 식품을 구입하고 먹기 전에 반드시 잘 세척하며 잘 익혀서 먹어야 한다. 이러한 간단한 단계만 따르면 십중팔구 유기농 식품이 아니더라도 지극히 괜찮을 것이다.

유기농 식품은 건강에 더 좋은가?

그렇다면 정말로 유기농 식품이 우리의 건강에 더 좋을까? 이것만큼 중요한 질문이 없을 것이다, 그렇지 않은가? 지금까지 연구 결과는 그렇다와 아니다가 공존한다. 〈미국 임상영양학회지〉처럼 잘 알려진 주류 학회지에 게재된 논문과 기사는 대부분 유기농과 비유기농 식품 사이에 영양학적 측면에서 두드러진 차이점이 없다는 점을 보여준다. 하지만 영양학적 가치는 해마다 차이가 나고 심지어 각 농장마다 다르므로 정확하게 측정한다는 건 매우 어려운 일이다.

반면 유기농 식품에 더 많은 영양소가 함유되어 있고, 따라서 기존의 방식으로 재배된 식품보다 건강에 더 좋다는 점을 보여주는 연구들도 있다.

» 월터 크리니언 박사는 2010년 〈대체의학학회지〉에서 기존의 방식으로 재배된 식품보다 유기농 식품에 마그네슘, 철, 비타민 C가 더 많이 함유되어 있다는 점을 보여주는 기사를 게재했다. 또한 유기농 식품은 대체로 안토시아닌, 플라보노이드, 카로티노이드 등 소위 피토케미컬이라 부르는 중요한 항산화성분을 다량 함유하고 있다.(피토케미컬에 대한 더 자세한 내용은 제3장과 제4장에서 확인하라.)

» 유기농 토마토의 영양소에 관한 일부 연구에서 기존 방식으로 재배된 토마토보다 더 많은 영양소, 특히 피토케미컬이 함유되어 있다는 사실이 드러났다. 단, 3년 이상 유기농 인증을 받아온 농장, 즉 '성숙한' 유기농 농장

에서 재배된 토마토였다. 성숙한 유기농 농장에서 재배된 토마토에 더 많은 영양소가 함유된 것은 토마토 재배에 사용된 토양이 자연적으로 영양소가 축적될 시간이 있었고 기존 농장의 토양보다 훨씬 비옥하기 때문일 수 있다.

» 2008년, 유기농 센터에서 식품 대응 짝, 즉 똑같은 종류의 식품을 유기농으로 재배된 것과 기존의 방식으로 살충제 등의 화학물질을 사용해서 재배한 것으로 짝지어 함유된 영양소를 분석, 비교한 연구 결과가 발표되었다. 여기서 '대응 짝'이라는 용어가 중요한데, 이는 당근 대 당근처럼 같은 식품을 대상으로 하는 것만이 아니라 지역, 기후, 작물의 유전적 형질, 강우량, 수확 시기까지 같기 때문이다. 여기에서 연구가들이 유기농 식품에 대해 밝혀낸 사실은 다음과 같다.
  - 검사를 실시한 11가지 영양소 가운데 8가지에서 유기농 식품에 함유된 양이 더 많았다.
  - 유기농 식품이 폴리페놀 등의 항산화물질이 더 많이 함유되었다. 이는 암과 심장질환을 일으키는 염증에 대항하여 인체를 보호하는 역할을 한다.
  - 유기농 식품에 함유된 영양소들은 생물활성도가 높았다. 즉 인체가 더 쉽게 흡수할 수 있다.
  - 기존 재배법으로 생산된 농작물은 화학비료 덕분에 단시간 내에 더 크게 성장한다. 하지만 그렇기 때문에 토양으로부터 필수영양소를 흡수할 시간이 상대적으로 적다.

유기농 식품을 선택해야 하는 이유가 한 가지 더 있다. 여기에는 더 많은 피토케미컬이 함유되어 있고 피토케미컬은 인체에 유익한 비타민, 미네랄 등의 화합물로 이루어진다. 식물은 해충, 그리고 성장 과정에서 자신을 공격할 수 있는 문제에 대항하기 위해 일종의 자기방어 수단으로 피토케미컬을 만들어낸다. 기존 방식으로 재배된 작물은 살충제와 농약 등에 의해 '보호'받기 때문에 피토케미컬을 필요로 하지 않고, 그 결과 유기농 작물처럼 많은 양을 생성하지 않는다.

기존 방식으로 재배된 농작물에 남아 있는 살충제와 제초제, 즉 잔류농약과 육류에 함유된 호르몬 및 항생제의 양은 극히 소량에 불과하다. 인근의 비유기농 농장에서 유입될 수 있으므로 유기농 작물 역시 이러한 성분들을 소량 함유할지도 모른다. 정부는 인간의 건강에 영향을 미치기에는 너무 적은 양이라고 말한다. 하지만 유기농 식품 지지자들은 이러한 화학물질이 100퍼센트 안전하다고 단정해서 말할 정도로 충분한 시험이 이루어지지 않았다고 주장한다.

현재로서는 유기농 식품 생산자는 자신이 생산한 식품이 비유기농 식품보다 건강에 좋다거나 안전하다고 주장할 수 없다. 이들이 할 수 있는 주장이라고는 자신이 생산한 식품에 유기농 스티커를 부착하는 것뿐이다. 그러므로 결론을 내리는 일이든 연구, 조사든 각자 해야 한다.

그렇다면 결론은 무엇일까? 클린 다이어트로 식습관을 바꿔 홀 푸드를 먹고 가공식품을 피한다면 전보다 더 건강한 방식으로 음식을 섭취하게 될 것이다. 그리고 화룡점정 식으로 유기농 식품 구입을 고려해볼 수 있다. 건강에 긍정적인 영향을 미칠 가능성이 높기 때문이다. 연구 결과를 신뢰하지 않더라도 직관적으로 생각했을 때 말 그대로 독극물인 화학물질을 사용해서 재배된 식품이 그렇지 않은 식품보다 안전하거나 건강에 좋을 리가 없지 않은가.

특히 화학물질에 의해 촉발될 가능성이 있는 암, 파킨슨병과 다발성경화증 같은 질

【 유기농 식품과 어린이 】

연구가들은 아직 살충제를 비롯한 화학물질이 어린이에게 미치는 영향에 대해 광범위한 조사를 하지 않았다. 이유는 간단하다. 누가 자기 자식을 화학물질에 노출시키려 하겠는가? 하지만 아동의 신체는 빠르게 성장하므로 이러한 화학물질이 더 많은 영향을 미칠 가능성이 높다. 실제로 미국 환경연구단체(EWG)의 연구가들은 환경보호국이 정한 '안전 섭취량'보다 10배 이상 많은 살충제와 제초제를 섭취하는 아동이 많다는 사실을 발견했다.

그러므로 자녀를 위해서는 특히 앞으로 '열다섯 가지 오염된 식품을 피하라'에서 언급할 목록에 한해서는 유기농 식품을 구입하는 것이 바람직하다. 이렇게 오염된 식품을 몇 입만 먹어도 성인 기준 안전 양보다 많은 유기인산염 살충제를 섭취하게 된다.

자신과 가족을 위해 유기농 식품을 구입할지 여부는 자신이 결정할 문제다. 경제적 여건이 허락하고 자신에게 중요한 문제라면 당연히 유기농 식품을 사야 할 것이다. 단지 '15가지 오염된 식품을 피하라'를 참고하여 이런 식품을 피하는 데 중점을 두어라. 그리고 기존 방법으로 재배되었다 해도 화학물질의 잔량이 극히 낮은 식품도 있다는 사실을 기억하라('안전한 비유기농 식품은 어떤 것이 있을까'에서 확인하라). 그리고 한 숨 돌려라. 누가 아는가, 음식과 삶 전반에 대해 더 느긋한 태도를 지니는 것이 더 나은 건강을 향해 가는 티켓일지.

병의 가족력이 있는 사람은 가능할 때마다 유기농 식품을 구입하라. 또한 안전한 가정용 세제, 정원용 화학약품, 살충제를 사용하라. '100퍼센트 유기농'을 추구한다면 우울증, 감정, 혈당치 문제, 주의력결핍과잉행동장애(attention deficit hyperactivity disorder, ADHA)도 해결할 수 있다.

구입하는 식품에 대해 정보에 근거한 결정을 내리자

마트에서 물건을 살 때마다 사람들은 결정을 내린다. 색이 선명하고 상한 부분이 없는 단단한 과일과 채소를 선택할 것이다. 또한 포장 안에 육즙이 약간 스며 나온 상태의, 달콤한 냄새가 나고 단단한 고기를 구입할 것이다. 하지만 농약 함량이 적은 식품을 선택하는 방법을 아는가? 어떤 과일과 채소는 기존의 방식으로 재배되었다 해도 잔류농약이 낮다. 반면 농약 사용에 너무도 민감하여 유기농이 아니면 피해야 하는 것도 있다.

이 절에서는 유기농으로 구입해야 하는 15가지 식품에 대해 살펴보고 그렇게 해야 하는 이유를 설명할 것이다. 또한 수입 농산물의 위험성에 대해 논의하고, 건강하고 클린한 좋은 단백질원에 대해 알아볼 것이다.

오염된 15가지 식품을 피하라

미국 환경연구단체는 가장 심각하게 오염된 과일과 채소의 목록을 작성했다. 이 책에서는 이를 오염된 15가지 식품이라고 부를 것이다.(실제로는 더러운 12가지였지만 몇 가지 추가한다고 안 될 것이 있는가?) 환경연구단체에 따르면 이 15가지 오염된 식품을 유기농으로 대체해서 구입하면 살충제와 제초제에 대한 노출을 80퍼센트 줄일 수 있다.

하지만 100퍼센트 유기농 제품, 그리고 유기농으로 자연과 가까운 방식으로 사육된 가축의 고기, 해산물, 유제품을 구입할 수 있는 사람은 많지 않다. 그러므로 최소비용으로 최대효과를 거두기 위해서는 주로 살충제와 제초제 잔량이 가장 많은 식품이 무엇인지 밝히고 이를 유기농으로 대체해서 구입해야 한다.

유기농으로 구입해야 할 15가지 식품은 다음과 같다. 잔류농약이 많은 순이다.

- » **셀러리** : 셀러리는 껍질이 없어 재배에 사용된 농약을 씻어낼 수 없다. 최근 한 연구 결과 셀러리에서 64가지 잔류농약이 발견되었다.
- » **복숭아** : 섬세하고 투과성이 높은 과육을 지닌 복숭아는 해충을 방지하기 위해 매우 다양한 살충제로 처리한다. 검사 대상 가운데 96퍼센트 이상에 살충제가 함유되어 있었다.
- » **딸기** : 이 섬세한 과일은 화학물질을 다량 사용해서 재배된다. 특히 제철이 아닌 시기에 구입한다면 수입된 것이다.
- » **사과** : 껍질을 깎아도 잔류농약을 제거할 수 없다. 최근 검사 결과 사과 재배에 42가지 이상의 살충제가 사용된다는 사실이 드러났다.
- » **체리** : 미국 내에서 재배된 것이라 해도 이 맛있는 과일에는 화학물질이 함유되어 있다.
- » **파프리카** : 오렌지색, 보라색 등 오늘날 매우 다양한 색의 파프리카가 판매되고 있다. 하지만 화학물질로부터 인간을 보호하지는 못한다.
- » **당근** : 당근은 뿌리채소다. 그런 만큼 살진균제, 화학비료, 살충제와 직접 접촉한다. 게다가 껍질을 깎아내도 잔류농약이 제거되지 않는다.
- » **배** : 베리 종류에 비해 껍질이 두껍기는 하지만 워낙에 곤충들이 좋아하는 과일이므로 농부들이 농약을 엄청나게 뿌린다. 불행하게도 곤충도 살충제에 저항성이 생겨 농부들은 점점 더 많은 농약을 사용해야 한다.
- » **블루베리** : 껍질이 매우 얇은 데다 과육이 섬세하기 때문에 블루베리는 재배 과정에서 더 많은 화학물질을 흡수한다. 그리고 물로 세척하는 것만으로는 이를 도저히 제거할 수 없다.
- » **승도** : 검사 대상 가운데 95퍼센트에서 잔류농약이 검출되었다.
- » **시금치** : 이 푸른 잎채소에는 최대 48가지 잔류농약이 검출되기도 했다.
- » **포도** : 포도에 관해서는 수입 제품이 주범이다. 포도 껍질은 투과성을 지녀 화학물질이 과육에까지 도달한다. 그러므로 다른 사람이 껍질을 까주는 왕이라 해도 농약으로부터 자유로울 수 없다.

일정한 경향이 보이지 않는가? 위의 식품 목록을 기억할 수 없다면 과일과 채소를 보호벽으로 생각해보라. 껍질이 더 얇고 섬세하면 화학물질로부터 과육이나 속살을 보호하는 힘이 떨어진다.

» **감자** : 감자는 뿌리채소로서 토양 안에서 자란다. 따라서 살충제, 제초제, 살진균제에 직접 노출되어 오염될 위험이 매우 높다.
» **잎채소** : 근대, 버터 상추, 파슬리 같은 잎채소는 매우 섬세하여 곤충이 아주 즐겨 먹는다. 그러므로 가장 농약을 많이 사용하는 작물 가운데 하나다.
» **토마토** : 토마토를 취미로라도 키워본 사람이면 곤충이 얼마나 토마토를 좋아하는지 알 것이다. 이 목록의 다른 식품보다는 안전할지 몰라도 토마토 재배에도 농약이 엄청나게 많이 사용된다.

이 15가지 과일과 채소를 유기농으로 구하거나 재정적으로 구입할 수 없다 해도 방법은 있다. 다음의 단계를 따르면 농약을 비롯한 각종 화학물질을 제거하고 필요한 영양소를 섭취할 수 있다.

» 유기농이 아니더라도 안전한 식품을 대신 구입하라. 안전한 대체 식품 목록은 '안전한 비유기농 식품은 어떤 것이 있을까'를 참조하라. 예를 들어 유기농 사과가 매장에 없다면 수박이나 바나나를 구입하라.
» 언제나 과일과 채소를 세척한 다음 섭취하라. 유기농 식품도 예외는 아니다. 아래 글상자에 세척액을 직접 만드는 상세한 방법을 소개했다.

【 DIY 세척제 만들기 】

식품의 오염물질을 제거하기 위해 시중에서 판매되는 세척제를 구입해도 되지만 가격이 만만치 않다. 그렇다면 직접 만들어보자. 다음과 같은 간단한 방법으로 충분하다.

1. 아무것도 첨가되지 않은 순수한 식초 1컵, 물 1컵, 베이킹 소다 1테이블스푼, 소금 1티스푼을 분무기에 넣고 잘 흔든다.
2. 이렇게 혼합한 액체를 과일과 채소에 뿌린다.
3. 5~10분 정도 그 상태로 둔다.
4. 물로 잘 헹군 다음 먹는다.

이 DIY 세척액은 1주일까지 보관 가능하다.

다른 방법도 있다. 일단 물로 잘 세척한 다음 베이킹 소다를 뿌린다. 그리고 손가락으로 잘 문지른다. 먹기 전에 물로 잘 헹구기만 하면 된다.

» 감자와 사과는 껍질을 깎아 먹어라. 하지만 많은 유익한 영양소가 껍질 바로 밑에 있으므로 농약과 함께 영양소까지 버린다는 사실은 알아야 한다.
» 잎채소의 겉에 있는 잎들은 버려라.
» 다양한 식품을 섭취하라. 예를 들어 딸기, 사과, 감자처럼 몇 가지 식품만 먹으면 안 된다. 다양한 과일과 채소를 먹을수록 더 많은 미량 영양소를 섭취할 수 있다. 또한 같은 농약에 노출되는 것을 제한할 수 있다.

수입 농산물의 위험성을 인지하라

채식동물을 허버보어(herbivore)로, 육식동물을 카니보어(carnivore)로, 잡식동물을 옴니보어(omnivore)라고 부르는 것처럼 거주하는 곳에서 반경 16~32킬로미터 내의 지역에서 생산되는 식품을 주로 섭취하는 사람들을 로코보어(locovore)라고 부른다. 그리고 이들의 생각은 꽤나 일리가 있다. 12월에 딸기를, 2월에 스위트콘을 먹는 것처럼 제철이 아닌 식품을 먹는다면 이는 미국 외의 지역에서 생산되었을 가능성이 높다.

수입 농산물이 지닌 문제점은 크게 두 가지가 있다.

» **수입되는 모든 과일과 채소 가운데 미국 내 매장에 도달하기 전에 정부의 검역을 받는 것은 1퍼센트 미만이다.** 실제로 2007년 FDA는 수입 농산물 약 14,968,548톤 가운데 고작 1만 1,000개의 컨테이너만 검역을 실시했다.
» **미국에서 사용이 금지된 많은 살충제와 제초제가 다른 나라에서는 허용되고 있다.** 다시 말해서 미국의 많은 제조사들이 미국 내에서 사용이 금지된 농약을 생산한 뒤 이를 다른 국가에 판매한다. 그리고 수입한 나라에서는 이러한 농약을 사용하여 농산물을 재배한 다음 미국으로 수출한다.

농약에 오염된 수입 농산물로부터의 위험에 대항하려면 라벨을 꼼꼼하게 읽어야 한다. 자신이 감수해야 할 위험이 얼마나 큰지 생각하고 유기농 식품을 찾아보라. 아니면 직접 재배해도 된다! 그저 농약에 대한 두려움 때문에 과일과 채소를 안 먹는 일만은 하지 말라.

다리 달린 달걀, 방목한 쇠고기, 기타 건강한 단백질

육류, 생선, 유제품, 그리고 달걀에도 호르몬, 항생제, 농약, 살충제가 함유될 수 있다. 유기농 식품 섭취를 권장하는 미국 환경연구단체 같은 소비자 단체와 조직은 단백질 식품도 유기농으로 먹을 것을 권한다. 단백질 식품은 과일이나 채소와 약간 양상이 다르다. 체내 지방에 독성물질이 저장되기 때문이다.

육류의 지방에는 풍미만이 아니라 잔류농약과 화학물질도 함유되어 있다. 동물의 신체는 이러한 지용성 독성물질을 간에서 해독하며, 간은 다시 동물의 신체에 가해지는 해를 최소화하기 위해 독성물질을 지방세포로 보내 저장한다. 쇠고기 450그램을 생산하려면 곡물이나 풀이 약 7킬로그램 필요하므로 곡물이나 풀에 함유된 화학물질은 육류의 지방에 농축된다.

육류, 유제품, 달걀을 구입할 때 생각해봐야 할 사안은 다음과 같다.

- » **육류** : 풀을 먹여 유기농으로 사육한 소와 닭의 고기가 건강에도 더 이롭고 맛도 좋다. 병에 걸린 동물을 도축하여 식용으로 판매한다는 끔찍한 이야기를 들어보았을 것이다. 그보다는 못할지 몰라도 곡물이나 동물 부산물을 먹여 키우면 가축의 건강에 악영향을 미칠 수 있다. 그리고 그 고기를 먹는 인간의 건강에도 악영향을 미친다. 라벨에 방목해서 풀을 먹여 유기농으로 키운 호르몬 프리 제품이라고 적혀 있는지 확인하라.
- » **유제품** : 유기농으로 생산된 우유와 치즈는 합성 성장 호르몬, 특히 유전자재조합 소 성장 호르몬, 항생제, 그리고 합성재료가 함유되어 있지 않다. 산업을 지지하려면 소규모 지역 농장에서 이러한 제품을 구입하는 것이 바람직하다. 제품 포장에 유기농 라벨이 부착되어 있는지 확인하라.
- » **생선** : 생선에 어떻게 라벨 표기를 할 것인지에 대해서는 여전히 의견이 분분하다. 자연산 생선에는 유기농 라벨을 부착할 수 없다. 그 누구도 자연에서 살아가는 물고기가 무엇을 먹는지 통제할 수 없기 때문이다. 반면 오염물질 함량이 높고 양식업자들이 수자원 오염물질을 방출하고 기생충이 창궐하게 만들기는 하지만 양식 물고기에는 유기농 라벨을 부착할 기준이 있다. 또한 생선 체조직에 축적되는 수은 등의 중금속에 대해서도 고려해야 한다. 이러한 까닭에 전문가 대부분은 생선 섭취를 1주일에 2, 3회로 제

한할 것을 권장한다. 가격과 입맛에 따라 유기농 생선을 구입할지, 자연산 이나 평범한 양식 생선을 구입할지는 개인이 선택할 몫이다. 앞으로 변할 수 있는 내용이므로 계속해서 소식에 주의를 기울여라.

» **달걀** : 제목에서 '다리 달린 달걀'라는 표현을 사용한 것은 햇볕을 쬐며 실외를 자유로이 돌아다니는 닭이 낳은 달걀이 닭장에 갇힌 암탉이 낳은 달걀보다 건강에 좋다는 사실을 보여주기 위해서였다. 대규모로 사육하는 농가에서는 좁은 장 안에 닭을 가둬놓는데, 연구 결과 소규모로 방목해서 키운 닭이 낳은 달걀보다 이러한 곳의 닭이 낳은 달걀에서 살모넬라균이 더 많다는 사실이 드러났다. 영양가도 방목한 닭의 달걀이 높았다. 유기농 라벨과 더불어 방목이라는 단어가 적혀 있는지 살펴보라.

안전한 비유기농 식품은 어떤 것이 있을까

여기까지 읽었으니 앞이 캄캄해진 사람도 있을 것이다. 하지만 낙담할 필요 없다! 어떤 유형의 식품을 피해야 할지 알게 되었으니 이제 유기농으로 재배되거나 사육되지 않은 식품이라도 안심하고 먹을 수 있는 식품의 목록을 살펴보기로 하자. 이 절에서는 그토록 많은 과일과 채소가 살충제와 제초제를 사용해서 재배했다 해도 잔류농약이 거의 없거나 아예 없어 먹어도 완벽하게 안전한지 살펴볼 것이다. 또한 잔류농약의 양이 매우 적어 기존의 방식으로 재배된 식품으로 구입해도 되는 것을 살펴볼 것이다.

비유기농이어도 괜찮은 이유는 무엇일까

'오염된 15가지 식품을 피하라'에서 언급한 것과 같은 방식으로 재배되어도 그다지 많은 화학물질을 흡수하지 않는 과일과 채소도 많다. 또한 벌레와 해충이 꼬이지 않아 농부가 애초에 살충제를 뿌릴 필요가 없는 작물도 일부지만 존재한다. 기존 방식으로 재배되었지만 이러한 식품은 먹어도 안전하다고 안심하고 구입해도 된다.

다음 절에서 소개할 식품은 껍질이 더 질기거나 과육에 화학물질이 침투하지 못하게

막는 메커니즘을 지니고 있다. 하지만 먹기 전에 모든 농산물을 세척해야 한다. 실제로 칼도 대기 전에 이러한 과일과 채소를 세척해야 한다. 기존 방식으로 재배된 식품 가운데 잔류 화학물질로부터 완전히 자유로운 것은 없다. 또한 씻지 않은 채 자르면 껍질에 묻어 있는 세균과 잔류 화학물질이 속살까지 오염시킨다. 앞서 상자에서 설명한 'DIY 세척제 만들기'에 따라 만든 세척제로 모든 농산물을 씻은 다음 껍질을 벗기고 썰고 잘라라.

비유기농으로 구입해도 되는 클린한 식품

돈도 절약하고 쇼핑도 쉽게 하려면 다음 식품들은 기존 방식으로 재배된 것을 구입해도 된다.

- **아스파라거스** : 아스파라거스의 껍질은 두껍지 않다. 단지 곤충이 싫어한다! 어쨌든 아스파라거스는 두께가 얇든 두껍든 제대로 조리하면 부드러워지므로 어떤 것을 선택해도 좋다.
- **아보카도** : 아보카도의 두툼한 껍질은 살충제로부터 과육을 보호한다. 껍질을 벗기기 전에 충분히 씻어라.
- **바나나** : 천연 용기나 다름없는 바나나 껍질은 살충제와 제초제로부터 과육이 오염되는 것을 막아준다. 그리고 맞다, 바나나도 껍질을 벗기기 전에 세척해야 한다!
- **브로콜리** : 불쌍한 브로콜리. 아이들처럼 곤충도 브로콜리를 싫어한다. 먹기 전에 잘 씻어주기 바란다.
- **양배추** : 양배추를 좋아하는 해충은 많지 않다. 따라서 농부들은 판매하기에 적당한 크기로 키우기 위해 살충제를 많이 사용할 필요가 없다. 먹기 전에 잘 씻은 다음 가장 바깥의 잎을 떼어내라.
- **가지** : 이 낯선 보라색 채소는 껍질이 두꺼워 화학물질로부터 속살을 보호할 수 있다. 겉면을 잘 씻은 뒤 껍질을 벗겨 사용하라.
- **자몽** : 자몽의 두꺼운 껍질은 화학물질로부터 새콤달콤한 과육을 보호한다.
- **키위** : 연두색 과육을 지닌 이 낯선 작은 과일은 거친 갈색 껍질이 천연 보호막 역할을 한다. 자르기 전에 씻기만 하라. 그리고 먹어도 되는 부분이므로 씨를 제거할 필요가 없다.

» **망고** : 망고는 야생 복숭아처럼 부드럽고 달콤한 과육을 지닌 맛있는 과일이다. 망고는 껍질이 두꺼워 화학물질로부터 보호받는다. 단, 껍질을 벗기기 전에 씻어야 한다.

» **양파** : 양파를 우적우적 먹는 곤충은 그다지 많지 않다. 따라서 농부들은 살충제와 살진균제를 사용할 필요가 없다. 다지거나 썰기 전에 씻고 껍질을 벗겨라.

» **파파야** : 이 달콤하고 즙이 많은 과일은 두꺼운 껍질이 있어 살충제를 비롯한 화학물질이 과육에 접근하지 못하게 막는다.

» **파인애플** : 도대체 누가 처음 파인애플을 먹을 생각을 했는지 궁금하지 않은가? 그야말로 천하무적인 껍질이 달콤한 과육을 감싼 채 오염물질을 완벽하게 막아낸다. 물론 자르기 전에 씻어야 한다.

» **속대에 붙은 통 스위트콘** : 옥수수 껍질과 수염이 부드러운 알맹이가 화학물질에 노출되는 것을 막아준다. 껍질을 제거한 다음 씻어서 조리하라.

» **스위트피** : 이 작은 보석 같은 곡물은 천연 보호 패키지로 존재한다. 스위트피야말로 살충제에 오염될 가능성이 가장 낮은 채소 부문에서 우승 트로피를 거머쥘 만하다.

» **수박과 캔터루프** : 여름이면 가장 사랑받는 과일인 수박과 캔터루프는 두꺼운 껍질을 지녀 화학물질이 침투하기가 거의 불가능하다. 자르기 전에 잘 세척하라. 하지만 수박 껍질로 피클을 만들 때는 유기농 제품을 사용해야 한다.

지금까지 나열한 식품들은 대체로 여러 가지 살충제나 제초제를 사용할 필요가 없어 이러한 화학물질에 덜 노출된다. 그만큼 먹는 사람도 덜 노출되는 것은 당연한 일이다. 최근 연구에 따르면 이들 가운데 다수에서 잔류농약이 검출되지 않았고, 검출되었다 해도 대부분 한 가지 유형의 살충제였다. 농약끼리 일으키는 상승효과 때문에 독성이 증가하므로 이는 좋은 소식이 아닐 수 없다.

chapter

11

클린한 음식 조리하기

제11장 미리보기

- 클린 라이프스타일에서 최고와 최악의 조리법에 대해 알아본다.
- 식품을 다양하게 배합하여 영양학적 가치를 높인다.
- 남은 음식을 안전하게 저장, 섭취한다.

클린 이팅을 실천할 때는 그토록 신경 써서 구입한 식품을 최대한 클린한 상태를 유지하며 조리하고 싶을 것이다(클린 이팅 주방에 식품을 갖추는 요령은 제9장을 확인하라). 섭취하는 음식을 클린하게 유지하는 한 가지 방법은 찌기, 데치기, 볶기 등 가장 건강하고 안전한 조리법을 사용하는 것이다. 조리하는 동안 식품은 그 성분이 변화하고 어떤 영양소는 인체에서 사용하기 쉬워지며 육류와 해산물 등의 경우 먹기에 안전해진다.

식품을 클린하게 유지하는 또 다른 방법은 생식운동(raw food movement)에 동참하는 것이다. 이름만 들어도 추측할 수 있지만 이는 익히지 않은 음식을 섭취하는 방식이다. 생식운동은 비교적 새로운 현상으로서 과일과 채소에 함유된 효소가 인체의 건강에 이롭다는 전제를 근거로 한다. 이러한 효소는 식품의 온도가 약 48도 이상 올라가면 파괴된다.

이 장에서는 가장 건강하게 클린 푸드를 조리하는 방법을 살펴보고 피해야 할 건강에 해로운 조리법을 소개할 것이다. 또한 식품들을 조합하여 영양소를 인체가 사용하기 쉽게 만드는 방법도 논의할 것이다. 마지막으로 남은 음식을 활용하여 비타민, 미네랄, 그리고 미량 영양소를 남김없이 섭취하는 방법도 살펴볼 것이다.

최고와 최악의 조리법에 대해 알아보자

구석기시대에는 단순히 불에 던져 넣는 것만으로도 사치스러운 음식 취급을 받았다. 하지만 시대가 변했다! 이제 자신과 가족을 위해 선택할 수 있는 클린 푸드 조리법은 매우 다양하다. 먹는 음식도 그렇지만 이러한 조리법에도 더 좋은, 즉 건강에 더 이로운 것이 있다.

덜 건강한 방법으로 음식을 조리하면 절대 안 된다는 의미가 아니다. 그저 각 조리법에 내재된 위험을 인지하고 최대한 건강한 음식을 만드는 방법을 알아야 한다는 것이다.

이 절에서는 건강한 방식으로 음식을 조리하고 식히는 방법과 점점 인기를 얻고 있는 생식 다이어트를 클린 이팅 라이프스타일에 포함시키는 방법을 설명할 것이다. 또한 어떤 조리법을 피해야 하는지, 그 이유는 무엇인지 다룰 것이다.

먹기 전에 가열하라

음식을 조리하면 확실히 좋은 점이 있다. 그 가운데 한 가지는 열을 가하면 맛이 더 좋아진다는 것이다. 음식을 만들며 여러 가지 식품을 혼합하는데, 이렇게 하면 한 입 먹을 때마다 더 많은 영양소를 섭취하고 맛과 향도 풍부하게 느낄 수 있다. 그 밖에 음식을 조리할 때 일어나는 일은 다음과 같다.

- **식품의 세포 구조가 분해되어 먹기 쉬워진다** : 예를 들어 홀 그레인과 많

은 뿌리채소는 조리한 다음 먹기 쉬워진다.

» **특정한 영양소가 더 쉽게 소화, 흡수되게 만든다** : 예를 들어 인체는 생것일 때보다 익혔을 때 토마토에 함유된 리코펜을 3배 더 잘 흡수한다. 또한 익힌 당근은 생것보다 인간의 장에서 5배 더 잘 흡수된다.

» **육류, 달걀, 해산물에 있는 세균과 기생충을 죽여 식품을 안전하게 만든다** : 닭과 칠면조 고기에는 반드시 세균이 있다. 그러므로 모든 세균을 죽이기 위해서는 74도로 가열해야 한다. 마찬가지로 쇠고기, 돼지고기, 양고기의 솔리드 컷(solid cut, 절단만 하고 아무 가공도 하지 않은 덩어리 고기-역주), 해산물의 경우 표면을 그을리고 내부 온도를 63도까지 높이면 표면에 서식하는 세균을 죽일 수 있다. 단, 간 고기는 종류와 상관없이 섭씨 71도 이상으로 가열해야 한다.

음식을 조리하면 그 구조에 변화가 생긴다. 빵은 부풀었다가 모양을 잡아가고 육류의 단백질은 분해되었다가 새로운 형태를 갖추며 단단해진다. 또한 지방은 녹고 전분은 굳으며 세포 구조는 약해진다. 이러한 변화가 어떤 과정을 거쳐 일어나는지에 따라 조리하는 식품의 특징, 질감, 풍미, 영양학적 가치가 달라진다.

클린한 홀 푸드를 조리할 때 가장 바람직한 조리법은 다음과 같다.

» **찌기** : 물 등의 액체가 서서히 끓을 때 발생하는 증기에 식품을 노출시키는 조리법으로서 지방을 추가할 필요가 없다. 스팀에서 부드럽게 가해지는 열기는 단백질과 전분을 익히지만 다른 거친 조리법에 비해 비타민의 손상이나 파괴가 적다. 또한 조리하는 동안 액체에 식품이 노출되지 않으므로 수용성 비타민도 보존할 수 있다.

» **포칭** : 겨우 끓기 시작할 정도의 온도의 물에서 음식을 조리하는 방법이다. 이 저온 조리법을 사용하면 열에 의해 파괴되거나 손상되는 비타민을 보존할 수 있다. 찌기와 마찬가지로 포칭에는 지방을 추가로 사용할 필요가 없다. 또한 생선과 달걀처럼 원래 지방 함량이 낮은 섬세한 식품을 조리하는 데도 좋은 방법이다.

» **볶기** : 소량의 지방, 주로 오일 종류를 사용하여 단시간 내에 음식을 익히는 방법이다. 워낙 짧은 시간만 열을 가하기 때문에 더 많은 영양소를 보

존할 수 있다. 지방만이 아니라 약간의 물이나 육수를 넣고 볶을 수도 있다.

» 굽기 : 부드러운 건열 방식 조리법인 굽기는 모든 유형의 식품을 익히는 데 사용할 수 있다. 섭씨 200도 이하의 낮은 온도에서 구우면 더 많은 영양소가 유지된다.
» 슬로우 쿠커 : 슬로우 쿠커는 음식을 도자기 용기 안에 넣고 낮은 온도로 조리하는 특수한 소형 가전용품이다. 음식을 밀폐된 조건에서 장시간 조리하므로 영양은 물론 맛과 향도 보존할 수 있다.

이러한 방법은 대부분 다른 조리법에 비해 낮은 열을 가한다는 특징이 있다. 예를 들어 전문가용 피자 오븐은 섭씨 427도 이상, 그릴은 섭씨 316도 이상 도달한다. 반면 위에서 소개한 건강한 조리법들은 섭씨 93~204도의 훨씬 낮은 온도에서 식품을 익힌다. 바로 낮은 온도가 건강한 조리법의 핵심 가운데 하나다.

물을 적게 넣고 높은 온도에서 음식을 조리하면 최종당산화물(advanced glycation end products, AGEs)라는 화합물이 만들어진다. 이는 단백질과 설탕이 높은 온도에서 결합하여 형성되는 것이다. AGE는 인체에 독성을 띠며 염증과 연관되어 왔다. 염증은 당뇨, 신장질환, 심장질환 같은 질병의 원인이 된다. 안타깝게도 AGE에 속하는 화합물들은 육류와 빵의 갈색 표면처럼 음식을 맛있게 만들어준다. 연구 결과 AGE 섭취를 절반으로 줄이면 수명을 증가시킬 수 있다는 사실이 발견되었다.

AGE는 가공식품을 피해야 하는 또 한 가지 원인이기도 하다. 가공식품 다수는 생산 과정에서 고온에 노출되므로 AGE 함량이 높을 수 있다. 바삭하고 갈색이 도는 프렌치프라이, 겉이 단단하게 잘 구워진 그릴 스테이크는 맛은 좋을지 몰라도 건강에 가장 좋은 식품은 아니다.

물론 갈색이 도는 로스트나 바삭한 빵을 다시는 먹지 말라는 말은 아니다. 이런 질감과 풍미 역시 음식이 선사하는 즐거움 가운데 하나가 아닌가. 하지만 자신이나 가족 가운데 당뇨, 심장질환 등 특정한 질병이 발생할 확률이 높으면 이러한 음식의 섭취를 제한해야 한다.

먹기 전에 식혀라

음식을 식히는 일은 무엇보다 식품의 안전성과 연관된다. 상하기 쉬운 음식은 안전한 상태를 유지하기 위해 냉장보관해야 한다. 메인디시 샐러드, 차가운 수프, 일부 전채 요리 등 몇 가지 음식은 먹기 전에 차게 식혀야 한다. 셔벗, 디저트 같은 음식은 먹기 전에 냉동해야 한다. 냉장, 또는 냉동이 그저 음식의 온도를 낮추는 것이므로 클린한 조리법이라고 할 수 있다. 하지만 열을 식힌 음식은 안전성이 떨어질 수 있으므로 이 조리법을 사용할 때는 주의해야 한다.

최대한 음식을 신선하고 안전하게 보관하려면 냉장고 온도를 4도 이하로 유지해야 한다. 유해균은 온도가 4~60도일 때 증식하고 독성물질을 생성할 수 있다. 그리고 이 독성물질은 식품을 가열하고 조리해도 사라지지 않는다.(온도가 4도 이하일 경우 세균의 성장이 급격히 둔해지고 대부분의 세균은 60도 이상의 온도에서 죽는다.) 그러므로 육류, 치즈, 해산물, 달걀, 유제품 등 상하기 쉬운 식품은 모두 이 안전하지 않은 온도 구역에 들어가지 않게 주의해야 한다. 다시 말해서 뜨거운 음식은 뜨겁게, 찬 음식은 차게 내라는 것이다. 상하기 쉬운 음식, 또는 열을 식힌 음식을 냉장고 밖에 2시간 이상 놔두지 말라. 단, 상온이 26도 이상인 경우 1시간 이상 두지 말아야 한다.

냉동고 온도를 1도 이하로 설정하고 온도를 확인할 수 있게 내부에 온도계를 설치해야 한다. 음식을 냉동하기 전에 냉장실에서 먼저 온도를 내려야 한다. 뜨거운 음식을 바로 냉동고에 넣으면 냉동실 안의 온도를 너무 높여 냉동된 다른 식품까지 녹게 만들 수 있다. 부주의로 인해 냉동되었던 식품을 1시간 이상 냉동고 밖에 두었다 해도 표면에 얼음 결정이 아직 있으면 다시 냉동할 수 있다. 하지만 완전히 해동되었다면 그 즉시 사용하여 조리하거나 폐기해야 한다.

클린 이팅 라이프스타일의 핵심 부분인 홀 푸드는 차게 만들었을 때 가장 안전한 식품이다. 가공된 육류, 바로 먹을 수 있게 손질된 샐러드, 연질 치즈 등 차게 보관되는 가공식품이나 조리된 식품은 가공하고 다루는 과정에서 오염될 수 있다. 온도를 낮춰 차갑게 만든다 해도 그저 성장을 억제할 뿐 세균을 죽일 수는 없다. 그러므로 아주 어린 아이, 노인, 면역계가 손상된 사람들에게 이러한 음식은 위험할 수 있다.

음식을 아예 조리하지 말라 : 클린 생식 다이어트

어떤 식품은 정말 생으로 먹었을 때 건강에 더 이롭다. 어쨌든 음식을 조리하면 특히 열에 민감한 활성화 물질과 영양소 가운데 파괴되는 것이 있다.

생식 다이어트에 대한 최신 의학 문헌이 그리 많지 않다. 그 때문에 생식의 신뢰성에 의문을 제기하는 영양학자들도 있다. 하지만 지금까지 완료된 연구에 따르면 특히 채소를 조리하면 중요한 영양소들이 파괴되는 반면 다른 영양소 중에는 인체에서 소화, 흡수하기 쉬워지는 것이 있다는 사실이 드러났다. 또 다른 연구에서는 채소를 생으로 섭취하면 식도암, 위암, 구강암, 후두암 등의 발병 위험을 줄인다는 사실을 보여준다.

생식주의자들은 대부분의 식품을 씻기만 한 상태에서, 때로 껍질을 벗긴 다음, 조리하지 않은 채 먹는다. 곡물과 싹채소 등 일부 생식을 먹을 때 맛과 향을 증가시키고 소화하기 쉽게 만들기 위해 먹기 전에 물에 담가 놓는다. 일부 생식주의자들은 달걀, 생선, 육류, 우유, 치즈까지 생으로 먹는다. 하지만 스시 등급의 생선처럼 오염을 두려워하지 않고 먹을 수 있을 정도로 품질이 높은 식품을 찾기란 어려운 일이다(바로 이 때문에 생식 다이어트를 구성하는 식품이 대부분 비건이다. 비건이란 동물성 식품을 완전히 배제하는 방식을 말한다).

생으로 섭취해도 안전한 식품은 다음과 같다.

- **마늘** : 생마늘에 함유된 황화알릴이라는 강력한 항암물질은 열을 가하면 파괴된다. 황화알릴을 비롯한 피토케미컬에 대한 자세한 내용은 제4장에서 확인하라.
- **과일** : 비타민 C와 B 같이 과일에 함유된 비타민은 수용성이고 열에 민감하다. 과일을 생으로 먹으면 이러한 영양소들을 더 잘 흡수할 수 있다.
- **견과류와 씨앗류** : 볶으면 맛과 향이 더 풍부해지지만 동시에 질병 발생에 기여할 수 있는 AGE도 생성된다. 또한 견과류를 볶으면 함유되어 있는 일부 필수지방산이 산화된다. 산화된 지방산은 세포에 손상을 입히고 심장 질환 발병 위험을 높일 수 있다.
- **녹색잎채소** : 조리해서 먹어도 되지만 대부분 사람들은 아삭거리는 질감

때문에 생으로 먹는다.

익히지 않은 음식은 소화 면에서도 장점을 지닌다. 생식에 함유된 효소가 소화 과정에서 인체의 효소를 보조하는 것으로 보인다. 위산 때문에 일부 효소에 변성이 일어나기는 하지만 인간의 장에서 활성화 상태를 유지하거나 개량되는 경우도 있다.

조리하는 동안 가해지는 열이 음식에 함유된 효소를 파괴하지만 과학자들은 대부분 건강한 인간의 몸은 안전하게 음식을 소화할 정도로 충분한 효소를 생성할 수 있다고 생각한다. 하지만 동물실험 결과 100퍼센트 익힌 음식을 섭취한 동물에게서 췌장이 비정상적으로 비대해지는 증상이 발생했다는 사실이 드러났다. 반면 100퍼센트 생식한 동물의 췌장에서는 이러한 이상이 발견되지 않았다.

이론만으로 보자면 완전한 생식을 한다 해도 괜찮을 것 같지만 대부분 날것인 식품으로 구성된 식단을 감당할 수 있는 사람은 많지 않다. 게다가 클린한 생식 다이어트에서는 먹을 수 있는 식품의 유형도 제한된다. 조리한 다음에 먹어야 하는 식품으로는 다음과 같은 것이 있다.

- **루바브** : 소량이라면 생으로 먹을 수 있지만 루바브에는 섭취했을 때 관절 통증과 신장결석을 유발할 수 있는 옥살산이 들어 있다. 하지만 조리하는 과정에서 그 양이 감소한다.
- **강낭콩을 비롯한 말린 협과** : 두류에는 독성을 띤 식물성 혈구응집소가 함유되어 있다. 하지만 조리하는 동안 비활성화된다.
- **가지** : 생 가지는 섬유질이 매우 풍부하여 먹고 소화시키기 어렵다.
- **육류와 해산물** : 육류와 해산물 대부분은 조리한 다음에 먹는 것이 안전하다. 매우 신선하고 품질이 좋은 스시 등급의 생선은 날것으로 먹어도 되지만 구하기 쉽지 않다.

생 음식을 식단에 포함시켜야 하는 것은 분명하지만 클린 이팅을 실천하기 위해 100퍼센트 전적으로 생식을 고수할 필요는 없다. 날 음식과 조리한 음식을 균형 있게 섭취하는 것이 가장 바람직하다. 날 음식에 함유된 효소가 소화를 도와준다면 먹지 않을 이유가 없지 않은가? 또한 최대한 다양한 미량 영양소를 섭취하기 위해 최대한 다양한 과일과 채소를 식단에 포함시키지 않을 이유는 또 무엇인가?

완전한 생식 식단을 시도하려면 먼저 의사와 상담한 다음 식품 안전에 관한 주의사항을 철저하게 따라야 한다.

덜 건강한 조리법을 피하라

앞부분의 '먹기 전에 가열하라'에서 건강한 조리법에 대해 살펴보았다. 하지만 그만큼 건강하지 않은 조리법도 있다. 그릴에 굽거나 튀긴 음식을 좋아하는 사람이 많지만 이러한 조리법은 특히 정기적으로 섭취했을 때 건강에 해롭다. 이렇듯 매우 높은 온도에서 조리하면 음식이 타거나 고르게 익지 않을 수 있다.

피해야 할 조리법은 다음과 같다.

- 전자레인지로 익히기 : 전자레인지로 익힌다고 음식이 방사능에 오염되는 것은 아니다. 하지만 고루 익지 않을 수 있다. 전자레인지는 에너지가 많이 집중되는 곳과 적게 집중되는 곳이 있어 핫스팟과 콜드스팟이 생긴다. 그러므로 전자레인지로 육류를 익히면 전혀 안 익거나 덜 익은 부분이 남을 수 있다. 또한 전자레인지로 조리한 음식을 지속적으로 섭취한 아동과 성인의 혈액에 식별 가능한 변화를 보여주는 충격적인 실험들도 있다.
- 그릴에 굽기 : 그릴은 음식을 만들 때도 재미있고 건강한 조리법이 될 수도 있다. 하지만 가끔만 사용해야 한다. 워낙에 높은 온도로 조리하는 방법이므로 음식이 탈 수 있다. 물론 그을린 음식이 맛이 좋기는 하지만 표면에 헤테로사이클릭아민이라는 발암물질이 생성될 수도 있다. 또한 녹아내린 지방이 숯에 떨어지면 또 다른 발암물질인 다핵방향족탄화수소를 함유한 연기에 식품이 노출된다.
- 튀김 : 튀긴 음식은 사용된 오일의 10퍼센트 이상을 흡수한다. 오일의 온도가 낮을 때는 더 흡수한다. 그저 갈색이 도는 프렌치프라이나 도넛을 생각하면 음식을 튀기면 많은 양의 AGE가 생성된다는 사실을 알 수 있다. 튀김에 사용되는 오일도 조리하는 과정에서 변화하고 손상된다. 예를 들어 가열하면 트랜스 지방으로 변하는 오일도 있다.
- 로스팅 : 로스팅은 높은 온도에서 이루어지는 특정한 형태의 굽기다. 로스팅한 식품은 건조가열 방식의 굽기로 조리한 식품보다 지방 함량이 높다.

> 그리고 이렇게 많아진 지방 때문에 AGE가 생성될 수 있다.

삶기, 브로일링, 팬 소테(팬에 볶기)는 좋은 조리법과 나쁜 조리법 중간에 위치한다. 음식을 삶으면 수용성 비타민이 식품 밖으로 흘러나올 수 있다. 다시 말해서 물을 따라 버릴 때 좋은 성분이 모두 싱크대로 쏟아져나간다. 브로일링은 식품을 태우거나 지나치게 익히지 않는 한 괜찮다. 팬 소테 역시 불이 너무 세지 않고 오일을 조금만 사용하면 괜찮다.

그릴에 굽기나 브로일링을 너무나도 좋아한다면 다음 지침을 따라 건강에 덜 해롭게 만들 수 있다.

- 기름기가 적은 고기를 선택하면 지방이 타면서 PAH를 형성하는 것을 방지할 수 있다.
- 그릴에 굽는 식품 바로 아래에 기름받이 팬을 놓는다. 기름이 녹더라도 숯이 아니라 기름받이 팬으로 떨어진다면 타서 발암물질이 함유된 연기가 나지 않을 것이다.
- 그릴에 굽거나 브로일링을 할 때 미리 고기를 양념에 재 놓으면 발암물질이 생성되는 것을 막을 수 있다. 또한 고기 표면의 식중독균을 줄이는 데도 도움이 된다. 항산화성분이 함유된 향신료와 허브를 사용하면 더욱 건강에 좋다. 양념에 사용하기에 특히 효과적인 재료는 로즈마리와 마늘이 있다.
- 음식이 탈 확률을 줄이기 위해 조리 온도를 낮춰라. 또한 낮은 온도에서 익히면 고기의 질감도 부드러워진다.

여러 가지 식품을 결합하여 영양학적 가치를 높여라

궁합이 맞는 식품을 결합하여 체중을 감량한다는 개념은 오랫동안 다이어트 업계의 원칙으로 사용되었다. 하지만 이 책에서 말하는 궁합이란 다른 개념이다. 특정한 식품을 함께 섭취하면 각각의 식품에 함유된 화합물들이 더 효율적이고 효과적으로 인체에 흡수될 수 있다.

각 식품에는 말 그대로 수천 가지 생물활성을 지닌 천연 화합물이 함유되어 있고, 이러한 화합물들은 다른 천연 화합물과 결합하면 그 기능이 강화된다. 바로 이 때문에 클린 이팅 플랜에서 주장하는 홀 푸드의 섭취가 영양가가 없는 식단에 영양제를 통해 영양소를 보충하는 방식보다 건강에 도움이 되는 것이다(홀 푸드와 클린 이팅 플랜에서 각각의 홀 푸드가 지니는 의미에 대해서는 제2장에서 자세히 다루었다).

이 절에서는 다양한 식품 조합에 대해 살펴보고 이 식품들을 짝지어 섭취해야 하는 이유를 설명할 것이다. 인체는 경이로운 기계다. 기계처럼 부품이 모두 서로 조화를 이루었을 때 가장 뛰어난 성능을 발휘한다. 어떤 식품들을 조합하느냐에 따라 영양소가 더 잘 흡수되기도 하고 면역력을 강화하거나 인체의 치유 과정을 도와주기도 한다.

영양소를 조합하여 인체 내에서 효과적으로 흡수되게 만들어라

각기 다른 식품은 각기 다른 영양소를 함유하고 있다. 식품 과학자와 연구가들은 지금까지 식품에 함유된 새로운 미량 영양소를 찾아낸 것만이 아니라 이러한 영양소를 특정한 방식으로 조합하면 각각 영양소의 효율성을 높일 수 있다는 사실을 밝혀냈다.

여러 가지 식품을 한꺼번에 섭취하면 다양한 피토뉴트리언트(식물에 함유된 영양소)를 결합하여 최고의 영양학적 가치를 만들어낸다. 영양소를 최대로 활용하기 위해서는 다음과 같은 식품 조합을 식단에 포함시켜라.(여기에서 언급하는 영양소와 이들이 건강에 그토록 좋은 이유는 제3장과 제4장에서 더 자세히 다루었다.)

- **감귤류 과일에 고단백 식품을 더하라** : 비타민 C는 인체가 육류 등 고단백질 식품에서 철분을 흡수하는 데 도움을 준다.
- **사과에 포도와 베리류를 더하라** : 사과에는 플라보노이드의 한 종류인 케르세틴이 함유되어 있는데, 이를 포도에 함유된 카테킨, 베리류에 함유된 엘라그산과 결합하면 동맥과 정맥에서 혈병이 형성되는 것을 감소시킬 수 있다.
- **비타민 C 함량이 높은 식품에 육류를 제외한 철분 함량이 높은 식품을 더하라** : 녹색잎채소와 홀 그레인에는 비헴철이 함유되어 있는데, 이는 인체에서 흡수율이 떨어진다. 비타민 C는 이러한 비헴철을 인체에 유용한 형태

로 바꿔준다.

- **토마토에 십자화과 채소를 더하라** : 토마토에 함유된 항산화성분에 브로콜리, 콜리플라워, 케일 등의 십자화과, 즉 유채속 채소를 더하면 모든 영양소의 유효성을 높일 수 있다.
- **향신료를 혼합하라** : 커리 파우더가 건강에 좋은 이유 가운데 하나는 바로 알츠하이머병과 암을 예방하는 울금이라는 성분이 함유되어 있다는 것이다. 후추 등에 함유된 바이오페린이라는 화합물과 함께 섭취하면 울금의 활성화 성분인 커큐민의 인체 흡수율이 높아진다. 바이오페린은 다른 미량 영양소의 흡수율을 높여주는 역할도 한다.
- **좋은 지방에 채소를 더하라** : 아보카도나 버터에 함유된 건강한 지방은 양상추, 시금치, 당근 등의 식품에 함유된 카로틴과 루테인이 인체에서 흡수되는 양을 증가시킨다.
- **좋은 지방에 비타민 E가 풍부한 식품을 더하라** : 지방은 필수비타민인 비타민 E의 흡수를 도와준다.
- **비타민 C에 단백질을 더하라** : 비타민 C는 인체가 단백질을 사용하여 손상되거나 부상을 입은 부위를 복구하는 데 도움을 준다. 외과수술을 비롯한 의료 처치를 받은 다음에 특히 이러한 조합으로 음식을 섭취해야 한다.
- **칼륨과 나트륨을 함께 하라** : 나트륨 함량이 높은 음식을 먹을 때는 채소와 과일처럼 칼륨 함량이 높은 식품을 함께 먹어야 한다. 칼륨은 신장이 여분의 나트륨을 배출하는 데 도움을 준다.
- **탄수화물에 단백질을 더하라** : 이렇게 하면 포만감이 더 오래 유지되는 것은 물론 손상된 부위를 복구하는 데도 도움이 된다.

구체적으로 어떤 식품과 어떤 식품을 함께 먹어야 할까

방금 소개한 식품 조합 목록을 읽는 동안 이미 이런 식으로 식품과 영양소의 조합을 머릿속에 그린 사람도 있을 것이다. 아침식사로 스크램블 에그에 오렌지 주스를 곁들여 단백질과 비타민 C를 결합할 수 있다. 또한 여러 가지 음식에서 항산화 기능을 높여주는 다양한 향신료 조합을 떠올렸을 수도 있다. 버터를 약간 넣고 당근을 조리하면 인체 내에서 베타카로틴 등 카로티노이드 성분이 더 잘 흡수되게 만들었을 수도 있다. 아니면 올리브 오일에 토마토를 조리하여 파스타소스로 만들었을지도 모른다. 이렇게 하면 인체가 루테인을 사용할 수 있는 양이 늘어난다.

다음은 특정한 식품을 조합한 예다. 맛까지 겸비한 이 조합을 식단에 추가하여 영양학적 가치를 높여라.

- **아침식사용 시리얼에 베리류를 첨가하라** : 베리류에 함유된 비타민 C는 인체가 시리얼에서 더 많은 단백질을 흡수하게 도와준다.
- **통밀 토스트에 땅콩버터를 더하라** : 땅콩버터에 함유된 지방은 홀 그레인에 함유된 비타민 E의 흡수율을 높여준다.
- **당근을 듬뿍 넣고 폿로스트**(주로 비싸지 않고 덜 부드러운 소고기를 먼저 노릇하게 구운 다음 냄비에 넣고 약간의 액체와 함께 끓이는 것-역주)**를 만들어라** : 당근에 함유된 비타민 A 전구체와 폿로스트에 함유된 아연과 단백질이 짝을 이뤄 비타민 A가 인체에서 더 잘 사용되게 만들어준다.
- **토마토와 브로콜리를 함께 볶아라** : 이 두 가지 식품에는 강력한 항산화물질이 함유되어 있는데, 함께 기능을 할 때 효과가 더 높아진다.
- **아보카도와 올리브 오일을 넣고 혼합 그린 샐러드를 만들어라** : 올리브 오일은 녹색잎채소에 함유된 베타카로틴 등의 카로티노이드 화합물의 흡수를 도와준다. 카로티노이드 흡수에는 지방이 필요하므로 지방을 배제한 팻 프리 샐러드 드레싱보다 건강에 더 좋다.
- **녹색잎채소와 토마토를 함께 하라** : 토마토에 함유된 비타민 C는 녹색잎채소에 함유된 철이 인체 내에서 흡수되는 것을 도와준다.
- **녹차에 얇게 썬 레몬 한 조각을 넣어라** : 녹차에 함유된 카테킨은 레몬에 함유된 비타민 C와 함께 있을 때 인체 내에서 효율성이 높아진다.
- **요거트, 바나나, 베리류로 만든 스무디를 마셔라** : 바나나와 요거트에 함유된 탄수화물과 단백질은 인체의 복구 작용에 도움을 준다. 또한 베리류에 함유된 비타민 C는 철의 흡수율을 높인다.
- **과일을 샐러드로 만들어 먹어라** : 라즈베리, 크랜베리, 포도, 사과 등 과일을 한데 섞어 각각 함유된 항산화성분이 모두 합쳐지면 효능이 높아진다.
- **마요네즈 대신 요거트를 사용하여 연어, 또는 참치 샐러드를 만들어라** : 요거트에 함유된 비타민 D는 지방 함량이 많은 생선의 칼슘 흡수를 도와준다.

» **고기를 양념할 때 로즈마리, 마늘, 커리 파우더를 사용하라.** 이렇게 하면 고기를 그릴에 구울 때 발암물질이 형성되는 것을 줄일 수 있다.
» **스튜와 캐서롤을 만들 때 과일과 채소를 듬뿍 넣어라.** 비타민 C와 단백질을 결합하면 인체가 손상된 부분을 더욱 효율적으로 복구하는 데 도움이 된다.

이 밖에도 궁합이 좋은 음식들은 얼마든지 있다! 다양한 음식을 먹는 것이야말로 매 끼니를 통해 최대한 다양한 영양소를 섭취할 수 있는 최고의 방법이다. 새로운 방식으로 홀 푸드를 결합하는 것은 먹음직스러운 식단을 만들 뿐 아니라 건강에도 도움이 되는 일이다.

그렇다고 새로운 조합이 모두 건강에 좋을 리는 없다, 안 그런가? 피해야 할 식품 조합은 다음과 같다.

» **우유와 차** : 우유에 함유된 카제인은 차의 항산화성분 효과를 떨어뜨린다.
» **우유와 초콜릿** : 우유와 차처럼 우유의 카제인이 초콜릿의 항산화성분 효과를 떨어뜨린다.
» **커피, 차, 와인과 협과, 녹색잎채소, 홀 그레인 같이 철분이 풍부한 식품** : 커피, 차, 와인에 함유된 타닌이 철의 흡수를 방해한다.

남은 음식과 재료를 안전하고 효과적으로 사용하자

평범한 미국 가정에서 한 달에 버려지는 음식물이 400달러에 육박한다는 사실을 아는가? 엄청난 양의 음식물이 버려진다는 것은 지갑에만 나쁜 일이 아니다. 음식물과 함께 버려지는 그 모든 영양소를 생각해보라!

이 절에서는 클린한 남은 음식과 재료를 간단하고 안전하게 모두 사용하는 방법을 살펴볼 것이다. 또한 이러한 음식을 안전하게 보관하는 방법도 소개할 것이다. 클린한 라이프스타일을 지킨다 해도 음식이 쓰레기로 변하게 만든다면, 또는 안전하지 않고 정상적인 상태가 아닌 음식을 먹고 탈이 난다면 무슨 소용이 있겠는가?

미리 계획을 세워 마지막 한 조각까지 음식을 사용하라

남은 음식을 한 주의 식단에 포함시키려면 주방에서 더 많은 시간을 보내야 한다. 따라서 일주일에 한 번 정도 미리 음식을 준비하기 위해 아침이나 점심시간을 할애해야 할 수도 있다. 예를 들어 일요일에 닭을 한 마리 요리했다고 가정하자. 저녁식사로 먹을 만큼 먹고 남은 것을 냉장고에 넣어 놓았다가 월요일에는 치킨 샌드위치를 만드는 데 사용할 수 있다. 화요일에는 살을 조금 발라 넣어 통밀 파스타 샐러드를 뚝딱 만들고 수요일에는 남은 뼈를 푹 끓여서 주말에 먹을 수프 육수를 만들 수도 있다(아니면 육수를 냉동실에 보관했다가 나중에 사용할 수도 있다). 홀 푸드를 메뉴를 구성하는 조각으로 여겨라.

안타깝게도 가족 중에 남은 음식을 끔찍하게 싫어하는 사람이 있을 수 있다. 이럴 때는 남은 창의력을 발휘해서 음식을 뭔가 근사한 것으로 만들어야 한다. 하지만 낙담하지 말라. 의외로 어렵지 않게 해내는 방법이 있다. 가족을 동참시키고 창의성을 발휘한다면 남은 음식을 맛있고 새로운 메뉴로 탈바꿈시키는 일도 즐거운 도전이 될 수 있다!

다음은 남은 음식을 맛있고 새로운 메뉴로 탈바꿈시킬 수 있는 방법이다.

» **음식의 맛과 향을 바꿔라.** 어느 날 저녁식사를 위해 레몬과 마늘을 넣고 닭을 통째로 조리했다. 이럴 때는 커리 파우더, 그리고 약간의 꿀이나 아가베시럽, 요거트로 만든 드레싱을 곁들여 남은 닭고기로 치킨 샐러드를 만들어보라. 먼저 살코기를 정육면체 모양으로 썰어 준비한 다음 굵게 다진 사과까지 섞은 커리 요거트 드레싱을 곁들여라. 아니면 닭고기에 할라페뇨 칠리, 블랙빈, 아보카도 등 텍스-멕스(멕시코 전통음식을 변형시킨 텍사스 음식-역주) 재료를 추가해서 멕시코 스타일 치킨 랩을 만들어라.

» **완전히 다른 음식으로 변신시켜라.** 미트로프는 아이들에게 인기 만점인 동시에 비용도 적게 드는 음식이다. 남은 미트로프를 맛있는 피자로 변신시켜보자. 먼저 미트로프를 잘게 부순 다음 통밀 피자 크러스트에 토마토 퓌레, 신선한 토마토, 남은 채소, 간 치즈 약간과 함께 올려 굽는다. 그리고 맛있게 먹으면 된다. 남은 연어는 키슈(quiche, 달걀을 주재료로 한 프랑스의 대표적인 달걀 요리-역주)로, 채소는 즉석 수프로 만들어라.

» **새로운 방식으로 음식을 내라.** 남은 야채수프가 있다면 퓌레로 만들어라. 요거트를 첨가해서 크림 같은 질감을 내고, 우묵한 모양에 속이 빈 통밀 롤을 따뜻하게 데워 그 안에 담아 낸다.
» **하루나 이틀 정도 지난 다음에 남은 음식을 재료로 다른 음식을 만들어라.** 3일 연속 닭을 주재료로 한 메뉴가 식탁에 올라오면 원성이 자자할 것이다. 중간에 채식이나 쇠고기를 주재료로 한 메뉴를 섞어보라.

남은 음식을 활용할 때 가족의 의견을 수렴하는 것도 잊지 말라. 만일 가족들이 당신이 새로 만든 어떤 메뉴를 정말 마음에 들어 한다면 이를 응용하라. 같은 맛과 향을 지닌 음식을 만들거나 같은 조리법을 사용해서 남은 음식에 새로운 생명을 부여하라.

안전하게 보관하여 클린한 남은 음식을 사용하라

남은 음식과 관련한 가장 큰 문제는 바로 식품 안전성이다. 부적절하게 보관하면 음식 때문에 당신이나 가족 전체가 병이 날 것이다. 그리고 애초에 얼마나 클린한 음식이었는지, 또는 건강한 음식이었는지는 별로 중요하지 않다. 남은 음식과 관련한 가장 기본적인 규칙은 바로 이것이다. "조금이라도 '혹시나?'하는 생각이 들 때는 버려라." 몸도 고생하고 병원비까지 지불해야 할 수 있고 정말 심각하게 탈이 나 입원을 해야 할 수도 있다. 그럴 바엔 최상의 상태가 지났다 싶은 음식은 버리는 것이 경제적이다.

남은 음식을 안전하게 보관, 사용하기 위해서는 다음과 같은 사항을 따라야 한다.

» 조리한 음식은 서빙한 지 2시간 이내에 냉장보관하라. 낮 기온이 섭씨 26도 이상이면 1시간 이내여야 한다.
» 남은 음식을 냉장보관할 수 있는 기간은 최대 3~4일이다.
» 더 오래 보관하려면 냉동실에 보관해야 한다. 냉동실용 용기에 잘 담아 라벨을 붙이고 몇 달 안에 사용해야 한다.
» 냉장실이나 냉동실에 보관할 때는 용기의 뚜껑을 꼭 덮어야 한다. 냉장실이든 냉동실이든 내부가 건조해서 음식이 마르거나 심지어 다른 식품의 냄새가 밸 수 있다.
» 음식을 식힐 때는 냉장실을 사용하라. 그것이 냉장실이 할 일이다! 수프와

캐서롤은 깊이가 넉넉한 용기에 옮겨 담으면 빨리 차가워지고 4~60도의 위험 구간을 신속하게 벗어날 수 있다('먹기 전에 식혀라' 부분에서 더 자세한 내용을 확인하라).

- 냉장실과 냉동실에서 익힌 음식과 익히지 않은 음식을 따로 보관하라. 절대로 익힌 음식이나 생으로 먹을 음식 위에 익히지 않은 육류를 보관해서는 안 된다. 고기의 육즙이 흘러나와 아래에 보관 중인 음식을 오염시킬 수 있다.
- 보관했던 음식을 먹을 때는 상에 내기 전에 완전히 재가열해야 한다. 온도계를 사용해서 캐서롤 등 남은 음식을 74도에서 가열하라. 수프, 스튜, 그레이비는 팔팔 끓여야 한다.
- 기본적인 식품 안전 규칙을 따르라. 조리하기 전, 조리하는 동안, 그리고 조리를 마친 다음에는 언제나 손을 씻어라. 비눗물을 묻힌 천으로 모든 표면을 닦아내고 설거지용 세제를 물에 풀어 설거지를 하거나 식기세척기를 사용하라. 절대 조리하지 않은 음식을 담았던 그릇에 조리한 음식을 담지 말라.

기본적으로 상식적으로 생각하면 된다. 주방, 냉장실, 냉동실, 그리고 식품 저장실을 청결하게 유지하면 안전하고 건강한 상태를 유지할 수 있다.

자신의 생활에 맞게 클린 이팅 플랜을 변경하라

제4부 미리보기

- 레스토랑에서, 그리고 친구와 외식할 때 자신의 클린 이팅 플랜을 지키는 방법을 알아본다.
- 가족도 클린 이팅 플랜에 동참하도록 동기를 부여한다.
- 식품 알레르기, 채식 및 비건 다이어트, 그리고 글루텐 감수성 등 음식과 관련한 문제를 다루는 법을 알아본다.

chapter

12

직장에서, 그리고 다른 사람과 함께 있는 상황에서 클린 이팅을 실천하라

제12장 미리보기

- 레스토랑 메뉴를 자세히 살펴본다.
- 매일 집 밖에서 해결하는 점심식사와 간식에 클린한 식품을 결합한다.
- 다른 사람과 함께 하는 저녁식사나 파티에서 자신의 클린한 라이프스타일을 지킨다.
- 계획에서 벗어났을 때를 대비해서 플랜B를 세운다.

이제 모든 면에서 자신의 집 주방은 클린하게 만들었다. 하지만 저 드넓고 사악한 세상으로 위험천만한 여행을 떠날 때는 어떻게 해야 할까? 바깥 세상에 무엇이 도사리고 있는지 잘 알 것이다. 바로 클린하지 않은 음식이다! 패스트푸드 햄버거에서 회사 휴게실의 자판기, 길거리 음식까지 위험과 유혹이 도처에서 당신을 노리고 있다.

하지만 클린 이팅 다이어트의 한 가지 교훈을 기억해내라. 바로 당신이 통제권을 쥐고 있다는 것이다. 이미 당신은 가장 중요한 무기, 즉 지식으로 무장했다! 클린 푸드가 무엇인지, 어디에서 찾아야 하는지 안다면 악마의 칼로리라 불릴 정도로 기름진 음식을 파는 레스토랑에서 외식을 해도 클린 이팅 라이프스타일을 고수하며 만족스러운 식사를 할 수 있다.

이 장에서는 레스토랑 메뉴를 살펴보고, 주문해야 할 음식과 하지 말아야 할 음식을 가려내기 위해 주의 깊게 살펴봐야 할 핵심 용어를 훑어볼 것이다. 또한 밖에서 음식을 사먹고 싶지 않을 때를 대비해서 클린한 점심과 간식 도시락을 싸는 방법도 설명할 것이다. 마지막으로 모임과 파티에서 클린 이팅 다이어트를 고수하는 방법과 계획에서 벗어났을 때 해결하는 방법에 대해 논의할 것이다.(걱정하지 말라! 누구나 언제든 한 번쯤 실패하기 마련이다!)

레스토랑의 메뉴에 대해 알아보자

레스토랑은 매력적이며 사람들을 유혹하고 기대하게 만든다. 주방에서 풍겨오는 음식의 향기, 부드럽게 부딪치는 글라스웨어 소리, 접시에 포크가 닿으면서 나는 짤랑거리는 소리, 그리고 유리로 된 물 잔에 얼음조각이 부딪치며 나는 소리 등 모든 것이 따뜻하고 안락한 느낌을 자아낸다. 하지만 레스토랑은 지구에서 가장 건강에 해로운 음식을 서빙하는 곳이 될 수도 있다. 최근 레스토랑에서 음식에 얼마나 많은 양의 트랜스 지방과 나트륨을 넣는지에 대한 뉴스만 봐도 알 수 있다.(레스토랑에서 한 끼만 먹어도 하루 섭취량보다 많은 나트륨을 섭취한다는 사실을 아는가?)

이 절에서는 레스토랑 메뉴를 보고 어떻게 해석해야 하는지, 가장 클린한 음식을 어떻게 골라내는지를 살펴볼 것이다. 또한 셰프와 이야기하고 다양한 메뉴와 특별 메뉴에 대해 질문하는 방법을 소개할 것이다. 그리고 '따로 곁들이기(on the side)'라는 말이 큰 혼란이나 소동 없이도 클린 이팅 라이프스타일을 지키는 데 어떻게 도움이 되는지 보여줄 것이다.

핵심 메뉴 용어를 잘 알아야 한다

레스토랑 메뉴는 최대한 고객이 주문하고 먹고 싶게 만들어진다. 각각의 음식은 가장 군침 도는 말들로 묘사된다. 실제로 전채 요리를 하나만 골라야 한다는 현실을 감당하기 힘들 지경이다! 하지만 주문하기 전에 메뉴를 잘 살펴보고 뭘 살펴봐야 할지 안다면 클린 이팅 플랜에 따르면서도 레스토랑에 들어갈 때만큼 즐거운 마음으로 나올 수 있다.

지난 30년 동안 레스토랑에 일어난 가장 큰 변화 가운데 하나는 1인분의 양이다. 그리고 지금 그 어느 때보다 1인분의 양이 많다. 건강한 스테이크 1인분의 양은 85그램으로 카드 한 벌 정도의 크기였다. 하지만 이제 많은 레스토랑에서 227그램짜리 스테이크가 '소량'으로 간주된다!

외식할 때 클린 이팅 플랜을 고수하는 최고의 방법 한 가지는 저절로 1인분의 크기가 줄어드는 선택을 하는 것이다. 예를 들어 서빙된 음식을 절반만 먹고 나머지를 싸 오는 방법이 있다. 아니면 애피타이저 메뉴에서 고르거나 성인용이 아닌 어린이용 메뉴에서 더 합리적인 양을 고르는 방법도 있다.

좋은 것

레스토랑 메뉴에서 찾아야 할 단어나 표현은 다음과 같다. 이러한 단어가 메뉴 옆에 적혀 있다면 선택을 고려해볼 만한 음식이다.

- **구운** : 구운 치킨, 생선, 채소는 주로 담백하고 소스 없이 조리된 음식이다. 하지만 고르려는 메뉴에 소스가 곁들여지는지 확인해야 한다. 만일 그렇다면 소스를 음식 옆에 따로 달라고 해야 한다(자세한 내용은 뒤에 나올 '가능하다면 소스를 따로 담고 재료를 클린한 것으로 바꿔달라고 주문하라' 부분에서 다룰 것이다).
- **브로일링** : 브로일링은 꽤 건강한 조리법이다. 단순히 브로일링한 생선에 신선한 허브와 향신료로 양념을 했다면 클린한 선택이 될 것이다.
- **유기농** : 유기농 재료로 만든 음식을 제공한다는 사실을 굳이 밝힌다면 이 레스토랑에서 클린한 조리법을 사용하고 소스나 강한 양념을 사용하여 재료의 맛을 지워버릴 필요도, 그러기를 원하지도 않을 것이다.
- **데치기** : 데치기 역시 클린한 조리법이다. 또한 데치기는 주로 홀 푸드에 사용되는 조리법이다. 햄버거나 그릴에 구운 치즈 샌드위치를 상상이나 할 수 있겠는가!
- **프리마베라** : 메뉴 옆에 프리마베라(이탈리아어로 '봄'이라는 의미-역주)라는 단

어가 적혀 있다면 이 음식은 채소, 특히 신선한 제철 채소를 듬뿍 넣은 것이다.

- **찐** : 찌기는 가장 클린하고 건강한 조리법 가운데 하나다. 찐 음식은 대부분 다른 조리 과정을 거치거나 소스가 뿌려져 나오지 않는다.

나쁜 것

레스토랑에서 일반적으로 사용되는 것 가운데 주의하고 피해야 할 단어는 아주 다양하다. 이러한 단어들을 보면 조리 방법은 물론 각 메뉴에 얼마나 많은 초과 칼로리가 담겨 있는지에 대해 확실한 힌트를 얻을 수 있다. 메뉴를 훑어보는 동안 다음과 같은 단어를 찾아 그 단어가 적힌 메뉴를 피해야 한다.

- **아라킹** : 이는 기름기가 많은 소스를 음식에 전체적으로 뿌렸다는 의미다. 아라킹 음식은 주로 화이트 잉글리시 머핀 등 섬유 함량이 적은 화이트브레드와 함께 나온다. 또한 소스는 나트륨 함량이 높고 다량의 트랜스 지방을 함유했을 가능성도 있다.
- **알프레도** : 알프레도는 크림과 버터로 만든 소스가 음식에 들어 있어 다량의 지방과 불필요한 칼로리가 더해졌다는 의미다.
- **오 그라탱** : 오 그라탱은 바삭거리는 크러스트를 만들기 위해 버터를 바른 빵 부스러기와 치즈를 얹고 브로일링했다는 의미다. 결국 성가신 최종당산화물을 만들어낸다.
- **반죽을 입힌** : 반죽을 입혔다는 것은 튀겼다는 의미다! 그리고 최종당산화물을 만들어내는 것은 물론 엄청난 칼로리까지 더해진다(더 자세한 내용은 제11장을 살펴보라).
- **빵가루를 입힌** : 빵가루를 입힌 음식은 주로 튀기거나 팬 프라이(프라이팬에 적은 양의 기름을 두르고 지지는 것으로 전과 비슷한 조리방법-역주)를 이용해 조리한다. 또한 화이트 브레드의 빵가루를 주로 사용한다. 튀긴 음식은 특히 오일을 여러 번 사용했을 때 트랜스 지방 함량이 높아진다. 그리고 많은 레스토랑에서 그렇게 한다.
- **카르보나라** : 카르보나라는 달걀, 크림, 치즈로 만든 소스가 뿌려지는 음식이다. 즉 불필요한 칼로리가 엄청나게 함유되어 있다는 의미다.

» **바삭거리는(크리스피)** : 주로 튀긴 음식이 여기에 해당된다. 또한 튀기기 전에 빵가루나 반죽을 입히는 경우도 종종 있다. 튀긴 음식은 최종당산화물과 발암물질이 다량 함유되어 있다.

» **프라이** : 여기에는 팬 프라이, 튀김이 포함된다. 기름에 프라이하는 조리법은 칼로리를 높이고 최종당산화물을 생성한다.

» **파르미지아나** : 이는 주로 치즈와 빵가루를 입힌 음식을 튀겼다는 의미다. 이렇게 조리된 음식 1인분에는 하루치의 열량이 함유되어 있을 수도 있다.

» **피클** : 절인 음식에는 나트륨 함량이 매우 높은 양념이 사용되며 주로 보존제와 첨가물이 사용된다.

» **훈제** : 훈제 과정에서 음식에 훌륭한 풍미가 더해지는 것은 사실이지만 동시에 발암물질인 다행방향족탄화수소(PHAs)와 벤조피렌도 더해진다.

» **스머더드** : 이런 표현이 있는 음식은 주로 나트륨과 포화지방 함량이 높은 진한 그레이비 소스를 얹어서 나온다.

» **속을 채운(스터프드)** : 이런 음식에서는 주로 치즈나 고칼로리 재료로 속을 채우므로 첨가물과 트랜스 지방 함량도 높다.

외식할 때는 상식을 활용하라. 이 장은 물론 이 책 전체에서 다루는 클린 이팅 원칙을 사용하여 메뉴에서 건강한 음식을 선택하라. 조리법을 묻거나 원하는 방식으로 조리해달라고 요청하는 일을 두려워하지 말라. 셰프가 기꺼이 당신이 주문한 음식에서 MSG나 소금을 빼주는 경우도 종종 있다.

원하는 것을 확실하게 얻으려면 웨이터나 셰프에게 질문을 해야 한다

클린 이팅을 실천하는 사람에게 조리법은 재료 자체만큼이나 중요하다. 그러므로 외식하는 동안 클린 이팅을 고수하기 위해서는 웨이터에게 음식이 어떻게 조리되는지 묻는 짜증나는 사람이 되어야 한다. 하지만 웨이터라는 직업이 손님의 질문에 대답하는 것이라는 사실을 잊지 말라. 셰프는 웨이터에게 메뉴에 있는 각각의 음식에 대해 설명해야 하고 웨이터는 어떤 음식에 뭐가 들어가는지 알아야 한다.

웨이터가 음식이 어떻게 조리되는지 모른다면 셰프에게 물어봐달라고 하거나 직접 셰프에게 물어볼 수 있는지 물어보라. 어찌되었든 힘들게 번 돈을 레스토랑에 주는 사람은 바로 손님 아닌가. 하지만 대답을 요구해서는 안 된다. 셰프와 웨이터, 그리고 당신과 함께 테이블 앞에 앉아 있는 사람을 존중하라.

먼저 웨이터나 셰프에게 메뉴에 대해 자세한 내용을 알아보라. 그리고 다음과 같은 용어를 기준으로 음식을 주문해야 한다.

- **브레이즈드**(braised, 우리나라의 찜과 비슷한 조리법-역주) : 소금 함량이 낮은 국물을 사용한다면 건강한 조리법이다. 하지만 소금을 듬뿍 넣고 지방까지 추가되어 매우 진한 국물을 사용하는 경우도 있다.
- **그릴에 굽기** : 특히 그을거나 탄 부분에 발암물질이 생성되기 때문에 그릴에 굽기는 건강에 해로운 조리법이다. 하지만 많은 레스토랑에서 단순히 그릴에 구운 치킨이나 스테이크에 소스가 곁들여 나오는 메뉴는 좋은 선택이 될 수 있다. 셰프에게 그릴 마크를 만들지 말고 조리해달라고 요청하라. 발암물질이 함유되어 있을 수 있다.
- **소테**(sautéed) : 오일을 많이 사용하지 않는다면 건강한 조리법이다. 또한 주로 소스가 사용되므로 셰프에게 소스 없이 만들어달라고 요청하라.
- **스튜** : 소금, 지방, 또는 합성재료를 많이 사용하지 않고 낮은 온도에서 조리한다면 건강한 방법이다.
- **스터-프라이**(stir-fried, 우리나라의 볶음과 비슷한 조리법-역주) : 오일을 많이 사용하지 않고 보존제나 합성재료를 조금만 사용한다면 건강한 조리법이다. 셰프에게 오일을 적게 사용해달라고 요청하는 것도 한 가지 방법이다. 단, 소스를 완전히 빼거나 양을 줄여달라는 요청도 해야 한다.

셰프를 자신의 편으로 만드는 한 가지 방법은 자신이 음식과 관련하여 꼭 지켜야 할 사항들이 있다고 설명하는 것이다. 손님을 아프게 만들고 싶은 셰프나 조리사는 없다. 특정한 음식을 못 먹는다는 사실을 확실히 말하면 원하는 것을 얻을 수 있다. 물론 정중하게 부탁했을 때 말이다!

가능하다면 소스를 따로 담고 재료를 클린한 것으로 바꿔달라고 주문하라

많은 셰프가 가장 맛있고 풍부한 맛을 지닌 음식을 만든다고 자부한다. 또한 주로 다량의 소금, 지방, 설탕으로 만들어지는 소스야말로 음식의 맛을 좋게 만드는 주인

【 염분으로 가득 찬 레스토랑 주방 】

공동 저자 가운데 한 명인 린다는 식품회사 필스베리에 근무할 당시 고객과의 회의를 위해 한 레스토랑 주방에서 냉동식품을 조리해야 했다. 린다가 그날의 일을 절대 잊지 못하는 것은 딱 한 가지 이유다. 셰프가 불에 올린 모든 냄비에 소금을 마구 붓는 장면을 보고 충격을 받은 것이다. 그녀는 참견하고 싶은 것을 참아야 했다!

많은 레스토랑 음식에 2,300밀리그램인 하루 권장치보다 많은 나트륨이 들어 있다. 실제로 나트륨 함량이 매우 높은 음식을 한 끼만 먹어도 혈압이 치솟아 심장마비나 뇌졸중 발생 위험을 증가시킨다. 예를 들어 대표적인 이탈리아 레스토랑 올리브 가든의 투어 오브 이탈리아 라자냐는 나트륨 함량이 6,000밀리그램 이상이다. 퍼블릭 인터레스트 과학 센터의 연구가들은 17개 레스토랑 체인에서 제공하는 102가지 메뉴 중 85가지에 4일치 이상의 나트륨이 함유되어 있다는 사실을 밝혀냈다. 결론은 이것이다. "외식할 때는 음식에 소금을 넣지 말아달라고 요청하라."

공이다. 맑은 육수 등 건강한 국물을 팬에 더하는 단순한 팬 소스는 건강한 것이지만 대부분 소스와 드레싱은 클린 이팅 플랜에 어긋난다.

레스토랑에서 음식을 주문할 때 소스와 드레싱을 따로 담아 달라고 요청하는 방법도 있다. 이 경우 소스나 드레싱이 작은 그릇에 담겨 나오므로 원하는 만큼 첨가한 다음 먹으면 된다. 셰프는 이러한 요청을 수용할 수 있는 것이 정상이지만 그럴 수 없더라도 최소한 당신에게 그 사실을 알려야 한다. 그래야 다른 메뉴를 선택할 수 있기 때문이다.

외식할 때 클린 이팅 라이프스타일의 궤도에서 벗어나지 않으려면 다음의 지침을 따라야 한다.

» **샐러드를 주문할 때는 올리브 오일과 식초로 만든 드레싱을 따로 담아 달라고 요청하라.** 때로 샐러드에 다른 채소를 추가해달라고 요청할 수도 있다. 이 경우 어디에나 들어가는 양상추보다 짙은 녹색 채소를 선택하라.

» **과일 샐러드를 주문할 때는 반드시 생과일이나 냉동과일로 만들어달라고 요청하라.** 과일 샐러드는 클린 이팅에 어울리는 훌륭한 선택이다. 단, 시럽이 잔뜩 들어간 과일 캔을 사용하거나 드레싱을 얹어서 서빙되지 않아야 한다.

» **선택한 메뉴에 채소를 더 넣어달라고 요청하라.** 예를 들어 야채 피자가 메

뉴에 있다면 치즈보다 채소를 더 많이 넣어달라고 요청하라.

» **일품요리만 메뉴에 있을 경우 자신만의 메뉴를 만들어라.** 예를 들어 졸인 생선이나 브로일링한 치킨에 찐 채소와 신선한 과일 샐러드를 곁들일 수 있다.

» **소스를 음식 위에 얹지 말고 따로 담아달라고 요청하라.** 레스토랑에서는 대부분 조리는 미리 해놓더라도 마지막 마무리는 주문이 들어왔을 때 한다. 그러므로 셰프는 이러한 요청을 받아들일 수 있어야 한다.

» **메뉴에 '대체 불가'라는 말이 적혀 있지 않은 한 더 클린한 식품으로 대체해달라고 요청하라.** 예를 들어 화이트 파스타 대신 채소를 재료로 한 사이드 디시를, 백미 대신 현미를 요청하라.

이 모든 노력이 수포로 돌아가서 클린하지 않은 음식을 주문해야 한다 해도 100퍼센트 클린 이팅 플랜을 지키는 중이 아니라면 이번 끼니를 클린 이팅 라이프스타일에 포함시켰던 20~30퍼센트의 여유로 간주할 수 있다는 사실을 잊지 말라. 매번 영양학적으로 균형 잡힌 음식을 섭취할 필요는 없다. 음식을 즐겨라. 가공식품이 들어간 것이라 해도 말이다!(나만의 클린 이팅 플랜 세우기에 대한 자세한 내용은 제1장과 제2장에서 확인하라.)

건강한 간식과 점심 도시락을 싸라

음식 섭취와 관련해서 라이프스타일을 바꾸는 동안 언제든 먹을 것이 옆에 있다면 큰 도움이 될 것이다. 새로운 이팅 플랜을 지키려 애쓰는 동안 초조한 마음을 가라앉히고 디저트나 핫도그 노점을 발견했을 때 충동을 멈출 수 있다.

이 절에서는 건강하고 클린한 간식과 점심 도시락을 싸기 위한 기본적인 사항을 살펴볼 것이다. 그리고 집을 나서기 직전에 간단하게 준비할 수 있는 것을 소개하고, 근무일들을 무사히 보낼 수 있게 건강에 이롭고 클린한 점심식사와 간식에 대한 계획을 어떻게 세울지 보여줄 것이다.

클린한 간식 만들기

사과와 바나나 같은 클린 푸드 가운데는 갖고 다닐 수 있는 것이 많다. 그러므로 간식 후보로 손색이 없다. 또한 휴대할 수 있는 간단한 간식도 다양하게 만들 수 있으므로 배고픔에 시달리거나 건강에 해로운 '배 채우기용' 음식을 선택할 필요가 없다.

간식에 대한 계획을 세우고 직접 만들 때는 단백질과 탄수화물을 짝지어보라. 두 가지 영양소를 같이 섭취하면 자신의 몸에 연료를 공급하는 동시에 탄수화물이 다량 함유된 음식을 먹인 뒤 인슐린이 치솟는 일을 방지할 수 있다. 단백질은 요거트에서 견과류 버터, 코티지치즈, 홈무스, 견과류까지 그 어떤 것이든 좋다. 선택할 수 있는 식품을 열거하자면 끝이 없을 정도다!

제18장에서 스위트 앤드 스파이시 너트 등 만들기 쉽고 휴대할 수 있는 음식 몇 가지를 소개할 것이다. 또한 아래 소개할 음식들처럼 딱히 조리법이라고 할 것도 없는 쉬운 간식을 다양하게 발견할 수 있다.

- **팝콘** : 기름이나 소금을 넣지 않고 튀긴 팝콘에 건조 과일, 견과류, 다크 초콜릿 칩을 혼합하여 나만의 믹스를 만들어라.
- **미니 랩** : 냉장보관할 필요 없는 식품을 이용하여 미니 랩 샌드위치를 만들어라. 먼저 아보카도를 으깬 다음 여기에 레몬즙 약간과 머스터드를 혼합한다. 그리고 미니 통밀 토르티야에 펴 바른다. 그 위에 잘게 썬 당근, 얇게 썬 버섯, 베이비그린 같은 채소를 듬뿍 얹은 다음 돌돌 만다. 용기에 담고 가방에 잘 넣어둔다.
- **신선한 채소** : 아무것도 첨가하지 않은 채소는 아주 훌륭한 간식이다. 당근이나 셀러리 스틱, 대두, 길게 썬 피망에 플레인 요거트와 허브나 향신료로 만든 딥을 곁들일 수 있다.
- **홈메이드 야채 칩** : 나만의 야채 칩을 만들어보자. 얇게 썬 당근, 고구마, 비트, 래디시를 올리브 오일로 살짝 버무린다. 이렇게 준비한 채소를 쿠키 시트 위에 놓고 향신료를 뿌린 다음 바삭해질 때까지, 204도에서 15~20분 동안 굽는다.
- **커리 베리** : 여러 종류의 베리를 작은 용기에 담아 잘 섞는다. 그 위에 커리 파우더를 뿌리고 골고루 묻게 부드럽게 용기를 흔들어준다.

» **땅콩버터와 크래커** : 클린한 유기농 땅콩버터를 통밀 크래커와 함께 준비한다. 홈메이드 크래커라면 더욱 좋다.

» **미리 포장된 클린한 간식** : 프로테인 바나 그래놀라 바 가운데는 건강에 좋은 재료들로 만들어진 것도 있다. 포장된 간식은 구입하기 전에 영양소 라벨을 읽어야 한다는 사실만 명심해라!

간식과 점심을 안전하게 포장해야 한다. 간식에 육류, 치즈, 유제품 등 상하기 쉬운 식품이 포함되어 있다면 단열이 되는 용기에 얼린 아이스 팩이나 차가운 팩과 함께 담아 보관해야 한다. 지구에게도 다정해야 하므로 용기는 일회용을 사용하지 말고 뚜껑을 꼭 닫아야 한다. 그리고 간식은 200~300칼로리 미만으로 양이 작아야 한다.

클린한 점심 도시락 싸기

점심 도시락을 직접 싸는 것은 경제적일 뿐 아니라 클린 이팅을 실천하는 최고의 방법이다. 패스트푸드, 자동판매기, 점심시간이 끝나기 직전 허겁지겁 고르는 도넛과 머핀 등 점심식사는 위험과 깊은 구멍으로 가득 차 있다. 진짜 점심식사를 할 시간이 없기 때문이다.

다음 절들에서는 자신과 자녀들을 위해 최고의 점심 도시락을 싸는 몇 가지 요령을 소개할 것이다. 쉽고 빠르게 만드는 점심 도시락 메뉴는 제16장에서 다룰 것이다. 물론 맛도 좋다!

자신을 위한 점심 도시락

직접 점심 도시락을 만들 때는 자신이 먹고 싶은 것과 스케줄에 적합한 것에 대해 생각해야 한다. 튼튼한 짙은 녹색 양상추를 넣은 랩 샌드위치나 통밀 피타 브레드 샌드위치는 이동 중에도 먹을 수 있는 좋은 메뉴다. 뜨거운 것이든 찬 것이든 수프도 좋은 선택이 될 수 있다. 물론 샐러드야말로 몇 가지 기본 규칙만 지킨다면 최고의 건강한 점심 메뉴가 될 수 있다.

클린 점심 도시락을 만들 때 다음의 지침을 따라야 한다.

» **최대한 다양한 채소나 과일을 싸라.**

- » **직접 샐러드 드레싱을 만들고 홈메이드 샐러드에 조금만 뿌려라.**
- » **샐러드나 샌드위치를 만들 때는 최대한 짙은 녹색 채소를 사용해야 가장 많은 영양소를 섭취할 수 있다.**
- » **정육면체로 썬 치즈, 견과류, 그리고 닭고기나 생선 등 익힌 육류를 샐러드, 샌드위치, 수프에 첨가하여 단백질을 섭취하라.**
- » **샌드위치를 만들 때 특이한 빵이나 랩, 그리고 클린한 재료를 사용해보라.** 통밀이나 호밀빵이 화이트 브레드보다 나은 선택이다. 또한 마요네즈나 샐러드 드레싱보다 클린한 머스터드나 요거트 같은 재료를 사용하는 것이 바람직하다.
- » **즉시 에너지를 보충하고 포만감을 오래 지속시키기 위해 점심 도시락에 단백질 식품과 탄수화물 식품을 결합하라.**
  완숙 달걀과 치즈를 그린 샐러드에 추가하거나 셀러리 스틱에 땅콩버터를 곁들여라.
- » **점심 도시락으로 소량의 간식을 여러 가지 포함시켜라.**
  치즈 몇 조각, 한 주먹 양의 견과류, 신선한 과일과 채소, 그리고 약간의 요거트까지 곁들이면 손쉽게 뚝딱 만들 수 있는 동시에 매우 훌륭한 점심 도시락이 될 것이다.

자녀를 위한 점심 도시락

아이를 위해 클린한 점심 도시락을 싸는 것은 완전히 다른 차원의 일이다. 가장 중요한 것은 아이들을 도시락을 만드는 과정에 참여시키는 일이다. 스스로 선택하고 통제할 수 있다면 아이들은 부모가 준비해준 건강에 좋은 클린 도시락을 잘 먹을 가능성이 높다.(먹이고 싶은 식품을 아이들이 먹게 유도하는 비결은 제13장에서 다룰 것이다.)

아이들은 학교에서 그리 길지 않은 점심시간에 밥을 먹어야 하고 학교 식당에는 아이들이 도시락 대신 먹고 싶은 충동을 느낄 만한 것이 많다는 사실을 명심해야 한다. 당신이 목표로 삼아야 할 것은 아이들에게 영양가가 풍부하고 건강한 음식을 먹여서 이런 유혹에 빠지지 않게 만드는 것이다. 그러므로 아이들이 먹는 한 입, 한 입이 중요하다.

아이들을 위한 점심 도시락을 쌀 때 명심해야 할 요령은 다음과 같다.

» **적은 양의 간식을 많이 싸준다.** 자녀가 견과류와 과일을 좋아하면 치즈, 또는 칠면조나 닭고기 조각과 함께 견과류와 과일을 간식으로 싸준다. 유기농 주스나 우유를 챙기는 것도 잊지 말라.

» **매일 점심을 싸줄 때 도시락 통을 사용하라.** 귀여운 도시락 통은 구역별로 나누어져 음식끼리 닿지 않게 해준다(어린 시절 중요한 불만 사항이다). 또한 안에 담긴 음식을 더 흥미롭게 만들어준다.

» **당신에게 간식이 될 만한 메뉴로 도시락을 만들어라.** 클린한 크래커, 얇게 썬 치즈, 그리고 고기와 함께 따로 용기에 담은 요거트와 함께 도시락 통에 넣으면 만사 해결! 아이들이 좋아하는 클린한 버전의 리틀 밀이다.

» **아이들이 선호하고 먹기 쉬운 롤-업 샌드위치나 랩 샌드위치를 만든다.** 샌드위치 재료를 모두 도시락으로 싸주고 아이가 직접 점심시간에 자신만의 샌드위치를 만들어 먹게 하라.

» **뜨거운 수프나 차가운 샐러드를 작은 보온병에 싸준다.** 수프와 샐러드와 함께 채소를 듬뿍 싸준다면 최고의 점심 메뉴가 될 것이다.

» **딥과 믹스 스낵을 곁들여 독창적인 조합을 만들어라.** 소량의 과일, 유기농 애플소스, 플레인 요거트, 또는 홈메이드 클린 딥은 홈메이드 믹스 스낵과 아주 잘 어울릴 것이다.

매일, 아이들이 학교에서 집으로 돌아오면 즉시 도시락 상자를 비우고 깨끗하게 닦아야 한다. 도시락 통이나 보온병에 음식이 조금이라도 새 나오면 그 안에서 세균이

【 학교에서의 식품 알레르기 】

특히 어린이들에게서 식품 알레르기가 증가한다는 뉴스가 최근 보도되었다. 결국 많은 학군에서 과민성 쇼크(아나필락시스)처럼 심각한 알레르기 반응을 일으키는 아동을 보호하기 위해 땅콩 등 특정한 알레르기 유발 식품을 금지하게 되었다. 그러므로 자녀의 점심 도시락을 만들기 전에 학교에 확인해야 한다. 알레르기 반응 때문에 목숨을 잃는 경우도 있으므로 학교가 정한 규칙에 따라 알레르기를 일으키는 식품은 도시락으로 싸주지 말아야 한다. 한 아이의 생명을 구하는 대가가 땅콩버터를 포기하는 일라면 얼마든지 치러야 하지 않겠는가.

순식간에 증식할 수 있다. 뜨거운 물에 세제를 풀어 도시락 통과 보온병을 닦은 다음 완전히 말려라. 그리고 다음 날 새로운 도시락을 채워 넣어라.

건강하지 않은 점심식사와 간식을 피하라

간식과 점심 도시락을 쌀 때는 가공식품을 피하도록 하라. 굳이 또 말할 필요가 있나 싶겠지만 그래도 다시 한 번 강조한다.

프로테인 바나 그래놀라 바가 클린한 간식이라는 숙제를 쉽게 해결할 수 있는 방법처럼 보일지 몰라도 먼저 라벨을 읽어야 한다. 많은 스낵바에 설탕과 보존제가 다량 함유되어 있고, 거의 모든 미리 포장된 바에 공통적으로 트랜스 지방이 포함되어 있다. 점심 도시락으로 샌드위치를 만들 때 힘이 되어주던 델리 미트(deli meat, 바로 익혀 먹을 수 있게 조제한 육류-역주)는 이제 목록에서 사라져야 한다. 매우 많이 가공되었고, 나트륨, 방부제, 첨가물이 다량 함유되어 있기 때문이다.

하루 동안 먹을 음식을 준비할 때 홀 푸드로 구성하라. 통 과일과 채소는 간식과 점심 도시락으로 가장 쉽게 준비할 수 있는 식품이다. 따로 용기가 필요하지도 않고 각종 영양소로 가득 차 있다. 또한 냉장보관할 필요도 없고 맛도 그만이다.

상하기 쉬운 음식을 준비할 때는 보온이 잘 되는 도시락 통에 차게 식힌 팩이나 냉동팩을 음식과 함께 넣어야 사무실 당신의 책상 옆에 놓인 채 몇 시간 동안 차가운 상태를 유지할 수 있다. 주말에 도시락 통을 시험해야 할 수도 있다. 차가운 팩과 함께 음식을 도시락 통에 넣는다. 4~5시간 뒤 즉시 확인 가능한 온도계로 상하기 쉬운 음식의 온도를 측정한다. 섭씨 4도를 넘으면 탈이 날 정도로 많은 세균이 자랄 수 있다. 이럴 때는 도시락 통을 냉장고에 보관하거나 잘 상하지 않는 음식을 선택해야 한다.

도시락으로 나초 치즈 칩이나 베이커리 쿠키를 준비하는 것이 아니라는 사실은 알 것이다. 하지만 간식과 점심 도시락을 쌀 때는 음식이 건강한 것인지 여부는 물론 식품 안전성에 대해서도 잊지 말아야 한다.

» **구운 치킨, 생선, 돼지고기, 쇠고기 등 뜨거운 육류를 싸지 말라.** 보온 도시락 통은 음식을 안전한 온도까지 식히기 위해서가 아니라 찬 상태를 유지하기 위해 만들어졌다. 육류는 반드시 완전히 익히고 완전히 식힌 다음 도

시락 통에 담아야 한다.

- **요거트 팝처럼 얼린 음식을 도시락으로 싸지 말라.** 냉동 팩을 도시락 통에 넣는다 해도 녹는다.
- **잘 상하지 않는 음식만 싸는 것도 고려해보라.** 땅콩버터 같은 견과류 버터, 채소, 견과류, 신선한 과일과 건조 과일, 크래커 등 건강에 좋고 잘 상하지 않는 클린 푸드를 준비하라.
- **상하기 쉬운 음식이 남으면 폐기하라.** 보온 도시락 통은 음식을 다시 차게 만들지 못한다. 그러므로 하루를 마칠 무렵 상하기 쉬운 음식을 간식으로 어떻게든 활용해보겠다는 욕심을 버려라.

저녁식사 초대에 클린한 방법, 그리고 공손한 방법으로 대처하라

삶에서 누릴 수 있는 진정한 즐거움 가운데 하나가 바로 저녁식사 초대가 아닐까. 가족, 친구들과 만나고 다른 누군가가 해준 음식을 먹으며 흥미진진한 이야기를 이어나갈 수 있다. 하지만 클린 이팅을 실천하는 동안 가공식품을 사용하는 사람으로부터 저녁식사 초대를 받았다면 어떻게 해야 할까?

이러한 상황에 대처하는 방법이 몇 가지 있다. 초대한 사람에게 자신이 특별한 다이어트를 하는 중이라는 사실을 알리고 어떤 음식이 나올지 물어보는 것이 한 가지 방법이다. 그런 다음 자신이 먹을 수 있는 음식을 가져가도 되는지 물어볼 수 있다. 아니면 하루 저녁쯤 식단일랑 잊고 80/20플랜의 20퍼센트에 해당하는 끼니로 간주할 수 있다(즉 전체의 80퍼센트는 클린 이팅 라이프스타일을 따른다는 의미다. 자세한 내용은 제1장과 제2장에서 확인하라).

다음 절들에서는 음식에 대한 기호를 묻지 않고 누군가 파티에 초대했을 때 여기에 대처하는 요령을 알아볼 것이다. 또한 클린한 포틀럭(potluck) 해결책을 제시할 것이다. 무엇보다 저녁식사와 파티는 다양한 사람들과 교류하는 것이 목적이므로 모임이 성공적으로 마무리되기 위해서는 모든 손님들이 어느 정도 양보해야 한다는 사실을 명심하라.

초대를 받았는데 음식에 대한 기호를 묻지 않을 때 어떻게 해야 할까

손님들이 어떤 음식을 좋아하고 싫어하는지는 물론 어떤 음식을 섭취해야 하는지, 하지 말아야 하는지를 고려하는 것은 파티를 계획하는 데 중요한 부분을 차지한다. 파티를 열 계획이라면 초대하는 사람 모두에게 특정한 음식을 먹지 못하거나 먹지 않는지, 특별히 좋아하는 음식이나 정말 별로인 음식이 있는지 확인해야 한다. 그런 다음 예산, 요리 실력, 음식의 맛을 고려해서 이러한 선호도를 바탕으로 메뉴를 짜야 한다.

요즘은 너무나도 많은 사람이 특수한 식이요법을 한다. 그 가운데 몇 가지만 예를 들어도 글루텐 프리, 슈거 프리, 비건, 채식주의, 알레르기 예방 식이요법 등이 있다. 그런 만큼 자신이 먹지 못하는 음식에 대해 때로 뭔가를 부탁하더라도 지극히 정상적인 일이다. 열쇠는 이러한 부탁을 정중하게 해야 한다는 것이다.

파티에 초대받았는데 주최자가 음식의 선호도에 대해 묻지 않는다면 다음과 같은 해결책을 시도해볼 수 있다.

- **자신이 새로운 이팅 플랜을 실천 중이라는 사실을 밝히고 직접 음식을 가져가도 되는지 물어라.** 주최자가 동의하면 이미 먹어본 적이 있어 만드는 법을 확실히 아는 음식 가운데 좋아하는 것을 가져가라.
- **도울 일은 없는지 물어보라.** 도울 일이 있는지 물어보면 어떤 음식을 낼 계획인지 자연스럽게 이야기를 나눌 수 있다. 메뉴에서 먹을 수 있는 것이 아무것도 없고 주최자가 아무것도 가져오지 말라고 한다면 모임에 가기 전에 뭐라도 먹고 가라.
- **가기 전에 소량의 식사를 하라.** 이렇게 하면 원하지 않는 음식을 건너뛸 수 있다. 이 경우 단백질에 약간의 탄수화물과 건강한 지방을 함께 섭취하라. 적은 분량의 조리한 닭고기와 유기농 버터를 바른 잉글리시머핀 토스트 정도면 된다. 이렇게 영양소를 조합하여 섭취하면 두어 시간 정도는 포만감이 유지될 것이다.
- **이 모든 시도가 수포로 돌아가면 나오는 음식을 조금만 받아서 또 조금만 먹어라.** 이렇게 하면 굶주리지 않는 동시에 주최자를 모욕할 일도 없다. 또한 파티의 흥을 깨지 않을 수 있다. 결국 음식에 대해 어떤 선택을 할지는

각자 해결해야 할 문제다.

어떤 식으로 저녁식사 초대에 대처하든 모임 장소에 도착한 후에 다음과 같은 행동은 결코 해서는 안 된다.

- **나오는 음식 가운데 특정한 것을 먹지 못한다 해도 이 사실을 크게 문제 삼지 말라.** 당신을 초대한 사람은 자신의 집을 개방한 것이다. 그리고 당신은 그저 먹기 위해서가 아니라 사람들과 교류하고 우정을 다지기 위해 그곳에 간 것이다.
- **건강하지 않은 음식이나 가공된 재료에 대해 언급하지 말라.** 주최자는 파티를 열기 위해 많은 애를 썼고 이들이 제공하는 음식은 마음에서 우러난 것이다. 뭔가 먹지 못하거나 먹지 않을 음식이 나오면 조용히 옆 사람에게 넘겨라. "나는 이 음식을 먹을 수 없어"라고 모든 사람이 듣는 데서 말한 다음 그 이유를 시시콜콜 설명하는 것은 무례한 짓이다.
- **자신이 선택한 음식과 라이프스타일과 관련해서 다른 사람에게 훈계하지 말라.** 파티에 음식을 가져가면 별 말 하지 말고 조용히 주최자에게 건네라. 사람들이 그 음식이나 조리법에 대해 묻는다면 자신의 클린 이팅 플랜에 대해 소개하고, 흥미를 보이면 새로운 라이프스타일에 대해 이야기해주어라. 하지만 그들을 '개종'하려 하지 말라. 사람들은 음식에 대한 자신의 선택을 두고 누군가 설교하는 것을 싫어한다.

바비큐 음식이 주요 메뉴거나 디저트의 향연이라 할 수 있는 것처럼 특정한 파티 초대를 거절해야겠다는 판단이 섰을 때는 예의를 갖춰 거절해야 한다. 주최자에게 초대해줘서 고맙고 당신을 챙겨줘서 감동받았다는 말을 하라. 모임이 시작되기 전에 감사의 표시로 와인 한 병이나 꽃을 보내는 것도 좋은 방법이다.

클린 포틀럭 솔루션을 고려하라

포틀럭은 여흥을 위한 훌륭한 선택이다. 자신이 좋아하는 음식을 다른 사람과 즐겁게 나누는 것은 물론 주최자의 수고도 덜고 비용도 절약할 수 있는 방법이다. 포틀럭 파티에 뭔가 가져가겠다고 제안하거나 요청을 받는다면 클린한 음식을 가져가거나 원칙 따위 잠시 접어두고 가장 먹음직스럽고 영혼을 타락시킬 것만 같은 음식을 만들어 갈 수도 있다. 운이 좋다면 이 퇴폐적인 음식과 클린한 음식이 같은 것일 수 있다!(맛도 있고 클린한 음식의 조리법에 대해서는 제15~18장에서 확인하라.)

포틀럭 파티를 열 때 손님들에게 각자 가져올 음식을 정해주거나 조리법을 알려주는 방법도 있다. 어떻게 메뉴를 할당하는지가 중요한 것이 아니다. 모든 손님이 각각의 음식과 재료에 대해 대화를 나눌 수 있게 만들어야 한다. 사람들이 동질감을 강하게 느끼는 포틀럭 파티를 만들 수 있는 좋은 방법이 있다. 손님들에게 각자 가져오는 음식의 조리법을 카드에 적어 오라고 요청하는 것이다. 조리법이 적힌 카드의 역할은 단순히 대화를 시작하는 계기만이 아니다. 손님들이 그 내용을 보고 자신이 먹기 싫거나 먹지 못하는 음식과 재료가 있는지 미리 알 수 있는 수단이 되기도 한다.

포틀럭 저녁식사에 초대를 받으면 자신 있게 만들 수 있는 음식으로 메뉴를 정해야 한다. 그저 새로운 이팅 라이프스타일이 얼마나 대단한지 보여주기 위해 '깨끗하게 정화한' 음식 중 인기가 많은 것 한 가지를 가져갈 수도 있다. 클린한 음식은 가공식품으로 만든 것보다 맛이 더 좋으므로 누군가 클린 이팅 라이프스타일로 개종하게 만들 수도 있다!

포틀럭 저녁식사에 가져갈 메뉴를 정할 때는 다음과 같은 건강에 좋고 클린한 음식을 고려해보라.

» **캐서롤** : 캐서롤은 적은 양의 고기(특히 유기농 육류)를 이용해서 두 가지 코스를 하나로 해결할 수 있는 아주 좋은 방법이다. 소스도 처음부터 직접 만들어라. 물론 보통 사용되는 재료인 크림과 치즈를 넣지 말아야 한다. 그리고 다량의 채소를 넣고, 소금을 잔뜩 치는 대신 허브와 향신료로 양념을 하라.
» **애피타이저** : 유기농 요거트와 신선한 허브로 만든 클린한 딥에 베이비 채소를 곁들이면 어떤 메뉴와도 잘 어울리는 애피타이저가 된다. 아이들도 앙증맞은 채소를 맛있는 딥에 찍어 먹는 것을 좋아한다.
» **디저트** : 클린 디저트를 만드는 일은 뭔가 먹을 것이 생긴다는 것만이 아니라 지방과 합성재료의 섭취를 조심하려는 다른 손님들도 기쁘게 한다는 의미다.
» **수프** : 진한 크림 대신 채소 퓌레로 먹음직스러운 클린 수프를 만들 수 있다.

» **샐러드** : 홈메이드 드레싱을 곁들인 베이비 시금치 샐러드에서 채소와 익힌 닭고기를 듬뿍 넣은 메인디시 파스타 샐러드(홀 그레인 파스타다, 제발!)까지 다양한 샐러드를 선택할 수 있다. 사실 모든 사람이 선택할 수 있게 자신의 샐러드 바를 포틀럭 파티로 옮겨간다고 생각하면 된다.

파티 음식 고르기

일반적으로 파티는 클린 이팅 라이프스타일에 해를 입힌다. 하지만 몇 가지 간단한 요령을 사용하면 클린 이팅 플랜에서 최대한 벗어나지 않는 음식을 먹을 수 있다.

다음 절들에서는 뷔페에 갔을 때 건강하게 접시를 채우는 방법을 살펴보고, 파티에서 만난 누군가가 클린 이팅 다이어트에 기울이는 노력을 방해하려 할 때 정중하게 거절하는 방법도 몇 가지 설명할 것이다(어느 파티에든 그런 사람은 꼭 있다!).

파티에서 건강하게 먹기 : 가능한 일이다!

애피타이저가 나오는 칵테일파티에서든, 취향대로 골라 담을 수 있는 뷔페에서든, 또는 자리에 앉아서 차례대로 나오는 코스 메뉴를 먹는 자리든, 한 가지만 명심하면 된다. 바로 통제권이 자신에게 있다는 사실이다. 이 절에서 다룰 비결만 숙지하고 나면 가공되고 소금이 잔뜩 들어간 클린하지 않은 음식이 앞에 있을 때조차 최대한 클린하게 음식을 먹을 수 있을 것이다.

가장 먼저 속도를 낮춰야 한다. 충분히 먹었다는 사실을 뇌가 인지하기까지 20분이 걸린다는 사실을 잊지 말라(자세한 내용은 제5장에서 확인하라). 천천히 먹어라. 그리고 한 입, 한 입 만끽하라.

다음은 술을 조심해야 한다. 레드 와인 한 잔은 실제로 건강에 좋지만 한 잔 더 마실 때마다 부정적인 영향은 커지고 긍정적인 영향은 작아진다. 알코올은 뇌세포를 죽인다. 또한 판단력과 의사결정 능력을 떨어뜨린다.

이 두 가지 비결을 숙지하고 나면 다음 요령에 따라 파티에서 최대한 건강하게 음식을 섭취하라.

- **가능하면 크기가 작은 접시를 선택하라.** 크기가 작은 접시에 적절한 양의 음식을 담으면 크기가 큰 접시에 적게 담은 것보다 많아 보일 것이다. 기억하라. 음식은 가장 먼저 눈으로 먹는다.
- **접시를 네 구역으로 나눠서 각 구역에 특정한 유형의 음식을 담아라.** 채소와 과일을 각각 한 구역씩 담고 단백질 식품을 한 구역에 담는다. 나머지 한 구역을 마늘빵, 크림소스에 구운 감자, 튀긴 음식처럼 군침이 도는 간식거리로 채워라. 이렇게 하면 80/20 원칙을 지킬 수 있다. 아, 정확히는 75/25지만 뭐 어떠랴, 이 정도면 비슷하지 않은가!(80/20 원칙에 대한 자세한 내용은 제1장과 제2장을 확인하라.)
- **다양한 색상의 음식을 골라라.** 베이지색이나 갈색으로 접시를 채우지 말라. 음식의 색이 다양할수록 비타민, 미네랄, 피토케미컬, 섬유, 항산화성분이 풍부하게 함유되어 있다.
- **가장 단순한 음식을 선택하라.** 소스를 듬뿍 뿌리거나 치즈, 또는 버터를 바른 빵가루를 얹은 음식은 십중팔구 클린한 음식이 아니다. 브로일링한 치킨, 소테 채소, 단순한 과일 샐러드, 통밀빵, 그리고 디저트로 과일을 더 먹는다면 대체로 최고의 선택이 될 것이다.
- **물, 그리고 차처럼 거의 맛을 지니지 않은 음료를 많이 마셔라.** 이런 종류의 액체는 포만감을 주는 동시에 먹는 데 소모하는 시간을 절약해준다.
- **음식이 아니라 대화에 초점을 맞춰라.** 파티의 주요 목적은 다른 사람과 어울리는 것이지 먹는 것이 아니다. 이 사실을 명심하고 즐거운 시간을 보내라.

어느 정도 클린 이팅을 실천해 왔다면 아마도 파티나 사교 모임에 참석했을 때 흥미로운 사실을 발견할 것이다. 자신도 모르는 사이에 건강한 음식 쪽으로 발걸음이 향한다는 것이다. 동시에 가공식품과 건강하지 않은 재료로 만든 음식은 맛이 좀 이상하다고 느끼기 시작할 것이다. 또한 클린한 음식을 먹은 다음 가볍고 클린한 느낌이 마음에 든다면 가공식품을 과식한 다음 몸속이 너무 꽉 차서 둔해진 느낌이 들 것이다. 그리고 이는 다음 파티에 참석하기 전에 원래의 계획으로 돌아오는 데 도움이 될 것이다.

필요할 때 자신의 다이어트에 대해 설명하자

어떤 모임에 가든 한 사람은 당신이 무엇을 먹고 있는지, 또는 먹지 않고 있는지 관심을 집중하게 마련이다. 진심으로 당신에 대해 알고 싶어서 그러는 것일 수도, 그저 인간의 본성인 호기심에 못 이겨 당신이 다소 특이하게 행동하는 이유를 굳이 알아야 하는 것일 수도 있다. 그리고 가끔은 그런 당신을 혐오하는 사람도 있을 것이다. 당신을 지켜보는 이유가 무엇이든 너무 많은 질문이 쏟아지면 순식간에 주제넘은 간섭이 된다.

자신의 다이어트와 라이프스타일에 대해 질문하는 사람에 대처할 때 당신이 통제권을 지니고 있다는 사실을 잊지 말라. 다음은 누군가 집요하게 당신의 동기에 대해 질문하고 음식을 먹으라고 강요할 때 대처 방법이다.

- 당신이 새로운 이팅 플랜을 따르는 중이라고 설명하라. 짤막하게 설명할지 상세하게 할지는 당신이 정하라.
- 음식을 강요하는 사람이 포기하지 않을 때는 식품 알레르기가 있다고 말하라.
- 우아한 탈출 기술을 연마하라. 방금 들어온 누군가와 이야기를 하고 싶다고 말하거나 화장실에 가야겠다는 고전적인 변명을 대라.
- 반대로 그 사람에게 질문 공세를 펴라. 그가 자신의 접시에 있는 음식을 왜 먹고 있는지 물어보라. 마음을 굳게 먹고 클린 이팅 플랜을 고수하라. 그리고 원하지 않는 음식을 먹으라는 강요에 굴복하지 말라.

힘을 되찾아라 : 클린 이팅 플랜에서 어긋났을 때 해야 할 일

죽음과 세금을 제외하고 인생에서 단 한 가지 확실한 것이 있다면 언젠가 클린 이팅 플랜에서 어긋나는 순간이 온다는 것이다. 세상에 완벽한 사람은 없다. 그러므로 솔직하게 이 사실을 이제 인정하라. 언젠가 실패하리라는 사실을 인지하면 다시 궤도로 돌아오는 일이 훨씬 쉬워질 것이다.

계획에서 어긋났을 때 다음 단계에 따라 마음을 다시 다잡고 궤도로 돌아가라.

1. **자신을 용서하라.**
   당신도 그저 인간이다. 그리고 클린 이팅 플랜에서 몇 번 벗어난다 해서 세상의 종말이 오지 않는다.

2. **마음을 추스르고 계획에서 벗어난 이유가 무엇인지 생각하라.**
   반드시 이유가 있다. 그리고 좋은 이유일 수도 있다!

3. **실수에서 교훈을 얻어라.**
   또다시 궤도에서 삐끗할 것 같거나 나쁜 일이 일어나서 정크 푸드를 먹어치울 것 같을 때는 기분이 좋아지게 만드는 다른 치료법을 찾아라. 물을 마시거나 산책을 가라. 아니면 친구와 전화통화를 하거나 책을 읽어라.

4. **의지를 다잡고 다시 시작하라.**
   어쨌든 완전히 바닥까지 추락한 것은 아니다. 한두 발, 또는 서너 발 잘못 디뎠다고 그동안 들인 그 모든 공을 수포로 돌아가게 만들지 말라. 하다못해 발을 잘못 디디는 동안 즐거웠기를 바란다. 규칙을 어기는 동안 즐겁지 않다면 가끔 그렇게 할 필요가 없지 않은가? 너무 긴장하지 말라!

chapter

13

가족들도 클린 이팅 라이프스타일에 동참시켜라

제13장 미리보기

- 가족의 식단에 크고 작은 변화를 준다.
- 어떤 음식을 좋아하고 싫어하는지 다시 파악하여 실수를 예방한다.
- 음식을 만들 때 가족의 참여를 유도한다.

뭔가 새로운 것을 시도할 때 가족의 협조를 얻기란 결코 쉽지 않다. 특히 그 새로운 것이 매일 먹는 음식을 바꾸는 것일 때는 더욱 그러하다. 하지만 아직 포기하기엔 이르다! 이 장은 부드럽고 비교적 덜 고통스럽게 클린 이팅으로 식습관을 바꾸는 데 도움이 될 내용들로 채워져 있다.

되도록 아이들이 어릴 때 시작해야 더 쉽게 클린 이팅을 습관화할 수 있다. 무심결에 한 마디라도 애들 앞에서 욕을 해본 사람은 알겠지만 아이들은 보고 배운다. 그러므로 아이들의 섭식 습관은 부모에서부터 시작된다. 가족의 식습관을 바꾸기 위한 첫 번째 단계는 바로 부모가 변할 때 시작된다. 물론 배우자가 동참한다면 모든 과정이 쉬워지겠지만 필요할 때는 혼자 개척자 역할을 해내야 할 수도 있다. 아이들의 나이가 많을수록 변화에 대한 저항도 커지지만 바뀔 수 있다.

참여는 건강한 식습관을 위한 또 다른 열쇠다. 아이들은 배우고자 한다. 실제로 이러한 배움에 대한 열망이 아기들이 잠투정을 하는 이유 가운데 하나다. 아기들은 자신이 잠든 사이 뭔가를 놓칠 거라는 걸 안다. 그러므로 클린 다이어트의 재료를 구입하고 조리하며, 그렇게 만든 클린 다이어트를 먹는 일을 즐겁고 뭔가 배울 수 있는 모험으로 만들어야 한다. 이렇게 하면 가족들은 평생 그 혜택을 누릴 것이다.

이 장에서 소개할 비결과 요령을 사용하면 '채소'의 'ㅊ'만 나와도 치를 떠는 아이들도, 샐러드는 토끼들이나 먹는 음식이라고 생각하는 배우자도 마음, 그리고 식습관을 바꾸게 만들 수 있다.

트윙키에서 순무로 이동하기

이 책을 읽고 있는 당신이 아마도 가족을 위해 음식을 장만하는 사람일 가능성이 높다. 그러므로 당신은 막강한 힘을 발휘할 수 있다! 이제 가족에게 영양가가 더 높은 음식을 먹이기로 결심했으니 필요한 부분을 바꾸기 시작할 준비가 된 것이다.

다음 절들에서는 소란을 최소화하며 변화를 주고 가족의 음식 메이크오버 계획을 세우는 방법을 살펴볼 것이다. 가족을 클린 이팅 다이어트 라이프스타일로 변화시키는 것은 전적으로 각자 결정할 문제다. 따라서 변화를 점진적으로 주는 계획과 속전속결로 해치우는 계획을 모두 알아볼 것이다. 어느 쪽을 선택하든 각자의 몫이다!

모든 대변신이 그러하듯 큰 변화를 눈으로 확인하기까지는 시간이 필요하다. 그러므로 계획에 따라 가족의 라이프스타일을 클린 이팅으로 전환해야 한다. 처음 시작은 차근차근, 천천히 해도 되고 단번에 치고 들어가도 된다. 어느 쪽을 선택하든 먼저 아이들, 그리고 배우자와 음식과 건강한 라이프스타일에 대해 이야기를 나눠야 한다. 그런 다음 새로운 음식에 대해 계획을 세우고 조리하는 일에 이들을 참여시켜라.(자세한 내용은 '참여를 유도하라'에서 확인하라.)

가족의 생활방식을 클린 이팅 라이프스타일로 바꾸는 일은 전화로 피자를 주문하거

나 온 가족을 차에 싣고 패스트푸드 매장으로 가는 것보다 힘든 일이 될 것이다. 하지만 엄청난 보상을 받을 것이다. 아이들이 현재는 물론 평생 건강을 유지한다면 이는 모든 부모에게 최고의 보상일 것이다. 작은 것을 바꾸고 끈기를 가지며 새로운 음식을 시도해보라. 그리고 결코 포기하지 말라! 결국 최강의 고집불통마저도 식습관이 향상될 것이다.

천천히 바꾸기

천천히 조금씩 바꿀 때는 직접 눈에 보이는 결과를 얻을 때까지 시간이 걸린다. 하지만 가족이 식습관을 바꾼다는 생각에 격렬히 저항한다면 조금씩, 점진적으로 나아가는 쪽을 선택해야 한다. 식단에 좋은 식품을 몰래 넣는 것은 평생의 식습관을 개선하기 위한 이상적인 방법은 아니므로 핑곗거리가 필요할 수도 있다. 하지만 식습관이 조금씩 바뀌면 가족도 당신이 만들어주는 건강한 음식을 좋아하기 시작할 것이다.

점진적인 메이크오버를 위해서는 일주일 동안 바꿀 것 한두 가지를 먼저 선택해야 한다. 가장 건강에 해로운 음식을 제거한 다음 그보다 약간 건강한 것으로 대체하라. 이러한 변화를 주고 나면 당신이 원하는 식습관을 가족들이 지닐 때까지 조금씩 클린한 홀 푸드를 추가하고 가공되지 않은 식품으로 바꿀 수 있다. 단, 습관이 몸에 배기까지 몇 주가 걸리고, 성공은 성공을 낳는다는 사실을 기억하라. 그러므로 중간에 포기하지 말라!

점진적인 메이크오버를 선택했다면 한 번에 일주일 치 변화만 골라라(일주일 단위로 바꿀 것을 정하라). 꼭 지켜야 할 순서는 없다. 하지만 표 13-1에 소개한 작전을 사용하면 변화를 시작하는 데 도움이 될 것이다.

표 13-1 클린 이팅 라이프스타일로의 점진적인 변화

주	변화시킬 것	변화를 실행하는 요령
제1주	패스트푸드 한 끼를 홈메이드 식사로 바꾼다.	집에서 햄버거를 만들고 감자를 가늘게 썰어 굽는다. 그리고 디핑 소스를 곁들인 신선한 과일을 디저트로 낸다. 어쩌다 한 번 군것질거리로 먹는 수준이 될 때까지 조금씩 이런 식으로 바꿔 나간다.(클린 밀과 디저트의 모든 조리법은 제5부를 참조하라.)

(계속)

표 13-1 클린 이팅 라이프스타일로의 점진적인 변화(계속)

주	변화시킬 것	변화를 실행하는 요령
제2주	탄산수 구매를 중단한다.	대신 레모네이드, 아이스티, 과일 주스를 만들어 대체한다. 가족들이 탄산이 들어간 음료수를 좋아한다면 셀처 워터(독일의 위스바데 지방에서 용출되는 천연 광천수-역주), 진저에일을 넣어 홈메이드 버전으로 만들어라. 재미있게 약간 변형하자면 레모네이드나 차를 얼음 틀에 얼려 차가운 음료수 안에 넣어라.
제3주	정제된 곡물에서 통밀로 바꾼다.	섬유가 첨가된 파스타나 홀 그레인으로 만들어졌지만 평범한 파스타처럼 보이는 것으로 선택하라. 화이트 브레드를 대신할 것으로는 통밀로 만들었지만 맛이 그리 강하지 않은 샌드위치 브레드를 선택하라. 다목적 밀가루 대신 통밀 페이스트리 밀가루로 머핀이나 팬케이크를 만들어보라. 대부분 클린한 곡물을 선택할 때까지 매주 더 많은 홀 그레인을 추가하고 정제 곡물을 줄여라.
제4주	향이나 맛이 가미되고 짠 칩 대신 나트륨 함량이 낮은 구운 과자를 찾아보라.	커리 파우더나 커민으로 맛을 내서 구운 피타칩, 또는 견과류와 건조 과일 믹스 등 자신만의 클린한 간식을 만들어라. 한 가지 요령을 소개하자면, 이러한 건강하고 클린한 간식을 언제, 어디서든 먹을 수 있게 미리 장만하는 것이다.(맛있는 클린 간식 조리법은 제18장에서 확인하라.)
제5주	매일의 메뉴에 한두 가지 신선한 과일을 추가한다.	잘게 썬 사과를 팬케이크 반죽에 혼합하거나 얇게 썬 딸기를 그린 샐러드에 넣어라. 배를 양파, 할라페뇨, 라임주스와 섞어 신선한 살사를 만든 다음 그릴에 구운 폭찹에 곁들여 낸다.
제6주	매일의 메뉴에 한두 가지 채소를 추가한다.	잘게 썬 빨간 파프리카나 육면체로 썬 애호박을 그린 샐러드에 넣어라. 익혀서 퓌레로 만든 콜리플라워를 매시드포테토에 넣거나 잘게 썰어 찐 콜리플라워를 마카로니 앤드 치즈에 추가한다. 가장 좋아하는 치킨수프 조리법에 그린빈을 추가하거나 비프스튜에 파스닙을 섞어라.
제7주	캔 식품과 미리 조리된 냉동식품 구입을 중단한다.	슬로우쿠커를 이용하여 건강한 수프, 파스타소스, 캐서롤, 칠리를 만들어라. 남은 음식은 각각의 용기에 담아 냉동했다가 나중에 다시 가열하여 간편하게 점심이나 간식으로 먹는다.
제8주	아직까지 튀긴 음식이 메뉴에 있다면 굽거나 찌거나 포칭한 음식으로 바꾸기 시작한다.	뼈와 껍질을 제거한 닭고기를 레몬즙과 허브 양념에 재 놓았다가 튀기지 말고 촉촉하고 부드러워질 때까지 구워라. 슬로우 쿠커에 펜넬과 호박, 연어를 넣고 포칭하라. 도넛이나 페이스트리를 사는 대신 홀 그레인과 과일로 머핀을 만들어라.
제9주	가장 좋아하는 음식을 클린 푸드로 변신시켜라.	가족이 멕시코 음식을 좋아한다면 두 번 튀긴 콩 통조림을 사용하지 말고 양파와 마늘 퓌레를 으깨서 직접 핀토빈을 만들어라. 간 쇠고기 대신 간 칠면조 고기나 닭고기를 사용하여 부리토를 만들어라. 순수한 밀가루 토르티야나 옥수수 토르티야 대신 홀 그레인 토르티야를 선택하라. 마지막으로 멕시코 음식에 사용하는 치즈의 양을 줄여라.
제10주	1인분의 양에 초점을 맞춰라.	미국인 대부분은 고기 1인분이 카드 한 벌 크기여야 하고 잘게 썬 과일이나 아이스크림 1회분이 고작 반 컵밖에 안 된다는 사실을 모른다. 각 음식의 적절한 양을 선택하는 데 익숙해질 때까지 계량해야 한다.

제10주가 되면 이 모든 습관이 몸에 밸 가능성이 높다. 이렇게 되면 목록을 다시 한 번 살펴보고 패스트푸드를 완전히 배제하거나 빵과 파스타를 100퍼센트 홀 그레인으로 바꾸는 등 과감한 변화를 꾀하라. 그런 가운데서도 클린하지 않은 식품을 점차 제외하고 더 클린한 것을 추가하여 계속해서 변화를 만들어나가라. 이쯤 되면 급격하게 바꾸기로 나아갈 준비가 될 것이다. 그 내용은 다음 절에서 다룰 것이다.

급격하게 바꾸기

짧은 시간 안에 더 많은 변화를 보고 싶다면 급격한 방식으로 클린 이팅 라이프스타일에 접근하는 것이 적합할 수도 있다. 깨끗한 피부, 넘치는 에너지 등 긍정적인 결과를 얻기 위해서는 속도가 급진적인 변화를 지속하는 데 강력한 동기가 될 수 있다. 이 방법은 변화를 수용하고 건강을 빠른 시간 안에 관리하고 싶은 사람에게 적합한 방식이다. 어떤 사람들에게는 이렇듯 급격하게 변화를 주는 방식이 더 실천하기 쉽다. 클린하지 않은 식품을 식단에서 일시에 제거해서 이러한 식품의 유혹을 원천적으로 차단할 수 있기 때문이다.

급진적인 방식을 선택하려면 가족의 건강 상태가 기본적으로 양호해야 한다. 가족의 주치의에게 클린 이팅에 대해 상담하고 새로운 라이프스타일에 대해 이야기하라. 그리고 마음 놓고 뛰어들어라!

클린 이팅 라이프스타일로 빠르게 전환하는 기간 동안에는 몸에 밴 습관을 바꿔야 하고, 이는 뭔가 삐걱거리는 느낌이 들고 어려운 일일 수 있다. 하지만 그로 인한 보상은 엄청난 것이다. 급진적 변화에 어떤 것이 포함되는지 표 13-2를 살펴보라.

하루 한두 번 섭취하던 과일과 채소를 다섯 번에서 일곱 번으로 늘리면 소화계가 반란을 일으켜 배에 가스가 차고 복부팽만감이 생기며 소화기능에 문제가 생길 수 있다. 이러한 증상이 나타나면 섭취량을 줄인 다음 며칠에 한 번씩 횟수를 늘려라.

새로운 식단의 조리법과 아이디어가 더 궁금하다면 이 책의 제5부를 확인하라.

표 13-2 클린 이팅 라이프스타일로 빠르게 전환하기

주	변화시킬 것	변화를 실행하는 요령
제1주	탄산음료, 짠 포장 간식, 정크 푸드를 모두 없앤다.	다이어트용 탄산음료, 포테이토칩, 크래커, 토르티야 칩, 포장 크림 파이, 포장된 쿠키, 베이커리 케이크, 아이스크림 디저트를 사지 말고 신선한 과일, 채소, 견과류, 씨앗류, 홀 그레인을 재료로 제18장에 소개할 스위트 앤드 스파이시 너트 같은 간식을 직접 만들어라.
제2주	캔 식품과 가공식품을 지역 푸드뱅크에 기부하라.	캔 육류, 콩, 과일, 케이크와 푸딩 믹스, 캔 수프, 파스타소스, 육수, 가당 시리얼, 잼, 그래놀라 바, 혼합 간식 대신 농산물과 육류, 유제품 가운데 음식 재료로 사용하는 것을 유기농으로 구입하라.
제3주	홀 그레인 식품으로 바꿔라.	현미, 퀴노아, 스펠트밀, 밀알, 스틸컷 오트밀 등 홀 그레인만 구입하고 정제된 밀가루나 곡물을 피하라. 설탕과 설탕이 함유된 식품을 모두 제거하라. 스테비아, 유기농 꿀, 아가베 시럽으로 음식에 단맛을 내라. 심하게 가공되는 인공 감미료로 바꿔서는 안 된다.
제4주	처음부터 모든 것을 직접 만들어라.	냉장고를 건강에 좋은 클린 푸드로 채워라. 그리고 식품 저장고를 홀 그레인, 견과류, 건조 과일, 씨앗류, 차, 향신료 등의 식품만으로 채워라. 음식을 만들 때 기름을 많이 사용하지 말라. 대신 포칭, 찌기, 슬로우 쿠킹 같은 조리법을 사용하라.
제5주	특히 가족 구성원 가운데 알레르기가 있는 사람이 있다면 유제품과 밀로 만든 식품을 모두 제거하는 것을 고려하라.	유제품의 구입을 중단하고 밀가루와 밀을 모두 제거하라. 옥수수와 쌀을 제외한 모든 것을 퇴출해야 한다. 많은 미국인이 유당내성을 지니고 있는 까닭에 유제품 섭취를 완전히 중단하면 건강이 호전된다. 또한 글루텐 내성이나 셀리악병을 지녀 밀을 섭취하면 안 되는 사람도 많다. 멀티비타민, 대구 간유, 생선 오일, 비타민 D, C, B복합체를 영양제로 섭취하라.

가족의 식습관 변화에 도움을 주자

그 누구도 아주 작은 도움조차 받지 않은 채 라이프스타일을 건강하지 않은 것에서 클린한 것으로 바꿀 수는 없다. 당신의 가족도 마찬가지다. 그러므로 인내심을 가져야 한다! 이들을 변화시키기 위해서는 달래야 할 때도 있을 것이다. 또한 시간이 걸릴 것도 분명하다. 하지만 이 절에서 소개한 비결을 사용하면 고집불통이던 가족까지 클린 이팅 플랜에 동참시킬 수 있을 것이다.

가족, 특히 자녀가 클린 이팅 플랜으로 라이프스타일을 바꾸게 만드는 데 도움이 되는 비결은 다음과 같다.

» **당신 자신이 건강에 좋은 다양한 음식, 특히 과일과 채소를 즐기는 모습을**

아이들에게 보여주어라. 아이들은 모방하며 배운다. 그러므로 아이들이 보는 앞에서 건강한 음식을 즐김으로써 좋은 본보기가 될 수 있다.

» **아이들은 성인보다 당연히 적게 먹는다는 사실을 잊지 말라.** 다양한 메뉴에 새로운 음식을 추가할 때는 먼저 아이들에게 아주 조금 맛보게 해주어라. 처음에는 티스푼 정도의 양으로 충분하다. 언젠가 아이들도 건강에 도움이 되는 음식을 즐기게 될 것이다.

» **현실적인 목표를 세워라.** 하룻밤에 기적이 일어나기를 기대하지 말라. 당신과 가족 모두 실패를 경험하게 되리라는 사실을 인정하고 한 번 실패했다고 포기하지 말라. 실패한 지점에 서서 다시 시도하고 성공했을 때는 동물원에 놀러가거나 해변에서 하루를 보내며 자축하라. 건강한 간식을 챙기는 것도 잊지 말라!

» **억지로 먹으라고 강요하거나 할당된 음식을 모두 먹을 때까지 아이를 식탁에 앉혀두지 말라.** 이렇게 하면 오히려 먹을 것에 엄청 까다로운 아이가 될 것이다. 결코 음식이 형벌이 되어서는 안 된다. 대신 잘 먹었을 때 긍정적 강화, 즉 아이가 좋아하는 것을 해주거나 건강한 음식에 대해 대화하는 데 초점을 맞춰라.

» **음식에 재미를 더하라.** 아이들은 대부분 핑거푸드를 좋아하므로 과일과 채소를 더 작게 잘라라. 익히지 않은 음식을 찍어 먹을 딥을 곁들여주는 것도 아이들이 새로운 음식을 시도하게 유도하는 좋은 방법이다. 또는 작은 쿠키커터로 채소를 재미난 모양으로 잘라도 된다.

» **새로운 메뉴는 관심이 가는 모양새를 해야 한다.** 인간은 가장 먼저 눈으로 음식을 먹는다. 그러므로 허니듀멜론은 쿠키커터로 공 등의 재미있는 모양으로, 애호박은 야채 필러로 긴 리본 모양으로 자르면 한 입 먹어보고 싶게 만들 수 있다.

» **아이들이 스스로 뭔가를 통제한다는 기분을 느껴야 한다.** 식사 계획을 세울 때 아이들에게 당근이나 완두콩을 먹고 싶은지 물어보라. 아니면 그릴에 구운 닭고기나 브로일링한 연어를 먹을지 물어보라. 아이들은 음식에 대한 결정에 자신의 의견이 반영되고 존중받는다는 사실에 기뻐할 것이다.

» **디저트로 보상하지 말라.** 가족이 건강한 음식을 즐기고 그 자체의 진가를 알아야 한다. 디저트처럼 단 음식으로 보상을 한다면 나쁜 습관을 더 강하

게 만들 뿐이다.

다른 성인 가족들은 어떻게 해야 할까? 배우자나 가까운 사람이 나쁜 식습관을 지녔다면 마주앉아 음식과 영양, 그리고 건강에 대해 대화를 나눠야 한다. 주도권을 쥐어야 한다. 가족의 식습관을 바꾸기도 전에 누군가 혈관성형술을 받거나 당뇨 진단을 받는 일은 막아야 하지 않겠는가.

클린 이팅이 주는 혜택을 향유하라

가족들이 몇 주 동안 클린한 음식을 잘 먹었다면 이들의 기분, 에너지 수준, 외모에 긍정적인 변화가 보이기 시작할 것이다. 십대 자녀의 경우 피부가 좋아지고 머리카락에서는 윤기가 날 것이며 학과목, 스포츠, 팀 활동에서도 조금 더 돋보이기 시작할지 모른다. 다행스럽게도 이러한 혜택은 모두 클린 이팅이 지니는 의미를 강하게 만드는 데 도움이 된다! 사실 아이들에게 필요한 강화는 모두 이러한 혜택일 수도 있다.

즐거운 저녁식사 자리를 만들어야 한다. 자녀, 배우자와 대화를 시도하라. 이 귀중한 시간을 비난하거나 심각한 문제를 의논하느라 낭비하지 말라. 대신 하루 동안 있었던 일, 최근 있었던 좋은 일, 그리고 그 자리에서 먹고 있는 음식에 대해 이야기하라.

'혼밥'을 할 때는 즐겁고 멋진 식사로 만들어야 한다. 음식은 도자기 식기에, 마실 것은 크리스털 잔에 담고 촛불을 밝힌 다음 음악을 틀어라. 그렇다, 바로 당신 자신을 위해서다! 지금 앞에 놓인 음식을 먹으면 삶이 개선될 것이므로 그 자리를 최대한 근사한 것으로 만들어야 한다.

작은 변화에서 충분한 가치를 지닌 결과를 얻어라

'여보, 우리가 애들을 해치고 있어요(Honey, We're Killing the Kids)'라는 TV 프로그램을 기억할지 모르겠다. 가족의 나쁜 식습관에 초점을 맞춘 이 프로그램에는 영양학자가 등장해 정크 푸드, 가공식품, 설탕이 잔뜩 들어간 음식을 발견하는 즉시 집 밖으로 던져버렸다. 그 집에 사는 가족들을 위해 좋은 일이었다. 하지만 그다음이 문제였다. 조금씩 변화를 주거나 가족들이 그나마 더 낫다고 생각하는 클린 푸드로 바꿔나가지 않고 무작정 식단에 자두, 케일, 오징어, 통밀 파스타를 넣은 것이다. 프로그램이 방영된 다음 이 프로그램이 등장한 가족과 인터뷰한 내용을 보면 실제로 대부분 건강하지 않은 식습관으로 돌아갔다.

급격하고 빠르게 식단을 바꾸면 역풍을 맞을 수 있다. 또한 케일과 자두보다 먹음직스러운 클린 푸드는 수없이 많다. 이렇게 천지가 개벽하는 변화를 주면 가족들의 항의가 쏟아지고 배고픔의 공격을 받으며 몰래 단 것과 간식거리를 먹고 싶은 충동이 일어난다. 그러니 천천히 시작하라. 가족이 이미 음식을 가려먹는다면 원래 단맛을 지닌 건강한 식품을 첨가하며 시작하라.

가족들이 클린 이팅 프로그램을 시작하게 만들 수 있는 작은 변화는 다음과 같다.

- **디저트를 완전히 끊지 말라. 대신 초콜릿으로 뒤덮인 아이스크림 바가 아니라 냉동 요거트나 100퍼센트 주스 바를 구입하라.** 건강에 더 좋은 이러한 디저트는 주로 지방 함량이 더 낮고 비타민과 섬유 함량은 높다. 또한 누구나 행복감을 유지할 정도로 충분히 달다.
- **자몽이나 브로콜리처럼 신맛이 강하거나 쓴 농산물이 아니라 베이비 당근이나 딸기처럼 달콤한 과일과 채소로 시작하라.** 아이들은 대부분 바나나를 좋아한다. 그러므로 바나나를 큼지막하게 잘라 요거트와 다진 견과류를 묻힌 다음 냉동시키면 건강한 아이스캔디를 만들 수 있다. 슈거 스냅(껍질째 먹는 완두콩-역주)을 살짝 데쳐 체리토마토로 만든 과카몰리와 함께 내는 방법도 있다. 또한 처음에는 케일이나 로메인 상추 대신 베이비 당근을 선택한다.
- **새로운 음식은 한 끼에 한 가지만 추가한다.** 아이들은 새로운 음식을 보거나 냄새만 맡아도 쉽게 주눅이 든다. 그러므로 어느 날 슈거 스냅을 메뉴에 새로 넣었다면 캔터루프는 다음 날 넣어야 한다.
- **처음 식탁에 올릴 때는 새로운 음식에 대해 이야기해주어야 한다.** 어떤 맛이 나는지, 씹을 때 어떤 질감이 느껴지는지를 가족에게 설명한 다음 식탁에 내라. 누군가 당신에게 생전 보지도, 듣지도 못한 것을 먹으라고 내놓는다면 어떻겠는가? 입안에 넣기 전에 설명을 듣고 안심해야 하지 않겠는가?
- **아이들이 맛보기 전에 먼저 감촉을 느끼고 냄새를 맡게 하라.** 당신이 소개하는 동안 아이들이 새로운 음식을 조금씩 만지고 냄새를 맡게 하라. 처음

> 본 순간부터 새로운 음식을 맛보고 싶어 할 거라고 생각하지 말라. 아니, 열 번째여도 안 될 수 있다!

아이들은 대부분 좋아하는 음식이 제한되어 있다. 특히 입맛이 까다로운 아이들은 그 수가 20~30가지에 불과하다. 안타깝게도 이러한 음식은 사탕, 칩, 탄산수, 기타 건강에 그다지 좋지 않은 것들이다. 매주 한 가지씩 새로운 식품을 식단에 추가한다면 1년 동안 아이들은 50여 가지의 새로운 식품을 맛볼 수 있다. 그리고 건강한 음식을 섭취하는 평생의 습관을 확립할 것이다.

장애물을 피하라

어른이라면 누구나 한 번쯤 건강한 음식을 안 먹겠다고 무작정 고집피우는 아이를 다뤄보았을 것이다. 하지만 아이들이 방울양배추나 샐러리 같은 음식을 싫어하고 초콜릿이나 탄산수를 좋아하는 데 실제로 생물학적 원인이 있다는 사실을 아는가? 믿기 힘들겠지만 사실이다!

이 절에서는 많은 사람이 단 음식을 좋아하는 이유와 쓴 음식이라면 어떻게든 먹지 않으려는 사람들이 있는 원인에 대해 살펴볼 것이다. 인체 시스템에 내재된 대부분의 것이 그러하듯 당신과 가족도 시간을 들여 부지런히 연습하면 식품에 대한 선호도를 바꿀 수 있다.

내재된 스위트 투스와 싸우기

우선 모든 인간은 스위트 투스를 지닌 채 태어난다는 사실을 알아야 한다. 갓 태어난 아기에게 최고의 음식인 모유는 원래 단맛을 지닌다. 그러므로 아기는 생물학적으로 단맛을 갈망하고 즐기게 만들어진다. 실제로 연구가들은 입에 설탕을 넣어주면 아기들이 긴장을 풀고 미소를 짓는다는 사실을 발견했다. 또한 〈생리 게놈 학회지〉에 게재된 한 연구에 따르면 변이 유전자인 글루트2(포도당수송체-역주)를 선천적으로 지닌 채 태어나는 사람이 있다. 이 유전자는 인간이 설탕에 대한 열망을 지니게 만든다. 그토록 많은 사람이 찐 브로콜리가 아니라 초콜릿 캔디를 좋아하는 것이 너무도 당연한 일이다!

단 음식이라고 해서 모두 나쁜 것은 아니다. 실제로 단 음식은 인체에 즉시 에너지를 공급한다. 인간이 식량을 찾아다니던 시절에는 설탕 함량이 높은 식품은 인간이 생명을 유지하고 종의 생존을 위해 번식하기 위한 충분한 에너지를 만들어냈다. 따라서 단 음식을 좋아하는 이러한 경향은 초기 인류가 잘 익은 과일, 그리고 영양학적 가치가 가장 높은 과일을 선택하게 만들기도 했다.

오늘날 산업화된 세상 대부분의 곳에서 기본적으로 무한대로 식품이 공급되므로 인류의 스위트 투스는 역풍이 될 수 있다. 오늘날 주요 문제는 사람들이 충분한 영양소를 함유하지 않은 칼로리를 너무 많이 섭취한다는 것이다. 단 음식을 좋아하는 사람은 이러한 문제를 해결하기 위해 각각의 칼로리마다 최대한 많은 영양소를 섭취해야 한다.

많은 사람이 스위트 투스에 굴복하는 또 한 가지 원인은 단 음식이 엔도르핀이라는 뇌 화학물질들의 생성을 증가시킨다는 것이다. 여기에는 쾌감을 느끼게 만들고 고통을 억제하는 세로토닌도 포함된다. 그렇다, 단 음식을 먹으면 말 그대로 달콤한 쾌감을 느끼는 것이다!

이렇게 선천적으로 내재된 열망과 싸우는 한 가지 방법은 운동, 웃기, 명상 등 엔도르핀을 생성하는 다른 활동을 시작하는 것이다.

사람마다 혀에 단맛을 감지하는 미뢰의 수가 다르다. 단맛을 수용하는 미뢰가 많은 사람은 단맛과 향을 더 강하게 느낀다. 즉 단맛이 약해도 쉽게 인지한다는 의미다. 이 때문에 어떤 사람은 단맛이 첨가된 시리얼을 너무 달다고 느끼는 반면 어떤 사람은 한 그릇 뚝딱 해치우는 것이다.('식품 선호를 바꿔라 : 쉽지는 않지만 해낼 수 있다'에서 스위트 투스 때문에 생긴 음식 선호도를 바꾸는 비결을 살펴보라.)

쓴 식품에 대한 선천적인 거부감을 해결하자

단맛의 미뢰 스펙트럼 반대쪽 끝에는 쓴맛이 있다. 그리고 생물학적으로 쓴맛을 싫어하게 프로그램된 사람들이 있다. 과학자들은 오랫동안 쓴맛 미뢰가 초기 인류가 주로 쓴맛이 매우 강한 독성을 띤 식물을 감지할 수 있게 진화했을 것으로 추측했다.

2006년, 〈커런트 바이올로지〉에 게재된 연구 논문에서 이러한 추측이 사실임이 확인되었다. 일반적으로 사람들은 세 가지로 분류할 수 있다. 쓴맛에 매우 민감한 슈퍼테이스터, 중간 수준으로 민감한 사람들, 그리고 무딘 사람들이다. 식품 선호를 바꾸는 비결은 다음 절에서 다룰 것이다.

식품 선호를 바꿔라 : 쉽지는 않지만 해낼 수 있다

제아무리 편식이 심한 아이라 해도 오랫동안 어느 정도 노력을 기울이면 식습관을 개선할 수 있다. 그리고 지속적으로 선택할 수 있는 여지를 주어 아이들이 스스로 뭔가를 결정할 수 있다고 느끼게 만들고 이를 지켜나가는 것이 비결이다.

아이가 처음 본 음식을 먹어보려 하지 않는다고 실망할 필요가 없다. 20~30번은 소개해야 마음을 열고 특정한 음식을 한 입 먹어볼 수도 있다. 물론 브로콜리나 케일처럼 쓴맛이 강한 음식을 즐기는 법을 결코 배우지 않을 아이도 있다. 아니면 단맛 미뢰의 수가 적은 반면 쓴맛 미뢰의 수가 많아 단 음식은 단번에 해치우는 반면 쓴 음식은 거부하는 아이도 있을 것이다. 그래도 괜찮다! 브로콜리와 방울양배추가 건강한 식단의 전부는 아니다.

조건형성이라는 과정 때문에 식품 선호에 감정이 작용하기도 한다. 아이들은 어떤 음식과 불쾌한 경험을 연관 짓기도 한다. 예를 들어 친구의 생일 파티에 갔는데 아이들 중 한 명이 아파서 토했고 하필 식탁 위에 브로콜리를 재료로 만든 음식이 있었다면 브로콜리와 구토를 연관시켜 자신도 모르게 거부감을 느낄 수 있다. 특정한 식품에 대해 부정적인 감정을 지녔다면 몇 주, 또는 몇 달 뒤에 아이가 먹을 음식에 그 재료를 다시 사용해보라. 반면 아이들은 즐거운 경험과 음식을 연관시키기도 한다. 생일케이크와 밸런타인데이의 초콜릿이 그 좋은 예다.

클린 이팅 플랜에 적응하는 동안에는 가족의 식단에 쓴맛이 강한 반면 단맛이 약한 식품을 점진적으로 추가하라. 시간을 들이면 식품 선호를 바꿀 수 있다. 예를 들어 단맛이 강한 식품에서 강한 식품으로 바꿀 때는 슈거스냅에서 스노우피, 그린빈, 풋콩, 브로콜리 순으로 점진적으로 바꿔야 한다. 뇌를 다양한 맛과 향에 반복적으로 노출하면 새로운 맛을 수용하도록 훈련할 수 있다. 여기에서는 계속해서 새로운 식품을 테이블에 추가하는 것이 비결이다. 당신이 건강한 음식을 즐기는 모습을 보는 한,

그리고 시간을 두고 조금씩 먹을 수 있는 음식이 바뀌는 것을 보는 한 가족들도 즐겁게 더 건강한 음식을 먹기 시작할 것이다.

참여를 유도하라

가족이 새로운 음식을 맛보게 만드는 최고의 방법 한 가지는 식사 준비에 이들을 참여시키는 것이다. 그저 냄비에 담긴 음식을 젓거나 식사 후 뒷정리를 시키라는 말이 아니다. 식품을 기르고 구입하며 식사 계획을 세우고 조리하는 모든 과정에 참여시키라는 것이다.

다음 절들에서는 가족에게 음식 준비, 말하자면 사냥과 채집에 흥미를 심어주는 방법들을 살펴볼 것이다. 그리고 기르기에서 조리까지 모든 과정을 즐겁게 만드는 것이 열쇠다.

직접 키워라!

영국 코미디 드라마 '굿네이버스'의 등장인물들처럼 뒷마당을 온통 미니 농장으로 꾸며야 한다는 말이 아니다. 주방 창틀이나 뒷마당 데크에 화분 몇 개만 놓거나 마당에 작은 공간을 활용하면 맛도 더 좋고 돈을 주고 사는 그 어떤 것보다 건강에 좋은 신선한 과일과 채소를 얻을 수 있다.

약간의 노력만으로도 다음과 같은 것을 재배할 수 있다.

- 창틀에 놓인 화분으로 허브나 양상추를 키운다.
- 화분에 토마토, 깍지콩, 파프리카를 키운다.
- 분재용 화분에 딸기를 키운다.
- 뒷마당에 사과와 배나무를 심는다.

먹을거리를 직접 키울 때는 그 안에 가족이 가장 좋아하는 메뉴의 재료도 포함시켜야 한다. 예를 들어 피자 가든에서는 토마토, 바질, 그린 어니언, 파프리카를 키워야 한다. 샐러드 가든에는 방울양배추, 슈거스냅피, 그레이프 토마토, 해바라기가 포함되어야 한다.

미니 텃밭을 관리할 때 아이들에게 일을 맡겨라. 아니면 화분 1개나 텃밭의 작은 구역을 할당해서 관리하게 하라. 방울양배추나 빨리 자라는 양상추처럼 금방 수확해서 먹을 수 있는 식물부터 키워야 아이들이 금세 보상을 받는다. 잡초 뽑기와 물 주기처럼 간단한 임무를 아이들에게 맡기면 자신도 한몫했다는 뿌듯함을 느낄 것이다. 그리고 가지에서 바로 수확한 스위트피나 체리토마토의 달콤하고 신선한 맛을 즐기는 것보다 좋은 일은 없을 것이다.

연구 결과 텃밭 가꾸기에 참여하면 아이들이 직접 키운 식물을 맛보는 데 더 관심이 생기고 과학 성적이 오르며 교우관계나 생활 속의 기술이 좋아진다는 사실이 드러났다. 바질, 파슬리와 더불어 더 똑똑한 아이를 키울 수 있다는 사실은 몰랐을 것이다!

실제로 미국 전역의 많은 학군에서 학교 운동장에 어린이 정원을 운영하기 시작하고 있다. 먹을거리를 키우는 일은 토양 구성, 지속가능한 생태계, 야생생물, 기후, 계절, 영양, 식물 등 다양한 인생의 교훈을 배울 수 있는 기회가 된다. 학부모회에 이러한 내용을 건의하거나 자녀의 담임교사에게 수업 계획에 텃밭 가꾸기를 포함시켜달라고 요청하라.

계획하라!

식품을 구입, 조리하기 전에 어떤 것을 사고 조리할지 계획을 세워야 한다. 그렇다면 계획을 세우는 데 가족을 참여시키지 않을 이유가 없지 않은가? 식단에 대한 계획을 세우고 쇼핑 목록을 만드는 법을 가르치는 일은 아이들에게 평생 사용할 수 있는 기술을 전수하는 것이다. 아이들에게 각자 자신이 좋아하는 음식을 포함시켜 1주일에 한 끼의 계획을 세우게 한 다음 그 메뉴의 음식을 만들기 위해 어떤 식품을 구입해야 하는지 함께 생각하라. 한 끼의 모든 메뉴를 계획하는 일이 너무 부담스럽다고 생각된다면 간식을 계획하는 일로 시작할 수도 있다. 무작정 맡기면 막막할 수 있으니 먼저 몇 가지 선택할 수 있는 것을 알려주고 아이가 제안하는 것과 생각해낸 것을 진지하게 받아들여라.

각각의 계획 과정은 고통 없는 수업시간이 될 수도 있다. 아이에게 하루 동안 사용할

에너지의 대부분을 얻기 위해서는 매 끼니에 매우 다양한 홀 푸드를 포함시켜야 한다는 사실을 설명하라. 아이가 피자를 식단으로 정하고 싶어 한다면 페퍼로니 대신 채소 토핑을, 흰 밀가루 대신 통밀가루 크러스트를 사용해보라고 제안하라. 아이가 구운 치킨을 좋아하면 채소나 과일이 들어가는 요리를 선택하여 맛과 향은 물론 영양까지 더하라. 접시에 최대한 다양한 색을 지닌 음식을 담아야 건강하고 보기에 좋으며 맛까지 있는 음식이 된다는 사실을 설명하라.

식단을 계획할 때는 아이의 상상력으로부터 도움을 받아라. 아이가 가공된 피시 스틱(어육만을 냉동시켜 만든 피시 블록을 얇게 자른 것-역주)을 좋아하면 이번에는 신선한 생선을 구입해서 당신이 직접 만들 것이라고 말하라. 피시 스틱에 케첩이나 머스터드 같은 재료를 사용해서 생선 얼굴을 그린 다음 맛있는 디핑 소스와 함께 낸다.

계획하는 일은 아이들에게 쓰레기를 최소화하고 남은 음식과 식품을 사용하는 일에 대해 교육할 수 있는 좋은 기회다. 구운 치킨을 만들었다면 남은 것은 홈메이드 빵과 함께 치킨 샌드위치를 만들거나 사과, 포도와 함께 치킨 샐러드를 만들어 버리는 것이 없도록 하라.

구입하라!

아이들을 데리고 마트에 장 보러 가는 것은 만만치 않은 일이다. 하지만 아이들에게는 아주 훌륭한 배움의 기회가 될 수도 있다. 아이들이 가장 선명한 녹색을 띤 셀러리나 가장 아삭거리는 양상추, 또는 가장 색이 선명한 파프리카를 직접 고른다면 기꺼이 먹을 가능성이 훨씬 커진다.

장보기를 더 즐거운 일로 만들기 위해서는 집에서 나서기 전에 몇 가지 규칙을 정해야 한다. 아이들에게 각자 쇼핑 카트에 담을 목록을 주고 외출을 게임처럼 만들어라. 그러기 위해 도전해볼 일들은 다음과 같다.

> » 아이들에게 각각 한두 장씩 쿠폰을 준 다음 쿠폰이 적용되는 식품을 진열대에서 가져오는 임무를 준다. 물론 최소한으로 가공된 식품을 할인해주는 클립 쿠폰(신문이나 전단지 등에서 오려낼 수 있는 쿠폰-역주)만 사용하고 클린 이팅 플랜을 고수할 수 있도록 최대한 천연에 가까운 식품을 선택해야 한다.

» 장보기 경험을 보물찾기처럼 만들어라. 아이들에게 포장에 붉은 소가 그려진 우유나 정확히 6개의 바나나가 달린 송이를 찾는 임무를 준다.
» 농산품 코너에서 아이들에게 과일과 채소 봉지를 주고 각각 무게가 얼마나 나갈지 맞히는 게임을 한다.
» 장을 본 전체 비용이 얼마일지 아이들이 계산하게 한다. 작은 계산기를 주고 각각의 물품 가격을 불러준 다음 스스로 가격을 확인하게 한다.
» 특이한 과일과 채소를 찾게 한 다음 아이들에게 그 식품이 어떤 맛을 지녔을지, 당신이 어떻게 조리할 수 있을지 물어본다. 장을 볼 때마다 다른 식품을 선택하라.
» 재료 목록에서 통밀 밀가루가 가장 먼저 나오는 빵이나 일곱 가지 미만의 재료가 사용된 파스타소스를 찾는 게임을 통해 아이들에게 라벨 읽는 법을 가르친다.

성공적인 장보기를 마친 다음에는 어떤 것이든 보상을 해줘야 한다. 아이들을 모두 데리고 공원에 가거나 서점에서 새 책을 사주어라. 아이들에게 즐거움은 물론 건강하게 먹는 법을 가르치는 것이므로 먹을거리로 보상하는 것은 좋은 생각이 아니다. 아이들에게 운동이나 게임처럼 손으로 만질 수 없는 것으로 스스로에게 상을 주는 법을 가르쳐라.

가장 신선한 식품을 최고의 가격으로 가족에게 먹이고 싶다면 농부가 직접 판매하는 농장직거래장터를 찾아보라. 실외 공간에 마련된 이 장터는 정말 환상적인 곳이다. 자연 그대로의 상태로 식품을 눈으로 확인할 수 있는 것은 물론 판매자로부터 많은 정보를 얻을 수 있다. 판매자, 즉 농부에게 농산물을 어떻게 재배하는지, 다 자라는 데 시간이 얼마나 걸리는지, 그리고 판매하는 농산물을 재료로 조리하는 방법 가운데 가장 좋아하는 것은 무엇인지 질문하라. 이곳의 통로로 거니는 일은 밭에서 식탁까지 식품의 여정에 대해 아이들의 흥미를 자아낼 수 있는 좋은 방법이다.

조리하라!

아이들도 모두 음식을 만드는 법을 배우는 것이 좋다. 아이들이 연령에 맞게 주방에서 할 수 있는 단순한 임무를 찾을 수 있다. 음식 솜씨에 자신이 없는 사람은 시간을 투자하여 요리책을 읽어라.

아이들을 주방 일에 참여시킬 때는 아이들에게 안전과 관련한 기본적인 정보를 가르쳐야 한다. 음식을 조리하거나 재료를 손질하기 전후에 반드시 손을 씻고 익힌 음식과 익히지 않은 음식을 분리하며 오븐과 가스레인지 같이 표면이 뜨거운 물건과 칼에 주의해야 하고 음식을 적절한 수준까지 완전히 익혀야 한다고 가르쳐라. 그러기 위해서는 먼저 당신이 조리법을 숙지하고 모든 재료와 조리도구를 모아야 한다. 그리고 음식 재료들이 어떻게 어울리는지를 이해하라. 그런 다음 음식을 만들고 음식이 익는 동안 뒷정리를 하라.

나이에 맞는 임무를 주면 가족이 안전하게 음식 만들기에 참여할 수 있다. 하지만 아이들의 소근육운동 능력에 맞는 임무를 정해줘야 한다. 그 예는 다음과 같다.

» 미취학 아동은 주스를 만들기 전 레몬과 라임을 조리대로 나르고 빵 조각의 수를 세며 과일을 씻을 수 있다. 또한 밀가루를 옮기고 내용물이 담긴 병을 흔들며 오렌지와 완숙 달걀 껍질을 깔 수 있다. 그리고 반죽주머니에 담긴 반죽을 머핀 틀에 짜 넣고 쿠키커터를 사용할 수 있다.

» 중학생은 과일과 채소의 껍질을 벗기고 달걀을 깨며(그런 다음 손을 씻어야 한다) 조리법을 읽고 어떻게 음식을 만들지 계획을 세울 수 있다. 또한 반죽을 하고 심지어 어른이 지켜보는 자리에서 웍이나 냄비에 직접 조리를 할 수도 있다.

» 10대 중후반의 아이들은 조리와 주방에서의 기본적인 안전 수칙을 익히고 나면 한 가지 음식을 처음부터 끝까지 도맡아 만들 수 있다.

식사 준비 과정에 전혀 관심이 없다면 주방에서 하는 재미있는 활동을 통해 아이들의 호기심을 자극하라. 식초와 베이킹 소다를 이용해서 화산을 만들거나 옥수수전분으로 점토를 만드는 법을 보여주어라. 아동용 사이즈의 주방도구를 사용하면 아이들의 관심을 이끌어낼 수 있다. 자그마한 밀대나 미니어처 머핀 틀을 거부할 수 있는 아이가 어디 있겠는가?

아이들이 음식 만들기가 얼마나 재미있는 일인지 알게 되면 클린 풋콩 과카몰리, 스페인 살사를 곁들인 케일 칩 등 제5부에 소개할 재미난 음식을 만들 때 도움을 받을 수 있다. 주방은 멋진 장소가 될 수 있다. 그리고 건강한 음식을 만드는 법을 배우는 동안 아이들은 평생 건강과 안녕을 향상시킬 기술을 습득할 것이다. 하지만 무엇보다 온 가족이 음식을 만드는 일은 정말 즐거운 것이다!

chapter

14

식이와 관련한 특수한 고려 사항을 충족시키자

제14장 미리보기

- 식품 알레르기와 글루텐 감수성에 대처한다.
- 클린 이팅을 통해 채식주의를 실천한다.
- 클린 이팅 플랜에 비건 라이프스타일을 결합한다.

특별식은 이제 주류 문화로 정착되고 있는 듯하다. 누구나 어떤 음식에 알레르기가 있거나 한두 가지 유형의 음식을 먹지 못하는 사람을 한 명쯤은 알고 있다. 사람들이 특별식을 실천하는 세 가지 가장 일반적인 원인은 식품 알레르기, 글루텐 감수성, 그리고 육류 및 동물성 식품과 관련한 문제다.

하지만 반가운 소식이 있다. 가족 중에 식품 알레르기나 식품에 대한 선호가 매우 강한 사람이 있다 해도 클린 이팅 식단을 실천할 수 있다는 것이다. 실제로 클린 다이어트야말로 이러한 필요와 선호를 충족시키는 최고의 방법일 것이다!

이 장에서는 식품 알레르기가 무엇인지, 어째서 식품 알레르기 증상을 보이는 사람이 증가하는지, 그리고 알레르기를 유발하는 식품을 피하기 위해 식단을 어떻게 계획해야 하는지를 살펴볼 것이다. 또한 글루텐 감응성에 대해 상세히 알아보고 밀, 보리, 기타 식품에 함유되어 알레르기 반응을 보이거나 감수성을 지닌 사람에게 심각한 의학적 증상을 일으키는 단백질에 대해 알아볼 것이다. 마지막으로 채식주의와 비건 다이어트가 클린 이팅 플랜에 어떤 점에서 적합한지를 고려할 것이다.

식품 알레르기와 감수성

자신이 식품 알레르기가 있든 가족 때문에 간접적으로 경험했든 식품 알레르기를 접해본 사람은 아마도 괴롭힘 당하는 것 같은 기분이었을 것이다. 그리고 이제 영원히 메뉴에서 사라져야 할 식품 목록이 있을 것이다. 다행스럽게도 가공식품을 피하면 알레르기를 유발하는 식품에서 쉽게 멀어질 수 있다. 예를 들어 사과는 오로지 사과만 함유하고 있다. 당신이 알레르기 반응을 일으킬 수도, 아닐 수도 있는 25가지 재료를 함유하지 않았다.

의사들은 전체 인구의 약 2~6퍼센트만이 실제로 식품에 알레르기를 지녔다고 추산한다. 이 경우 특정한 식품에 대해 인체가 항체를 생성하는 반응을 일으킨다. 식품 알레르기를 진단하는 데 주로 사용되는 방법은 혈액검사와 제외식 두 가지다. 소수의 의사들로 구성된 미국환경의학협회는 적정 희석 검사와 자극 중화 시험이라는 두 가지 매우 정교한 피부 테스트도 사용한다. 흡입인자 알레르기 판별에는 피부를 긁어서 하는 '스크래치 테스트'가 상대적으로 정확하기는 하지만 의사들은 일반적으로 식품 알레르기 판별에는 정확하지 않은 검사로 여긴다.

이 절에서는 식품 알레르기가 정말로 무엇인지, 문제가 되는 식품에 인체가 어떻게 반응하는지, 알레르기와 감수성의 차이는 무엇인지 살펴볼 것이다. 그런 다음 주요 알레르기 유발 식품과 이를 피하는 비결을 알아볼 것이다.

식품 알레르기에 대해 이해하자

식품 알레르기는 일생 동안 언제든 생길 수 있다. 99세가 되어 생길 수도, 평생 단 하나도 경험하지 않을 수도 있다. 의사들은 정확하게 알레르기를 유발하는 것이 무엇인지 알지 못한다. 하지만 알레르기가 생겼을 때 어떤 일이 일어나는지는 안다.

인간의 면역계에 대해 살펴보자

인간의 면역계가 한 가지 이상의 식품이 인체를 공격하고 있다고 판단하면 식품 알레르기가 일어난다. 그리고 여기에 대항한다. 인간의 면역계는 림프절, 골수, 백혈구(T세포, b세포 등 종류가 다양하다), 비장, 갑상선, 편도선으로 구성되어 놀랄 정도로 복잡하다. 면역계는 인간을 세균, 바이러스, 기타 인체가 이물질로 인지하는 모든 물질로부터 인체를 보호하는 역할을 한다. 평소 면역계는 제대로 잘 작동하여 질병에 걸리지 않고 건강하게 인체를 유지해준다. 하지만 때로 과도하게 반응하고, 이럴 때 알레르기가 발생하는 것이다.

주의 : 식품 알레르기는 가족력이 있을 수 있으므로 유전적 요인이 일정한 역할을 할 수도 있다. 또한 연구 결과 자궁 내에서 특정한 식품에 태아가 노출되었을 때 알레르기가 발생할 수 있다는 추측이 가능하다. 소아과 의사들은 부모들에게 영아와 유아의 경우 알레르기를 일으킬 수 있는 식품을 조금씩, 단계별로 접하게 해야 한다고 조언한다. 그래야 알레르기가 존재할 경우 초기에 식별하여 특정한 식품을 아이의 식단에서 배제할 수 있기 때문이다.

알레르기가 있는 식품을 섭취하면 인체는 그 안에 함유된 단백질, 때로 다른 분자에 반응한다. 처음 먹은 음식에 알레르기 반응을 일으키는 경우는 드물다. 하지만 한 가지 유형의 식품에 알레르기를 지닌 사람들은 연관성이 없는 알레르기 인자를 처음 섭취하거나 이 알레르기 인자에 노출되었을 때 교차반응성(cross-reactivity)을 경험하기도 한다. 예를 들어 화분 알레르기가 있는 사람은 감자, 멜론, 토마토, 수박, 오렌지, 체리류, 땅콩에 즉시 알레르기 반응을 일으킬 수 있다. 또한 땅콩 알레르기를 지닌 사람은 협과, 밀, 옥수수, 플랜틴(인도와 카리브해가 원산지인 바나나의 한 종류로 다른 바나나에 비해 단맛이 덜하고 크기가 커 요리에 자주 활용된다-역주), 멜론에 즉시 알레르기 반응을 일으킬 수 있다.

식품을 이물질이라고 판단하면 인체는 혈액 내에서 다음 두 가지 유형 가운데 한 가지 유형의 항체를 생성한다.

» **면역글로불린E 항체** : 이 항체는 즉시 알레르기 반응과 연관된다. 다음번에 면역글로불린E를 자극하는 식품을 섭취하면 구강, 식도, 위, 피부에 분포한 비만세포에 결합해 있는 면역글로불린E 항체는 침입자에 대항해 인체를 보호하기 위해 히스타민 등의 화합물을 혈류로 분비하고, 그 결과 급속한 알레르기 반응이 일어난다.

» **면역글로불린G 항체** : 이 항체는 속도가 느린 알레르기 반응과 연관되는데, 속도가 느린 까닭에 포착하기 어렵고 유발 식품과 직접 연관 짓기가 힘들다.

때로 식품 알레르기가 그냥 사라지거나 저절로 해결되기도 한다. 과학자들도 왜 이런 현상이 일어나는지 모른다. 많은 아이들의 경우 달걀, 대두, 밀, 우유에 대한 알레르기 반응이 있더라도 성장하는 과정에서 사라지기도 한다. 실제로 이러한 경우는 85퍼센트에 달한다. 하지만 안타깝게도 생선, 조개, 견과류에 대한 알레르기는 대부분 평생 지속되며 매우 심각해질 수 있다.

식품 알레르기 증상은 어떤 것이 있을까

식품에 대한 즉시 알레르기 반응, 즉 면역글로불린E 항체가 일으키는 알레르기의 증

【 알레르기가 생명을 위협하는 증상이 될 때】

생명을 앗아갈 수 있는 식품 알레르기 인자는 극소수에 불과하다. 하지만 특정한 식품에 알레르기가 너무 심해 그저 그 음식을 먹은 사람과 키스하거나 닿기만 해도 사망하는 사람도 있다. 땅콩에 매우 심각한 알레르기를 지닌 아이들이 있다는 이야기는 누구나 들어보았을 것이다. 이러한 심각한 반응 때문에 면역계에 연쇄 증폭 반응이 일어나 인체에 과도한 양의 히스타민이 분비된다. 그리고 그 결과 혈압이 급격하게 떨어지고 기도가 좁아지며 아나필락시스가 발생한다. 아나필락시스의 경우 즉시 처치하지 않으면 사망에 이른다.

한 가지 이상의 물질에 심각한 알레르기 반응이 있는 사람은 언제나 에피네프린 펜이나 키트와 더불어 의료 신분증을 지니고 다녀야 한다. 에피네프린 펜에는 주사기가 장착되어 있고 그 안에 정확한 1회분의 아드레날린(에피네프린이라고도 알려져 있다)이 담겨 있다. 어떤 물질에 심각한 알레르기 반응을 지닌 사람은 이 펜을 직접 주사하여 증상을 멈출 수 있다. 크기는 어린이용과 성인용으로 구분된다. 하지만 이렇게 주사한다 해도 심각한 알레르기 반응을 치료할 수는 없고 단지 시간을 벌어주는 역할을 한다. 응급실에서 추가의 처치를 받아야 한다.

상에는 다음과 같은 것이 있다. 가장 마지막이 가장 심각한 증상이다.

- 발진이나 두드러기
- 구강의 얼얼함
- 복통
- 현기증이나 실신
- 삼키기 어려움
- 구역질이나 구토
- 호흡곤란이나 천명
- 위통
- 설사
- 흉통
- 구강이나 혀의 종창(신체의 국부가 부어오르는 증상-역주)
- 혈압 하락
- 아나필락시스

자신이나 가족이 특정한 식품을 섭취한 다음 위의 증상 가운데 어떤 것이라도 보이면 반드시 병원에 가야 한다. 검사 결과 알레르기 식품에 양성으로 규명되면 의사는 에피펜을 처방할 것이다. 이는 알레르기 반응을 멈추는 화학물질인 에피네프린을 주사하는 도구다. 또한 영양사와 상담해서 샐러드 드레싱 안의 달걀이나 쿠키 안의 땅콩처럼 알레르기 식품이 숨겨진 모든 음식을 규명할 것을 권할 수도 있다.

식품 알레르기의 절대 다수는 생명에 지장이 없는 수준이지만 절대 유쾌한 것은 아니다. 알레르기를 일으키는 식품을 쉽게 알아낼 수 있는 증상도 있지만 규명하기 훨씬 어렵고 식품 알레르기 진단과 치료에 경험이 많은 의사의 도움이 필요한 경우도 있다. 그리고 식품 알레르기 전문 의사는 흡입인자 알레르기의 치료에 숙련되고 지식이 풍부한 의사와는 다르다.

미국알레르기협회 식품알레르기위원회 전 회장인 제임스 브린먼 박사는 식품 알레르기, 특히 즉시 일어나지 않는 지연 반응 유형의 식품 알레르기가 일부, 또는 전적으로 다음 증상의 원인이라고 밝혔다.

» 관절염
» 만성 하복부 통증
» 습진
» 가려움증
» 천식
» 인후, 부비강, 폐, 방광의 감염 재발
» 야뇨증
» 구강궤양
» 담낭 통증
» 편두통

브린먼 박사는 식품 알레르기, 그리고 식품 알레르기와 관련이 없어 보이는 증상이 연관되었을 가능성이 있다는 점을 제시했다. 그리고 이 책의 공동 저자 가운데 한 명인 라이트 박사는 1981년부터 이 내용을 추적한 결과 특정한 식품 알레르기를 신중하게 밝혀내고 완전히 제거하면 야뇨증은 물론 담낭 통증 발생을 거의 100퍼센트 예방할 수 있다는 점을 관찰했다.

식품 알레르기가 있는 상태로 생활하기

식품 알레르기를 진단받은 사람은 먹어야 할 것과 먹지 말아야 할 것에 대해 경계를 늦추지 말아야 한다. 다행히 클린 이팅으로 라이프스타일을 바꾸면 특정한 식품을 피하는 일이 훨씬 쉬워진다. 글루텐, MSG, 견과류, 두류 등 일반적인 알레르기 인자는 샐러드 드레싱에서 캔디 바까지 모든 것에 함유되어 있으므로 홀 푸드만을 섭취하면 식단에서 알레르기 인자 일부를 자동적으로 배제할 수 있다. 그러므로 가공하지 않은 홀 푸드, 그리고 클린한 육류, 과일, 채소, 홀 그레인을 혼합한 건강한 식품들을 섭취하면 신체 건강을 증진하는 것은 물론 알레르기를 관리할 수 있을 것이다.

구입하는 가공식품의 라벨을 꼼꼼하게 읽고 자신에게 알레르기를 유발하는 인자가 숨어 있을 수 있는 이름이 있는지 알아내야 한다. 심각한 알레르기를 지닌 사람에게 달걀이나 대두를 사용한 다른 제품을 생산한 시설에서 만들어진 롤도 알레르기 반응을 일으키기에 충분하다. 이러한 까닭에 FDA는 제조사에 8대 식품 알레르기 인자

【 클린 이팅과 알레르기 완화 사이의 관계를 고려해보라 】

건강한 클린 다이어트를 실천하면 알레르기 증상이 완화될 수도 있다. 〈사이언스〉 지에 게재된 연구에서 가공식품과 정제된 식품을 거의 섭취하지 않는 아프리카 시골 주민들은 서양인보다 장내세균들이 더 건강하다는 사실을 발견했다. 그 결과 이들의 면역계는 서구인의 것보다 건강했다. 건강한 장 미생물이 훨씬 다양할 경우 면역계는 바이러스 같이 진짜 유해한 것과 식품의 단백질 사이의 차이를 더욱 확실하게 감지할 수 있으므로 과도하게 반응하여 알레르기를 일으키지 않을 수 있다.

를 '명확한 표현'으로, 즉 가명을 쓰지 말고 식품 라벨에 표시하도록 의무화하고 있다.(8대 알레르기 인자는 '핵심 알레르기 인자를 피하라'에서 확인할 수 있다.)

교차오염을 조심해야 한다! 심각한 알레르기를 지닌 사람들은 견과류가 닿았던 주걱으로 쿠키시트에서 떼낸 쿠키를 먹는 것만으로도 충분히 알레르기 반응을 일으킬 수 있다. 가족 중에 심각한 알레르기 환자가 있다면 주방은 물론 집 전체를 알레르기 반응을 일으키는 식품이 없는 청정지역으로 만들어야 한다.

식품 감수성, 또는 내성이란 무엇인가

식품 감수성과 식품 내성은 또 전혀 다른 문제다. 둘이 겹치는 부분도 있지만 식품 감수성 가운데는 내성이 아닌 경우도 있다. 장과 면역계 외의 인체 부위가 알레르기를 일으키는 방식으로 식품에 반응한다. 예를 들어 신경계는 특정한 식품에 감응성이 높아 섭취했을 때 발작을 일으키기도 한다. 많은 사람이 진정한 식품 알레르기가 아닌 식품 감수성을 지닌다.

인간이 내성이나 감수성을 보이는 식품 및 음식 재료는 매우 다양하다. 그 가운데 가장 흔한 것은 다음과 같다.

- 젖당
- 글루텐
- 과당
- 효모
- 첨가제 및 방부제
- MSG

식품 알레르기(food allergy)는 공격으로 간주되는 것에 대항하여 인체가 일으키는 생물학적 반응이다. **식품 내성**(food intolerance)은 주로 특정한 식품을 소화하는 효소가 없다는 의미다. 그리고 **식품 감수성**(food sensitivity)은 어떤 식품에 대해 홍조나 심장박동수 증가 등의 모든 부정적인 반응을 의미한다. 식품 감수성이나 내성을 진단하는 일은 매우 어렵다. 진짜 식품 알레르기의 경우 주로 몇 분 안에 인체가 반응하는 것과 달리 감수성이나 내성은 반응이 몇 시간, 또는 며칠까지 지연될 수 있기 때문이다. 또한 식품 감수성이나 내성은 때로 섭취하는 식품의 양에 따라 반응이 일어나지 않기도 한다. 예를 들어 다량을 섭취하지 않는 한 어떤 식품에 감수성을 보이지 않는 사람도 있다.

식품 감수성이나 내성에는 다음과 같은 증상이 포함된다.

- 구역질
- 구토
- 설사
- 속쓰림
- 과민증상
- 경련
- 두통

【 식품제조사들은 알레르기 인자를 어떻게 감추는가 】

안타까운 일이지만, 그다지 일반적이지 않은 알레르기 인자 가운데 다른 이름으로 식품 라벨에 숨어 있는 것도 있다. 예를 들어 MSG에 알레르기나 감수성을 지닌 사람은 라벨을 읽어 자가분해 효모에서 카제인 칼슘, 대두단백까지 다양한 용어로 표시된 MSG가 있는지 확인해야 한다.

알레르기 인자는 가공식품의 다른 곳에도 숨어 있을 수 있다. 예를 들어 식품제조사들은 커리 페이스트나 푸딩 믹스에 땅콩이나 땅콩 단백질을, 연어 페이스트나 파스타 셸(중간 크기의 파스타-역주)에 달걀을 숨기기도 한다.

숨겨진 알레르기 인자로부터 자신을 가장 쉽게 보호하고 건강을 유지하는 방법은 클린한 홀 푸드를 섭취하고 커리 페이스트, 푸딩, 샐러드 드레싱, 간식을 직접 만드는 것이다.

자신이나 가족이 어떠한 것이든 이러한 증상을 겪고 있을 때 다음 두 가지 중 한 가지 방법으로 의사와 함께 정확히 원인이 되는 식품이 무엇인지 밝혀야 한다.

- **제외식이** : 이는 일정 기간 식이에서 대부분의 식품을 배제한 채 대신 지극히 기본적이고 자극이 없는 음식만 섭취하는 식이법이다. 보통 1~2주 정도 걸린다. 그런 다음 한 번에 한 가지씩 배제했던 식품을 식단에 추가하며 증상을 면밀하게 관찰한다.
  제외식이를 시도하기로 결정한다면 의사나 영양사의 관리 아래에서만 해야 한다.
- **날숨 검사** : 예를 들어 젖당을 소화하지 못하는 사람이 있을 경우 의사는 젖당이 문제의 원인이라는 사실을 특정하기 위해 날숨 검사를 실시할 수도 있다. 이처럼 의심되는 성분, 이 경우 젖당을 함유한 식품을 섭취한 다음 특정한 시간 간격을 두고 주머니를 입에 댄 채 숨을 쉰다. 그런 다음 의사는 주머니 안에 들어 있는 공기에 수소가 존재하는지 검사한다. 인간의 날숨에는 대체로 수소가 거의 포함되지 않지만 위장관에 세균이 소화되지 않은 젖당을 발효시켜 평소보다 많은 수소가 발생한다. 이 방법은 젖당이나 소르비톨 흡수불량 검사로도 사용된다.

식품 알레르기와 마찬가지로 식품 내성을 관리하는 방법은 문제가 되는 식품을 피하는 것이다. 다행스럽게도 클린 이팅 라이프스타일을 실천하면 식품 내성을 관리하는 일이 훨씬 쉬워진다. 결국 홀 푸드를 섭취하고 가공식품을 피한다면 식단에서 숨어 있는 내성 유발 성분을 없앨 수 있으므로 기분도 좋아지고 건강도 증진될 것이다.

핵심 알레르기 인자를 피하라

인간이 알레르기나 내성을 지니는 식품의 종류는 매우 다양하지만 아홉 가지 식품이 전체 알레르기의 90퍼센트를 차지한다. 알레르기를 관리하기 위해서는 자신이 반응을 보이는 식품을 피하는 것이 열쇠다. 상호오염을 주의, 경계해야 한다. 어떤 제품에 자신이 알레르기 반응을 보이는 식품이 존재하는지 잘 알아볼 수 있으려면 연습이 필요하다.

다음은 아홉 가지 주요 알레르기 인자, 그리고 음식과 일상에서 이를 대체할 수 있는 클린한 식품의 목록이다.

» **우유 및 유제품** : 우유 알레르기는 생후 1년 안에서만 나타난다. 이유식을 시작하기 전, 수유 중인 영아들이 이 알레르기에 가장 취약하다. 하지만 만 1세가 지나고 나면 우유에 대한 알레르기가 사라진다. 젖당내성을 지닌 사람은 우유에 알레르기 반응을 일으키는 것이 아니다. 그저 우유에 함유된 당 성분인 젖당을 소화하지 못하여 우유로 만든 모든 유제품을 먹지 못하는 것이다.

모유 수유가 가능하다면 굳이 분유를 먹일 필요가 없지 않은가? 아기에게 모유야말로 기본적인 '클린 이팅'이 아닌가! 아기에게 모유 수유를 할 수 없거나 아이가 우유에 알레르기가 있다면 유기농 분유를 찾아보라. 그리고 깨끗하고 안전한 물로 분유를 준비해야 한다. 단, 라벨을 꼼꼼하게 읽어 가공된 정제 설탕, 합성 보존제, 팜오일, 카라지난이 함유되지 않은 것을 선택해야 한다. 엄마가 클린 이팅을 실천하고 있다면 아기도 그럴 수 있다!

» **땅콩** : 땅콩 알레르기는 생명을 앗아갈 수도 있으며, 극히 소량의 땅콩, 또는 캔에 묻은 가루만으로도 심각한 반응을 일으킬 수 있다. 땅콩에 함유된 단백질은 매우 복잡하며, 이 때문에 그토록 심각한 반응을 일으킨다. 성장함에 따라 사라지지 않는다면 땅콩 알레르기 반응은 반대로 시간이 지남에 따라 더 심해질 수도 있다.

땅콩 대신 알레르기가 없는 다른 견과류를 섭취하라. 빵이나 쿠키 등에는 코코넛이나 오트밀이 좋은 대안이 될 수 있다. 또한 소이 너트는 땅콩과 비슷한 바삭거리는 질감을 지니고 있다.

» **트리 너트**(나무에서 열리는 견과류-역주) : 트리 너트 종류는 다양하지만 그 가운데 몇 가지만 예를 들자면 피칸, 호두, 브라질너트, 마카다미아너트 등이 있다. 제조사들은 시리얼, 샐러드 드레싱, 소스, 아이스크림 등 다양한 제품에 트리 너트를 사용하지만 소비자들은 이런 제품에 견과류가 함유되어 있다고 생각하지 못할 수도 있다. 트리 너트 알레르기는 그 증상이 심각해지는 경우도 있지만 대부분 생명을 위협할 정도는 아니다.

트리 너트 대신 토스트한 오트밀이나 빵가루를 사용해 음식을 만들어라.

» **달걀** : 성장함에 따라 달걀 알레르기는 대부분 사라지지만 평생 지속되는

것은 물론 매우 심각한 경우도 있다. 달걀 알레르기가 있는 사람은 달걀이나 달걀의 단백질, 즉 난백으로 만든 모든 것을 피해야 하므로 식품 라벨에서 알부민, 난백이라는 용어가 있는지 잘 살펴봐야 한다.

구운 식품의 형태로 달걀의 기능을 모방한 식품이 판매되고 있으므로 이를 달걀 대신 섭취할 수 있다. 아니면 간 아마씨 1테이블스푼에 물 3테이블스푼을 넣고 치대서 잘 반죽하면 달걀 1개를 대체할 수 있다.

» 생선 : 알레르기를 일으키는 생선으로는 대구, 해덕대구, 광어, 그리고 담수어와 해수어가 포함된다. 자신이나 가족이 생선 알레르기가 있다면 샐러드 드레싱, 우스터 소스, 젤라틴, 오메가-3 영양제 등 생선 성분이나 추출물이 함유되어 있을 수 있는 제품에 주의해야 한다.

생선 대신 닭고기나 돼지고기를 음식에 사용하라.

» 패류 : 알레르기를 일으키는 패류로는 굴과 대합 같은 말러스크(단각류, 쌍각류, 두족류, 갑각류-역주), 새우, 대하, 랍스터, 게 같은 갑각류가 있다. 모든 패류의 섭취를 피하고 갑각류 껍데기로 만들었을 가능성이 있는 글루코사민 같은 제품을 조심해야 한다. 또한 달팽이, 오징어, 가리비도 피해야 한다.

아니면 속 편하게 패류 대신 닭고기나 돼지고기를 사용하라.

» 밀 : 밀을 섭취한 다음 알레르기로 의심되는 증상을 보인다면 진짜 밀 알레르기일 수도 있지만 셀리악병, 또는 비셀리악 글루텐-글리아딘 내성을 지녔을 수도 있다('글루텐 감수성과 셀리악병' 부분에서 자세한 내용을 확인하라). 식품 라벨에는 변성전분, 겨 등 다양한 형태의 밀이 숨어 있을 수 있다. 그러므로 이 모든 용어가 표기된 제품을 피해야 한다는 사실을 명심하라. 이러한 용어는 www.glutenfreefoodslist.net, www.projectallergy.com 등의 인터넷 사이트에서 확인할 수 있다.

밀을 함유한 제품 대신 글루텐 프리인 믹스와 밀가루, 기타 제품을 사용하라.

» 옥수수 : 옥수수 알레르기 증상은 심각할 수도, 그렇지 않을 수도 있다. 옥수수 알레르기를 지닌 많은 사람은 다른 곡물에도 교차반응을 일으킨다. 옥수수 알레르기가 있는 사람은 옥수수화분, 옥수수전분, 또는 화분에도 반응을 일으킬 수 있다. 그러므로 콘 토르티야, 마가린, 옥수수유, 옥수수 시럽, 옥수수 가루, 그리츠(거칠게 갈아서 구운 옥수수-역주), 호미니(껍질을 벗겨 거칠게 분쇄한 옥수수 알갱이-역주), 다양한 아침식사용 시리얼 같은 식품을 피

해야 한다.

음식에 옥수수 전분 대신 타피오카나 애로루트를 사용하고 라벨을 반드시 꼼꼼하게 읽어라. 땅콩버터에서 피시스틱, 치즈 스프레드 등 모든 식품에서 옥수수 성분을 발견할 수 있다.

» **대두** : 대두 알레르기는 조절하기가 매우 어려울 수도 있다. 너무나도 다양한 가공식품에 대두와 대두 부산물이 함유되어 있기 때문이다. 또한 대두 단백질은 땅콩 알레르기와 교차반응을 일으킬 수도 있다. 그러므로 라벨을 잘 읽고 가공식품에서 대두를 표시하는 데 사용되는 다양한 용어에 익숙해져야 한다(이러한 용어는 www.projectallergy.com에서 찾을 수 있다). 풋콩, 두부, 템페, 된장, 소이 너트(불려서 구운 콩-역주)를 피해야 한다.

풋콩이 들어간 조리법에 완두콩, 그린빈, 또는 리마빈을 대신 사용할 수 있다. 연두부를 대신할 수 있는 것으로는 사워크림이 있다.

클린 이팅 플랜을 따르면 이러한 알레르기 인자를 피하는 데 도움이 된다. 하지만 단순히 플랜에 따르는 것 이상으로 엄격할 필요가 있을 수 있다는 사실을 명심해야 한다. 많은 사람이 80퍼센트 클린한 다이어트를, 20퍼센트 클린하지 않은 다이어트를 섭취하는 전략에 따라 플랜을 세우지만 100퍼센트 클린한 방식을 따라야 할 수도 있다. 어찌되었든 가공하지 않은 신선한 홀 푸드에 의존하는 것이 알레르기와 내성을 관리하는 아주 좋은 방법이다.

알레르기 진단을 받은 사람은 피해야 할 식품을 숙지하고 나면 자신이 먹을 수 있는 식품으로 조리법을 변형하는 것이 꽤 쉽다는 사실을 깨달을 것이다. 예를 들어 샐러드 조리법의 경우 쿠스쿠스 대신 퀴노아를 사용할 수 있다. 또한 연어 대신 닭다리살을, 우유 대신 아몬드 밀크나 라이스 밀크를 사용할 수 있다. 대신 사용하는 식품이 클린하고 신선하며, 알레르기 유발 식품을 대신할 만한 것이라면 대부분의 조리법은 그대로 사용해도 될 것이다.

[유전자조작식품과 알레르기]

1996년, 일부 식품 제조사들이 특정한 식품으로부터 분리해낸 DNA를 대두 씨앗, 옥수수, 목화씨, 카놀라 묘종에 이식하기 시작했다. 그 결과 유전자조작식품, 즉 GMO가 탄생했다. 제조사들은 특히 브라질너트에서 추출한 유전자를 이용해 대두의 유전자를 변형시켰다. 당연히 트리 너트에 알레르기가 있는 사람들이 이렇게 유전자조작된 대두에 알레르기 반응을 일으켰다.

또한 유전자조작 때문에 많은 사람들이 알레르기 반응을 일으킬 수 있는 단백질이 새로 생성될 수도 있는 일이다. 하지만 사람들이 병에 걸리기 전까지 그 누구도 알 수 없는 노릇이다.

알레르기가 있는 사람은 유전자조작식품을 피해야 한다. 그리고 알레르기가 없는 사람도 피하는 것이 좋다!

글루텐 감수성과 셀리악병

셀리악병과 비셀리악 글루텐 감수성 모두 식품 알레르기의 특수한 카테고리에 속한다. 글루텐 알레르기 반응이 일어난다 해도 일부 심각한 식품 알레르기와 달리 호흡에 문제가 생기거나 쇼크가 오지는 않는다. 하지만 그대로 방치하면 인체에 장기적 손상이 초래될 수 있다. 글루텐에 감수성이 있는 사람은 밀, 호밀, 보리, 귀리에 함유된 단백질인 글루텐(gluten)에 반응하는 것이다.

셀리악병은 유전성 장애로 만성질환으로 악화되어 글루텐이 장의 융모에 손상을 입혀 결국 영양소의 흡수율이 떨어지고 비타민 결핍으로 인한 심각한 질병이 야기된다. **비셀리악 글루텐 감수성**은 글루텐을 구성하는 글루테닌과 글리아딘 단백질에 반응하는 것으로서 이 역시 심각한 영양 흡수 부족을 일으킨다.

이 절에서는 비셀리악 글루텐 감수성과 셀리악병의 차이를 알아보고 클린 이팅 다이어트 플랜으로 이러한 질병을 어떻게 다룰지 보여줄 것이다.

글루텐 감수성이란 무엇일까

비셀리악 글루텐 감수성과 셀리악병 모두 필수아미노산, 미네랄, 엽산, 비타민 D와 같은 지용성 비타민 등 다양한 필수영양소의 흡수 부족을 일으킨다. 셀리악병과 글루텐 감수성은 우울증, 만성질병, 또는 골다공증과 암 같이 심각한 질병으로 이어질 수도 있다.(실제로 비교적 젊은 나이에 골다공증이 발병한 남성의 경우 비셀리악 글루텐 감수성을 지닌 경우가 종종 있다.)

영양 흡수 저하 및 만성질환 외에도 비셀리악 글루텐 감수성은 다음과 같은 증상도 유발할 수 있다.

- 구강염
- 만성 소화불량
- 복부 가스
- 고창증 및 경련
- 궤양
- 만성 설사
- 만성 변비
- 근육 약화
- 만성 피로감
- 뼈, 또는 관절 통증
- 피부 발진

셀리악병의 증상으로는 다음과 같은 것이 있다.

- 만성 설사
- 복통
- 허약
- 냄새가 심한 지방변
- 뼈, 또는 관절 통증
- 골다공증
- 체중 급변
- 갑상선염
- 원인을 알 수 없는 빈혈

글루텐과 관련한 이 두 가지 질병의 증상 가운데 상당 부분이 중복되지만 그렇다고 완전히 동일한 것은 아니다. 안타깝게도 이러한 증상 다수는 다른 질병의 증상일 수도 있으므로 글루텐 감수성이 의심되는 사람은 식품 알레르기와 감수성에 정통하고 지식이 풍부한 의사에게 진단을 받아야 한다.

병원에서 정확한 셀리악병 진단에 사용하는 방법은 글루텐에 대한 항체의 존재를 알아보는 혈액검사와 장벽을 검사하는 소장 생체검사, 두 가지다. 비셀리악 글루텐 감수성을 가장 확실하게 진단하는 방법은 대변 시료를 통해 항 글리아딘 분비 면역글로불린A 항체 테스트다.

불행하게도 글루텐 감수성은 진단이 매우 어렵다. 트리글리세라이드는 일반적으로 측정되는 혈액 내 지방 성분인데, 이 수치가 낮거나 정상 범위에서 낮은 수준일 경우 비셀리악 글루텐 감수성이 있다는 신호인 경우도 종종 있기 때문이다. 반면 제외식이는 가장 저렴하면서도 효과적으로 글루텐 감수성을 정확하게 판별해낼 수 있다. 식단에서 글루텐을 완전히 제거한 다음 몸 상태가 좋아지면 글루텐이 원인일 가능성이 높다.

셀리악병 검사에서 음성이 나왔더라도 여전히 글루텐에 감수성을 지닌 사람일 수 있다. 의사에게 진료를 받은 결과 다른 질병일 가능성이 없고, 식단에서 글루텐을 완전히 제거한 다음 몸 상태가 호전되었다면 계속해서 글루텐 프리 식단을 유지하는 것

【 감수성이 없는 사람도 글루텐을 피해야 할까? 】

글루텐에 감수성을 지니지 않거나 셀리악병이 없는 사람도 글루텐을 피해야 할까? 일부 영양학자들은 그렇게 생각한다. 흥미로운 사실은 인간은 건강을 위해 글루텐을 함유한 식품 그 어떤 것도 섭취할 필요가 없다는 것이다.

글루텐 감수성이나 셀리악병 증상을 겪고 있는 사람은 간단한 실험을 해볼 수 있다. 2~3주 동안 식단에서 글루텐을 완전히 제거하고 몸 상태를 살펴보는 것이다. 글루텐을 배제한 다음 상태가 호전됐다면 계속해서 피하도록 하라.

크리스티안 노스럽 박사에 따르면 40세 이상 여성 다수가 글루텐 소화 능력이 떨어지므로 섭취를 피해야 한다고 주장한다. 섬유근육통, 포진성 피부염 같은 피부병, 천식, 류머티즘 관절염, 과민성대장증후군 환자 역시 상태가 악화될 수 있으므로 글루텐을 피해야 할 수 있다. 이 문제에 대해 의사나 영양사와 상담하여 글루텐 프리 라이프스타일을 적용해야 할지 결정하라.

글루텐 감수성이 의심될 경우 모든 검사에서 음성이 나왔더라도 일단 식단에서 글루텐을 제거해보라. 몇 주 동안 글루텐 프리 식단을 유지하다가 다시 글루텐을 섭취하라. 증상이 재발하면 글루텐을 완전히 제한하는 것이 좋을 수도 있다.

이 바람직하다. 또한 위장관계의 증상이 전혀 없어도 비셀리악 글루텐 감수성일 수 있다는 사실도 명심하라. 앞서 언급한 증상의 목록만 봐도 알 수 있지 않은가!

글루텐 프리 다이어트와 라이프스타일을 만들자

자신이나 가족이 셀리악병, 또는 비셀리악 글루텐 감수성 진단을 받았다면 식단에서 글루텐을 제거하는 일이 매우 중요하다. 그리고 글루텐 프리를 지키지 못하거나 지키지 않으면 장에 영구적인 손상이 발생해 골다공증, 우울증을 비롯한 정신질환, 암, 기타 영양실조로 인한 질병으로 이어질 수 있다(자세한 내용은 이전 절에서 확인하라).

그리고 글루텐 감수성이나 셀리악병을 관리하는 중요한 첫 단계는 글루텐 프리 주방을 꾸미는 일이다. 주방을 완전히 비우고 철저하게 청소하라. 제빵기, 토스터, 커팅보드, 그리고 밀, 보리, 호밀, 귀리가 닿았을 가능성이 있는 식기 등 주방 안에 있는 모든 것도 마찬가지다. 셀리악병이나 글루텐 감수성이 심각한 경우 작은 빵부스러기만으로도 반응을 일으킬 수 있다.

글루텐을 함유하거나 그럴 것으로 의심되는 모든 식품을 폐기하라. 그런 다음 안전한 식품을 구입하라. 이때 언제든 꺼내볼 수 있게 숨겨진 재료 목록을 가져가야 한다. 글루텐은 처방약, 간 치즈, 간장, 맥주, 위스키 등 다양한 식품에 숨어 있을 수 있다는 사실을 잊지 말라.

글루텐을 피해야 하는 사람은 클린 이팅 플랜에 가공식품을 포함시키는 것도 도움이 될 수 있다. 글루텐 프리 베이킹 믹스, 글루텐 프리 밀가루 믹스, 쌀 파스타, 기타 글루텐 프리 식품에는 빵의 모양새를 잡아주는 데 도움이 되는 잔탄검처럼 특수한 재료가 함유되어 있다. 잔탄검은 물론 구아검, 젤라틴 같은 것도 첨가물이기는 하지만 천연 식품이므로 클린 이팅 라이프스타일에 적합한 것이다. 빵을 너무나도 좋아하지만 글루텐을 섭취할 수 없다면 스스로에게 박탈감을 주거나 밀로 만든 식품을 먹지 말고 글루텐 프리 제품을 먹어보라.

셀리악병이나 비셀리악 글루텐 감수성을 지닌 사람을 위해 가공식품을 구입할 때는 라벨에 다음과 같은 용어와 재료가 있는 제품을 피해야 한다.

» 보리 : 보리는 맥아, 향신료, 색소, 풍미 증진제, 수소화 식물 단백질, 또는

수소화 채소 단백질이라는 이름으로 재료 목록에 숨어 있을 수 있다. 보리를 훌륭하게 대체할 수 있는 식품은 바로 쌀이다.

- » **겨** : 겨는 곡물 낟알의 외피를 말한다. 단순히 '겨'라고 표시되었을 경우 옥수수나 쌀의 겨일 수도 있지만 밀이나 호밀, 귀리의 겨일 수도 있다. 구입하기 전에 재료 목록에 표기된 겨가 옥수수나 쌀인지 확실히 해야 한다.
- » **불거** : 불거(밀을 반쯤 삶아서 말렸다 빻은 음식-역주)는 빨리 익히기 위해 가공하거나 으깬 것일 뿐 실제로는 단순히 밀 알갱이를 말한다. 불거 대신 퀴노아나 쌀을 사용하라.
- » **시리얼** : 밀, 귀리, 보리, 호밀, 트리티케일, 스펠트로 만든 시리얼은 모두 피하라. 쌀, 옥수수, 조, 퀴노아, 수수, 와일드 라이스, 테프로 만들 시리얼로 그 자리를 대신하라.
- » **쿠스쿠스** : 파스타의 일종인 쿠스쿠스는 밀을 쪄서 익힌 것으로 사이드 디시나 샐러드에서 가장 자주 접하는 식품이다. 대신 조나 퀴노아로 만든 쿠스쿠스로 대체하라.
- » **딩클** : 딩클은 이름만 다를 뿐 밀의 한 형태인 스펠트와 같은 것이다.
- » **파리나** : 파리나는 핫 시리얼이나 폴렌타와 유사한 사이드 디시로 만들어 서빙한다. 이를 대신해 익힌 옥수수 가루를 사용하라.
- » **밀가루** : 광범위한 의미로 사용되는 이 용어가 라벨에 표기되어 있다면 제조사에 연락해서 제품에 함유된 것이 어떤 유형의 밀가루인지 문의해야 한다. 하지만 글루텐을 함유하지 않은 종류라 해도 피하는 것이 낫다. 제조사가 아무런 고지 없이 재료를 바꿀 수 있기 때문이다.
- » **식품 전분** : 전분으로 만들어지는 재료는 밀, 감자, 쌀, 옥수수 등 다양하다. 전분이라는 용어는 너무 애매해서 안전을 보장할 수 없다. 따라서 전분이 함유된 식품은 피하는 것이 바람직하다.
- » **그레이엄 밀가루** : 그레이엄 밀가루는 이름만 다를 뿐 순한 밀가루와 동일한 것이다. 대신 글루텐 프리 밀가루 믹스를 사용하라.
- » **겉껍질** : 겉껍질 역시 너무나도 광범위한 말이다. 어떤 곡식의 겉껍질이란 말인가? 식품 라벨에 특정해서 글루텐 프리라고 표기되어 있지 않은 한 겉껍질에 글루텐이 함유되어 있다고 간주하고 피하라.
- » **카무트** : 곡식 낟알이 매우 큰 이 고대 곡물 역시 밀의 한 종류다. 하지만

글루텐 감수성을 지닌 사람 가운데 카무트를 먹을 수 있는 경우도 있다. 단, 의사나 영양사의 감독하에 시도해야 한다. 카무트 대신 음식에 퀴노아를 사용하라.

» **맥아** : 맥아는 곡물의 싹을 건조한 것으로 만들어지며 주로 밀이 사용된다. 발효와 식품 첨가물로 사용된다.

» **맛초** : 발효시키지 않은 빵인 맛초는 주로 밀로 만들어진다. 따라서 발효시키지 않아 효모나 베이킹파우더를 사용하지 않았다 하더라도 글루텐 프리 다이어트에는 적합하지 않다.

» **변형 식품 전분** : 점증제, 안정제, 유화제로 사용되는 변형 식품 전분은 다양한 식품에 등장한다. 주로 옥수수를 주재료로 만들어지므로 글루텐 프리 식단에 수용할 수 있는 것 같지만 때로 밀을 재료로 만들어지기도 한다. 따라서 제조사에 확인해야 한다.(생산지가 미국인 제품은 라벨에 밀을 재료로 했다는 고지가 있을 것이다.)

» **귀리, 연맥강, 검, 섬유** : 오트, 즉 귀리를 재료로 만든 식품에는 천연적으로 글루텐이 함유되어 있지 않다. 하지만 진짜 문제는 교차오염이다. 귀리를 식단에 추가할 때는 신중을 기하고 글루텐 프리 환경에서 재배되고 역시 글루텐 프리인 전용 제분소에서 가공된 제품만 선택해야 한다. 옆 페이지 글상자에서 귀리에 대해 더 자세히 살펴보라.

» **호밀** : 호밀은 글루텐을 함유한 만큼 글루텐 프리 다이어트에서 피해야 할 3대 주요 곡물 가운데 하나다.

» **세이탄** : 밀고기(wheat meat)라고도 불리는 식물성 단백질 대체식품 세이탄은 글루텐으로 만들어진다. 따라서 글루텐 감수성이나 셀리악병이 있는 사람은 피해야 한다.

» **스펠트** : 스펠트는 밀을 사용하지 않은 가루이며 밀보다는 함량이 낮지만 글루텐을 함유하고 있다. 그러한 까닭에 셀리악병과 글루텐 감수성을 지닌 사람에게 안전하지 않은 식품 목록에 올라 있다.

» **트리티케일** : 트리티케일은 글루텐 프리 다이어트에서 반드시 피해야 하는 2대 곡물인 호밀과 밀의 교배종이다.

» **우동** : 일본식 국수인 우동은 밀로 만들어진다. 쌀국수 등 글루텐 프리 제품으로 대체하라.

【 귀리가 왜 문제인가? 】

글루텐 감수성이나 셀리악병이 있는 사람에게 귀리는 종종 피해야 할 곡물로 분류되지만 귀리 자체에는 글루텐이 함유되어 있지 않다. 그렇다면 어떤 이유로 밀, 보리, 호밀과 동급으로 취급을 받는 걸까? 농부들은 밀, 보리, 호밀밭 바로 옆에서 귀리를 재배한다. 따라서 교차오염이 큰 문제가 될 수 있다. 또한 식품 제조사들은 종종 글루텐을 함유한 곡물을 가공한 공장에서 귀리를 가공한다. 극히 소량의 글루텐도 어떤 환자에게는 심각한 반응을 일으킬 수 있다.

식품 구매에 신중을 기하는 사람이라면 밀, 보리, 호밀에 전혀 노출되지 않은 채 재배, 가공된 귀리를 찾을 수 있을지 모른다. 귀리 제품의 포장 용기에 글루텐 프리 인증기관 마크가 있으면 글루텐 프리 제품이라는 의미이므로 이러한 표시가 되었는지 찾아보라. 단지 처음 귀리를 식단에 추가하기로 결정한 다음에 너무 많이 섭취하지 않도록 주의하라. 오염되지 않은 귀리라 해도 모든 셀리악병 환자가 섭취할 수 있는 것은 아니다.

» 밀 : 두말할 필요 없이 피해야 한다!

클린 이팅 플랜에서는 풍부한 과일과 채소, 클린한 육류, 쌀과 옥수수 같은 곡물을 중점적으로 섭취하므로 꽤나 간단하게 글루텐 프리 다이어트를 수용할 수 있는 방법이다. 또한 클린 이팅 플랜의 한 가지 주요 요소가 바로 가공식품을 피하는 것이므로 문제의 소지가 있는 수많은 식품을 자동적으로 배제할 수 있다.

채식 다이어트

동물성 식품을 섭취하지 않는 사람들을 막연하게 채식주의자(vegetarian)라고 부른다. 비록 클린 이팅 플랜에 클린한 육류 등 동물성 식품이 포함되기는 하지만 채식주의 라이프스타일에 적합한 방식으로 쉽게 응용할 수 있다.

이 절에서는 다양하게 분류되는 채식주의 라이프스타일에 대해 살펴보고 클린 이팅 플랜을 통해 각각의 라이프스타일을 어떻게 수용할 수 있는지를 설명할 것이다.

동물성 식품은 최고의 완전단백질원이다. 그러므로 충분한 단백질을 섭취하는 것이 모든 채식 다이어트에서 가장 중요한 문제다. 동물성 식품을 섭취하고 싶지 않다면 여러 가지 식품을 결합하고 다양한 식품을 섭취하는 것이 최선책이다.

채식 다이어트의 단계에 대해 이해하자

자칭 채식주의자를 만나면 사람들은 대부분 그 사람이 붉은 육류, 생선, 가금류, 돼지고기, 달걀을 먹지 않는다고 생각한다. 하지만 실천하는 사람들이 어떤 식품을 먹고 먹지 않을지에 따라 채식주의는 여러 단계로 나뉜다.

다음은 채식주의의 주요 단계들이다. 가장 기준이 느슨한 것에서 가장 헌신적인 것의 순이다.

- **플렉시테리언** : 여기에 속하는 채식주의자들은 주로 채식을 하지만 가끔 육식을 한다. 일주일에 하루나 이틀 채소만 섭취하는 방식을 취하기도 한다.
- **폴로 베지테리언** : 믿기 힘들겠지만 여기에 속하는 사람들은 닭고기를 자신의 '채식주의' 다이어트에 포함시킨다. 그러면서도 붉은 육류를 먹지 않으므로 자신은 채식주의자라고 여긴다.
- **페스카테리언** : 생선을 좋아하며 채식 식단에 생선을 포함시킨다. 이들은 새우와 대합 같은 패류는 물론 연어, 광어, 대구, 기타 흰살생선을 먹는다. 많은 채식주의자가 오메가-3 지방산이 건강상 지닌 장점을 이용하기 위해 식단에 생선을 포함시킨다.
- **오보-락토 베지테리언** : 여기에 해당되는 사람들은 달걀(오보)과 유제품(락토)을 식단에 포함시킨다. 우유, 치즈, 요거트, 사워크림, 그리고 달걀 및 달걀로 만든 식품이 이들에게 먹어도 좋은 음식 목록에 들어간다. 또한 먹는 식품의 종류에 따라 이 안에서도 다르게 분류된다. 어떤 사람들은 채식 식단에 달걀만 포함시키는가 하면 또 어떤 사람들은 유제품만 포함시킨다.
- **비건** : 비건은 가장 순수한 채식주의자다. 이들은 동물에서 나온 음식, 또는 동물성 재료로 만든 음식을 전혀 먹지 않는다.
- **로 비건** : 비건과 마찬가지로 여기에 속하는 사람들은 식물을 재료로 만든 음식만을 섭취한다. 하지만 여기에서 한 발 더 나아가 그 어떤 음식도 섭씨 46도 이상으로 가열하지 않는다. 영양소가 파괴되기 때문이다. 이러한 다

이어트는 **로 푸드 다이어트**, 또는 **매크로바이오틱 다이어트**라고도 부른다.

» **프루테리언** : 여기에 속하는 사람들은 살생을 통해 얻은 그 어떤 것도 먹지 않는다. 그러므로 과일, 견과류, 씨앗류 등의 식물성 식품은 섭취하지만 동물은 물론 식물을 해하거나 죽여서 얻는 것은 전혀 먹지 않는다.

클린 이팅 플랜에는 쉽게 다양한 채식 다이어트를 수용할 수 있다. 그저 이러한 다이어트를 따르는 사람이 플랜이 허용하는 한 다양한 식품을 섭취하고 다이어트에 비타민을 영양제로 보충하는 것을 고려하기만 하면 된다. 채식 다이어트에서 가장 걱정해야 할 영양소는 단백질과 비타민 B12이며, 때로 철이 포함되기도 한다. 그리고 다이어트가 더 '엄격한' 채식일수록 부족하기 쉽다. 단백질과 철보다 클린 채식 다이어트에 포함시키기 더 어려운 것이 비타민 B12이므로 채식주의자들은 이를 보충하기 위해 영양제를 복용해야 한다.

필요한 단백질을 모두 섭취하기 위해 식품을 결합하라

대부분 과일과 채소를 먹는 까닭에 채식주의자들이 직면하는 가장 큰 문제는 매일의 다이어트에서 충분한 단백질을 섭취하기 힘들다는 것이다. 영양학자들은 흔히 매 끼니마다 단백질을 섭취하라고 권장하지만 이제 채식을 하더라도 하루 동안 필요한 단백질을 분산해서 섭취할 수 있다는 사실을 알고 있다. 그러므로 충분한 양의 완전단백질, 즉 인간이 필요로 하는 모든 필수아미노산을 얻기 위해 매 끼니마다 단백질 식품을 섭취하지 않아도 된다.

건강한 성인은 대부분 매일 완전 단백질을 약 50그램 필요로 한다. 임신부나 모유수유 중인 여성, 그리고 만성질환을 앓고 있는 사람들은 그 이상 필요할 수도 있다. 소수의 예외가 있기는 하지만 동물성 단백질원만이 완전단백질을 함유하고 있기 때문에 채식주의자들은 보완 단백질이라는 조합으로 단백질원을 결합해 섭취해야 한다. 물론 달걀, 우유, 생선을 먹는 채식주의자들은 단백질 섭취 부족을 걱정할 필요가 없다.

다양한 단백질원을 섭취하는 것이 해결의 열쇠다. 채식주의자에게 최고의 단백질원은 다음과 같다.

- **곡물** : 아마란스, 퀴노아(이는 정말 씨앗이다!), 메밀, 해조류인 스피룰리나만 이 인체에 필요한 필수아미노산을 모두 함유하고 있다. 영양가가 풍부한 이 식품들을 핫 시리얼, 캐서롤, 사이드 디시로 섭취하라. 이러한 식품들이 완전 단백질을 공급하기는 하지만 단백질 소화성을 기준으로 한 아미노산가(PDCAAS, 자세한 내용은 제3장을 보라)에서 100퍼센트에 해당되지는 않는다.
- **대두단백질** : 대두단백질은 모든 필수아미노산을 함유한 동시에 PDCAAS 지수에서도 100퍼센트를 기록한다. 대두가루, 대두, 그리고 두부 같은 대두 식품을 클린 채식 다이어트에 포함시킬 수 있다.
- **협과와 곡물** : 이는 협과에 부족한 메티오닌, 시스틴, 트립토판을 보충하기 위해 이러한 아미노산이 풍부한 현미나 밀을 결합하는 단백질 조합이다. 콩과 토르티야, 훔무스와 빵, 가르반조빈, 즉 병아리콩과 현미도 좋은 조합이다.
- **협과와 견과류** : 블랙빈, 강낭콩, 가르반조빈, 카넬리니빈, 브라운빈 등의 협과와 피칸, 땅콩, 호두, 헤이즐너트, 아몬드 같은 견과류와 결합하면 완전 단백질을 공급할 수 있다.
- **협과와 씨앗류** : 참깨, 해바라기씨, 호박씨, 치아씨, 아마씨 등의 씨앗류와 협과를 결합하면 완전 단백질을 공급할 수 있다. 가르반조빈과 참깨가 함께 들어가는 훔무스는 채식 식단에 이러한 식품을 결합하는 아주 훌륭한 방법이다.
- **세이탄(밀로 만든 가짜 고기, 밀고기-역주)과 육류대체품** : 이는 가공된 단백질 원이므로 되도록 클린 다이어트에 포함시키지 않고 싶을 수 있다. 하지만 이 식품들은 모든 필수아미노산을 100퍼센트 공급해주므로 클린 이팅 플랜에는 충분히 포함시켜도 된다.

채식주의자들은 칼슘, 철, 비타민 B12를 충분히 섭취하는 데도 신경을 써야 한다.(이러한 영양소들의 주요 공급원은 유제품과 붉은 육류다.) 채식주의자에게 좋은 칼슘 공급원은 짙은 녹색잎채소, 브로콜리, 아몬드, 라이스 밀크, 강화 주스다. 철분 공급원으로는 렌틸, 대두, 시금치, 짙은 녹색잎채소, 가르반조 빈 등이 좋다. 반면 효모 영양보조제 브랜드인 레드 스타 T-6635+ 한 가지만 활성 비타민 B12를 함유하고 있다. 그 밖에 채식주의자를 위한 비타민 B12 공급원으로는 강화 시리얼, 콩 제품 등이 있지만

【 제한 아미노산 】

곡물, 협과, 견과류, 씨앗류에 부족한 아미노산을 제한 아미노산이라고 부른다. 인체는 스스로 합성하지 못하는 아홉 가지 아미노산을 필요로 한다. 채식주의 식단을 유지할 때 협과, 곡물, 견과류, 씨앗류를 통해 모든 종류의 필수 아미노산을 섭취할 수 있지만 각각의 종류만 놓고 보면 한 가지 이상의 필수 아미노산이 부족하다.

인체를 자전거 수리점이라고 생각하라. 수리점에 충분한 핸들(한 가지 유형의 단백질)이 없다면 한정된 수의 자전거밖에 만들지 못한다. 하지만 새로운 공급자가 나타나 핸들을 다량 공급하면 이 수리점은 많은 자전거를 만들 수 있다. 채식 식단과 제한 아미노산에도 같은 논리가 적용될 수 있다. 즉 한 가지 유형의 식품에 부족한 아미노산을 다른 식품이 보충해주는 식이다.

라벨을 꼼꼼하게 읽어야 한다. 영양제가 비타민 B12를 가장 쉽게 섭취하고 믿을 수 있는 공급원인 경우가 종종 있다.

비건 라이프스타일

비거니즘(veganism)이야말로 가장 순수한 형태의 채식주의다. 비거니즘 다이어트를 따르는 사람들은 동물성 식품을 전혀 섭취하지 않는다. 실제로 벌이 만드는 꿀마저 먹지 않는 사람도 있고 가죽, 실크, 울, 모피를 사용하지 않는 사람도 많다. 채식주의자와 마찬가지로 비건도 다양한 식품을 통해 충분한 양의 영양소를 섭취해야 한다.

이 절에서는 비건이 마주할 영양과 관련한 문제를 살펴보고 단백질이 비건 다이어트의 열쇠인 이유, 클린 이팅 플랜이 동물성 식품을 배제하는 가운데서도 필수 영양소를 쉽게 섭취할 수 있는 방법인 이유를 설명할 것이다.

클린 비건 다이어트를 통해 다양한 영양소를 충분히 섭취하라

식품 제조사들은 버터, 달걀, 단백질 추출물 등 동물성 재료를 사용해서 제품을 만든다. 그러므로 식품을 섭취하지 않는 비건은 이미 가공식품을 식단에서 배제하고 있는 셈이다. 하지만 비건의 길을 가기로 결심했다면 매우 다양한 짙은 녹색잎채소, 과일, 채소, 견과류, 씨앗류, 협과, 곡물을 통해 필요한 영양소를 모두 섭취해야 한다.

품질이 좋은 멀티비타민제를 복용하는 것도 부족한 영양소를 보충하는 데 도움이 된다. 또한 다른 영양제와 보충제를 다이어트에 포함시켜야 할 수도 있다.

최고의 건강 상태를 유지하기 위해 비건은 다음 영양소의 섭취에 초점을 맞춰야 한다.

- 칼슘 : 짙은 녹색잎채소, 칼슘을 강화한 두유나 라이스 밀크, 황화칼슘을 첨가한 두부를 많이 먹어야 충분한 칼슘을 섭취할 수 있다. 뼈를 튼튼하게 만드는 미네랄인 칼슘을 충분히 섭취하기 위해 영양제를 따로 복용해야 할 수도 있다.
- 비타민 D : 비건 다이어트에는 비타민 D가 풍부한 식품이 그리 많이 포함되지 않는다. 비타민 D가 강화된 오렌지 주스와 라이스 밀크, 두유를 섭취해도 되지만 가장 좋은 공급원은 햇볕이다. 매일 최소한 몇 분만이라도 피부가 살짝 붉은 기가 돌 때까지 피부를 태양 아래 노출시켜라. 단, 자외선 차단제를 바르면 안 된다. 비타민 D는 피부에서 생성되는데 자외선 차단제를 바르면 이러한 피부의 기능을 제한하기 때문이다. 피부가 살짝 붉은 기가 돌면 옷 등으로 가리거나 자외선 차단제를 발라라. 아니면 비타민 D 영양제를 복용해도 된다.
- 철 : 강낭콩 등의 협과, 폐당밀, 그리고 근대, 케일, 비트 그린 같은 짙은 녹색잎채소, 대두, 포도와 수박 등의 과일에서 철분을 얻을 수 있다.
- 비타민 B12 : 비타민 B12의 일일섭취권장량은 꽤 낮은 편이다. 하지만 비건은 충분한 양을 섭취하도록 주의를 기울여야 한다. 일부 강화 두유와 시리얼은 물론 '필요한 단백질을 모두 섭취하기 위해 식품을 결합하라' 부분에서 언급한 효모 영양제도 이 비타민의 좋은 공급원이지만 영양제를 따로 복용해야 할 수도 있다.

단백질이 열쇠라는 사실을 명심하라

충분한 단백질을 섭취하는 것이 균형 잡힌 비건 다이어트를 유지하는 열쇠다. 비건 다이어트도 채식 다이어트와 같은 방식으로 단백질을 결합해야 한다('필요한 단백질을 모두 섭취하기 위해 식품을 결합하라' 부분을 참조하라). 또한 두부, 식물성 단백질, 단백질 파우더를 음식에 포함시켜야 한다. 인체가 단백질을 저장했다가 필요할 때 꺼내 쓰므로 매 끼니마다 완전한 단백질을 섭취하지 않아도 된다는 사실을 명심하라.

클린한 채소를 매우 다양하게 섭취해서 비록 완전한 형태는 아닐지라도 충분한 양의 단백질을 체내에 공급하는 것이 비건 라이프스타일을 따를 때 단백질을 얻을 수 있는 매우 바람직한 방법이다. 최고의 채식 단백질원은 다음과 같다.

- 아보카도는 1인분에 3그램의 단백질을 함유하고 있다.
- 껍질째 먹는 러셋 감자 1인분에는 4그램의 단백질이 함유되어 있다.
- 브로콜리 1인분에는 약 3그램의 단백질이 함유되어 있다.
- 시금치 1인분에는 2그램의 단백질이 함유되어 있다.

자, 이제 클린 이팅 플랜을 실천하며 비건 라이프스타일을 즐겨라. 클린 이팅의 규칙을 기억하는가? 단백질을 탄수화물과 결합하여 식욕을 만족시켜라. 홈무스, 땅콩버터, 콩, 채소를 어떻게 결합하든 홀 그레인과 함께 먹었을 때 맛있는 조합이 될 것이다.

PART

5

아침에서 저녁까지의 조리법

제5부 미리보기

- 맛있고 포만감을 주는 아침식사 조리법을 알아본다.
- 바쁘게 일하는 가운데 먹을 수 있는 클린한 점심에 대해 알아본다.
- 저녁식사를 위한 맛있고 건강한 조리법을 찾아본다.
- 공복감을 채울 수 있는 좋은 간식과 디저트에 대한 아이디어를 얻는다.

chapter

15

잠에서 깨자마자 좋은 음식을 먹어야 한다 : 포만감을 주는 아침식사 조리법

제15장 미리보기

- 아침식사의 중요성을 이해한다.
- 쉽고 빠르게 만드는 아침식사용 음식을 찾아낸다.

이 장에서 소개할 음식

- 캔터루프 바나나 스무디
- 와일드 라이스 에그 롤 업
- 구운 오트밀
- 토스티드 오트 앤드 발리 핫 시리얼
- 스크램블 에그를 곁들인 아보카도 토스트
- 닭고기와 배를 넣은 소시지
- 크랜베리 너트 머핀
- 홀 그레인과 견과류 빵
- 말차 치아 스무디
- 과일 콩포트
- 닭고기와 시금치 미니 키슈
- 홀 그레인 와플

아침을 잘 먹는 것이 하루를 시작하는 최고의 길이라는 사실은 누구나 안다. 하지만 그 이유도 아는가? 이 장에서는 건강하고 균형 잡힌 아침식사가 그토록 중요한 이유를 살펴볼 것이다. 그런 다음 하루의 시작을 제대로 할 수 있는 쉽게 만들고 맛있으며 포만감을 주는 클린한 음식 12가지를 알아볼 것이다.

무조건 그대로 따라하지 않아도 된다. 몇 가지 다른 유형의 재료 가운데 한 가지를 사용해서 음식을 만들어도 된다. 100퍼센트 유기농 재료를 사용할 수도, 병에 든 살사와 간 치즈처럼 인스턴트 식품을 부분적으로 사용해도 된다. 또는 당장 구할 수 있는 그 어떤 재료든 사용해도 된다.

클린한 홈메이드 아침식사가 근사하게 느껴지지만 오전에 조리할 시간을 거의 낼 수 없다 해도 이 장을 건너뛰지 말라! 여기에서 소개하는 음식 다수는 미리 만든 다음 토스터 오븐이나 가스레인지에 데우기만 해도 되는 것이다. 단, 이 음식들을 냉장고나 냉동고에 보관한다면 용기에 잘 담아서 각각 라벨을 붙여야 한다는 사실을 잊지 말라. 가뜩이나 바쁜 아침에 냉동고에 뭐가 있는지 '해독'하는 일만은 피해야 하지 않겠는가!

아침식사의 중요성을 이해하자

하루 동안 얼마나 오래 배고픔을 느끼지 않고 보낼 수 있는가? 대부분 끼니 사이 6시간이 최대다. 하물며 8시간이나 잠을 잔 다음이니 인간의 몸이 아침식사를 얼마나 애타게 필요로 하겠는가!

아침식사는 하루의 연료를 공급하는 끼니다. 연구 결과 아침을 먹는 사람이 이 중요한 식사를 거르는 사람보다 모든 임무를 더 잘 수행하며 하루 종일 활력이 더 넘치며 체중도 덜 나가는 경향이 있다는 점이 드러났다. 아침에 기상하자마자 먼저 음식을 먹으면 간에서 나쁜 LDL 콜레스테롤이 생성되는 양도 줄일 수 있다.

어른이 돼서 가장 좋은 점 한 가지는 바로 무엇을 먹을지 마음대로 고를 수 있다는 것이다. 달걀과 시리얼 같은 뻔한 아침식사가 싫다면 먹지 말라. 대신 자신이 좋아하는 것을 먹어라! 특히 통밀 파스타, 유기농 닭고기, 요거트 드레싱, 유기농 과일로 직접 만든 닭고기와 과일을 듬뿍 넣은 파스타샐러드라면 매우 훌륭한 아침식사가 될 것이다. 아니면 홈메이드 통밀 크러스트, 스크램블 에그나 두부, 소테 채소, 품질이 좋은 수제 치즈로 아침식사용 피자를 만들 수도 있다.

아침식사 메뉴로 무엇을 정하든 음식들을 최대한 활용하려면 다음 지침을 명심하라.

» **단백질과 탄수화물, 좋은 지방을 결합한다.** 인간의 뇌는 연료로 탄수화물을 필요로 한다. 또한 단백질과 지방은 더 오래 포만감을 지속시킨다.

» **주스가 아니라 통 과일을 섭취하라.** 비만이나 당뇨 가족력이 있는 사람은

과일 주스를 더욱 섭취하면 안 된다. 아침식사로 뭔가를 마시고 싶다면 통 과일로 스무디를 만들어라.

» **가장 좋아하는 아침식사 메뉴를 클린 밀로 바꿔라.** 예를 들어 설탕을 입힌 바삭한 시리얼을 좋아한다면 대신 베이크드 오트밀을 만들어라. 냉동식품 코너에 있는 가공된 냉동식을 좋아한다면(그렇다, 나트륨과 보존제로 가득 찬 것 말이다), 대신 와일드 라이스 에그 롤 업을 만들어라.

맛있는 아침식사용 음식으로 하루를 올바른 방식으로 시작하라

이 장에서 소개할 음식을 만들 때는 조리법을 철저하게 따라야 한다. 하지만 굽지 않는 음식의 경우 특히 몇 가지 재료를 가장 좋아하는 것으로 마음 놓고 바꿔도 된다. 예를 들어 스크램블 에그를 곁들인 아보카도 토스트에 할라페뇨 칠리를 두어 개 추가하거나 닭고기와 시금치 미니 키슈에 좋아하는 채소를 추가해도 된다. 음식에 변화를 줄 때 이를 기록하는 것만 잊지 말라. 여기저기 조금씩 변경한 내용은 쉽게 잊기 마련이다. 그리고 새롭게 탄생시킨 맛있는 음식을 잃고 싶은 사람은 없을 것이다!

【 소 성장 촉진 호르몬을 사용한 유제품을 멀리하라 】

아침에 우유를 즐겨 마시는 사람이 많다. 아니면 아이들에게 마시게 준다. 영양제에 경험이 많고 지식이 풍부한 의사들이 최상의 건강을 위해 우유와 유제품을 피할 것을 자주 권하지만 어떤 사람들에게는 유제품이 건강을 위해 좋은 선택이 될 수도 있다. 우유를 너무 마시지 않도록 주의하기만 하면 된다. 하버드 의사 및 간호사 연구회는 우유 섭취량이 증가하면 전립선암과 골다공증 발병 위험이 높아진다는 사실을 발견했다.

우유에 함유된 호르몬과 항생제 역시 문제가 될 수 있다. 소 성장 호르몬, 즉 rBGH(recombinant bovine growth hormone)가 처음 뉴스에 등장한 것은 몇 년 전에 불과하다. 전 세계 많은 국가에서 인간이 섭취하는 우유와 유제품에 유입된다는 이유만으로 rBGH 사용을 금하게 되었다. 축산농가에서는 우유 생산량을 인위적으로 증가시키기 위해 rBGH를 사용하지만 소의 유선을 손상시키고 질병을 유발할 수도 있다.

우유를 비롯한 유제품을 섭취하려 한다면 목초를 먹고 자란 소의 유기농 우유를 구입하라. 또한 라벨에 무호르몬(produced without rBGH)이라는 문구가 있는지 찾아보라.

앞으로 소개한 음식들을 유기농 재료로 만들고 싶다면 정말 좋은 생각이다. 하지만 클린 이팅 플랜이라고 해서 꼭 유기농 재료를 사용할 필요는 없다는 사실을 알아야 한다. 제10장에서 되도록 유기농으로 구입해야 하는 15가지 식품과 일반적인 방법으로 재배된 것을 구입해도 되는 식품 목록을 확인하라.

캔터루프 바나나 스무디

준비 시간 : 10분	분량 : 4인분

재료

껍질을 제거하고 정사각형으로 썰어 준비한 캔터루프 2컵

껍질을 까고 큼지막하게 썰어 얼린 바나나 1개

오렌지 주스 1/2컵

레몬즙 1테이블스푼

요거트 1컵

아마씨 1테이블스푼

바닐라 에센스 1티스푼

조리 방법

1. 캔터루프, 바나나, 오렌지 주스, 레몬즙을 블렌더나 푸드 프로세서에 넣는다. 뚜껑을 덮고 잘 섞일 때까지 고속으로 블렌더를 작동시킨다.

2. 요거트, 아마씨, 바닐라를 넣고 다시 뚜껑을 덮은 다음 내용물이 부드러워질 때까지 고속으로 블렌더를 작동시킨다. 4개의 잔에 고루 나눠 담고 즉시 서빙한다.

1회분 : 121칼로리(지방 28그램), 지방 3그램(포화지방 1그램), 콜레스테롤 8밀리그램, 나트륨 36밀리그램, 탄수화물 21그램(식이섬유 2그램), 단백질 4그램

응용해보자! 이 간단한 조리법은 다양하게 변형할 수 있다. 예를 들어 캔터루프 대신 허니듀 멜론을 사용할 수도, 껍질을 벗겨 얇게 썬 복숭아나 배를 추가로 넣을 수도 있다.

와일드 라이스 에그 롤 업

준비 시간 : 15분	조리 시간 : 35~45분	분량 : 6인분

재료

씻은 와일드 라이스 1/2컵

물 5컵

달걀 8개

올리브 오일 1테이블스푼

잘게 다진 양파 1개

골든 레이즌 1/3컵

잘게 다진 셀러리 1/2컵

잘게 다진 그린 어니언 2테이블스푼

커리 가루 2티스푼

울금 1/4티스푼

저지방 그릭 요거트 1/2컵

지름 15센티미터짜리 통밀 토르티야 6장

조리 방법

1. 중간 크기의 소스팬에 와일드 라이스를 넣고 물 1 1/2컵을 붓는다. 센 불에서 쌀과 물을 끓인다. 뚜껑을 덮은 상태에서 불을 약하게 줄인 다음 35~45분 뭉근하게 끓인다. 또는 쌀이 부드러워질 때까지 끓인다. 물을 따라 버린 다음 옆에 놔둔다.
2. 약 2리터짜리 소스팬에 준비한 달걀을 넣는다. 달걀이 잠길 정도로 물을 부은 다음 센 불에서 가열하다가 끓기 시작하면 1분 정도 더 끓인다.
3. 뚜껑을 덮은 다음 불에서 내린다. 12분 동안 그 상태로 놔둔다.
4. 3의 팬 뚜껑을 연 다음 싱크대로 옮긴 뒤 팬 위에서 찬물을 계속 틀어 놓는다. 만질 수 있을 정도가 될 때까지 달걀이 식으면 물 안에서 팬 가장자리에 대고 친다. 5분 동안 그 상태로 두었다가 달걀 껍데기를 벗겨낸다.
5. 대형 소스팬에 올리브 오일과 다진 양파를 넣고 양파가 부드러워질 때까지 자주 저어주며 중간 불로 가열한다. 불에서 내려놓는다.
6. 완숙 달걀을 굵게 다진 다음 와일드 라이스, 골든 레이즌, 셀러리, 그린 어니언과 함께 올리브 오일에 볶은 양파에 넣는다. 커리 가루, 울금, 요거트를 넣고 저어준다.
7. 조리대 위에 토르티야 6장을 놓고 동일한 양의 달걀 속을 떠 올린다. 하나씩 롤 모양으로 말아서 즉시 서빙한다.

1인분 : 301칼로리(지방 91칼로리), 지방 10그램(포화지방 3그램), 콜레스테롤 285밀리그램, 나트륨 271밀리그램, 탄수화물 43그램(식이섬유 4그램), 단백질 16그램

팁 : 달걀 속은 미리 만들어 준비해도 된다. 단, 냉장보관했다가 먹기 전에 소스팬에 데워야 한다. 차게 먹는 것이 좋다면 차게 서빙해도 된다.

구운 오트밀

준비 시간 : 15분	조리 시간 : 40~50분	분량 8인분

재료

옛날식 압착한 오트밀 2컵

베이킹 파우더 1/2티스푼

계피 가루 1/4티스푼

카르다몸 가루 1/8티스푼

익힌 파로(farro), 또는 보리 1컵

아무것도 첨가하지 않은 플레인 아몬드 밀크 1 ⅔컵

달걀 2개

메이플 시럽 1/4컵

녹인 버터 2테이블스푼

바닐라 에센스 2티스푼

조리 방법

1. 오븐을 약 180도로 예열한다. 가로, 세로 23센티미터짜리 베이킹 접시에 버터를 바른다.
2. 커다란 볼에 귀리와 베이킹파우더, 계피, 카르다몸을 넣고 잘 섞는다. 옆에 치워둔다.
3. 중간 크기의 볼에 익힌 파로나 귀리, 아몬드 밀크, 달걀, 메이플 시럽, 버터, 바닐라를 넣고 덩어리가 될 때까지 잘 섞는다. 2에서 준비한 내용물에 붓고 잘 저은 다음 예열한 베이킹 접시로 옮겨 담는다.
4. 40~50분 동안, 또는 식품용 온도계가 약 70도를 가리킬 때까지 굽는다.

1인분 : 162칼로리(지방 44칼로리), 지방 5그램(포화지방 2그램), 콜레스테롤 8밀리그램, 나트륨 47밀리그램, 탄수화물 26그램(식이섬유 3그램), 단백질 4그램

팁 : 익힌 보리 1컵을 만들려면 보리 1/3컵과 물 3/4컵을 소스팬에 넣고 보리가 부드러워질 때까지 40~50분 동안 뭉근하게 끓인 다음 필요할 경우 물을 따라 버린다. 파로는 1/2컵의 파로에 물 1컵을 넣고 부드러워질 때까지 30~35분 동안 뭉근하게 끓여 준비한다.

토스티드 오트 앤드 발리 핫 시리얼

준비 시간 : 15분, 대기 시간 추가	조리 시간 : 약 5시간	분량 : 12인분

재료

절단 귀리 1컵

익히지 않은 보리쌀 1컵, 씻어서 준비한다.

껍질을 깎아 잘게 썬 사과 1개

잘게 썬 대추 1/2컵

건조 크랜베리 1/3컵

계피 가루 1티스푼

카르다몸 가루 1/4티스푼

100퍼센트 메이플 시럽 1테이블스푼

물 6컵

조리 방법

1. 중간 크기의 소스팬에 귀리를 담아 중간 불에서 가열한다. 자주 저어주며 귀리 향이 나고 밝은 금갈색을 띠기 시작할 때까지 귀리를 토스트처럼 굽는다. 소스팬을 불에서 내려놓는다.

2. 3리터짜리 슬로우 쿠커에 토스트한 귀리, 보리, 사과, 대추, 크랜베리를 넣는다. 이렇게 혼합한 내용물 위에 계피 가루와 카르다몸 가루를 뿌린 다음 전체적으로 메이플 시럽을 얇게 뿌린다.

3. 혼합물에 물을 부은 다음 부드럽게 저어준다. 슬로우 쿠커를 보온 상태로 놓고 타이머를 2시간으로 맞춰 놓는다. 그런 다음 저온 가열 상태로 놓고 타이머를 5시간으로 맞춰 놓는다.

4. 혼합물을 저은 다음 원할 경우 메이플 시럽이나 꿀을 위에 더 뿌린 다음 따뜻하게 낸다. 1인분은 시리얼 1컵 분량이다.

1인분 : 150칼로리(지방 11칼로리), 지방 1그램(포화지방 0그램), 콜레스테롤 0밀리그램, 나트륨 2밀리그램, 탄수화물 33그램(식이섬유 5그램), 단백질 4그램

주의 : 귀리와 보리는 홀 그레인이다. 즉 풍부한 섬유와 비타민 B군, 단백질을 공급한다. 절단 귀리는 압착귀리보다 덜 가공된 형태여서 슬로우 쿠커로 조리해도 영양분이 보존된다.

스크램블 에그를 곁들인 아보카도 토스트

준비 시간 : 15분	조리 시간 : 15분	분량 : 4인분

재료

아보카도 2개

레몬즙 2테이블스푼

달걀 5개

플레인 아몬드 밀크 2테이블스푼

버터 1테이블스푼

소금 1/8티스푼

후추 1/8티스푼

홀 그레인 빵 4조각, 또는 홀 그레인과 견과류 빵(이 장 후반부에 소개할 것이다)

잘게 썬 체리토마토 1컵

잘게 다진 신선한 파슬리 2테이블스푼

잘게 부순 고트치즈 1/3컵

조리 방법

1. 껍질과 씨를 제거한 아보카도를 준비해서 중간 크기의 볼에 넣는다. 레몬즙을 넣고 아보카도가 약간 덩어리질 때까지 포크로 으깬다. 옆에 치워 둔다.
2. 다른 중간 크기의 볼에 달걀과 아몬드 밀크를 넣고 섞는다. 작은 스킬렛(긴 손잡이가 달린 스튜 냄비-역주)에 버터를 넣고 녹인다.
3. 섞은 달걀을 스킬렛에 넣고 소금과 후추를 넣는다. 중간 불에서 달걀이 촉촉한 상태로 고정될 때까지 가열한다.
4. 달걀이 익는 동안 얇게 썬 빵을 밝은 금갈색이 될 때까지 토스트한다. 옆으로 치워둔다.
5. 작은 볼에 체리토마토와 파슬리, 고트치즈를 넣고 부드럽게 섞는다.
6. 토스트 위에 아보카도 혼합물을 펴 바른 다음 다시 그 위에 달걀을 얹는다. 그 위에 토마토 혼합물을 얹은 다음 즉시 낸다.

1인분 : 328칼로리(지방 200칼로리), 지방 22그램(포화지방 7그램), 콜레스테롤 17밀리그램, 나트륨 307밀리그램, 탄수화물 23그램(식이섬유 9그램), 단백질 13그램

닭고기와 배를 넣은 소시지

준비 시간 : 15분, 냉동하는 시간 추가	조리 시간 : 약 30분	분량 : 20인분

재료

뼈와 껍질을 제거한 닭 가슴살 450그램

뼈와 껍질을 제거한 닭 다리살 1/2컵

각진 얼음 2개

크기가 큰 양파 1개, 다져서 준비

마늘 2쪽, 다져서 준비

올리브 오일 1테이블스푼, 추가로 2테이블스푼

껍질을 벗기고 깍둑썰기 한 보스크 배 2개

레몬즙 1테이블스푼

생 타임 잎 2테이블스푼, 다져서 준비

해염 1/2티스푼

백후추 1/4티스푼

버터 1테이블스푼

조리 방법

1. 닭고기를 깍둑썰기로 썬 다음 냉동실에 15분 동안 놔둔다.
2. 냉동실에서 닭고기를 꺼낸 다음 푸드 프로세서에 담고 얼음을 넣는다. 뚜껑을 닫은 다음 닭고기가 중간 정도, 즉 곱게 갈린 것이 아니라 덩어리가 남아 있을 정도로 갈릴 때까지 푸드 프로세서를 작동시킨다. 뚜껑을 덮은 상태로 냉장실에 넣는다.
3. 대형 스킬렛에 양파와 마늘, 올리브 오일 1테이블스푼을 넣고 중간 불에서 양파와 마늘이 부드러워질 때까지 약 6, 7분 동안 자주 저어가며 익힌다. 배와 레몬즙을 넣고 1분 이상 익힌다. 혼합물을 대형 볼에 넣고 식힌다.
4. 간 닭고기와 타임, 해염, 백후추를 양파 혼합물에 넣는다. 잘 혼합될 때까지 손으로 부드럽게 섞어준다. 균일하게 나눠 약 1.25센티미터 두께로 20개의 패티를 만든다.
5. 대형 스킬렛에 버터와 올리브 오일 2테이블스푼을 넣고 가열하다가 소시지 패티 절반을 넣는다. 육류 온도계가 74도에 도달할 때까지 약 8~11분 정도 익힌 다음 한 번 뒤집는다. 패티를 접시에 담은 다음 뚜껑을 덮어 온기를 유지한다. 나머지 소시지 패티를 익힌다. 즉시 낸다.

1인분 : 38칼로리(지방 15칼로리), 지방 2그램(포화지방 0그램), 콜레스테롤 11밀리그램, 나트륨 68밀리그램, 탄수화물 2그램(식이섬유 0그램), 단백질 4그램

비결 : 익히지 않은 소시지 패티를 밀폐용기에 담아 냉동실에 넣으면 4개월까지 보관이 가능하다. 조리하기 하루 전날 밤에 냉장실에서 패티를 해동시켜야 한다. 올리브 오일을 두르고 소테로 양면을 6~8분 정도 온도계가 74도에 도달할 때까지 익힌 다음 한 번 뒤집는다.

크랜베리 너트 머핀

준비 시간 : 15분	조리 시간 : 18~23분	분량 : 12인분

재료

통밀 밀가루 1 3/4컵

옛날식 압착 귀리 1컵

단풍당 플레이크 1/3컵

베이킹파우더 1 1/2티스푼

베이킹 소다 1/2티스푼

해염 1/4티스푼

달걀 2개

플레인 아몬드 밀크 1/3컵

버터 2테이블스푼, 녹여서 준비

애플소스 1/3컵

꿀 2테이블스푼

바닐라 에센스 2티스푼

중간 크기 바나나 1개, 껍질을 벗기고 으깨서 준비

생 크랜베리, 또는 해동하지 않은 냉동 크랜베리 1 1/2컵, 큼지막하게 대충 다진다

잘게 썬 피칸 1/2컵

조리 방법

1. 오븐을 190도로 예열한다. 12컵짜리 머핀 팬에 종이 라이너를 깔거나 버터를 바른 다음 옆으로 치워둔다.
2. 대형 볼에 통밀 밀가루와 귀리, 단풍당 플레이크, 베이킹파우더, 베이킹 소다, 해염을 넣고 잘 섞은 다음 옆으로 치워둔다.
3. 소형 볼에 달걀, 아몬드 밀크, 녹인 버터, 애플소스, 꿀, 바닐라, 바나나를 넣고 잘 섞는다.
4. 달걀 혼합물을 밀가루 혼합물에 부으면서 잘 뭉쳐질 때까지 젓는다. 크랜베리와 피칸을 천천히 섞는다. 반죽을 미리 준비한 머핀 팬에 떠놓는다.
5. 머핀의 모양이 잡히고 엷은 갈색을 띨 때까지 15~20분 동안 굽는다. 머핀을 팬에서 옮겨 담은 다음 철망에서 식혔다가 낸다.

1인분 : 185칼로리(지방 55칼로리), 지방 6그램(포화지방 2그램), 콜레스테롤 5밀리그램, 나트륨 173밀리그램, 탄수화물 26그램(식이섬유 4그램), 단백질 5그램

홀 그레인과 견과류 빵

준비 시간 : 15분	조리 시간 : 45분	분량 : 8인분

재료

통밀 밀가루 2컵

제빵용 밀가루 1/2컵, 추가로 1테이블스푼

곱게 다진 호두 1/3컵

호밀 가루 1/4컵

건조효모 1 1/4티스푼

소금 1/4티스푼

따뜻한 물 1 1/2컵

올리브 오일 1테이블스푼

조리 방법

1. 대형 볼에 통밀 밀가루와 제빵용 밀가루 1/2컵, 호두, 호밀 가루, 건조효모, 소금을 넣고 섞는다.

2. 밀가루 혼합물에 따뜻한 물을 넣고 밀가루의 입자가 보이지 않을 때까지만 잘 저어준다. 반죽 윗부분에 브러시를 이용하여 올리브 오일을 바른다.

3. 비닐 랩, 키친타올로 볼을 덮은 다음 상온에서 12~18분 동안 부풀어 오르게 둔다.

4. 반죽에 1테이블스푼의 제빵용 밀가루를 뿌린 다음 볼 안에 담긴 상태로 반죽을 부드럽게 몇 번 정도 주무른다. 그런 다음 대충 둥근 덩어리 모양으로 만든다. 35센티미터 길이의 황산지에 반죽을 놓는다. 대형 볼을 뒤집어 반죽을 덮은 다음 상온에서 2시간 동안 부풀게 둔다.

5. 오븐을 약 210도로 예열한다. 뚜껑이 있는 5~6리터짜리 주철 더치 오븐(Dutch oven, 우리나라의 압력솥과 비슷한 조리 용기-역주)을 오븐 안에 넣고 20분 동안 가열한다.

6. 칼 등의 날카로운 도구를 사용해서 반죽 뒷부분을 X자로 벤다. 더치 오븐의 뚜껑을 조심스럽게 제거한 다음 황산지에 얹은 상태에서 빵을 뜨거운 더치 오븐에 내려놓은 다음 볼로 다시 덮는다.

7. 더치 오븐을 예열한 오븐에 넣고 뚜껑을 덮은 다음 25분 동안 굽는다. 뚜껑을 치운 다음 온도계가 99도를 가리키고 어두운 금갈색으로 변할 때까지 빵을 20~25분 더 굽는다. 황산지 슬링(sling, 무거운 것을 들어 올리는 장치-역주)을 이용해서 빵을 더치 오븐에서 꺼낸 다음 철망에서 식힌다.

1인분 : 193칼로리(지방 51칼로리), 지방 6그램(포화지방 1그램), 콜레스테롤 0밀리그램, 나트륨 75밀리그램, 탄수화물 31그램(식이섬유 5그램), 단백질 6그램

말차 치아 스무디

준비 시간 : 10분	분량 : 2인분

재료

사과즙 1컵

화이트 치아씨 2테이블스푼

씨를 제거하고 껍질을 벗겨 잘게 썰어 준비한 키위 3개

얼린 바나나 1개, 큼직하게 잘라 준비

말차 가루 1테이블스푼

플레인 아몬드 밀크나 두유 1컵

조리 방법

1. 소형 볼에 사과즙과 치아씨를 넣은 다음 뚜껑을 덮은 채 냉장실에서 하룻밤 보관한다.
2. 1의 혼합물을 블렌더로 옮겨 담는다.
3. 나머지 재료를 모두 넣고 부드러워질 때까지 블렌더로 간다.
4. 즉시 낸다.

1인분 : 280칼로리(지방 59칼로리), 지방 7그램(포화지방 1그램), 콜레스테롤 0밀리그램, 나트륨 10밀리그램, 탄수화물 54그램(식이섬유 12그램), 단백질 5그램

비결 : 말차는 일본식 녹차다. 말차 가루는 물에 쉽게 녹으며 다양한 조리법에 활용할 수 있다. 여기에는 카테킨 등의 항산화물질이 풍부하게 함유되어 있으며 실제로 블루베리나 석류보다 많은 항암 성분이 함유되어 있다.

과일 콩포트

준비 시간 : 15분, 추가 식히는 시간	조리 시간 : 약 15분	분량 : 4인분

재료

물 1컵

꿀 2테이블스푼

통 계피 2개

사과 3개, 껍질을 벗기고 잘게 썰어 준비

배 3개, 껍질을 벗기고 잘게 썰어 준비

말린 살구 8개, 잘게 썰어 준비

대추 8개, 잘게 썰어 준비

건조 크랜베리 1/2컵

해염 1/8티스푼

조리 방법

1. 2리터 소스팬에 물, 꿀, 통 계피, 사과, 배, 건조 살구를 넣고 섞는다. 이 혼합물을 중간 불에서 뭉근하게 끓인다. 가끔 저어주며 사과와 배가 부드러워질 때까지 약 8~10분 정도 익힌다.

2. 구멍 뚫린 국자(시중에서 건지개로 판매되고 있는 조리 도구-역주)로 팬에서 과일을 꺼낸 다음 중형 볼에 담는다. 대추, 건조 크랜베리, 해염을 과일 혼합물에 넣고 저어준다.

3. 통 계피를 육수에서 꺼내서 버린다. 육수를 다시 불에 올려 양이 1/3컵으로 줄어들 때까지 끓인다. 과일 혼합물에 육수를 부은 다음 가끔 저어주며 식힌다.

4. 4개의 용기에 균등하게 담고 각각의 과일 콩포트 위에 요거트나 코티지치즈를 얹는다. 또는 핫 시리얼이나 콜드 시리얼 위에 콩포트를 얹어 낸다.

1인분 : 304칼로리(지방 5칼로리), 지방 1그램(포화지방 0그램), 콜레스테롤 0밀리그램, 나트륨 101밀리그램, 탄수화물 81그램(식이섬유 8그램), 단백질 1그램

응용해보자! 과일 콩포트는 만들기도 쉽지만 와플이나 팬케이크에 곁들이거나 프렌치토스트에 얹으면 맛 또한 그만이다.

주의 : 남은 과일 콩포트는 뚜껑을 덮어 냉장실에 최대 3일까지 보관할 수 있다.

닭고기와 시금치 미니 키슈

준비 시간 : 15분	조리 시간 : 30~35분	분량 : 6인분

재료

올리브 오일 1테이블스푼

깍둑썰기한 양파 작은 것 1개

뼈와 껍질을 제거한 닭 가슴살 1조각, 작은 조각으로 썰어 준비

베이비 시금치 잎 1컵, 잘게 썰어 준비

달걀 4개

저지방 그릭 요거트, 또는 일반 요거트 1/3컵

말린 타임 잎 1/2티스푼

후추 1/8티스푼

밀가루 3테이블스푼

가늘게 썬 뮌스터 치즈나 몬터레이 잭 치즈 1컵

조리 방법

1. 오븐을 약 180도로 예열한다. 12컵 머핀 팬에 버터를 약간 바른 다음 옆으로 치워둔다.
2. 소형 소스팬에 올리브 오일을 넣고 중간 불에서 가열한다. 양파를 넣고 2분 동안 저어가며 익힌다. 닭고기를 넣고 저어가며 고기의 분홍색이 사라질 때까지 3~5분 동안 익힌다. 시금치를 넣은 다음 시금치의 숨이 죽고 닭고기가 완전히 익을 때까지 2~3분 동안 익힌다. 팬을 불에서 내리고 국물이 너무 많으면 따라 버린다.
3. 중형 볼에 달걀, 요거트, 타임, 후추를 넣고 잘 섞는다. 이 혼합물을 저어가며 밀가루와 치즈를 추가한다. 여기에 익힌 닭고기 혼합물을 넣고 부드럽게 저어준다.
4. 미리 준비한 머핀 팬에 숟가락으로 반죽을 떠 놓는다. 모양이 잡히고 밝은 금갈색을 띨 때까지 23~28분 동안 키슈를 굽는다.
5. 3분 동안 식힌다. 키슈와 머핀 팬과의 틈에 칼날을 살짝 넣고 키슈 주변을 선을 긋듯이 칼을 움직인다. 머핀 팬에서 떼어낸 키슈를 옮겨 담아 따뜻하게 낸다.

1인분 : 188칼로리(지방 82칼로리), 지방 9그램(포화지방 4그램), 콜레스테롤 43밀리그램, 나트륨 197밀리그램, 탄수화물 8그램(식이섬유 3그램), 단백질 18그램

홀 그레인 와플

준비 시간 : 15분	조리 시간 : 15~20분	분량 : 8인분

재료

압착 귀리 1컵

통밀 밀가루 2컵

연맥강 1/3컵

베이킹파우더 2티스푼

베이킹 소다 1티스푼

해염 1/2티스푼

코티지치즈 1컵

두유, 또는 아몬드 밀크 1/2컵

오렌지주스 2테이블스푼

달걀 2개

난백 3개

꿀 2테이블스푼

올리브 오일 2테이블스푼

조리 방법

1. 푸드 프로세서나 블렌더에 오트를 넣는다. 뚜껑을 덮은 다음 입자가 고와질 때까지 오트를 간다. 이를 대형 믹싱볼에 담는다.
2. 통밀 밀가루, 연맥강, 베이킹파우더, 베이킹 소다, 해염을 넣고 섞는다. 거품기로 마른 재료들을 완전히 혼합되도록 잘 섞는다.
3. 중형 볼에 코티지치즈, 두유, 오렌지주스, 달걀, 난백, 꿀, 올리브 오일을 넣고 부드러워질 때까지 섞는다.
4. 3의 물기가 있는 재료들을 2의 마른 재료 혼합물에 넣고 잘 혼합될 때까지만 섞는다. 이렇게 하면 고르지 않은 반죽이 만들어진다.
5. 제품 설명서에 따라 와플 팬을 예열한다. 이때 팬은 소량의 올리브 오일을 가볍게 발라서 준비한다.
6. 와플 팬에 반죽을 1/2컵 넣은 다음 팬을 닫는다. 그리고 수증기가 더 이상 나지 않을 때까지 익힌다. 와플 팬 종류에 따라 걸리는 시간이 달라진다. 팬을 열고 와플을 옮긴다. 이 단계를 반복하며 나머지 반죽을 모두 와플로 만든다. 버터, 시럽, 또는 꿀과 함께 와플을 낸다.

1인분 : 252칼로리(지방 68칼로리), 지방 8그램(포화지방 2그램), 콜레스테롤 57밀리그램, 나트륨 537밀리그램, 탄수화물 37그램(식이섬유 6그램), 단백질 13그램

chapter

16

영리한 점심식사를 통해 자신의 몸에 연료를 재공급하라

제16장 미리보기

- 점심 메뉴에 대해 이해한다.
- 건강한 점심 메뉴를 만들어본다.

이 장에서 소개할 음식

- 클린 대구 샐러드
  슬로우 쿠커를 이용한 태국식 치킨 수프
- 클린 가스파초
  베트남식 디핑소스를 곁들인 치킨 케일 랩
- 과일 코울슬로
- 구운 채소 훔무스 피타
  과일 치킨 파스타 샐러드
  연어 아보카도 서머 롤
- 흑미 야채샐러드
  배추 해산물 수프
- 과일과 곡물 샐러드
  복숭아 살사를 곁들인 연어 샐러드 샌드위치

아, 점심. 영화 '월스트리트'의 그 유명한 쓰리 마티니 런치(미국에서 기업가나 법률가 등이 여유롭고 호사스럽게 즐기는 점심식사를 말한다-역주)를 기억하는가? 당연히 그 '식사'는 클린하지 않다. 점심시간은 근무일에 휴식을 취하고 자신의 몸에 연료를 재공급하는 시간이므로 마티니는 선반에 도로 넣어두고 샐러드를 집어 들어라. 아니면 피타나 수프도 괜찮고 샌드위치도 좋고… 무슨 말인지 알 것이다.

서너 시간마다 음식을 먹는 플랜을 따르고 있는 사람도 점심식사는 여전히 중요한 끼니다. 오후에 필요한 에너지를 인체에 공급하고 아침식사와 오전 간식에서 섭취한 영양소가 바닥나기 전에 재충전하여 모든 것이 원활하게 돌아가게 만든다.

클린 이팅 플랜을 지키는 중이라고 해서 가판대에서 파는 핫도그가 과거의 것일 필요는 없다. 가끔 덜 클린한 음식을 즐겨도 된다. 단, 점심식사의 대부분을 건강한 것으로 유지한다는 전제가 있어야 한다. 걱정하지 말라. 건강한 점심도 맛있을 테니 말이다. 이 장에서는 어떤 요건을 갖춰야 건강한 점심이 되는지를 살펴보고 쉽고 빠르게 만들 수 있는 점심 메뉴를 차례로 소개할 것이다. 여기에는 클린 대구 샐러드, 구운 채소 훔무스 피타, 연어 아보카도 서머 롤 등이 포함된다.

점심 메뉴를 현명하게 결정하자

클린 이팅을 실천하는 동안 확실하게 나머지 하루 동안에 필요한 모든 영양소와 에너지를 얻기 위해서는 점심 도시락을 싸는 것이 가장 쉬운 방법이다. 직장인들이 점심을 주로 해결하는 곳, 특히 음식이 빨리 나오는 곳은 그리 건강한 음식을 팔지 않는다. 직접 도시락을 싸면 돈을 절약하는 것은 물론 새로운 라이프스타일을 시작하는 시점에서 이를 지켜나갈 수 있다는 확신을 가질 수 있다. 집에서 미리 챙겨온 도시락을 언제든 먹을 수 있다면 자동판매기나 인근 패스트푸드 매장의 유혹에 굴복하지 않을 것이다.

좋다, 그럼 이제 직접 클린한 점심 도시락을 쌀 준비가 되었다. 그럼 뭘 해야 할까? 어떻게 생각할지 몰라도 기존의 점심 메뉴에서 완전히 손을 떼는 일은 비교적 쉬운 일이다. 예를 들어 나트륨과 보존제 함량이 높은 수프와 샌드위치 대신 직접 수프를 만들거나 BPA 프리 캔에 담긴 유기농 수프를 구입하면 건강에 도움이 되는 클린한 선택을 할 수 있다. 시판 중인 치킨 샌드위치 대신 홀 그레인 빵에 직접 조리한 닭고기를 넣은 샌드위치를 만들 수도 있다. 동시에 마요네즈 대신 그릭 요거트를 스프레드로 빵에 바르고 채소를 듬뿍 넣는다.

최고의 점심식사를 만들기 위해서는 다음 사항을 명심해야 한다.

» **바쁜 근무일이라 해도 점심 먹을 시간을 따로 내야 한다.** 인간의 몸과 뇌

【 점심 도시락의 안전을 지켜라 】

점심 도시락을 쌀 때는 다음 식품 안전 규칙을 따라야 한다.

- 상하기 쉬운 음식을 도시락으로 쌀 때는 냉동팩을 보온이 되는 가방에 도시락과 함께 넣어 음식의 온도를 4도 이하로 유지해야 한다.
- 수프처럼 뜨거운 음식의 온도를 60도 이상으로 유지해야 한다. 뜨거운 수프를 도시락으로 쌀 때는 먼저 끓는 물에 넣고 가열하여 보온병을 세척해야 온도를 유지할 수 있다. 뚜껑을 확실하게 닫은 다음 보온이 되는 가방에 넣어 먹을 때까지 뜨거운 상태를 유지하라.

는 제대로 기능을 하기 위해 연료가 필요하다. 책상에 앉은 상태에서 점심을 먹어도 되지만 15~20분 정도 사무실을 벗어나 다른 풍경에서 밥을 먹는 것도 좋은 방법이다.

» **음식을 즐겨라.** 허겁지겁 먹어치우지 말라. 한 입, 한 입 먹을 때마다 꼭꼭 씹고 클린 푸드의 맛과 향, 질감에 집중하라.

» **단백질에 탄수화물과 좋은 지방을 결합하면 하루 중 나머지 시간 동안 인체에 연료를 지속적으로 공급할 수 있다.** 예를 들어 홀 그레인 빵에 유기농 치즈 같은 클린한 단백질 식품과 짙은 녹색잎채소, 기타 채소를 곁들이면 하루 동안 사용할 에너지가 충분히 함유된 간단한 샌드위치를 만들 수 있다.

건강한 점심식사용 조리법

이제 소개할 점심용 조리법이 지닌 최고의 장점은 정해진 재료만이 아니라 자신이 좋아하는 재료까지 추가할 수 있다는 것이다. 그러므로 닭고기를 좋아한다면 마음 놓고 클린 대구 샐러드에 익힌 닭고기를 추가하라. 혹시 케일 애호가가 아니라면 로메인 양상추나 나파 양배추를 대신 사용해서 베트남식 디핑 소스를 곁들인 치킨 케일 랩을 만들어도 된다.

이러한 조리법에 유기농 재료를 사용하고 싶다면 얼마든지 그래도 좋다. 하지만 이제 클린 이팅 플랜에서 반드시 유기농 식품을 사용할 필요가 없다는 사실을 알 것이다. 제10장에서 반드시 유기농으로 구입해야 하는 15가지 식품과 기존의 방식으로 재배된 것을 구입해도 별 문제 없는 식품을 확인하라.

【 점심에 트랜스 지방 섭취를 피하라 】

점심으로 패스트푸드를 선택하는 사람이 많다. 그리고 엄청난 양의 트랜스 지방을 섭취하고 만다. 간식으로 먹는 음식 대부분과 많은 가공식품에 트랜스 지방이 함유되어 있다. 식품 제조사들은 식물성 오일을 상온에서 고체로 만들기 위해 수소를 첨가하여 인위적으로 트랜스 지방을 만든다. 트랜스 지방은 인체에서 항염증 효소의 작용을 막아 염증을 일으키고 인체 세포벽의 구성성분이 되어 세포막을 '연약'하게 만든다. 그리고 이러한 부정적 현상은 인체 어느 부위에서나 일어난다.

트랜스 지방의 반감기는 51일이다.(방사성물질과 관련한 용어로 반감기라는 말을 들어보았을 것이다. 하지만 다른 물질에도 반감기가 존재한다.) 트랜스 지방의 경우 반감기가 51일이라는 것은 섭취한 트랜스 지방의 양이 인체 내에서 절반으로 줄어드는 데 7주가 걸린다는 의미다.

안타깝게도 식품 제조업체들은 가공식품 라벨에 트랜스 지방에 대해 정직하게 표기하지 않는다. 1회분에 트랜스 지방이 0.5그램 미만 함유될 경우 제조사들은 법적으로 '트랜스 지방 0'이라는 문구를 라벨에 표기할 수 있다. 하지만 어떤 식품 1회분에 0.49그램의 트랜스 지방이 함유되었고 당신이 그 식품을 3회분 먹었다면 거의 1.5그램이나 되는 트랜스 지방을 섭취한 것이다! 그러므로 기본적으로 이 책에서 하고 싶은 말은 이것이다. "라벨에 수소첨가, 또는 수소화라는 말이 적힌 것은 무조건 멀리하라."

다행히 미국 식약청은 식품 제조사들에게 2018년까지 트랜스 지방의 사용을 중단할 것을 명령했다. 하지만 일부 제조사들이 FDA에 특수한 경우 트랜스 지방 사용을 허용해 달라는 청원을 넣을 수도 있다. 그러므로 2018년 이후에도 라벨을 꼼꼼하게 읽고 트랜스 지방을 피해야 한다.

클린 대구 샐러드

준비 시간 : 15분, 추가 대기 시간 | **분량 : 4인분**

재료

저지방 그릭 요거트나 일반 요거트 1/2컵

사워크림 2테이블스푼

버터밀크, 또는 두유 2테이블스푼

레몬즙 1테이블스푼

머스터드 1테이블스푼

잘게 다진 파슬리 1테이블스푼

마늘 1쪽, 잘게 다지거나 갈아서 준비

잘게 다진 딜 잎 2테이블스푼

잘게 다진 차이브 2테이블스푼

흑후추 1/8티스푼

달걀 6개

물

손으로 자른 로메인 상추 4컵

베이비 시금치 2컵

완숙 레드 토마토 2개, V자 모양으로 잘라서 준비

셀러리 2줄기, 얇게 썰어 준비

카넬리니빈 1캔, 헹군 다음 물을 따라 버린다

아보카도 2개, 껍질을 벗기고 얇게 썰어 준비

얇게 썬 아몬드 1/2컵

손으로 부순 블루치즈 1/2컵(생략 가능)

조리 방법

1. 소형 볼에 요거트, 사워크림, 버터밀크, 레몬즙, 머스터드, 파슬리, 마늘, 딜, 차이브, 흑후추를 넣고 잘 섞는다. 뚜껑을 덮어 냉장실에 보관한다.
2. 2리터 소스팬에 달걀을 깨지 않은 채 넣고 잠길 때까지 물을 붓는다. 강한 불에서 가열한다. 끓기 시작하면 1분 동안 더 가열한 다음 팬을 덮은 다음 불에서 내리고 12분 동안 그대로 놔둔다.
3. 달걀을 조리한 팬에서 물을 따라 버린 다음 그대로 싱크대로 가져간다. 손으로 만질 수 있을 정도로 식을 때까지 달걀 위로 찬물을 틀어 놓는다. 물 안에서 조심스럽게 달걀 껍데기를 깬 다음 5분 동안 그대로 둔다. 달걀 껍데기를 벗기고 V자 모양으로 자른다.
4. 4개의 접시 또는 용기에 로메인 상추, 시금치, 달걀, 토마토, 셀러리, 카넬리니빈을 보기 좋게 담는다. 1단계에서 만든 드레싱을 샐러드에 뿌린다.
5. 그 위에 아보카도, 아몬드, 원하는 사람은 블루치즈를 얹어 즉시 낸다.

1회분 : 451칼로리(지방 263칼로리), 지방 29그램(포화지방 7그램), 콜레스테롤 324밀리그램, 나트륨 353밀리그램, 탄수화물 31그램(식이섬유 15그램), 단백질 23그램

비결 : 미리 샐러드를 만들어 놓으려면 아보카도를 생략하라. 드레싱과 아몬드, 블루치즈는 따로 담아 놓는다. 먹기 직전 샐러드에 드레싱을 뿌린 다음 그 위에 아몬드와 블루치즈를 올린다.

슬로우 쿠커를 이용한 태국식 치킨 수프

준비 시간 : 15분	조리 시간 : 7시간	분량 : 6인분

재료

양파 1개, 다져서 준비

마늘 3쪽, 잘게 다져서 준비

크기가 큰 당근 2개, 얇게 썰어 준비

레몬그라스 줄기 2개, 씻어서 반으로 접는다

생강 2개, 껍질을 벗기고 다져서 준비

할라페뇨 고추 1개, 잘게 다져서 준비

저염 닭 육수 4컵

뼈와 껍질을 제거한 닭다리 907그램

커리 가루 1테이블스푼

울금 1티스푼

414밀리리터짜리 코코넛 밀크 캔 1개

라임즙 2테이블스푼

된장 1티스푼

다진 생 고수 1/3컵

잘게 다진 생 바질 잎 2테이블스푼

조리 방법

1. 4~5리터짜리 슬로우 쿠커에 양파, 마늘, 당근, 레몬그라스, 생강, 할라페뇨를 넣는다. 닭 육수를 붓고 저어준다.
2. 여기에 닭다리 살을 넣고 커리 가루와 울금을 뿌려준다.
3. 슬로우 쿠커의 뚜껑을 덮고 낮은 온도에서 닭고기의 온도가 약 75도가 되어 완전히 익을 때까지 7~8시간 동안 가열한다. 슬로우 쿠커에서 닭고기를 꺼내고 10분 동안 놔뒀다가 잘게 찢는다. 다시 닭고기를 슬로우 쿠커에 넣고 이번에는 레몬그라스를 꺼낸 다음 버린다.
4. 중형 볼에 코코넛 밀크와 라임즙, 된장을 넣고 완전히 섞일 때까지 거품기로 저어준다. 슬로우 쿠커에 조금씩 넣으며 저어준다.
5. 뚜껑을 닫고 낮은 온도에서 수프가 뜨거워질 때까지 20~30분 동안 더 가열한다. 고수와 바질로 장식한 다음 낸다.

1회분 : 226칼로리(지방 160칼로리), 지방 18그램(포화지방 15그램), 콜레스테롤 11밀리그램, 나트륨 126밀리그램, 탄수화물 12그램(식이섬유 1그램), 단백질 8그램

클린 가스파초

준비 시간 : 20분, 추가 식히는 시간	분량 : 6인분

재료

비프스테이크 토마토(가장 큰 토마토 종류-역주) 4개, 다져서 준비

체리 토마토 1컵, 다져서 준비

오이 1개, 껍질을 벗기고 씨를 제거한 다음 다져서 준비

적양파 작은 것 1개, 껍질을 벗기고 다져서 준비

마늘 1쪽, 잘게 다지거나 갈아서 준비

토마토 주스 2컵

레몬즙 2테이블스푼

오렌지 주스 2테이블스푼

올리브 오일 2테이블스푼

해염 1/4티스푼

백후추 1/8티스푼

말린 타라곤 1/2티스푼

말린 오레가노 1/2티스푼

플랫 리프 파슬리 1/4컵, 다져서 준비

조리 방법

1. 토마토와 오이를 절반씩만 블렌더에 넣는다. 양파, 마늘, 토마토 주스를 넣고 부드러워질 때까지 간다.
2. 1의 혼합물을 볼에 담은 다음 다진 나머지 토마토와 오이, 레몬즙, 오렌지 주스, 올리브 오일, 해염, 백후추, 타라곤, 오레가노를 넣고 저어준다. 간을 보고 싱거우면 소금과 후추, 타라곤이나 오레가노를 더 넣는다.
3. 뚜껑을 덮고 2~3시간 동안 식힌다. 1인분에 1컵 분량을 담은 다음 파슬리로 장식해서 낸다.

1회분 : 99칼로리(지방 46칼로리), 지방 5그램(포화지방 1그램), 콜레스테롤 0밀리그램, 나트륨 399밀리그램, 탄수화물 13그램(식이섬유 3그램), 단백질 2그램

팁 : 다음에 소개할 치킨 케일 랩과 곁들여보라. 그렇게 하면 아주 훌륭한 점심식사가 될 것이다. 아니면 다져서 익힌 닭고기, 새우, 연어를 서빙하기 직전 수프에 추가해도 좋다.

베트남식 디핑소스를 곁들인 치킨 케일 랩

준비 시간 : 15분	조리 시간 : 2시간	분량 : 4인분

재료

할라페뇨 고추 2개, 원하면 씨를 제거한 다음 잘게 다져서 준비

마늘 1쪽, 잘게 다져서 준비

꿀 2테이블스푼

닭 육수 1/2컵

라임즙 2테이블스푼

된장 1티스푼

올리브 오일 2테이블스푼

닭다리 살 5개, 뼈와 껍질을 제거한 다음 다져서 준비

양파 1개, 곱게 다져서 준비

마늘 2쪽, 잘게 다져서 준비

잘게 다진 생강 1테이블스푼

잘게 썬 당근 1/2컵

쌀 식초 1테이블스푼

다진 생 고수 2테이블스푼

케일 잎 10개, 두꺼운 줄기는 제거

조리 방법

1. 소형 볼에 할라페뇨 고추와 마늘, 꿀 1테이블스푼, 닭 육수, 라임즙, 된장을 넣고 거품기로 잘 섞어 디핑소스를 만든다. 옆으로 치워둔다.
2. 대형 스킬렛에 올리브 오일을 넣고 중간 불에서 2분 동안 가열한다. 닭고기와 양파, 마늘, 생강을 넣고 저어주며 닭이 완전히 익을 때까지 4~6분 동안 가열한다. 불에서 내린다.
3. 2를 저어주며 당근, 쌀 식초, 남은 꿀 1테이블스푼, 고수를 넣는다. 뚜껑을 덮은 다음 케일을 준비하는 동안 냉장실에 넣어둔다.
4. 케일 잎을 잘 씻는다. 각각의 잎을 조리대 위에 올려놓고 두꺼운 줄기는 V자 모양으로 잘라낸 다음 버린다.
5. 큰 냄비에 물을 넣고 끓이고 대형 볼에 얼음물을 준비한다. 케일 잎을 끓는 물에 넣어 부드러워질 때까지 2~3분 동안 데친다. 다 되면 즉시 얼음물에 넣어 1분 동안 그대로 둔다. 그런 다음 케일을 꺼내 행주로 물기를 제거한다.
6. 닭고기 혼합물을 케일 잎에 롤 모양으로 싸서 디핑소스와 함께 낸다.

1회분 : 260칼로리(지방 97칼로리), 지방 11그램(포화지방 2그램), 콜레스테롤 72밀리그램, 나트륨 255밀리그램, 탄수화물 22그램(식이섬유 2그램), 단백질 20그램

과일 코울슬로

준비 시간 : 15분	분량 : 8인분

재료

저지방 그릭 요거트, 또는 일반 요거트 2/3컵

올리브 오일 2테이블스푼

사과 식초 3테이블스푼

레몬즙 2테이블스푼

가공하지 않은 꿀 2테이블스푼, 또는 스테비아 1/4티스푼

해염 1/2티스푼

흑후추 1/4티스푼

가늘게 썬 레드 캐비지 3컵

잘게 썬 그린 캐비지 3컵

셀러리 3줄기, 얇게 썰어 준비

그래니 스미스(호주에서 자연교잡으로 발견된 사과 품종의 하나. 껍질은 녹색 또는 녹황색이며 껍질 밑에 단백질이 많이 함유되어 있다고 알려져 있다-역주) 사과 2개, 다져서 준비

적포도 2컵

말린 체리 1/2컵

피스타치오, 또는 피칸 1컵

조리 방법

1. 대형 볼에 요거트, 올리브 오일, 식초, 레몬즙, 꿀, 해염, 후추, 타임을 넣고 잘 섞는다.
2. 1의 드레싱이 잘 버무려질 때까지 저어가며 양배추, 셀러리, 사과, 포도, 말린 체리, 피스타치오를 넣는다. 즉시 내거나 볼을 덮은 다음 2~3시간 동안 냉장실에 보관했다가 낸다. 1컵이 1인분이다.

1회분 : 244칼로리(지방 105칼로리), 지방 12그램(포화지방 2그램), 콜레스테롤 1밀리그램, 나트륨 179밀리그램, 탄수화물 33그램(식이섬유 5그램), 단백질 7그램

팁 : 치킨 샌드위치나 비프 샌드위치 재료로 이 코울슬로를 사용할 수 있다. 또는 남은 연어 요리와 섞으면 즉석에서 건강한 점심식사를 만들 수 있다.

구운 채소 훔무스 피타

준비 시간 : 20분	조리 시간 : 10~12분	분량 : 6인분

재료

노란 여름 호박 2개, 4센티미터 두께로 썰어 준비

양송이 2컵, 반으로 잘라 준비

빨간 파프리카 1개, 얇게 썰어 준비

초록 파프리카 1개, 얇게 썰어 준비

양파 큰 것 1개, 다져서 준비

올리브 오일 1테이블스푼

레몬즙 1테이블스푼, 3테이블스푼

흑후추 1/8티스푼

해염 1/2티스푼, 1/4티스푼

캔에 든 병아리콩 1컵, 물에 헹군 다음 국물을 따라서 버린다

마늘 2쪽, 잘게 다져서 준비

저지방 그릭 요거트, 또는 일반 요거트 1/3컵

참깨 1/4컵

간 커민 1티스푼

레드 페퍼 플레이크 1/8티스푼

통밀 피타 빵 6조각

로메인 상추 잎 6장

조리 방법

1. 오븐을 205도로 예열한다.
2. 호박, 버섯, 파프리카, 양파를 쿠키 시트에 늘어놓는다. 그 위에 올리브 오일과 레몬즙 1테이블스푼을 흩뿌린 다음 흑후추와 해염 1/2티스푼을 뿌린다. 부드러워질 때까지 10~12분 동안 쿠키 시트 위를 덮지 않은 채 채소를 굽는다. 굽는 동안 한 번 뒤적인다.
3. 병아리콩, 마늘, 요거트, 참깨, 레몬즙 3테이블스푼, 커민, 해염 1/4티스푼, 레드 페퍼 플레이크를 블렌더나 푸드프로세서에 넣고 부드러워질 때까지 간다.
4. 구운 채소를 병아리콩 혼합물과 섞는다. 피타 빵 위에 상추 잎을 1장씩 얹은 다음 3의 채소 혼합물을 각각 1/6씩 얹는다. 즉시 낸다.

1회분 : 314칼로리(지방 69칼로리), 지방 8그램(포화지방 1그램), 콜레스테롤 1밀리그램, 나트륨 668밀리그램, 탄수화물 54그램(식이섬유 10그램), 단백질 13그램

팁 : 점심 도시락으로 준비할 때는 채소 혼합물, 상추, 피타 빵을 분리해서 담아야 한다. 그리고 먹기 직전에 샌드위치를 만들어라.

과일 치킨 파스타 샐러드

준비 시간 : 15분, 추가 냉장 시간	조리 시간 : 약 10분	분량 : 6인분

재료

저지방 그릭 요거트, 또는 일반 요거트 1/2컵

저지방 사워크림 1/4컵

버터밀크 또는 아몬드 밀크 3테이블스푼

사과식초 2테이블스푼

머스터드 2테이블스푼

가공하지 않은 꿀 2테이블스푼, 또는 스테비아 1/4티스푼

말린 타임 1티스푼

해염 1/2티스푼

백후추 1/8티스푼

물 10컵

통밀 펜네, 또는 파르팔레 파스타 4컵

익힌 닭고기 3컵, 2.5센티미터 두께로 썰어 준비

셀러리 3줄기, 얇게 썰어 준비

적포도 2컵

블루베리 1컵

깍둑썰기한 캔터루프 2컵

호두 1/2컵

조리 방법

1. 대형 볼에 요거트, 사워크림, 버터밀크, 식초, 머스터드, 꿀, 타임, 해염, 백후추를 넣고 고루 잘 섞는다.

2. 4리터짜리 소스팬에 물을 넣고 끓인다. 물이 끓기 시작하면 파스타를 넣고 포장지에 적힌 방법에 따라 파스타가 막 부드러워질 때까지만 익힌다. 물을 완전히 따라버린 다음 파스타를 1에서 준비한 드레싱 볼에 넣는다.

3. 소스가 고루 묻을 때까지 잘 섞어주며 닭고기와 셀러리를 넣는다. 포도, 블루베리, 캔터루프, 호두를 살짝 넣는다. 부드럽게 저어준다. 뚜껑을 덮은 다음 냉장고에 2~3시간 보관했다가 서빙한다. 1인분은 1 1/2컵이다.

1회분 : 492칼로리(지방 129칼로리), 지방 14그램(포화지방 3그램), 콜레스테롤 68밀리그램, 나트륨 439밀리그램, 탄수화물 67그램(식이섬유 8그램), 단백질 31그램

연어 아보카도 서머 롤

준비 시간 : 20분	조리 시간 : 10분	분량 : 4인분

재료

올리브 오일 1테이블스푼

자연산 연어 살코기 227그램, 껍질을 제거하고 깍둑썰기해서 준비

마늘 2쪽, 잘게 다져서 준비

다지거나 간 생강 1테이블스푼

숙주나물 2/3컵

얇게 저민 그린 어니언 3테이블스푼

라임즙 2테이블스푼

저염 타마리 소스 2테이블스푼

잘게 썬 당근 1/3컵

브라운 라이스페이퍼 8장

얇게 저민 배추 1컵

아보카도 2개, 껍질을 벗기고 잘게 썰어 준비

조리 방법

1. 중형 스킬렛에 올리브 오일을 넣고 중간 불에서 2분 동안 가열한다. 연어, 마늘, 생강을 넣고 연어가 살짝 익을 때까지 1~2분 동안 볶는다.
2. 숙주를 넣고 다시 2~3분 동안, 또는 연어가 원하는 만큼 익을 때까지 익힌다. 내용물을 중형 볼에 옮겨 담고 양파, 라임즙, 타마리 소스, 당근을 넣으며 저어준다.
3. 뜨겁지 않을 정도로 따뜻한 물 약 2컵을 약 25센티미터짜리 파이 접시에 넣는다. 라이스페이퍼를 물에 넣고 10~15분, 또는 부드러워질 때까지 놔둔다. 불린 라이스페이퍼를 조리대 위에 놓는다.
4. 라이스페이퍼 위에 연어 혼합물 1/8분량을 얹은 다음 양배추와 아보카도를 전체 양의 각각 1/8씩 얹는다. 라이스페이퍼의 가장자리를 접은 다음 말아서 롤 모양을 만든다. 마는 동안 라이스페이퍼가 저절로 붙을 것이다.
5. 나머지 7개도 같은 방식으로 롤을 만든다. 즉시 낸다.

1회분 : 487칼로리(지방 169칼로리), 지방 19그램(포화지방 3그램), 콜레스테롤 37밀리그램, 나트륨 773밀리그램, 탄수화물 57그램(식이섬유 10그램), 단백질 25그램

주의 : 콩에 함유된 영양소는 주로 피트산과 결합되어 있어 인체에서 흡수가 잘 안 된다. 하지만 씨앗과 콩의 싹을 틔워 새싹채소 형태가 되면 함유된 영양소의 흡수율을 높일 수 있다. 이러한 새싹채소는 비타민 C의 좋은 공급원이기도 하다. 하지만 지난 몇 년간 생 콩나물이나 숙주나물 때문에 식중독 사고가 많이 발생했으므로 반드시 익혀서 먹어야 한다.

흑미 야채샐러드

준비 시간 : 25분	조리 시간 : 35분	분량 : 4인분

재료

흑미 1컵

채소 육수 2 1/2컵

레몬즙 2테이블스푼

꿀 1테이블스푼

디종머스터드 1테이블스푼

올리브 오일 3테이블스푼

해염 약간

후추 약간

빨간 파프리카 1개, 잘게 썰어 준비

노란 파프리카 1개, 잘게 썰어 준비

홀 슈거 스냅 피 1컵

셀러리 3줄기, 얇게 썰어 준비

그린 어니언 2개, 얇게 저며 준비

조리 방법

1. 중형 소스팬에 흑미와 채소 육수를 넣고 강한 불에서 가열한다. 끓기 시작하면 불을 중간으로 줄인 다음 뚜껑을 덮은 채 흑미가 부드러워질 때까지 약 30~40분 정도 뭉근하게 끓인다. 물이 많이 남아 있으면 따라 버린 다음 옆으로 치워둔다.

2. 대형 볼에 레몬즙, 꿀, 머스터드, 올리브 오일, 소금, 후추를 넣고 잘 섞는다. 1에서 준비한 흑미를 따뜻할 때 넣어 소스가 잘 묻도록 저어준다.

3. 파프리카, 슈거 스냅 피, 셀러리, 그린 어니언을 넣고 저으면서 섞어준다. 뚜껑을 덮고 양념이 배도록 1~2시간 두었다가 낸다.

1회분 : 328칼로리(지방 122칼로리), 지방 14그램(포화지방 2그램), 콜레스테롤 0밀리그램, 나트륨 582밀리그램, 탄수화물 48그램(식이섬유 5그램), 단백질 8그램

팁 : 흑미는 인터넷이나 대형 마트에서 구입할 수 있다. 말만 '흑'이 아니라 정말 검은색이고 건강을 증진하는 데 중요한 항산화물질 가운데 하나인 안토시아닌이 매우 풍부하게 함유되어 있다. 실제로 흑미는 안토시아닌이 가장 많이 함유된 식품 가운데 하나다. 또한 '금지된 쌀'이라고도 불리는데, 이는 고대 중국에서 왕족만이 먹을 수 있었기 때문이다. 흑미를 구할 수 없을 경우 야생쌀로 대체할 수 있다.

배추 해산물 수프

준비 시간 : 15분	조리 시간 : 2시간	분량 : 4인분

재료

현미 국수 227그램, 반으로 자른다

올리브 오일 2테이블스푼

샬롯 2개, 껍질을 벗기고 얇게 저며 준비

잘게 다진 생강 1테이블스푼

표고버섯이나 양송이 227그램, 얇게 썰어 준비

베이비 배추 4컵, 불규칙하게 썰어 준비

채소 육수 900밀리리터

물 2컵

자연산 연어 살코기 170그램, 깍둑썰기 해서 준비

노란 여름 호박 1개, 잘게 썰어 준비

오리건 도화새우, 또는 태평양 점박이 새우 15그램

라임즙 1테이블스푼

조리 방법

1. 대형 볼에 국수를 넣고 따뜻한 물을 붓는다. 그 상태로 10~15분 동안, 또는 포장에 적힌 대로 부드러워질 때까지 놔둔다.
2. 올리브 오일을 두른 대형 소스팬을 중간 불에서 가열한다. 샬롯과 생강, 버섯을 넣고 소테로 3~4분 동안, 향이 날 때까지 가열한다. 배추를 넣고 2분 더 뭉근하게 끓인다.
3. 채소 육수와 물을 넣고 서서히 끓인다. 연어 살코기를 넣고 2분 더 약하게 끓인다.
4. 호박과 새우를 추가로 넣고 3~5분 동안, 또는 새우가 둥글게 말리고 분홍색을 띨 때까지 약하게 끓인다. 쌀국수의 물을 따라버린 다음 라임즙과 함께 3의 수프에 넣는다. 1분 동안 약하게 끓인 다음 즉시 낸다. 즉시 내지 않을 때는 국수와 라임즙을 마지막에 넣어야 한다.

1회분 : 342칼로리(지방 104칼로리), 지방 12그램(포화지방 2그램), 콜레스테롤 110밀리그램, 나트륨 687밀리그램, 탄수화물 36그램(식이섬유 3그램), 단백질 25그램

팁 : 태평양 점박이 새우나 오리건 도화새우를 구할 수 없으면 미국이나 아르헨티나 산 자연산 새우를 구입하라. 아르헨티나 이외의 지역에서 수입한 새우에는 세균이 많이 존재한다.

과일과 곡물 샐러드

준비 시간 : 20분	조리 시간 : 약 2시간	분량 : 6인분

재료

올리브 오일 1/3컵

꿀 2테이블스푼, 또는 스테비아 1/4티스푼

오렌지 주스 1/4컵

레몬즙 2테이블스푼

디종머스터드 2테이블스푼

해염 1/4티스푼

흑후추 1/4티스푼

밀알 1컵, 불순물을 골라내고 씻어서 준비

찬물 3컵, 1 1/2컵, 2컵

퀴노아 1/2컵, 잘 씻어 준비

보리 3/4컵

사과 2개, 다져서 준비

깍둑썰기한 파인애플 1 1/2컵

셀러리 2줄기, 얇게 썰어 준비

건조 크랜베리, 또는 체리 1/2컵

무염 피스타치오 1/2컵

조리 방법

1. 대형 볼에 올리브 오일, 꿀, 오렌지 주스, 레몬즙, 머스터드, 해염, 후추를 넣고 거품기로 잘 섞는다. 냉장실에 보관한다.

2. 2리터짜리 소스팬에 밀알과 찬물 3컵을 넣고 강한 불에서 끓인다. 뚜껑을 덮은 다음 불을 줄여 약 55분 동안, 또는 밀알이 부드럽지만 아직 씹는 맛이 남아 있을 때까지 뭉근하게 끓인다. 물을 완전히 따라버린 다음 1에서 만들어 냉장실에 넣어둔 드레싱을 넣는다.

3. 2리터짜리 소스팬에 퀴노아와 찬물 1 1/2컵을 넣고 센 불에서 끓인다. 팬의 뚜껑을 덮은 다음 불을 줄여 약 25분 동안, 또는 퀴노아가 부드럽지만 죽처럼 변하기 전까지 뭉근하게 끓인다. 물을 잘 따라버린 다음 밀알 혼합물과 섞어 냉장보관한다.

4. 2리터짜리 소스팬에 보리와 찬물 2컵을 넣고 강한 불에서 끓인다. 팬의 뚜껑을 덮은 다음 불을 줄이고 약 40분 동안, 또는 보리가 부드럽지만 씹는 맛이 사라지지 않을 때까지 뭉근하게 끓인다. 필요할 경우 물을 완전히 따라버린 다음 밀알과 퀴노아 혼합물에 첨가한다. 냉장보관한다.

5. 사과, 파인애플, 셀러리, 건조 크랜베리, 피스타치오를 곡물 샐러드에 넣는다. 과일에 샐러드가 잘 묻도록 부드럽게 섞은 다음 즉시 낸다. 시간을 두고 낼 경우 뚜껑을 덮어 1~2시간 동안 식힌 다음 서빙한다. 1인분의 양은 1 1/2컵이다.

1회분 : 521칼로리(지방 177칼로리), 지방 20그램(포화지방 3그램), 콜레스테롤 0밀리그램, 나트륨 247밀리그램, 탄수화물 82그램(식이섬유 13그램), 단백질 11그램

복숭아 살사를 곁들인 연어 샐러드 샌드위치

준비 시간 : 25분, 추가 냉장보관 시간	조리 시간 : 5~8분	분량 : 6인분

재료

신선한 복숭아 큰 것 3개, 껍질을 벗기고 씨를 제거한 다음 잘게 썰어 준비

적양파 작은 것 1개, 깍둑썰기 해서 준비

그린 어니언 3개, 얇게 썰어 준비

할라페뇨 고추 1개, 잘게 다져서 준비(선택)

마늘 1쪽, 갈아서 준비

레몬즙 1테이블스푼

생 민트 1테이블스푼, 다져서 준비

해염 1/2티스푼, 추가 1/4티스푼

카옌 후추 1/8티스푼

230그램짜리 연어 살코기 3조각

찬물 1컵

저지방 그릭 요거트, 또는 일반 요거트 1/2컵

연두부 1/4컵

오렌지 주스 2테이블스푼

백후추 1/8티스푼

블루베리 1컵

셀러리 2줄기, 얇게 썰어 준비

홀 그레인 빵 12장

로메인 상추 6장

조리 방법

1. 중형 볼에 복숭아, 적양파, 그린 어니언, 할라페뇨 고추(원할 경우), 마늘, 레몬즙, 민트, 해염 1/2티스푼, 카옌 후추를 넣고 잘 섞일 때까지 부드럽게 저어준다. 뚜껑을 덮어 냉장고에 넣어둔다.

2. 연어 살코기를 깊은 대형 소스팬에 넣는다. 찬물 1컵을 부은 다음 중간 불에서 끓을 때까지 가열한다. 불을 약하게 줄인 다음 팬의 뚜껑을 덮고 5~8분 동안, 또는 포크로 찔러보았을 때 연어가 조각으로 부서질 때까지 가열한다. 팬에서 연어를 꺼낸 다음 30분 동안 식힌다.

3. 대형 볼에 요거트, 두부, 오렌지 주스, 해염 1/4티스푼, 백후추를 넣고 잘 섞는다.

4. 껍질을 제거한 연어를 잘게 부순 다음 블루베리, 셀러리와 함께 요거트 혼합물에 넣고 잘 섞어준다. 뚜껑을 덮어 풍미가 밸 때까지 냉장실에 2~3시간 보관한다.

5. 먹기 직전에 빵을 조리대에 올려놓고 6장의 빵 위에 각각 로메인 상추 1장씩, 그리고 연어 혼합물 2/3컵을 얹는다. 각각의 샌드위치 위에 1에서 만든 복숭아 살사를 조금 얹고 다른 한 장을 추가로 곁들여 낸다.

1회분 : 356칼로리(지방 67칼로리), 지방 8그램(포화지방 2그램), 콜레스테롤 66밀리그램, 나트륨 651밀리그램, 탄수화물 40그램(식이섬유 7그램), 단백질 34그램

chapter

17

맛있는 저녁식사로 최고로 멋진 시간을 만들어라

제17장 미리보기

- 저녁식사 시간을 가족 전체가 단합하는 즐거운 자리로 만드는 방법을 찾는다.
- 처음에 도전할 만한 쉬운 조리법을 알아본다.

이 장에서 소개할 음식

- 슬로우 쿠커로 만든 보리 스튜
- 캐러멜라이즈 양파와 사과, 피칸으로 속을 채운 칠면조 요리
- 오렌지 소스를 곁들인 치킨 밤 미트볼
- 텍스-멕스 비송 칠리
- 버터너트 맥 앤드 치즈
- 그린 아몬드 소스를 곁들인 북극곤들매기
- 리볼리타
- 구운 이탈리아식 피시 패킷
- 탄두리 포크 텐더로인
- 구운 채소를 곁들인 나선 모양 애호박 요리
- 연어 리시 비시
- 케일 페스토를 곁들인 클린 연어 페투치네

저녁식사 시간은 어떻게 보내느냐에 따라 180도 달라질 수 있다. 비난과 다툼으로 가득 찰 수도, 끈끈한 가족애를 다지고 하루의 대미를 장식하는 시간으로 꾸밀 수도 있다. 물론 신체적으로든 정신적으로든 가족을 건강하게 만들기 위해서는 두 번째 유형의 저녁식사 시간을 만들기 위해 최선을 다해야 할 것이다. 식탁 앞에서 논쟁이 벌어지게 두지 말라. 대신 하루를 돌아보는 시간을 갖고 영양소를 섭취하는 시간으로 만들어라. 그리고 동반자정신을 고취하는 시간으로 만들어라. 아이들과 배우자가 당신이 차려준 음식을 먹기 싫어하더라도 말이다.

어릴 적 억지로 식탁 앞에 앉아 차갑게 식은 방울양배추를 뚫어

져라 쳐다본 경험이 누구나 있을 것이다. 당시 '클린 플레이트 클럽(1917년 시작된 운동으로 접시에 음식 부스러기 하나 남기지 않는 것을 모토로 한다-역주)' 식사 시간에서 중요한 부분을 차지했고 부모들은 몸에 좋은 음식을 아이들에게 억지로라도 먹여야 한다는 말을 들었다. 뭐, 이제 시대가 바뀌긴 했지만 어쨌든 요즘 부모들도 아이들에게, 그리고 배우자에게 영양가가 많은 음식을 먹여야 하는 것은 사실이다.

이 장에서는 평화롭고 행복한 분위기에서 저녁식사를 할 수 있는 비결을 알아보고 편식이 심한 가족도 먹어보고 싶어질 음식들을 소개할 것이다. 뭐, 언젠가는 먹지 않겠는가.

몇 가지 간단한 비결을 통해 저녁식사 시간을 즐거운 자리로 만들자

식사 계획, 쇼핑, 조리에 동참하게 유도한다면 가족 전체가 저녁식사 시간을 더욱 즐거운 자리로 생각할 것이다. 어떻게 시작해야 할지 막막한 사람들을 위해 몇 가지 비결을 지금부터 소개할 것이다.(가족을 클린 이팅 라이프스타일로 유도하는 요령에 대해서는 제13장에서 더 자세히 다루었다.)

- **양이 아니라 색이 풍부한 식탁을 만들어라.** 아마도 이것이 가장 중요한 저녁식사 계획 요령일 것이다. 저녁식사는 낮 시간에 먹지 않았던 과일과 채소를 접하기에 안성맞춤인 시간이다. 그러므로 조금 색다른 과일과 채소를 식탁에 올려보라. 물론 필요한 영양소를 모두 얻으려면 단백질과 건강한 지방도 빼놓으면 안 된다.
- **대화의 주제를 제한해보라.** 저녁식사는 설교를 위한 자리가 아니다. 성적, 품행, 식습관에 대한 이야기는 접어두어라. 가족이 더 가까워지는 시간이다.
- **식탁 앞에서 어떤 주제로 대화를 하고 싶은지 생각해보라.** 건강한 대화 주제로는 지금 먹고 있는 음식, 그 음식의 문화적 배경, 하루 동안 있었던 가장 좋은 일과 나쁜 일, 남은 저녁시간과 한 주에 대한 계획 등이 있다. 그리고 어느 정도 시간이 지나고 나면 가족 사이에 유쾌한 대화가 유기적으로, 자연스럽게 이루어질 것이다. 그리고 당신은 아이들을 위해 긍정적인 라이

프스타일을 만들고 가꾸고 있다는 사실에 뿌듯할 것이다.

» **재미있는 저녁식사 시간을 만들어라.** 테마가 있는 밤을 만들어라. 예를 들어 멕시코 피에스타나 인도로의 여행 같은 주제로 저녁식사 자리를 마련하는 것이다. 아니면 멋진 식탁보를 깔고 고급 도자기와 크리스털 식기를 사용하며 꽃으로 장식하고 촛불을 밝혀라. 저녁식사를 더 즐거운 경험으로 만든다면 아이들도 함께하고 싶어질 것이다.

이 장에서 소개할 조리법은 그저 음식을 만드는 방법일 뿐이다. 즉 비교적 작은 변화로도 얼마든지 응용할 수 있다. 그러므로 여기에서 소개하는 조리법을 기본으로 가족이 가장 좋아하는 재료, 그리고 맛과 향을 가미하여 건강하고 맛있는 저녁식사를 만들어라. 예를 들어 가족이 들소고기를 그다지 좋아하지 않는다면 사슴고기나 쇠고기를 사용해서 텍스-멕스 비송 칠리를 만들 수 있다. 또는 아이들이 새우를 아주 맛있게 먹는다면 케일 페스토를 곁들인 클린 연어 페투치네에 새우를 사용해도 된다.

이 장에서 소개할 음식에 유기농 재료를 사용하고 싶다면 얼마든지 그래도 된다. 하지만 클린 이팅 플랜에서 꼭 유기농 재료를 사용하지 않아도 된다는 사실은 알아두어라. 반드시 유기농을 사용해야 하는 15가지 식품과 기존의 방식으로 재배된 것을 사용해도 되는 식품 목록은 제10장에서 확인하라.

슬로우 쿠커로 만든 보리 스튜

준비 시간 : 15분	조리 시간 : 7~9시간	분량 : 6~8인분

재료

익히지 않은 보리쌀 1컵

말린 브라운 렌틸 1/2컵

양파 큰 것 1개, 다져서 준비

마늘 3쪽, 잘게 다져서 준비

당근 3개, 얇게 썰어 준비

얇게 썬 양송이 1컵

얇게 썬 크레미니 버섯 1컵

야채 육수 8컵

베이 잎 2장

해염 1/2티스푼

흑후추 1/4티스푼

말린 바질 1티스푼

말린 타임 1티스푼

레몬즙 2테이블스푼

조리 방법

1. 보리를 여과기에 넣고 맑은 물이 나올 때까지 씻는다. 4리터짜리 슬로우 쿠커에 보리와 렌틸을 넣는다. 양파, 마늘, 당근, 버섯, 야채 육수, 베이 잎, 해염, 후추, 바질, 타임을 넣고 부드럽게 저어준다.
2. 뚜껑을 덮고 낮은 온도에서 7~9시간, 또는 렌틸과 보리가 부드러워질 때까지 가열한다.
3. 베이 잎을 제거한 다음 저어가며 레몬즙을 넣고 양념을 더 넣어 맛을 낸다. 토스트한 홀 그레인 빵과 함께 따뜻하게 낸다.

1회분 : 248칼로리(지방 13칼로리), 지방 1그램(포화지방 0그램), 콜레스테롤 0밀리그램, 나트륨 837밀리그램, 탄수화물 50그램(식이섬유 12그램), 단백질 10그램

응용해보자! 좋아하는 채소를 추가하여 자신만의 조리법을 만들 수 있다.

캐러멜라이즈 양파와 사과, 피칸으로 속을 채운 칠면조 요리

준비 시간 : 8시간 25분	조리 시간 : 5시간	분량 : 12인분

재료

통밀빵 8장, 정육면체로 잘라서 준비

껍질을 깎지 않은 사과 2개, 잘게 썰어서 준비

레몬즙 2테이블스푼

작은 홀 피칸 1컵

말린 타르트 체리 1/2컵

버터 3테이블스푼

올리브 오일 3테이블스푼

양파 2개, 잘게 썰어 준비

달걀 2개, 잘 저어서 준비

찬물 1/4컵

해염 1티스푼

후추 1/2티스푼

5.5킬로그램짜리 칠면조 한 마리, 내장을 제거해서 준비

버터 2테이블스푼

말린 타임 잎 1티스푼

말린 바질 잎 1티스푼

저염 닭 육수 1컵

조리 방법

1. 하룻밤 동안 빵을 아무것도 덮지 않은 채 두어 수분이 마르게 한다. 아침에 빵과 함께 사과, 레몬즙, 피칸, 체리를 넣고 옆으로 치워둔다.
2. 중형 스킬렛에 버터를 녹인 다음 올리브 오일 1테이블스푼을 두르고 중간 불에서 가열한다. 양파를 넣고 저으면서 양파가 부드러워질 때까지 익힌다. 불을 약하게 줄인 다음 자주 저어주며 양파가 어두운 갈색이 될 때까지 익힌다. 단, 양파를 태워서는 안 된다.
3. 빵 혼합물에 달걀, 찬물과 함께 양파를 넣는다. 해염과 후추로 간을 맞춘다. 이 혼합물을 칠면조의 몸통과 목 부분에 있는 빈 공간에 여유를 갖고 채워준다. 조리용 실로 칠면조의 벌어진 부분을 꿰매 봉한다.(속으로 채운 혼합물이 남으면 165도에서, 또는 육류 온도계가 섭씨 74도가 될 때까지 55~65분 동안 구워 여러 개의 캐서롤로 만들 수 있다.)
4. 오븐을 165도로 예열한다. 칠면조를 로스팅 팬에 놓고 버터 2테이블스푼으로 문지른 다음 타임과 바질을 뿌린다. 남은 올리브 오일 2테이블스푼을 뿌린 다음 닭 육수를 로스팅 팬 바닥에 부어준다.
5. 칠면조를 4~5시간 동안, 육류 온도계가 약 80도에 달할 때까지 굽는다. 칠면조 안에 있는 속의 온도는 75도가 되어야 한다. 꺼내서 온도를 쟀을 때 75도가 안 되면 칠면조를 오븐에 다시 넣고 15~25분 동안 75도가 될 때까지 익힌다.
6. 칠면조를 상온에 20분 동안 둔다. 조리용 실을 잘라 제거한 다음 속을 칠면조에서 꺼내 서빙 볼에 담는다. 칠면조를 썰어 낸다.

1회분 : 488칼로리(지방 137칼로리), 지방 15그램(포화지방 4그램), 콜레스테롤 206밀리그램, 나트륨 468밀리그램, 탄수화물 20그램(식이섬유 3그램), 단백질 65그램

팁 : 속을 반으로 줄여 2킬로그램짜리 닭 두 마리의 속을 채워 로스트 치킨을 만들 수 있다. 닭의 몸통에 있는 빈 공간에 속을 채우고 60~70분 동안, 또는 닭다리에 육류 온도계를 꽂았을 때 약 80도에 달할 때까지 195도에서 굽는다. 속을 꺼낸 다음 닭을 썰어 먹으면 된다!

오렌지 소스를 곁들인 치킨 밤 미트볼

준비 시간 : 15분	조리 시간 : 25분	분량 : 6인분

재료

올리브 오일 3테이블스푼

그린 어니언 4개, 잘게 다져서 준비

로스팅해서 껍질을 벗긴 밤 141그램

달걀 1개, 풀어서 준비

해염 1/2티스푼

백후추 1/8티스푼

오렌지 껍질 1/2티스푼, 갈아서 준비

닭고기 680그램, 화이트 미트(가슴살)와 다크 미트(날개와 다리)를 분리한 다음 갈아서 준비

버터 2테이블스푼

오렌지 주스 1컵

닭 육수 1/2컵

레몬즙 2테이블스푼

애로루트 가루 1티스푼

조리 방법

1. 대형 스킬렛에 올리브 오일 1테이블스푼을 두르고 중간 불에서 가열한다. 그린 어니언을 넣고 양파가 부드러워질 때까지 약 2~3분 동안 익힌다. 그린 어니언을 스킬렛에서 꺼내 대형 볼에 담는다. 스킬렛을 옆으로 치워두되 설거지를 하지 않는다.

2. 그린 어니언이 있는 볼에 밤을 넣고 포크로 상당히 부드러워질 때까지 으깬다. 달걀에 해염과 후추, 오렌지 껍질을 넣고 젓는다. 간 닭고기를 넣고 손으로 고루 섞는다.

3. 혼합물을 지름 약 2.5센티미터 미트볼로 만든다. 쿠키 시트에 미트볼을 얹고 위를 덮은 채 냉장실에서 1시간 동안 미트볼이 단단해질 때까지 둔다.

4. 먹을 때가 되면 1에서 사용한 스킬렛에 버터와 남은 2테이블스푼의 올리브 오일을 넣고 가열한다. 미트볼을 두 번에 나눠 넣는다. 가끔 저어주며 미트볼이 갈색으로 막 변할 때까지 약 5~7분 동안 익힌 다음 불에서 내린다.

5. 오렌지 주스와 닭 육수, 레몬즙, 애로루트 가루를 스킬렛에 넣고 가끔 거품기로 저어가며 뭉근하게 끓인다. 미트볼을 스킬렛에 다시 넣고 나무 숟가락으로 가끔 저어가며 미트볼의 온도가 육류 온도계로 75도가 되고 소스가 걸쭉해질 때까지 약 8~12분 동안 더 뭉근하게 끓인다. 뜨거운 현미밥 위에 얹어서 즉시 낸다.

1회분 : 349칼로리(지방 194칼로리), 지방 22그램(포화지방 6그램), 콜레스테롤 143밀리그램, 나트륨 353밀리그램, 탄수화물 17그램(식이섬유 1그램), 단백질 22그램

텍스-멕스 비송 칠리

준비 시간 : 25분, 추가 대기 시간	조리 시간 : 1시간 15분	분량 : 6인분

재료

말린 강낭콩 3컵

물 9컵, 추가로 9컵

들소고기 450그램, 갈아서 준비

양파 큰 것 1개, 잘게 썰어 준비

마늘 3쪽, 잘게 다져서 준비

할라페뇨 칠리 1개, 다져서 준비

초록 파프리카 1개, 다져서 준비

셀러리 3줄기, 얇게 썰어 준비

완숙 레드 토마토 큰 것 3개, 잘게 썰어 준비

토마토 소스 약 227그램

토마토 페이스트 2테이블스푼

쇠고기 육수 5컵

칠리 파우더 2테이블스푼

코코아 파우더 1티스푼

말린 오레가노 1티스푼

간 커민 1티스푼

해염 1티스푼

흑후추 1/4티스푼

레드 페퍼 플레이크 1/8티스푼

사워크림 3/4컵

과카몰리 3/4컵

살사 3/4컵

홀 그레인 토르티야 칩 24개

조리 방법

1. 강낭콩을 뒤적여 작은 돌이 있으면 골라낸다. 잘 씻어서 물기를 제거한 다음 대형 냄비에 담는다. 여기에 물 9컵을 넣고 뚜껑을 닫은 다음 하룻밤 그대로 둔다.

2. 1의 냄비에서 물을 버리고 강낭콩을 잘 씻은 다음 새로 물을 9컵 붓는다. 이를 강한 불에서 가열한다. 물이 끓기 시작하면 불을 약하게 줄인 다음 뚜껑을 덮고 강낭콩이 부드럽지만 무르지 않을 때까지 약 35분 동안 가열한다. 물이 많으면 따라버리고 옆으로 치워둔다.

3. 대형 스킬렛에 들소고기를 넣고 포크로 흐트러뜨리며 약 2분 동안 익힌다. 여기에 양파, 마늘, 할라페뇨 칠리를 넣고 저어가며 들소고기가 익을 때까지 약 4~5분 익힌다.

4. 파프리카와 셀러리를 넣고 저어가며 3분 동안 익힌다. 토마토, 토마토소스, 토마토 페이스트, 쇠고기 육수, 콩을 넣고 잘 섞이도록 젓는다.

5. 칠리 파우더, 코코아 파우더, 오레가노, 커민, 해염, 흑후추, 레드 페퍼 플레이크를 넣는다. 이 혼합물을 중간 불에서 가열한다. 끓기 시작하면 불을 약하게 줄이고 20~30분 동안 칠리가 걸쭉해질 때까지 가끔 저어주며 뭉근하게 끓인다.

6. 사워크림 2테이블스푼, 과카몰리, 살사와 1명당 홀 그레인 토르티야 칩 4개씩과 함께 낸다.

1회분 : 498칼로리(지방 101칼로리), 지방 11그램(포화지방 4그램), 콜레스테롤 40밀리그램, 나트륨 1,441밀리그램, 탄수화물 67그램(식이섬유 19그램), 단백질 36그램

응용해보자! 들소고기의 90퍼센트를 취향에 따라 기름기가 없는 쇠고기나 사슴고기를 갈아서 대체할 수 있다.

버터너트 맥 앤드 치즈

준비 시간 : 25분	조리 시간 : 1시간	분량 : 6인분

재료

버터너트 스쿼시 작은 것 1개, 으깨서 준비

버터 2테이블스푼

양파 1개, 잘게 썰어 준비

마늘 2쪽, 잘게 다져서 준비

야채 육수 2컵

아몬드 밀크 2컵

곱게 간 콜리플라워 2컵

통밀 또는 글루텐 프리 파스타 2 1/2컵

체다 치즈 1컵, 가늘게 찢어서 준비

몬터레이 잭 치즈 1컵, 가늘게 찢어서 준비

간 파르메산 치즈 1/2컵

조리 방법

1. 버터너트 스쿼시의 껍질을 벗기고 씨를 제거한 다음 육면체 모양으로 썬다. 옆으로 치워둔다.

2. 중간 불에서 대형 소스팬에 버터를 넣고 녹인다. 양파와 마늘을 넣고 부드러워질 때까지 약 5분 동안 저어가며 익힌다. 버터너트 스쿼시의 색이 갈색을 띠기 시작할 때까지 약 5~6분 동안 익힌다.

3. 소스팬에 육수와 아몬드 밀크를 넣고 서서히 끓을 때까지 가열한다. 불을 줄인 다음 20-25분 동안, 스쿼시가 부드러워질 때까지 뭉근하게 끓인다.

4. 스쿼시 혼합물이 끓기 시작하면 다른 대형 냄비에 물을 담아 끓인다. 여기에 콜리플라워를 넣고 5분 동안 뭉근하게 끓인다. 큰 체로 콜리플라워를 꺼낸 다음 같은 물에 파스타를 넣고 거의 알덴테(적당히 씹히는 맛이 있는 상태)가 될 때까지 포장에 적힌 방법대로 익힌다. 물을 따라버리고 콜리플라워와 함께 담아 뒤적여 놓는다.

5. 스쿼시가 부드러워지면 감자 으깨는 도구나 스틱형 블렌더를 사용해서 국물 안에 담긴 상태로 으깨준다. 아니면 부드러워질 때까지 스쿼시, 국물, 채소를 블렌더에 넣고 퓌레로 만든다. 여기에 체다 치즈, 몬터레이 잭 치즈, 파르메산 치즈 1/4컵을 섞어준다. 그리고 콜리플라워와 파스타를 넣는다.

6. 오븐을 약 190도로 예열한 다음 혼합물을 3리터짜리 베이킹 디시에 옮겨 담고 그 위에 나머지 파르메산 치즈 1/4컵을 올린다. 캐서롤이 부풀 때까지 20~25분 동안 굽는다.

1회분 : 349칼로리(지방 175칼로리), 지방 19그램(포화지방 12그램), 콜레스테롤 54밀리그램, 나트륨 547밀리그램, 탄수화물 29그램(식이섬유 5그램), 단백질 18그램

팁 : 파스타 대신 사용하기에 콜리플라워가 안성맞춤이다. 사람들은 대부분 콜리플라워가 음식 안에 들어 있는지조차 모를 것이다. 십자화과에 속하는 이 채소를 넣으면 이 고전적인 음식에 엄청나게 많은 영양가가 더해질 것이다.

그린 아몬드 소스를 곁들인 북극곤들매기

준비 시간 : 10분	조리 시간 : 6분	분량 : 6인분

재료

물냉이 잎 1컵, 씻어서 준비

살짝 데친 아몬드 1/2컵

파슬리 1/4컵

마늘 3쪽, 잘게 다져서 준비

할라페뇨 페퍼 1개, 씨를 제거하고 다져서 준비

올리브 오일 1/2컵

레몬즙 2테이블스푼

해염 1/4티스푼

백후추 1/8티스푼

버터 2테이블스푼

170그램짜리 자연산 북극곤들매기 6개, 살코기로 준비

조리 방법

1. 블렌더나 푸드 프로세서에 물냉이, 아몬드, 파슬리, 마늘, 그린 어니언, 할라페뇨 페퍼를 넣고 곱게 다진다. 올리브 오일, 레몬즙, 해염, 백후추를 넣고 소스 형태가 만들어질 때까지 블렌더를 작동시킨다.
2. 대형 스킬렛에 버터를 넣고 중간 불에서 가열한다. 북극곤들매기를 넣고 생선이 포크로 찔렀을 때 부서질 때까지 양쪽 면을 각각 3분씩 익힌다. 중간에 한 번만 뒤집는다.
3. 서빙할 대형 접시에 생선을 담고 소스의 절반을 그 위에 붓는다. 나머지 소스는 옆에 담아 즉시 낸다.

1회분 : 578칼로리(지방 258칼로리), 지방 29그램(포화지방 12그램), 콜레스테롤 58밀리그램, 나트륨 236밀리그램, 탄수화물 3그램(식이섬유 1그램), 단백질 39그램

팁 : 북극곤들매기는 지속가능한 해산물을 원할 때 훌륭한 선택이다. 이 생선은 오메가-3 지방산 함량도 높고 매우 좋은 단백질 공급원이다.

리볼리타

준비 시간 : 25분 | 조리 시간 : 55분 | 분량 : 8인분

재료

정사각형으로 자른 통밀빵 2컵

올리브 오일 2테이블스푼, 뿌리기용으로 약간 추가한다

양파 큰 것 1개, 잘게 썰어 준비

마늘 4쪽, 다져서 준비

해염 1/2티스푼

백후추 1/8티스푼

말린 타임 잎 1티스푼

얇게 썬 버섯 2컵

당근 3개, 얇게 썰어서 준비

셀러리 3줄기, 잘게 썰어 준비

셀러리 잎 1/3컵, 다져서 준비

시판용 야채 육수 1리터

물 2컵

플럼 토마토 6개, 씨를 제거하고 다져서 준비

400그램짜리 카넬리니빈 캔 2개, 헹군 다음 물을 따라내서 준비

다진 케일 3컵

파르메산 치즈 3/4컵, 갈아서 준비

조리 방법

1. 오븐을 약 95도로 예열한다. 베이킹 시트에 빵을 펼쳐 놓고 만졌을 때 수분이 없어질 때까지 8~10분 동안 굽는다. 오븐에서 빵을 꺼내 옆으로 치워둔다.

2. 대형 수프 냄비에 올리브 오일 2테이블스푼을 넣고 중간 불에서 2분 동안 가열한다. 양파와 마늘을 넣고 해염, 후추를 뿌린다. 채소가 부드러워질 때까지 4~5분 동안 소테로 익힌다. 타임 잎을 뿌린다.

3. 버섯, 당근, 셀러리를 넣고 자주 저어주며 소테로 3분 더 익힌다. 그런 다음 셀러리 잎, 야채 육수, 물, 플럼 토마토, 카넬리니 콩을 넣고 젓는다.

4. 서서히 끓기 시작하면 불을 약하게 줄이고 뚜껑을 덮은 다음 채소가 부드러워질 때까지 15~20분 동안 뭉근하게 끓인다. 내용물을 저어가며 케일을 넣고 케일이 숨이 죽을 때까지 5분 더 끓인다.

5. 사각형 빵을 넣고 빵 때문에 수프가 걸쭉해질 때까지 5~10분 더 뭉근하게 끓인다. 각각의 접시에 올리브 오일을 살짝 뿌리고 파르메산 치즈를 곁들여 낸다.

1회분 : 226칼로리(지방 65칼로리), 지방 7그램(포화지방 2그램), 콜레스테롤 8밀리그램, 나트륨 653밀리그램, 탄수화물 31그램(식이섬유 7그램), 단백질 12그램

구운 이탈리아식 피시 패킷

준비 시간 : 20분	조리 시간 : 20~25분	분량 : 4인분

재료

완숙 레드 토마토 큰 것 1개, 잘게 썰어 준비

마늘 3쪽, 잘게 다져서 준비

적양파 작은 것 1개, 잘게 다져서 준비

다진 생 바질 2테이블스푼

발사믹 식초 1/4컵

올리브 오일 1/4컵

디종머스터드 1테이블스푼

해염 1/2티스푼

흑후추 1/8티스푼

110~170그램짜리 빨간 퉁돔 4조각, 살코기로 준비

조리 방법

1. 오븐을 190도로 예열한다. 중형 볼에 토마토, 마늘, 적양파, 바질을 넣고 섞는다.
2. 소형 볼에 발사믹 식초, 올리브 오일, 디종머스터드, 해염, 백후추를 넣고 거품기로 잘 혼합될 때까지 섞는다.
3. 황산지를 45×30센티미터 크기로 4장을 잘라서 준비한 다음 조리대 위에 늘어놓는다.
4. 황산지 한 장마다 중앙에 빨간 퉁돔 1조각을 놓는다. 그 위에 토마토 혼합물 1/4을 얹은 다음 그 위에 올리브 오일 혼합물 1/4을 뿌린다.
5. 생선의 양쪽 측면, 즉 종이가 더 많이 남는 방향의 양쪽 황산지를 들어 끝을 가운데로 모은 다음 한꺼번에 두 번 접어 봉인한다. 다른 방향의 양쪽 황산지를 들어 같은 방식으로 봉인한다. 가열하면 팽창하므로 황산지로 싼 꾸러미 내부 공간에 공기가 남아 있어야 한다.
6. 생선 꾸러미를 쿠키 시트 위에 놓고 포크로 찔렀을 때 생선살이 부서질 때까지 20~25분 동안 굽는다.(꾸러미 하나만 조심해서 풀러 생선이 잘 익었는지 시험하라.)
7. 접시 1장당 꾸러미 하나씩을 놓는다. 각 꾸러미 윗부분에 커다랗게 X자로 칼집을 낸다. 즉시 낸다. 먹는 사람들에게 꾸러미를 열 때 뜨거운 김이 나니 조심해야 한다고 주의를 줘야 한다.

1회분 : 324칼로리(지방 148칼로리), 지방 16그램(포화지방 2그램), 콜레스테롤 60밀리그램, 나트륨 468밀리그램, 탄수화물 9그램(식이섬유 1그램), 단백질 35그램

주의 : 황산지로 싸서 생선을 익히는 것은 생선의 수분과 부드러움을 보존하는 훌륭한 방법이다. 황산지는 생선이 익는 동안 모든 맛과 향을 붙잡아주는 역할을 하며 이는 클린한 조리법이기도 하다. 하지만 포일 사용을 꺼리지 않는다면 생선을 포일에 싸서 중간 불 정도의 숯불 그릴에 포크로 찔러봤을 때 생선 살이 부서질 때까지 15~20분 동안 구워도 좋다.

탄두리 포크 텐더로인

준비 시간 : 8시간 15분	조리 시간 : 40분	분량 : 6인분

재료

양파 중간 크기 1개, 잘게 썰어 준비

마늘 6쪽, 곱게 다져서 준비

잘게 다진 생강 2테이블스푼

레몬즙 3테이블스푼

커리 가루 1테이블스푼

간 울금 1티스푼

스위트 파프리카 1티스푼

굵게 간 오렌지 껍질 1티스푼

해염 1/2티스푼

백후추 1/4티스푼

저지방 그릭 플레인 요거트 1컵

돼지 안심 약 1킬로그램, 통으로 준비한다

조리 방법

1. 블렌더나 푸드 프로세서에 양파, 마늘, 생강, 레몬즙, 커리 가루, 울금, 파프리카, 오렌지 껍질, 해염, 백후추를 넣고 간다. 요거트를 저으며 넣어준 다음 유리 그릇에 옮겨 담는다.
2. 돼지 안심을 위의 유리 그릇에 추가한 다음 뒤집어 가며 소스를 묻힌다. 위를 덮어 냉장실에 8~24시간 동안 보관한다. 양념에 재는 동안 한 번 고기를 뒤집어준다.
3. 먹기 전에 오븐을 220도로 예열한다. 돼지 안심을 꺼낸 다음 요거트 혼합물을 버린다. 오븐에 사용 가능한 스킬렛에 올리브 오일 2테이블스푼을 두르고 가열하다가 돼지고기를 넣는다. 고기의 모든 면이 갈색이 될 때까지 익힌다. 고기를 익히는 전체 시간은 약 5분이다.
4. 돼지고기를 스킬렛째 오븐에 넣고 육류 온도계가 약 65도 이상이 될 때까지 10~12분 동안 로스팅한다.
5. 오븐에서 돼지고기를 꺼낸 다음 포일로 덮어 5분 동안 놔뒀다가 얇게 썰어 낸다.

1회분 : 209칼로리(지방 30칼로리), 지방 3그램(포화지방 1그램), 콜레스테롤 100밀리그램, 나트륨 292밀리그램, 탄수화물 7그램(식이섬유 1그램), 단백질 36그램

구운 채소를 곁들인 나선 모양 애호박 요리

준비 시간 : 20분	조리 시간 : 40분	분량 4인분

재료

적양파 1개, 거칠게 다져서 준비

껍질을 벗기고 씨를 발라낸 다음 깍둑썰기 한 버터너트 스쿼시 2컵

올리브 오일 3테이블스푼, 1테이블스푼씩 따로 사용한다

마늘 12쪽, 껍질을 벗겨 준비

빨간 파프리카 2개, 씨를 제거하고 잘게 썰어 준비

플럼 토마토 6개, 씨를 제거하고 거칠게 다져서 준비

해염 1/2티스푼, 1/4티스푼씩 따로 사용한다

후추 1/8티스푼

말린 마조람 잎 1티스푼

애호박 900그램

레몬즙 2테이블스푼

잘게 찢은 파르메산 치즈, 또는 로마노 치즈 1/2컵

조리 방법

1. 오븐을 200도로 예열한다. 양파, 버터너트 스쿼시를 로스팅 팬에 함께 놓고 올리브 오일 1테이블스푼을 그 위에 흩뿌린다. 오일이 잘 묻도록 뒤적인다. 20분 동안 굽는다.

2. 팬을 오븐에서 꺼낸 다음 마늘, 파프리카, 플럼 토마토를 넣는다. 나머지 올리브 오일 1테이블스푼을 뿌린 다음 해염 1/4티스푼, 후추, 마조람을 뿌린다. 채소가 부드럽고 갈색을 띠기 시작할 때까지 약 15~20분 동안 굽는다.

3. 채소가 구워지는 동안 애호박을 나선형 깎기로 띠처럼 깎는다. 또는 가늘고 긴 띠 모양으로 썬다. 레몬즙, 해염 1/4티스푼으로 잘 버무려 옆으로 치워둔다. 대형 스킬렛에 올리브 오일 1테이블스푼을 넣고 가열하다가 애호박을 넣는다. 자주 저어주며 2분 동안 애호박이 부드러워질 때까지 가열한다. 대형 서빙 볼에 담고 위를 덮어 온기를 보존한다.

4. 채소가 다 구워지면 서빙 볼 안에 있는 나선형 애호박 위에 쏟는다. 치즈를 뿌려 즉시 낸다.

1회분 : 281칼로리(지방 135칼로리), 지방 15그램(포화지방 4그램), 콜레스테롤 11밀리그램, 나트륨 515밀리그램, 탄수화물 30그램(식이섬유 7그램), 단백질 11그램

팁 : 나선형 깎기(spiralizer)는 채소를 파스타와 비슷하게 가늘고 긴 곡선형 띠 모양으로 자르기 위한 특수한 용도의 도구다. 팔레오 다이어트를 하는 중이라면 '파스타' 요리를 서빙하기에 훌륭한 방법이다. 도구를 사용하지 않고 애호박을 직접 손으로 매우 얇게 썰어 준비해도 된다. 이 경우 띠 모양 애호박을 끓는 물에 1~2분 정도 데쳐야 다른 재료와 잘 섞이고 페투치네 같이 보일 것이다.

연어 리시 비시

준비 시간 : 15분	조리 시간 : 약 4시간	분량 : 6인분

재료

올리브 오일 2테이블스푼

양파 큰 것 1개, 다져서 준비

마늘 2쪽, 곱게 다져서 준비

당근 큰 것 2개, 깍둑썰기 해서 준비

현미 1 1/2컵

물 2컵

야채 육수 1 3/4컵

말린 타임 1티스푼

말린 바질 1/2티스푼

해염 1/2티스푼

흑후추 1/8티스푼

170그램짜리 연어 살코기 3조각

냉동 베이비 완두콩 2컵, 해동해서 준비

간 파르메산 치즈 1/2컵

조리 방법

1. 소형 스킬렛에 올리브 오일을 두르고 중간 불에서 가열한다. 양파, 마늘을 넣고 저어가며 부드러워질 때까지 5분 동안 익힌다.
2. 양파와 마늘 혼합물을 4리터짜리 슬로우 쿠커에 옮긴 다음 당근과 현미를 넣는다. 물, 야채 육수, 타임, 바질, 해염, 후추를 넣는다. 뚜껑을 덮고 낮은 온도에서 2시간 30분 동안 익힌다.
3. 혼합물을 저어주다가 쌀을 맛본다. 아직 씹는 질감이 있다면 뚜껑을 덮고 낮은 온도에서 30분 더 익힌다. 쌀이 거의 부드러워지면 연어 살코기를 밥과 채소 혼합물 위에 얹는다. 슬로우 쿠커의 뚜껑을 닫고 포크로 찔러 보았을 때 연어 살이 부서질 때까지 35~45분 익힌다.
4. 연어를 포크로 부순 다음 해동한 완두콩과 함께 현미 혼합물에 저어가며 넣어준다. 뚜껑을 덮고 15분 동안 익힌다.
5. 치즈를 저어가며 넣어주고 슬로우 쿠커의 전원을 끈다. 뚜껑을 덮은 채 5분 동안 그대로 둔다. 부드럽게 저어준 다음 즉시 낸다.

1회분 : 416칼로리(지방 103칼로리), 지방 12그램(포화지방 3그램), 콜레스테롤 54밀리그램, 나트륨 568밀리그램, 탄수화물 49그램(식이섬유 7그램), 단백질 29그램

응용해보자! 클린 이팅을 막 시작한 사람이라면 현미 대신 백미를 사용하고 전체 조리 시간을 2시간 30분으로 줄여라. 또한 연어 대신 닭고기나 돼지고기를 사용해도 된다.

케일 페스토를 곁들인 클린 연어 페투치네

준비 시간 : 15분	조리 시간 : 30분	분량 : 4인분

재료

다진 케일 2컵

데친 아몬드 1/3컵

생 바질 잎 1/2컵

마늘 2쪽, 다져서 준비

레몬즙 2테이블스푼

소금과 후추 약간

올리브 오일 1/3컵, 추가 1테이블스푼

170그램짜리 알래스카 생연어 3조각

해염 1/2티스푼

백후추 1/8티스푼

통밀 페투치네 340그램

잘게 찢은 파르메산 치즈 1/3컵

조리 방법

1. 블렌더나 푸드 프로세서에 케일, 아몬드, 바질, 마늘, 레몬즙을 넣고 소금과 후추로 간을 한다. 안에 넣은 재료가 곱게 다져질 때까지 블렌더를 작동시킨다. 가장자리에 붙은 것을 안으로 긁어 넣는다. 뚜껑을 덮은 채 블렌더를 작동시켜 소스의 형태를 갖출 때까지 천천히 올리브 오일 1/3컵을 넣는다. 블렌더 벽에 붙은 내용물을 안으로 긁어 넣는다.

2. 오븐을 200도로 예열한다. 황산지를 깐 베이킹 시트 위에 연어 살코기를 놓고 해염과 백후추를 뿌린다. 남은 올리브 오일 1테이블스푼을 뿌려준다. 포크로 시험했을 때 연어가 부서질 정도로만 15~20분 동안 굽는다. 오븐에서 연어를 꺼낸 다음 위를 덮어 온기를 보존한다.

3. 연어가 구워지는 동안 대형 냄비에 물을 넣고 끓인다. 포장지에 표기된 조리 방법에 따라 알덴테가 될 때까지 페투치네를 익힌다. 물을 1/3컵만 남기고 따라버린다. 페투치네를 냄비에 도로 넣는다.

4. 페투치네가 담긴 냄비에 케일 페스토 3/4과 남겨 놓은 물 가운데 절반을 넣고 잘 섞일 때까지 집게로 뒤적인다. 소스를 만들기 위해 필요하면 남겨 놓은 물을 더 추가하라. 페투치네를 서빙할 접시에 담고 그 위에 연어 살코기를 얹은 다음 케일 페스토를 더 뿌려준다. 파르메산 치즈를 마지막으로 뿌려서 즉시 낸다.

1회분 : 815칼로리(지방 368칼로리), 지방 41그램(포화지방 7그램), 콜레스테롤 83밀리그램, 나트륨 594밀리그램, 탄수화물 71그램(식이섬유 12그램), 단백질 47그램

chapter

18

재미있는 음식을 즐겨라 : 디저트와 간식

제18장 미리보기

- 건강한 간식이 왜 중요한지 알아본다.
- 맛있는 디저트와 간식 조리법을 통해 클린한 방식으로 간식을 즐긴다.

이 장에서 소개할 음식

- 다크 초콜릿 바크
- 스위트 앤드 스파이시 너트
- 코코넛 볼
- 갈릭 요거트 치즈 스프레드
- 홈메이드 누텔라
- 칸탈란 살사를 곁들인 고구마칩
- 리치 초콜릿 토르테
- 클린 풋콩 과카몰리
- 냉동 요거트 바
- 애플 페어 크랜베리 크럼블
- 초콜릿 프루트 앤드 너트 드롭
- 블루베리 체리 크리스프

그렇다, 클린 이팅 플랜을 실천하면서도 얼마든지 먹고 싶어지고 맛있는 디저트와 간식을 즐길 수 있다. 하지만 스위트 투스를 만족시키기 위해 시판되는 슈크림이나 더블퍼지 아이스크림으로 손을 뻗는 대신 직접 홈메이드 간식을 만들어보라.(이 장에서 소개할 조리법을 시작으로 다양하게 응용할 수 있을 것이다.)

다행히 이제 천연식품 매장에서 건강하고 즉시 먹을 수 있는 간식을 더 많이 갖추고 있다. 하지만 구입하기 전에 반드시 라벨을 읽어야 한다. 또한 직접 자신이 먹을 간식과 디저트를 만드는 것은 즐거운 경험이 될 수 있다는 사실도 명심하라. 노력한 결과를 즐기는 것만큼 만족스러운 일이 또 어디 있겠는가.

클린 이팅 플랜을 실천하기 위해 하루 여섯 끼를 먹기로 정했다면 그 가운데 두 끼는 간식이다(자세한 내용은 제2장을 확인하라). 이러한 간식은 기름이나 버터를 넣지 않고 튀긴 다음 양념을 뿌린 팝콘에서 홀 그레인 크래커와 치즈, 그리고 이 장에서 소개할 맛있는 음식 가운데 그 어떤 것도 될 수 있다.

건강한 간식으로 허기를 채워라

클린 이팅 플랜에 맞는 건강한 간식을 찾는 데는 어느 정도 기술이 필요하다. 하지만 걱정할 필요 없다! 그러한 기술을 습득할 수 있는 방법을 지금 소개할 것이니 말이다.

모든 미니 밀과 마찬가지로 최고의 간식과 디저트는 칼로리가 낮고 영양소가 풍부한 식품으로 구성된다. 오래 지속되는 만족감(안다, 껌 광고 같다는 것을)을 위해서는 모든 간식에서 단백질에 탄수화물을 결합해야 한다. 예를 들어 이 장에서 소개할 스위트 앤드 스파이시 너트는 탄수화물과 단백질을 하나의 깔끔한 패키지로 묶어 섭취할 수 있는 음식이다. 또한 리치 초코릿 토르테는 달걀과 호두에서 단백질을, 초콜릿에서 탄수화물을 섭취할 수 있는 음식이다.

하루 여섯 끼의 이팅 플랜을 지키기 위해서는 언제든 간식을 먹을 수 있게 준비하는 것이 바람직하다. 일주일에 한 번씩 시간을 내서 소량의 과일과 견과류, 채소를 바로 먹을 수 있게 준비해두어라. 이렇게 하면 배가 고플 때 건강한 방식으로 즉시 음식에 대한 갈망을 충족시킬 수 있을 것이다.

맛있고 클린한 디저트와 간식을 뚝딱 만들 수 있는 쉬운 조리법을 알아보자

이 장에서 소개할 조리법의 최고의 장점은 각자의 취향에 따라 다양하게 변형하는 재미가 있다는 것이다. 예를 들어 건조 크랜베리와 깍둑썰기한 사과를 재료로 블루베리 체리 크리스프 조리법을 사용할 수 있다. 또한 스위트 앤드 스파이시 너트를 다크 초콜릿 바크에 살짝 뿌려주면 더욱 바삭하고 맛과 향이 풍부해질 것이다. 이제 어떻게 해야 하는지 알겠는가!

클린 이팅은 사랑해 마지 않는 디저트와 간식을 가슴속에 묻어야 한다는 의미가 아니다. 반대로 자신이 좋아하는 음식을 클린하게 변형해서 만들어보라.

» **빵과 제과 종류를 만들 때는 지방 성분이 들어간 재료 대신 과일 퓌레를 사용하라.** 최대 30퍼센트까지 대체할 수 있다.

» **빵과 제과 종류에 사용하는 설탕의 양을 줄여라.** 음식의 맛과 향, 질감 등을 손상시키지 않고도 설탕을 1/3 내지 1/2로 줄일 수 있다.

» **밀크 초콜릿이나 화이트 초콜릿 대신 다크 초콜릿을 사용하라.** 다크 초콜릿은 클린 이팅 플랜에 적합한 건강한 식품이다. 카카오 함량이 70퍼센트 이상인 다크 초코릿을 찾아보라.

» **가공식품을 구입하는 대신 튀기지 않은 홀 그레인 칩과 디핑소스를 만들어라.** 피타 빵을 쐐기 모양으로 자른 다음 바삭해질 때까지 구워 직접 피타 칩을 만들어라.

» **과일이 듬뿍 들어간 디저트 조리법을 선택하라.** 이 장에서 소개할 혼합 과일 샐러드는 디저트로서 손색이 없는 음식이다. 각종 견과류를 토핑으로 얹은 데다 특히 꿀과 레몬즙을 약간 추가한다면 더할 나위 없을 것이다. 포칭한 과일 역시 훌륭한 간식과 디저트가 될 것이다.

새로 개발한 조리법이 사람들에게 사랑받으면 반드시 기록해야 한다. 그래야 다음에 또 만들 수 있지 않은가!

【 어째서 사탕은 디저트로 적합하지 않은가 】

가끔 군것질거리로는 괜찮을지 몰라도(여기서 중요한 건 '가끔'이다) 늘 사탕을 달고 산다면 건강에 해로운, 그리고 클린하지 않은 짓이다. 사탕에는 대부분 엄청난 양의 정제 설탕, 인공 색소, 인공 향신료가 들어간다. 이러한 '제품'은 빈 칼로리로 구성된다. 즉 차마 '식품'이라고도 말할 수 없는 사탕은 아무런 영양학적 가치도 없고 그저 열량만 제공한다는 의미다. 설탕 함량이 높은 식품을 너무 많이 섭취하면 당뇨, 심장질환, 암, 고혈압, 골다공증 발병 위험이 높아진다.

다크 초콜릿은 예외다. 매일 다크 초콜릿 한 조각을 먹으면 다양한 항산화성분을 섭취하여 혈압을 낮추고 유리기의 손상으로부터 신체를 보호할 수 있다.

다크 초콜릿 바크

준비 시간 : 10분	조리 시간 : 15분, 추가 대기 시간	분량 : 24인분

재료

다크 초콜릿, 또는 비터스위트 초콜릿(카카오 함량 60퍼센트 이상) 450그램, 거칠게 다져서 준비

물

말린 야생 블루베리 1/3컵

말린 크랜베리 1/3컵

호두 1/3컵, 거칠게 다져서 준비

마카다미아 너트 1/3컵, 거칠게 다져서 준비

조리 방법

1. 30×20센티미터 케이크 팬에 황산지를 깔고 옆에 치워둔다.
2. 중탕기 상부에 초콜릿을 1/2컵을 제외하고 모두 넣는다. 중탕기 하부에 물을 채우고 서서히 끓인다.
3. 중탕기 상부를 끓는 물 위에 놓는다. 이때 상부의 바닥이 물에 닿지 않게 한다. 초콜릿이 녹아 부드러워질 때까지 가끔 저어주며 가열한다.
4. 중탕기의 상부를 뺀 다음 팬의 바깥 부분 물기를 조심스럽게 닦아낸다. 남겨두었던 초콜릿 1/2컵을 녹은 초콜릿에 넣고 녹아서 부드러워질 때까지 한 방향으로 계속 저어준다.
5. 블루베리, 크랜베리, 호두, 마카다미아 너트를 저어가며 넣어준다. 초콜릿 혼합물을 미리 준비한 팬에 즉시 붓고 약 0.8센티미터 두께가 될 때까지 펴준다.
6. 단단하게 굳을 때까지 바크를 상온에 둔다. 바크를 가로세로 2.5센티미터 크기로 자른 다음 밀폐 용기에 담아 상온에 보관한다.

1회분 : 137칼로리(지방 77칼로리), 지방 9그램(포화지방 4그램), 콜레스테롤 1밀리그램, 나트륨 1밀리그램, 탄수화물 15그램(식이섬유 2그램), 단백질 2그램

팁 : 다크 초콜릿에는 항산화성분과 좋은 지방이 풍부하게 함유되어 있다. 그러므로 매일 약 28그램, 가로세로 2.5센티미터 크기를 섭취하면 실제로 건강에 도움이 된다.

스위트 앤드 스파이시 너트

준비 시간 : 15분	조리 시간 : 30~40분	분량 : 16인분

재료

난백 2개

해염 약간

꿀 2테이블스푼, 또는 스테비아 1/2티스푼

아몬드 버터 1/3컵

커리 가루 2테이블스푼

카옌 후추 1/4티스푼

생 아몬드 230그램

생 피스타치오 230그램

생 호두 230그램

생 피칸 230그램

버터 3테이블스푼

조리 방법

1. 오븐을 160도로 예열한다. 대형 볼에 난백과 해염 약간을 넣고 부드러운 봉우리가 생길 때까지 휘저어준다. 봉우리가 단단해질 때까지 계속 휘저으며 조금씩 꿀을 넣는다.
2. 난백 혼합물에 아몬드 버터를 조금씩 넣는다. 이때 완전히 혼합될 때까지 저어준다.(부풀었던 난백이 가라앉을 것이다.)
3. 커리 파우더와 카옌 후추를 넣으며 저어준다. 아몬드, 피스타치오, 호두, 피칸을 넣고 견과류에 난백 혼합물이 고르게 입혀질 때까지 저어준다.
4. 버터를 녹여 40×25센티미터짜리 젤리 롤 팬에 부어준다. 팬의 바닥을 칠한다. 견과류 혼합물을 겹치지 않게 한 겹으로 버터 위에 나열한다.
5. 10분에 한 번씩 저어가며 견과류가 살짝 토스트될 때까지 30~40분 동안 굽는다. 완전히 식힌 다음 밀폐 용기에 담아 상온에서 보관한다. 1회분은 1/3컵이다.

1회분 : 208칼로리(지방 172칼로리), 지방 19그램(포화지방 2그램), 콜레스테롤 3밀리그램, 나트륨 13밀리그램, 탄수화물 7그램(식이섬유 3그램), 단백질 5그램

팁 : 간식으로 바로 먹어도 되고 냉동 요거트나 플레인 요거트에 뿌려 즉석에서 디저트로 만들 수도 있다.

코코넛 볼

준비 시간 : 30분, 추가 식히는 시간	조리 시간 : 4분	분량 : 12인분

재료

당을 첨가하지 않은 잘게 자른 코코넛 2 1/2컵

코코넛 오일 3테이블스푼

코코넛 밀크 2테이블스푼

꿀 2테이블스푼

코코넛 슈거 3테이블스푼

바닐라 에센스 2티스푼

다크 초콜릿칩(카카오 함량 60퍼센트 이상) 340그램

조리 방법

1. 블렌더나 푸드 프로세서에 잘게 자른 코코넛 1컵과 코코넛 오일을 넣는다. 내용물이 거의 부드러워질 때까지 간다. 중형 볼에 옮겨 담는다.

2. 나머지 잘게 자른 코코넛, 코코넛 밀크, 꿀, 코코넛 슈거, 바닐라 에센스를 코코넛 혼합물이 담긴 볼에 저어가며 넣는다. 잘 섞어준다. 위를 덮은 다음 2시간 동안 식힌다.

3. 코코넛 혼합물을 36개의 볼로 모양을 잡는다. 이때 손가락과 손바닥으로 꾹 눌러가며 만든다. 왁스 페이퍼를 깐 쿠키 시트에 볼을 놓고 30분 더 식힌다.

4. 초콜릿칩 1 1/2컵을 유리 계량컵에 담아 전자레인지의 고온에서 30초 돌린다. 전자레인지에서 꺼내 내용물을 저어준다. 혼합물이 녹아서 부드러워질 때까지 다시 전자레인지에 30초 돌리는 과정을 반복한다. 이때 전자레인지에서 꺼낼 때마다 저어준다.

5. 남은 초콜릿 칩을 넣고 녹아서 부드러워질 때까지 저어준다.

6. 코코넛 볼을 초콜릿 혼합물에 담근 다음 포크로 꺼낸다. 포크를 계량컵 가장자리에 대고 살짝 쳐서 여분의 초콜릿을 제거한다. 코팅된 볼을 쿠키 시트에 다시 놓은 다음 모양이 고정될 때까지 놔둔다. 원할 경우 가늘게 자른 코코넛을 더 뿌린다. 뚜껑을 덮어 냉장실에 보관한다.

1회분 : 314칼로리(지방 223칼로리), 지방 25그램(포화지방 19그램), 콜레스테롤 0밀리그램, 나트륨 11밀리그램, 탄수화물 27그램(식이섬유 5그램), 단백질 3그램

갈릭 요거트 치즈 스프레드

준비 시간 : 15분, 추가 냉장 시간	조리 시간 : 45~55분	분량 : 18인분

재료

저지방 그릭 요거트, 또는 일반 플레인 요거트 4컵

마늘 큰 것 1송이

올리브 오일 1테이블스푼

간 파르메산 치즈, 또는 로마노 치즈 1/4컵

해염 1/2티스푼

말린 타임 1/2티스푼

마린 마조람 1/2티스푼

흑후추 1/8티스푼

조리 방법

1. 여과기에 물에 적신 치즈클로스 네 겹을 얹는다. 여과기를 대형 볼에 놓는다.
2. 천을 댄 여과기에 요거트를 넣고 위를 덮는다. 냉장실에 24시간 동안 놔둔다.
3. 오븐을 180도로 예열한다. 마늘의 윗부분을 중앙으로 가로질러 반으로 잘라 마늘 쪽이 보이게 만든다. 올리브 오일을 마늘 위에 뿌린 다음 포일로 싼다.
4. 포일로 싼 마늘을 쿠키 시트에 놓고 마늘을 꽉 쥐었을 때 부드러워질 때까지 45~55분 동안 굽는다. 오븐에서 마늘을 꺼낸 다음 식게 놔둔다.
5. 마늘을 꽉 쥐어 알맹이가 얇은 껍질 밖으로 나오게 만든 다음 중형 볼에 담는다. 여기에 요거트 치즈, 파르메산 치즈, 해염, 타임, 마조람, 후추를 넣고 잘 섞는다.
6. 요거트 치즈 혼합물을 서빙할 볼에 담아 서빙하기 전에 2~3시간 식힌다. 1인분에 2테이블스푼씩 서빙한다.

1회분 : 174칼로리(지방 68칼로리), 지방 8그램(포화지방 4그램), 콜레스테롤 15밀리그램, 나트륨 358밀리그램, 탄수화물 10그램(식이섬유 0그램), 단백질 18그램

팁 : 그릭 요거트를 찾을 수 있다면 이를 사용하는 것이 더 바람직하다. 일반 요거트보다 점도도 높고 맛도 풍부하다.

팁 : 요거트에서 하룻밤 동안 물기를 제거한 유장(whey)은(제2단계를 보라) 수프와 캐서롤의 국물로 매우 훌륭하다.

응용해보자! 요거트 치즈를 딥이든 샌드위치 스프레드든 원하는 대로 맛을 낼 수 있다. 마늘을 빼고 파르메산 치즈를 2배로 넣어 더 부드러운 스프레드를 만들 수 있다. 과일 스프레드를 만들 때는 요거트 치즈는 제외한 모든 재료를 빼고 딸기 1컵을 으깨서 넣어라. 플레인 요거트 치즈에 저어가며 넣고 계피 1/2티스푼을 첨가하라. 텍스-멕스 스프레드를 만들 때는 파르메산이나 치즈, 타임, 마조람을 생략하고 마늘은 그대로 사용하라. 여기에 칠리 가루 2티스푼과 다진 할라페뇨 칠리 2테이블스푼을 저어가며 넣어주면 된다.

홈메이드 누텔라

준비 시간 : 15분, 추가 식히는 시간	조리 시간 : 10분	분량 : 16인분

재료

홀 헤이즐너트 1컵

캐슈 1/2컵

버터 1테이블스푼, 녹여서 준비 또는 헤이즐너트 오일 1테이블스푼

꿀 1/4컵

바닐라 에센스 1 1/2티스푼

코코아 가루 1테이블스푼

코코넛 슈거 1테이블스푼

헤이즐너트 밀크 1/3컵

비터스위트 초콜릿(카카오 함량 60퍼센트 이상) 280그램, 잘게 썰어 준비

조리 방법

1. 오븐을 약 190도로 예열한다. 헤이즐너트를 테두리가 있는 베이킹 시트 위에 놓는다. 오븐에서 약간 색이 어두워질 때까지 8~10분 동안 굽는다. 즉시 헤이즐너트를 행주 위에 놓고 감싼 다음 양손 사이에 놓고 문질러 껍질의 절반가량을 제거한다. 헤이즐너트가 식게 놔둔다.
2. 캐슈, 녹인 버터나 헤이즐너트 오일, 꿀, 바닐라, 코코아 가루, 코코넛 슈거, 헤이즐너트 밀크와 함께 식은 헤이즐너트를 푸드 프로세서에 넣고 대부분 부드러워질 때까지 간다.
3. 초콜릿을 전자레인지용 볼에 담아 높은 온도에서 30초 동안 전자레인지를 돌린다. 전자레인지에서 꺼낸 초콜릿을 저어준다. 초콜릿이 완전히 녹아 부드러워질 때까지 다시 고온으로 30초 동안 전자레인지에서 돌렸다가 멈추기를 반복한다. 멈출 때마다 저어준다.
4. 2의 푸드 프로세서가 동작하는 동안 따뜻한 초콜릿을 투입구로 부어주고 혼합물이 최대한 부드러워질 때까지 계속 작동시킨다.
5. 혼합물을 재사용 가능한 용기에 담아 냉장 보관한다.

1인분 : 206칼로리(지방 132칼로리), 지방 15그램(포화지방 5그램), 콜레스테롤 3밀리그램, 나트륨 15밀리그램, 탄수화물 17그램(식이섬유 3그램), 단백질 3그램

칸탈란 살사를 곁들인 고구마칩

준비 시간 : 15분	조리 시간 : 20분	분량 : 6인분

재료

비프스테이크 토마토 큰 것으로 2개, 씨를 제거하고 잘게 썰어 준비

아티초크 응어리 425그램, 물을 따라 내고 잘게 썰어 준비

할라페뇨 페퍼 1개, 잘게 다져서 준비

마늘 2쪽, 잘게 다져서 준비

다진 아몬드 1/2컵

생 파슬리 1/2컵, 다져서 준비

올리브 오일 1/4컵, 반으로 나눈다

레몬즙 2테이블스푼

방금 간 레몬 껍질 1티스푼

껍질을 깎지 않은 고구마 큰 것 2개, 솔로 잘 문지른다

해염 1/2티스푼

조리 방법

1. 중형 볼에 토마토, 아티초크, 할라페뇨 페퍼, 마늘, 아몬드, 파슬리, 올리브 오일 2테이블스푼, 레몬즙, 레몬 껍질을 넣고 부드럽게 섞는다. 칩을 준비하는 동안 옆으로 치워둔다.
2. 오븐을 220도로 예열한다. 만돌린이나 매우 날카로운 칼로 고구마를 얇게 썬다. 남은 올리브 오일 2테이블스푼을 넣고 뒤적인 다음 겹치지 않게 황산지를 깐 2개의 쿠키 시트 위에 펼쳐 놓는다. 해염을 뿌린다.
3. 가장자리가 바삭해질 때까지 18~22분 동안 고구마를 굽는다.
4. 칩이 식을 때까지 기다렸다가 살사를 곁들여 낸다.

1회분 : 380칼로리(지방 289칼로리), 지방 32그램(포화지방 3그램), 콜레스테롤 0밀리그램, 나트륨 365밀리그램, 탄수화물 21그램(식이섬유 5그램), 단백질 5그램

팁 : 만돌린은 얇고 바삭거리는 고구마칩을 가장 쉽게 만들 수 있는 도구다. 만돌린이 없는 사람은 매우 날카로운 칼을 이용하여 고구마를 최대한 얇게 썰어야 한다.

리치 초콜릿 토르테

준비 시간 : 15분	조리 시간 : 35분	분량 : 12인분

재료

호두 2컵

버터 1/4컵, 녹여서 준비

다크 초콜릿(카카오 함량 70퍼센트 이상) 230그램, 잘게 썰어 준비

세미스위트 초콜릿(카카오 함량 60퍼센트 이상) 230그램, 잘게 썰어 준비

버터 2/3컵

코코넛 오일 2테이블스푼

달걀 6개

바닐라 에센스 1테이블스푼

해염 약간

조리 방법

1. 오븐을 160도로 예열한다. 약 23센티미터짜리 스프링폼 팬에 약간의 버터를 두른다.
2. 손으로든 푸드 프로세서를 이용하든 호두를 곱게 다진 다음 녹인 버터와 섞는다. 이 혼합물을 준비한 팬 바닥에 눌러 편 다음 옆으로 치워둔다.
3. 다크 초콜릿과 세미스위트 초콜릿, 버터, 코코넛 오일을 중형 전자레인지용 볼에 넣은 다음 고온으로 전자레인지에서 30초 동안 돌린다. 볼을 전자레인지에서 꺼내 내용물을 저어준다. 혼합물이 부드러워질 때까지 30초 간격으로 높은 온도에서 전자레인지에 계속 돌린다.
4. 대형 볼에 달걀을 깨 넣고 달걀이 가볍고 폭신폭신해질 때까지 약 5분 동안 치댄다. 믹서 속도를 하로 낮춘 다음 녹인 초콜릿 혼합물을 넣어 섞는다. 내용물을 저어가며 바닐라 에센스와 해염을 추가한다.
5. 초콜릿 혼합물을 팬에 펴 발랐던 호두 크러스트 위에 붓는다.
6. 토르테의 모양이 잡힐 때까지 45~50분 동안 굽는다. 토르테를 오븐에서 꺼낸 다음 철망에 1시간 동안 식게 놔둔다. 위를 덮어 냉장실에 3~4시간 보관한다.
7. 칼로 케이크 주변에 칼집을 내서 바닥에서 살짝 떨어뜨린 다음 팬에서 완전히 분리한다. 옆으로 옮겨 얇은 V자 모양으로 자른 다음 서빙한다.

1회분 : 468칼로리(지방 377칼로리), 지방 42그램(포화지방 20그램), 콜레스테롤 143밀리그램, 나트륨 43밀리그램, 탄수화물 20그램(식이섬유 4그램), 단백질 8그램

팁 : 케이크의 단맛을 높이려면 세미스위트 초콜릿 양을 340그램까지 늘리고 다크 초콜릿 양을 120그램까지 줄여도 좋다. 아니면 세미스위트 초콜릿만 사용해도 된다.

클린 풋콩 과카몰리

준비 시간 : 15분, 추가 냉장 시간	조리 시간 : 약 5분	분량 : 8인분

재료

냉동 풋콩 1 1/2컵

레몬즙 2테이블스푼

잘 익은 아보카도 2개, 씨를 빼서 준비

해염 1/2티스푼

저지방 그릭 요거트, 또는 일반 요거트 1/3컵

레드 페퍼 플레이크 1/8티스푼

미니대추토마토 240밀리리터, 잘게 썰어 준비

그린 어니언 3개, 얇게 썰어 준비

조리 방법

1. 풋콩을 포장에 적힌 방법대로 해동한 다음 익힌다. 물기를 완전히 제거한 다음 레몬즙을 그 위에 뿌린다. 10분 동안 식게 둔다.
2. 아보카도 과육을 떠내서 중형 볼에 담고 풋콩을 넣는다. 아보카도와 풋콩 모두에 해염을 뿌린다.
3. 감자 으깨는 도구를 사용해서 아보카도와 풋콩을 함께 으깬다. 취향에 따라 혼합물을 부드럽게 만들어도 되고, 덩어리째 두어도 좋다.
4. 저어가며 요거트와 레드 페퍼 플레이크를 추가한다. 여기에 그레이프 토마토와 그린 어니언을 넣는다. 혼합물을 서빙 볼에 떠 넣는다.
5. 과카몰리 표면에 직접 왁스 페이퍼나 황산지를 놓아 덮는다. 맛과 향이 섞이도록 2~3시간 동안 식힌다. 1인분에 1/4컵의 과카몰리를 담아낸다.

1회분 : 270칼로리(지방 137칼로리), 지방 15그램(포화지방 3그램), 콜레스테롤 1밀리그램, 나트륨 340밀리그램, 탄수화물 26그램(식이섬유 14그램), 단백질 12그램

팁 : 이 디저트는 샌드위치 스프레드로 사용해도 좋다. 남은 분량을 냉장실에 보관하는 것만 잊지 말라.

냉동 요거트 바

준비 시간 : 15분	냉동 시간 : 3시간	분량 : 12인분

재료

저지방 그릭 요거트, 또는 일반 요거트 2컵

스테비아 1/2티스푼

냉동 딸기 2컵

냉동 야생 블루베리 1컵

레몬즙 1테이블스푼

조리 방법

1. 요거트, 스테비아, 딸기와 블루베리, 레몬즙을 푸드 프로세서에 넣는다. 뚜껑을 닫고 잘 섞일 때까지 푸드프로세서를 작동시킨다. 한 번 동작을 멈추고 프로세서 측면에 붙은 내용물을 쓸어내린다.
2. 아이스 바 틀에 혼합물을 1/4 붓는다. 아니면 틀의 포장지에 적힌 설명서대로 채운다. 12개의 아이스 바가 만들어질 때까지 이 과정을 반복한다. 서빙하기 전에 3시간 이상 바를 냉동시켜야 한다.
3. 틀에서 요거트 바를 분리한 다음 한 사람당 하나씩 서빙한다.

1회분 : 39칼로리(지방 8칼로리), 지방 1그램(포화지방 1그램), 콜레스테롤 3밀리그램, 나트륨 12밀리그램, 탄수화물 5그램(식이섬유 1그램), 단백질 4그램

팁 : 이러한 바를 가장 쉽게 만드는 방법은 아이스 바 틀을 이용하는 것이다. 제과용품 매장, 철물점, 대형 슈퍼마켓에서 구입할 수 있다. 틀이 없다면 종이 주스 컵을 사용해도 된다. 그냥 요거트 혼합물을 컵에 붓고 1시간 동안 얼린다. 각 컵마다 나무 스틱을 넣은 다음 요거트 혼합물이 단단해질 때까지 얼려라. 서빙하기 전에 종이컵을 떼내는 것을 잊지 말라!

응용해보자! 이 조리법은 맛과 향을 쉽게 바꿀 수 있다. 다른 과일을 사용하기만 하면 된다! 복숭아, 라즈베리, 바나나 모두 잘 어울리며 맛도 그만이다!

애플 페어 크랜베리 크럼블

준비 시간 : 15분	조리 시간 : 2시간	분량 6인분

재료

해럴슨 애플, 또는 매킨토시 애플 2개, 잘게 썰어 준비

단단한 배 2개, 잘게 썰어 준비

레몬즙 2테이블스푼

말린 크랜베리 1/2컵

통밀 밀가루 1컵

압착 통귀리 1/2컵

다진 피칸 1/2컵

코코넛 슈거 3테이블스푼

버터 3테이블스푼

코코넛 오일 2테이블스푼

꿀 2테이블스푼

계피 1/2티스푼

해염 1/8티스푼

조리 방법

1. 오븐을 190도로 예열한다. 가로세로 23센티미터짜리 유리 베이킹 디시에 버터를 바른다.
2. 사과와 배를 미리 준비한 베이킹 디시에 함께 넣고 레몬즙을 뿌린다. 그 위에 말린 크랜베리를 얹는다.
3. 대형 볼에 통밀 밀가루, 압착 귀리, 피칸, 코코넛 슈거를 넣고 섞는다.
4. 소형 소스팬에 버터, 코코넛 오일, 꿀, 계피, 해염을 한데 넣고 중약 불에서 지방이 녹을 때까지 가열한다.
5. 버터 혼합물을 밀가루 혼합물 위에 붓고 덩어리가 질 때까지 저어준다. 베이킹 디시에 준비해 놓은 과일을 고르게 뿌려준다.
6. 사과와 배가 부드러워지고 위에 얹은 토핑이 갈색을 띨 때까지 30~40분 동안 굽는다. 25분 동안 식게 놔뒀다가 서빙한다.

1회분 : 387칼로리(지방 162칼로리), 지방 18그램(포화지방 8그램), 콜레스테롤 15밀리그램, 나트륨 55밀리그램, 탄수화물 58그램(식이섬유 9그램), 단백질 5그램

초콜릿 프루트 앤드 너트 드롭

준비 시간 : 35분	조리 시간 : 5분	분량 : 12인분

재료

다크 초콜릿(카카오 함량 60퍼센트 이상) 340그램, 잘게 썰어서 준비

당을 첨가하지 않은 초콜릿 28그램, 다져서 준비

코코넛 오일 2테이블스푼

다진 마카다미아 너트 1컵

다진 호두 1/2컵

곱게 다진 대추 1/2컵

말린 크랜베리 1/2컵

당을 첨가하지 않은 코코넛 1/2컵

조리 방법

1. 다크 초콜릿, 당을 첨가하지 않은 초콜릿, 코코넛 오일을 대형 전자레인지용 볼에 함께 넣는다. 고온으로 전자레인지에서 30초 돌린 다음 꺼내서 저어준다. 초콜릿이 녹아서 부드러워질 때까지 이 과정을 반복한다. 전자레인지에서 꺼낼 때마다 저어준다.
2. 남은 재료들을 섞는다. 황산지에 한 숟가락씩 떨어뜨리고 모양이 잡힐 때까지 놔둔다. 원한다면 사탕을 냉장고에 넣어도 좋다.
3. 상온에서 밀폐용기에 넣어 보관한다.

1회분 : 339칼로리(지방 241칼로리), 지방 27그램(포화지방 12그램), 콜레스테롤 2밀리그램, 나트륨 6밀리그램, 탄수화물 24그램(식이섬유 5그램), 단백질 4그램

팁 : 대추는 말린 것이든 신선한 것이든 상관없다. 이 조리법에서는 어떤 유형이든 홀 푸드인 대추면 된다. 미리 잘라져서 포장된 대추는 사용하지 말라. 설탕으로 뒤덮인 데다 이 디저트에 사용하기에는 너무 마른 상태일 것이다.

블루베리 체리 크리스프

준비 시간 : 15분	조리 시간 : 33~38분	분량 : 8인분

재료

오트밀 1컵

통밀 밀가루 1/3컵

다진 마카다미아 너트 1/2컵

코코넛 오일 2테이블스푼

무염 버터 3테이블스푼

꿀 2테이블스푼

계피 1티스푼

육두구 1/4티스푼

해염 1/8티스푼

냉동 체리 4컵, 해동해서 준비

냉동 블루베리 2컵

레몬즙 1테이블스푼

스테비아 1티스푼

조리 방법

1. 오븐을 190도로 예열한다. 가로세로 23센티미터짜리 유리 베이킹 디시에 무염 버터를 바른 다음 옆으로 치워둔다.
2. 대형 볼에 오트밀, 밀가루, 마카다미아 너트를 모두 넣고 옆으로 치워둔다.
3. 소형 소스팬에 코코넛 오일, 버터, 꿀, 계피, 육두구, 해염을 모두 넣는다. 이 혼합물을 약한 불에서 버터가 녹을 때까지 약 3분 동안 가열한다. 오일과 버터 혼합물을 저어준 다음 오트밀 혼합물 위에 붓는다. 두 가지 혼합물이 덩어리가 생길 때까지 저어준다.
4. 해동한 체리와 냉동 블루베리를 미리 준비한 유리 베이킹 디시에 넣는다. 소형 볼에 레몬즙과 스테비아를 넣어 섞어준 다음 베리 위에 뿌린다.
5. 베리 위에 오트밀 혼합물을 떠 얹는다. 크리스프, 즉 반죽에 거품이 생기고 위에 얹은 토핑이 갈색으로 변할 때까지 35분 동안 굽는다. 1인분에 1 1/2컵씩 나눠서 서빙한다.

1회분 : 276칼로리(지방 141칼로리), 지방 16그램(포화지방 6그램), 콜레스테롤 12밀리그램, 나트륨 40밀리그램, 탄수화물 34그램(식이섬유 5그램), 단백질 4그램

팁 : 비만이나 당뇨에 대한 걱정이 없는 사람은 매 서빙에 약간의 꿀을 뿌려보라. 이 크리스프는 다음 날에도 충분히 차가우므로 특별 간식용으로 점심 도시락에 함께 싸라.

이것만은 알아두자

제6부 미리보기

- 신체적인 면에서 미치는 긍정적인 영향을 동기로 삼아 클린 이팅 플랜을 시작한다.
- 항상 쇼핑 카트에 담아야 할 10가지 식품을 살펴본다.
- 클린 이팅이 세상에 도움이 되는 10가지 방법을 알아본다.

chapter

19

클린 이팅 다이어트가 효과가 있다는 사실을 보여주는 10가지 증거

제19장 미리보기

- 10가지 긍정적인 결과를 통해 건강이 얼마나 좋아졌는지 살펴본다.
- 라이프스타일을 변화시켜 얻은 혜택을 만끽한다.

새로운 다이어트 플랜을 시작하거나 라이프스타일에 변화를 줄 때 누구나 결과를 보고 싶을 것이다. 물론 클린한 홀 푸드를 섭취하면 컨디션이 좋아질 것이라고 누구나 예상할 것이다. 하지만 클린 이팅 다이어트 플랜을 실천하면 정확히 어떤 결과를 기대할 수 있는지 아는가?

이 장에서는 몇 주에서 몇 달 동안 클린한 홀 푸드를 섭취한 다음 기대할 수 있는 열 가지 신체적, 정신적 변화를 살펴볼 것이다. 이러한 변화는 하룻밤 사이에 일어나지 않는다는 사실을 명심하라. 하지만 정제 설탕과 밀가루, 다량의 첨가물과 보존제가 들어가 과도하게 가공된 식품으로 구성된 식단에만 의존해 온 사람은 짧은 시간 안에 극적인 결과를 얻을 수도 있다.

체중이 줄어든다

수많은 미국인에게 클린 이팅의 목표는 바로 체중 감량일 것이다. 미국 인구 60퍼센트 이상이 과체중이나 비만이며 사람들은 점점 뚱뚱해지고 있다. 1970년대에는 성인 인구의 15퍼센트만이 비만이었다. 그렇다면 그 시간 동안 어떤 변화가 있었던 것일까? 가장 급격히 변한 것은 미국인이 섭취하는 가공식품의 양이다. 조부모님 세대가 제2차 세계대전 당시 먹었던 음식을 생각해보라. 정원에서 기른 채소를 주로 먹고 가족 농장이 번성했으며 탄산음료는 특별한 날에만 마셨다. 또한 특수한 경우에만 케이크와 쿠키를 먹었다. 반면 오늘날 많은 가정에서 너무나도 당연하게 정크 푸드로 끼니를 때우고 있다.

가공하지 않은 홀 푸드와 더 많은 과일과 채소, 홀 그레인, 기름기가 없는 육류, 건강한 오일과 지방을 먹으면 아무런 노력을 하지 않아도 체중이 감소하는 데 도움이 된다. 영양소가 풍부하게 함유된 식품들은 건강한 것은 물론 포만감도 주며, 이러한 식품을 섭취하면 포만감이 더 오래 유지되므로 자연적으로 전체적인 칼로리 섭취를 줄일 수 있다. 하지만 무엇보다 칼로리를 계산할 필요가 없다는 것이 가장 큰 장점이다! 배고플 때 식품 연쇄사슬에서 아래에 위치한 것을 먹고 배가 부르고 포만감이 들면 먹는 것을 멈춰라. 그리고 한 입 먹을 때마다 음식을 즐겨라.

클린 이팅 플랜에 운동을 추가하면 체중을 더 빨리 줄일 수 있다. 몸에 근육이 많을수록 칼로리 소모가 많아진다. 가만히 앉아 있거나 잠을 잘 때조차 말이다!

피부가 깨끗해진다

'깨끗한 피부'를 만들 수 있다고 하면 아마도 10대 청소년들은 당장 클린 이팅에 동참할 것이다. 또한 피부 문제는 성인이 되어서까지 지속되므로 어른들도 이러한 장점의 혜택을 누릴 수 있다. 클린 이팅을 실천하면 비타민, 미네랄, 피토케미컬 등 매끄럽고 건강한 피부를 만들기 위해 필요한 영양소를 얻을 수 있다.

여드름의 직접적인 원인은 아니지만 초콜릿과 설탕을 섭취하면 좋은 피부를 만드는 데 필요한 건강한 음식을 먹을 여지가 줄어든다. 그 결과 정제 탄수화물이 여드름 같은 피부 질환을 악화시킬 수도 있다. 나트륨과 트랜스 지방 함량이 높은 식품은 피지 분비를 증가시키므로 모공이 막히고 박테리아가 번식하여 여드름이 생기게 만들 수 있다. 클린 이팅은 추가된 설탕과 정제 탄수화물을 배제하므로 그런 걱정을 할 필요가 없다.

식품 알레르기 때문에 피부에 문제가 생기기도 한다. 하지만 클린 이팅을 실천하고 알레르기가 있는 식품은 물론 첨가물과 보존제 같이 알레르기를 유발할 수 있는 성분을 피한다면 종종 피부 문제를 완화하거나 완전히 해결할 수 있다.

깨끗한 피부를 만들기 위해 중점적으로 섭취해야 할 영양소는 필수지방산, 비타민 A, 비타민 B6, 비타민 C다.

이러한 영양소는 과일과 채소, 협과, 홀 그레인, 아보카도, 견과류, 씨앗류, 기름기 없는 육류, 지방 함량이 높은 생선에 함유되어 있다. 당근과 사과에 함유된 카로티노이드와 케르세틴 같은 항염증 영양소 역시 피부 문제를 줄이는 데 도움이 된다.

주름도 빼놓을 수 없다! 피부 트러블의 해결사인 피토케미컬은 피부세포에 손상을 입혀 피부를 얇게 만들고 그 결과 주름이 잘 생기게 만드는 유리기와 싸운다. 맑고 젊은 피부를 유지해주는 영양소가 주름이 잘 생기는 피부 역시 더 탱탱하게 만들어준다.

피부를 젊고 맑게 만드는 또 한 가지 방법은 물을 많이 마시는 것이다. 물은 피부 내부는 물론 외부에 수분을 공급하여 탄력을 유지하고 탱탱하게 만들어준다.

에너지가 증가한다

클린 이팅 플랜에 따라 홀 그레인과 복합 탄수화물을 섭취하면 더 많은 에너지를 공급받고 체력도 좋아진다. 탄수화물을 단백질 및 지방과 결합하는 것이 그 비결인데, 이렇게 하면 포만감이 더 오래 지속되는 것뿐만 아니라 혈당도 더 오래 안정시킬 수 있어 오후면 찾아오는 무력감을 예방할 수 있다.

새로운 다이어트를 통해 섭취하는 클린 푸드 안에 함유된 모든 영양소는 에너지를 증가시키는 데 도움을 준다. 비타민, 미네랄, 피토케미컬은 인체 세포가 더욱 효율적으로 작동하게 도와주어 전체적인 신체 기능의 효율성을 높여준다. 복합 탄수화물은 인체에서 소화하는 데 시간이 오래 걸리므로 더 오랜 시간 동안 에너지를 더 많이 공급한다.

클린 이팅 다이어트를 시작하고 나면 전처럼 낮잠을 자주 잘 필요가 없다는 사실을 알게 될 것이다. 하지만 충분한 수면을 취하도록 노력해야 한다. 또한 에너지가 많아지면 운동을 일상에 포함시켜라. 이렇게 하면 더 많은 에너지를 얻을 수 있다! 그리고 곧 단번에 높은 빌딩을 뛰어넘을… 수는 없겠지만 그럴 수 있을 것만 같을 것이다.

머리카락과 손톱이 건강해진다

머리카락을 건강하고 보기 좋게 가꾸는 비결은 안에서 밖으로 일어난다. 특수한 샴푸와 컨디셔너를 사용하면 머리카락의 외관과 감촉을 개선할 수 있지만 건강에 좋은 식품으로 구성된 좋은 식이를 섭취하는 것이 머리카락을 최고의 상태로 유지할 수 있는 최고의 방법이다.

머리카락 자체는 죽어 있지만(살아 있는 조직이라면 자를 때 엄청나게 아플 것이다!) 두피는 살아 있다. 그리고 건강한 머릿결의 근간은 바로 두피다. 비타민 A, B, C는 두피를 건강하게, 머리카락을 튼튼하게 만들어준다. 철은 산소를 공급함으로써 모낭을 튼튼하게 유지해주고 아연은 머리카락 빠짐을 예방해준다. 건강한 머리카락은 사실 건강에 대한 장점이 아니지만 전체적인 신체 건강이 개선되고 있다는 신호일 수 있다.

이제 많은 의사가 환자의 손톱을 보고 건강 상태에 대한 단서를 얻는다는 사실을 아는가? 손톱의 상태를 보고 기관지염에서 염증성 장질환, 심지어 심장질환까지 만성적인 질병을 알아낼 수도 있다. 철 결핍증 환자의 경우 손톱의 둥근 등 부분이 솟아오른다. 루푸스 환자의 경우 손톱 아래로 혈관을 눈으로 식별할 수 있고 손톱 색이 매우 창백하면 빈혈일 가능성이 있다.

홀 푸드를 통해 클린한 음식을 섭취하면 이러한 질병을 치료 또는 관리할 수 있다. 건강한 손톱은 건강한 신체를 나타낸다.

근육을 더 강하게 만든다

근육을 더욱 강하게 만들고 싶다면 하루 대여섯 끼의 식사를 해야 한다. 그리고 다음 식품을 많이 섭취해야 한다.

- 기름기가 없는 단백질 식품
- 단백질, 복합 탄수화물, 건강한 지방의 조합
- 과일과 채소
- 견과류와 씨앗류

이건 클린 이팅 다이어트 플랜을 한 주머니에 넣은 것이나 다름없지 않은가! 홀 푸드에 함유된 모든 영양소는 근육을 늘리고 노화와 유리기로 인한 세포 손상을 막아준다. 또한 인체에서 가장 중요한 근육인 심장 근육을 튼튼하게 유지해주고 정맥과 동맥을 튼튼하고 건강하게 유지해주어 근육으로 산소를 공급할 수 있게 만들어준다.

생선, 특히 지방 함량이 높은 생선과 기름기가 없는 쇠고기, 닭고기, 돼지고기, 견과류, 씨앗류, 홀 그레인이 좋은 단백질 공급원이다. 건강한 지방은 달걀노른자, 아몬드 등의 견과류, 올리브 오일, 아보카도 등의 농산물에 함유되어 있다. 최고의 복합 탄수화물 공급원은 홀 그레인과 협과다.

근육을 키우기 위해서는 제대로 먹어야 한다. 하지만 유산소운동과 웨이트 리프팅, 근력 훈련을 결합하여 규칙적으로 운동도 해야 한다. 다행히 클린 다이어트 플랜을 실천하면 에너지가 많아지므로 운동하는 일이 전처럼 힘들지 않고 근력은 증가할 것이다.

혈압이 낮아진다

고혈압은 몇 가지 이유에서 문제가 된다. 먼저 심장마비와 뇌졸중 발생 위험을 높인다. 또한 신장 손상과 시력 상실을 일으킬 수 있고 혈압이 높은 것 자체가 동맥을 약하게 만들고 손상시킬 수 있다.

혈압에 관해서는 식이가 너무나도 중요한 의미를 지니므로 식단을 바꾸면 수축기 혈압(높은 숫자)과 이완기 혈압(낮은 숫자) 모두 낮추는 데 도움이 될 것이다. 건강한 체중을 유지하고 전반적인 건강을 개선하는 것도 혈압을 낮추는 데 도움이 된다. 클린 이팅 다이어트는 이 세 가지를 모두 실현할 수 있는 완벽한 방법이다.

매일 섭취하는 영양소를 늘리면 혈압을 조절하는 데 도움이 된다. 칼슘, 마그네슘, 칼륨, 아연은 모두 혈압 유지에 중요한 영양소이며 홀 푸드를 통해 섭취할 수 있다. 또한 피토케미컬과 비타민은 유리기를 중화해서 동맥에 가해지는 손상을 줄이고 콜레스테롤의 산화를 예방한다.

많은 영양학자가 고혈압 위험군에 있는 사람에게 나트륨 섭취량을 줄이라고 조언한다. 인간이 섭취하는 나트륨의 70퍼센트가 가공식품에 함유된 것이므로 이러한 식품의 섭취를 줄이는 것만으로도 저절로 소금 섭취를 줄일 수 있다.

면역계를 강하게 만든다

면역력이 강해졌다면 이는 건강한 음식을 섭취한 직접적인 결과일 수 있다. 클린한 홀 푸드에 함유된 리코펜과 케르세틴 같은 피토케미컬은 다음과 같은 혜택을 준다.

» 면역계를 튼튼하게 유지한다.
» 인체에서 발암물질이 세포를 손상하는 작용을 차단한다.
» 암과 심장질환 같은 질병을 유발할 수 있는 염증을 줄인다.
» 암세포 성장 속도를 늦춘다.
» **아포토시스**를 일으킨다. 이는 정상적인 수명을 다한 세포의 자연적인 죽음

을 말한다.(암세포는 죽어야 할 때 죽지 않고, 바로 이 때문에 종양이 만들어진다.)

면역계가 강해진다는 것은 감기에 덜 걸리고 독감 바이러스에 저항성이 강해지며, 혹시 걸리더라도 더 빨리 회복된다는 의미다. 아픈 날이 줄어든다는 것은 클린 이팅 라이프스타일이 주는 수많은 혜택 가운데 하나일 뿐이다.

콜레스테롤 수치를 낮춘다

전체 콜레스테롤과 LDL 콜레스테롤 수치는 낮추면서 HDL 콜레스테롤 수치는 높이는 것을 목표로 삼는 사람이 많다. 그리고 클린 이팅 다이어트 플랜은 과일, 채소, 기름기 없는 육류, 건강한 지방, 홀 그레인을 중점적으로 섭취함으로써 이러한 수치를 개선하는 데 도움이 된다.

인체는 콜레스테롤을 동맥으로 보내 손상을 복구하고 염증을 완화한다. 그러므로 콜레스테롤 수치가 높다는 것은 인체가 유리기를 비롯한 염증의 원인으로부터 공격을 받고 있다는 신호다. 가공식품에 함유된 트랜스 지방, 단순 탄수화물, 정제 설탕을 섭취하면 콜레스테롤 수치가 높아질 수 있다.

레스베라트롤과 루테인 같은 피토케미컬, 비타민 B군과 비타민 D 같은 비타민이 풍부한 식품을 섭취하면 콜레스테롤 수치를 낮추고 HDL/LDL 비율을 개선하는 데 도움이 된다. 피토케미컬과 비타민은 과일, 채소에 함유되어 있다. 지방 함량이 높은 생선과 견과류, 씨앗류 등 좋은 지방에는 오메가-3 지방산이 많이 함유되어 있는데, 이 역시 HDL 콜레스테롤 수치를 높이고 LDL 콜레스테롤 수치를 낮추는 데 중요한 역할을 한다. 그러므로 건강검진 결과를 생각한다면 가공식품을 버리고 천연의 건강한 식품을 섭취하라.

머리가 맑아진다

패스트푸드를 잔뜩 먹은 뒤 몸이 늘어지고 졸음이 쏟아진 적이 있는가? 과학자들은 정크 푸드가 실제로 뇌의 시냅스를 손상시킬 수 있다고 보고한다. 이는 화학메신저가 서로 의사소통을 하는 뉴런들 사이의 공간이다. 빈약한 식단은 기억력과 학습능력을 향상시키는 분자의 생성 속도를 낮추기도 한다.

머리를 맑게 만들고 뇌 건강을 증진하는 데 필요한 영양소 가운데 오메가-3 지방산이 있다. 오메가-3 지방산은 시냅스를 유연하고 순응적으로 유지하고 우울증이나 치매 같은 뇌장애로부터 뇌를 보호하는 역할을 한다. 또한 신경세포막의 중요한 구성요소이며 나이가 들어 감에 따라 뇌기능이 떨어지는 것을 예방한다. 다른 필수지방산 역시 뇌 건강에 중요한 역할을 한다. 또한 기름기가 없는 순수한 단백질은 뇌의 시냅스에서 작용하는 신경전달물질의 생성에 필수적인 영양소다. 그 밖에 뇌 건강에 중요한 영양소로는 마그네슘, 칼륨, 베타카로틴, 비타민 D, E, B군, 그리고 빈혈을 예방하는 엽산이 있다.

그리고 이 모든 영양소는 과일과 채소 등 가공하지 않은 신선한 홀 푸드에 함유되어 있다. 이제 어떻게 해야 할지 알 것이다.

의사를 기쁘게 만든다

새로운 클린 이팅 라이프스타일이 가져다주는 가장 만족스러운 결과 가운데 하나는 의사로부터 긍정적인 정기건강검진 결과를 듣는 것이다. 당신이 더 적당한 체중이 되고 혈압과 콜레스테롤 수치가 낮아지며 HDL 콜레스테롤 수치는 향상되고 심장이 튼튼해지며 에너지가 많아진 상태로 모습을 드러낸다면 의사가 얼마나 놀라고 기뻐할지 상상해보라. 이제 두려운 마음을 안고 병원에 갈 필요가 없다! 심지어 의사에게 새로운 라이프스타일과 이팅 플랜에 대해 설명해줄 수도 있다. 세상에 이 기쁜 소식을 알리는 데 주저하지 말라. 클린 이팅 라이프스타일은 따르기 쉽고 삶에 충족감을 주며 노력한 만큼의 보상을 해준다!

chapter

20

마트에 갈 때마다 카트에 담아야 할 10가지 식품

제20장 미리보기

- 마트를 돌아다니며 어떤 것을 카트에 담아야 할지 파악한다.
- 매우 건강한 10가지 음식에 친숙해진다.

일주일 치의 쇼핑 목록을 작성할 때는 언제나 이 장에서 설명할 10가지 식품을 포함시키도록 하라. 다양한 음식에 사용되고 가격도 저렴하며 인체가 최고의 상태를 유지하기 위해 필요한 가장 강력한 피토케미컬과 비타민, 미네랄을 함유하고 있다.

하지만 영양소, 섬유, 좋은 지방이라는 면에서 최고의 것이라 해도 이러한 식품들만 구입할 필요는 없다. 그저 도약의 발판이라고 생각하라. 매주 새로운 식품으로 실험하면 클린 이팅 플랜에 대한 흥미를 유지하면서도 한 입 먹을 때마다 최대한 많은 영양소를 얻을 것이다. 새로운 음식이나 조합을 시도하는 데 두려워하지 말라. 녹색잎 채소와 커리 가루를 결합하고 연어에 다진 견과류를 입힌 다음 구워보라. 브로콜리나 방울양배추를 마늘, 올리브 오일과 함께 조리해보라. 실험할 수 있는 가능성이란 끝이 없을 것이다!

고구마

퍼블릭 인터레스트 과학 센터는 가장 영양소가 풍부한 식품으로 고구마를 꼽았다. 고구마에 섬유, 단백질, 복합 탄수화물, 비타민, 칼륨, 마그네슘, 아연, 카로티노이드, 철, 칼슘이 풍부하게 함유되어 있다는 사실을 생각하면 전혀 놀랄 일이 아니다. 실제로 고구마는 일일섭취권장량의 2배가 넘는 비타민 A, 40퍼센트 이상의 비타민 C, 그리고 4배에 달하는 베타카로틴을 함유하고 있다. 그리고 고구마 하나는 고작 130칼로리의 열량만을 함유하고 있다!

고구마를 끼니로 잘 활용할 아이디어가 필요한가? 먼저 고구마를 구워 반으로 자른 다음 토마토, 셀러리와 섞은 저지방 요거트, 또는 저지방 그릭 요거트를 얹어보라. 아니면 얇은 막대 모양으로 썰어서 올리브 오일, 파프리카와 함께 바삭해질 때까지 구워보라.

어떻게 조리하기로 결정하든 고구마는 껍질째 먹어야 한다는 사실을 잊지 말라! 고구마의 섬유는 대부분 껍질에 함유되어 있고 껍질 바로 아래 과육에 가장 많은 영양소가 함유되어 있다.

자연산 연어

연어를 구입할 때는 양식이 아니라 자연산을 선택해야 한다. 양식 생선에는 수은과 PCBs라는 독성 화학물질이 다량 함유되어 있으며 여기에는 납 등의 중금속도 포함된다. 자연산 연어에는 다량의 오메가-3 지방산, 마그네슘, 단백질, 비타민 D가 함유되어 있다. 또한 나이아신, 셀레늄, 비타민 B12와 B6의 훌륭한 공급원이기도 하다. 연어를 섭취하면 심장질환 및 염증으로 야기되는 질병을 예방하는 데 도움이 된다.

과학자들은 최근 오메가-3 지방산이 알츠하이머병과 치매의 퇴화 작용을 늦추는 데 도움이 된다는 사실을 발견했다. 또한 우울증과 공격행동이 발생할 위험을 낮추는 데도 도움이 된다.

이런 모든 장점을 생각하면 많은 영양학자가 자연산 연어 같은 식품을 일주일에 두 번 섭취하라고 촉구하는 것도 당연한 일이다. 일주일에 두 번 메뉴에 연어를 넣으면 혈액 내 트리글리세라이드 수치를 낮추고 심장 기능을 향상시킬 수 있다. 메뉴에 대한 새로운 아이디어가 필요하다면 제16장에서 소개한 복숭아 살사를 곁들인 연어 샐러드 샌드위치와 제17장에서 소개한 연어 리시 비시를 참고하라.

올리브 오일

올리브 오일은 음식을 소테하거나 프라이할 때, 거의 모든 베이킹과 쿠킹 조리법에서 사용하는 지방으로, 샐러드 드레싱에 사용할 수 있다. 올리브 오일에 함유된 지방산은 대부분 오메가-9 지방산이다. 이는 건강한 단불포화지방으로서 전체 콜레스테롤 수치를 낮추는 데 도움이 된다. 엑스트라 버진 올리브 오일은 열을 가하지 않고 올리브를 처음 압착해서 얻는 것이므로 강력한 항산화성분인 비타민 E와 페놀이 풍부하게 함유되어 있다. 또한 풍미도 뛰어나다. 단, 샐러드 드레싱 만들 때와 음식을 살짝 볶을 때 사용하라.

하지만 조리할 때는 비정제 엑스트라 버진 올리브 오일의 발연점이 약 190도라는 사실을 명심해야 한다. 발연점은 오일이 분해되어 연기가 발생하기 시작하는 지점을 말하는데, 올리브 오일의 발연점은 음식을 소테나 프라이하기에 이상적인 온도보다 약간 높지만 다른 오일보다는 낮은 편이다. 그러므로 프라이나 오래 소테해야 하는 경우 엑스트라 버진 대신 내연점이 약 220도인 평범한 올리브 오일을 사용하라. 엑스트라 버진 올리브 오일은 샐러드 드레싱과 베이킹을 위해 아껴두어라!(제5부에서 소개한 많은 조리법에 올리브 오일이 사용되므로 올리브 오일을 이용한 맛있는 음식에 대한 아이디어가 필요하다면 참고하라.)

십자화과 채소

십자화과 채소에는 브로콜리, 콜리플라워, 방울양배추, 콜라비, 양배추, 케일, 배추가 포함된다. 이 채소들이 그렇게 건강에 좋은 이유는 무엇일까? 많은 연구 결과 십자화과 채소를 섭취하면 암으로부터 신체를 보호할 수 있다는 사실이 밝혀졌다. 특히 설포라판, 인돌-3-카비놀, 크람벤 등 이러한 식품에 함유된 피토케미컬이 인체 세포에 손상을 입히기 전에 발암물질을 파괴하는 효소 작용을 돕는다. 게다가 이러한 채소들은 항산화성분도 풍부하여 유리기가 일으키는 산화와 손상을 예방한다.

십자화과 채소를 조리할 때는 너무 많이 익히지 않게 하는 것이 열쇠다. 황 함량이 높기 때문에 너무 오래 조리할 경우 황이 방출되어 매우 불쾌한 맛을 낸다. 가볍게 찌거나 생으로 먹으면 인체는 물론 혀도 기뻐할 것이다.(제16장의 과일 코울슬로, 제18장의 스페인식 살사를 곁들인 케일 칩, 그리고 제17장에서 소개한 맛있는 채소 메뉴 전체를 확인해보라.)

견과류

견과류가 사실은 씨앗류라는 사실을 아는가? 사실이다. 모든 견과류 하나에는 어린 나무를 싹을 틔우고 자라게 만드는 데 필요한 모든 영양소가 함유되어 있다! 그러므로 견과류에 함유된 많은 영양소가 사람의 건강에도 수많은 도움을 줄 것이다.

- **필수지방산과 단불포화지방** : LDL 콜레스테롤 수치를 낮추고 혈병 발생 위험을 줄여준다.
- **비타민 E** : 동맥의 플라크 생성을 줄여준다.
- **섬유** : 혈중 콜레스테롤 수치를 낮춰준다.
- **식물성 스테롤** : 혈중 콜레스테롤 수치를 낮춰준다.

견과류는 너무나도 많은 점에서 건강에 도움이 되며 먹었을 때 포만감을 주기 때문에 클린 이팅 플랜에서 건강한 간식으로 안성맞춤인 식품이다. 가장 건강한 견과류로는 호두, 아몬드, 마카다미아 너트, 헤이즐너트, 피칸이 있다. 한 가지 놀랄 소식이 있다. 땅콩은 엄밀히 말해서 견과류가 아니다! 완두콩이나 콩처럼 협과에 속한다.

견과류를 볶으면 유기 영양소의 많은 부분이 손실되므로 가능하면 생으로 먹어야 한다는 사실을 명심하라.

견과류를 새로운 방식으로 즐기고 싶다면 제16장의 클린 대구 샐러드, 과일 코울슬로, 과일 치킨 파스타 샐러드, 과일과 곡물 샐러드, 제18장의 다크 초콜릿 바크, 스위트 앤드 스파이시 너트, 블루베리 체리 크리스프를 살펴보라.

아보카도

아보카도는 영양가가 풍부하고 버터 같은 맛과 향이 나는 식품이다. 그리고 놀랄지 모르지만 건강에도 아주 좋다! 과일인 아보카도는 비타민 E, C, K, 칼륨, 올레산, 엽산, 항산화성분, 피토케미컬(유리기의 손상을 막아준다)이 풍부하게 함유되어 있다. 아보카도에 함유된 지방은 단불포화지방이므로 혈중 콜레스테롤 수치를 낮춰준다. 또한 베타시토스테롤이라는 성분을 함유하고 있는데, 이 역시 콜레스테롤 수치를 낮춰주는 피토케미컬이다.

마요네즈나 버터 대신 아보카도를 샌드위치 스프레드로 사용하라. 약간의 레몬즙이나 라임즙을 넣어 으깬 다음 통밀 롤이나 빵에 펴 발라주기만 하면 된다. 그린 샐러드에 아보카도를 넣거나 간식으로 그냥 먹어도 좋다. 또한 햄버거나 그릴 샌드위치 위에 얹어 먹어도 된다. 제16장의 클린 대구 샐러드, 제18장의 클린 풋콩 과카몰리를 확인해보라.

녹색잎채소

칼로리는 최소로, 영양소를 최대로 섭취하려면 케일, 콜라드 그린, 로메인 상추, 시금치, 근대, 엔다이브 같은 식품을 언제나 쇼핑 카트에 담아야 한다. 이러한 녹색채소들은 루테인, 케르세틴, 제아잔틴, 베타카로틴 같은 피토영양소는 물론 비타민과 미네랄, 특히 비타민 C, K, E, B군, 칼륨, 마그네슘이 풍부하게 함유되어 있다.

짙은 녹색잎채소를 듬뿍 넣은 식단은 죽상경화증과 심장질환 발병 위험을 줄이고 당뇨와 골다공증을 예방하며 암 발병 위험을 감소시킨다. 생으로 먹어도 되고 수프나 스튜에 넣어 익혀 먹어도 된다. 질긴 잎채소는 스터 프라이로 요리해도 맛이 좋다. 실제로 제16장과 제17장에 소개한 점심과 저녁 메뉴 그 어떤 것에도 녹색잎채소를 추가할 수 있다.

커리 가루

커리 가루는 몇 가지 다른 종류의 향신료를 섞은 것이며, 각각의 향신료는 항산화성분과 피토케미컬을 풍부하게 함유하고 있다. 하지만 커리 가루에서 가장 중요한 향신료는 노란색을 띠고 미묘하지만 풍부한 맛과 향을 내는 울금이다. 여기에는 강력한 피토케미컬인 커큐민이 함유되어 있다.

울금이 들어간 커리 가루를 다량 섭취하는 사람들은 암, 알츠하이머병 발병률이 낮으며 염증도 적게 발생하고 기억력도 향상된다. 커큐민 역시 전립선암 진행을 늦추는 것으로 드러났다.

샐러드에 커리 가루를 뿌려보라. 샐러드 드레싱에 넣고 스터 프라이, 심지어 아침식사용 스무디에도 첨가해보라. 커리 가루는 부드러운 맛을 지닌 것에서 매운 맛을 지닌 것까지 다양하며, 직접 블렌딩해서 맛을 낼 수도 있다(울금을 잔뜩 넣는 것만 잊지 말라!). 커리 가루를 사용한 적이 없다면 제15장의 와일드 라이스 에그 롤 업을 시도해보라. 또한 제18장의 스위트 앤드 스파이시 너트를 시도해보라.

베리류(특히 블루베리)

베리 종류의 과일은 아주 훌륭한 달콤한 간식이며 그 자체로 맛있는 디저트가 된다. 또한 건강에도 아주 좋다. 딸기는 비타민 C의 환상적인 공급원이며 암과 싸우는 피토케미컬도 함유하고 있다. 블루베리, 특히 야생 블루베리는 모든 생과일 가운데 항산화성분 함량이 가장 높아 지구상에서 가장 건강한 식품 가운데 한 가지다.

건조한 베리류 역시 신선한 것만큼 많은 영양소를 함유하고 있다. 하지만 수분 함량이 적으므로 칼로리가 더 높다. 그래도 적절한 양을 섭취하면 아주 훌륭한 간식이 된다. 냉동 베리도 잊지 말라! 먼 거리를 이동한 신선한 베리보다 냉동 베리류가 더 많은 영양소를 함유할 수도 있다.

베리류는 섬유도 풍부하여 포만감을 오래 지속시키고 혈중 콜레스테롤 수치를 낮출 수 있다. 그린 샐러드, 과일 샐러드에 베리류를 넣고 아침 시리얼에 첨가해보라. 달콤하고 맛있는 간식으로 그냥 먹어도 좋다. 아니면 제16장의 과일 치킨 파스타 샐러드, 복숭아 살사를 곁들인 연어 샐러드 샌드위치, 제18장의 냉동 요거트 바, 블루베리 체리 크리스프에 도전해보라.

마늘과 양파

톡 쏘는 맛이 강한 이 뿌리채소들은 황화알릴의 좋은 공급원이다. 이는 암 발생 위험을 줄이고 인체의 염증을 가라앉히는 데 도움이 되는 피토케미컬이다. 마늘과 양파에는 산화를 방지하고 유리기에 의한 손상을 막아주는 폴리페놀과 플라보노이드도 풍부하게 함유되어 있다. 마늘은 콜레스테롤 수치를 낮추는 데도 도움이 된다.

마늘의 영양가를 최대한 활용하려면 다지거나 으깨서 상온에 몇 분 정도 두었다가 조리하라. 이렇게 하면 익힌 다음에도 알리신 성분을 보존할 수 있다. 양파에 함유된 플라보노이드는 껍질 근처에 집중되어 있으므로 가능한 껍질을 적게 까야 영양소를 최대한 섭취할 수 있다. 마늘과 양파를 사용하는 수많은 조리법은 제5부에서 확인하라.

chapter

21

세상을 깨끗하게 만드는 10가지 방법

제21장 미리보기

- 로컬 구매에 대해 알아본다.
- 돈을 절약하고 건강을 지킨다.
- 공장식 농장과 이곳에 내재된 문제를 피한다.
- 쓰레기를 줄이고 돈을 절약한다.

클린 이팅은 실천하는 사람을 건강하게 만들고 삶을 개선한다. 하지만 그것만이 아니다. 더 좋은 세상을 만들 수도 있다. 홀 푸드를 구입하면 식품의 먹이연쇄에서 아래에 위치한 것을 구입하는 것이므로 포장지와 용기, 그리고 만드는 데 많은 에너지를 소모하는 가공식품을 피할 수 있다. 또한 공해를 유발하는 시설과 교통수단에 기여하지 않는 셈이기도 하다. 버릴 것이 줄어드는 만큼 배출하는 쓰레기양도 줄어들 것이다.

작은 것이라도 모두 도움이 된다. 가공식품과 포장된 식품을 완전히 피하지 않더라도 상관없다. 그 어떤 것이라도 당신이 바뀌면 세상이 바뀐다. 또한 더 많은 사람이 클린 이팅 라이프스타일을 실천하면 그 변화는 정말 대단할 것이다!

로컬 구매와 하이퍼 로컬

로컬 푸드 운동은 1970년대 이후로 성장해 왔다. 인근 지역, 즉 로컬의 개인 농장과 업체에서 식품을 구입하면 지역 경제에 도움이 된다. 또한 이렇게 하면 당신이 섭취하는 식품에 환경이 미치는 영향도 줄어든다. 장거리 운송이 필요하지 않으므로 공해 발생량과 야생동물 서식지 파괴가 줄어들기 때문이다. 또한 자신이 속한 지역에 더 많은 일자리를 창출할 수 있다.

로컬에서 생산되고 얻어진 식품을 구매하는 것은 더 많은 영양소가 함유된 식품을 섭취한다는 의미다. 미국에서 생산되는 농산물 대부분은 소비자가 구입하기 약 일주일 전에 수확되어 2,414킬로미터를 이동한다. 그 시간 동안 영양소는 파괴된다.

하이퍼 로컬(hyper-local) 식품을 구입한다는 것은 주로 이웃의 작물을 산다는 의미다. 또한 농부와 사업체 간에 보다 확실한 실체가 있는 공동체가 형성되는 데 도움을 준다. 예를 들어 이웃한 농장직거래장터를 지원한다면 지역에서 생산된 치즈, 가족이 운영하는 농장에서 생산된 달걀, 트럭가든(미국의 시장용 채소밭-역주)에서 생산된 과일과 채소, 주방에 새로 달 커튼, 정원에 심을 식물 등을 한 곳에서 쇼핑할 수 있다.

지역사회지원농업은 로컬에서 식품을 구매하는 아주 좋은 방법이다. 농기가 시작될 무렵 지역 농부에게 고정 금액을 지불한 다음 재배 기간 동안 수확한 농산물의 일정 부분을 집으로 가져올 자격을 갖춘다. 마트에서 구입한 그 어떤 것보다 로컬에서 재배, 거래되는 식품이 맛과 영양 면에서 훨씬 낫다는 사실을 알게 될 것이다. 또한 농장을 방문해서 그 자리에서 식품을 얻는 것도 색다른 경험이 될 것이다.

지속가능성을 지원한다

지속가능성은 오랜 기간 동안 견디고 번영하는 능력을 말한다. 건강하고 공해가 없이 오랜 세월 지속되어 온 생태계는 모든 생명에게 혜택을 준다. 지속가능한 건물, 농장, 공동체는 환경적 영향을 최소화함으로써 미래 세대를 위하게 된다. 약간의 조사와 비교 구입만으로 누구나 매번 지갑을 열 때마다 지속가능성을 지원할 수 있다.

예를 들어 고기를 살 때는 대형 공장식 농장이나 집중사육시설이 아니라 방목 사육된 동물의 고기를 찾아보라. 방목 사육된 가축은 목초지를 거닐며 더 나은 삶을 살고 환경에 해를 덜 입히므로 이런 가축의 고기를 먹는 사람의 건강에도 좋은 영향을 미칠 것이다. 또한 집중사육된 가축의 고기보다 오메가-3 지방산과 오메가-6 지방산의 비율도 바람직하다.

지속가능한 작물은 기존의 작물과 다른 방식으로 재배된다. 같은 땅에 돌려짓기를 하며 다양한 종류의 작물을 재배한다. 돌려짓기는 토양의 소모를 최소화하는 동시에 생산량도 증가시키는 방식이다. 또한 해충의 수가 줄고 잡초가 잘 자라지 못하므로 농부는 살충제와 제초제를 많이 사용할 필요가 없다.

지속가능한 작물에는 영양소도 풍부하게 함유되어 있을 가능성이 있다. 대규모 농장은 영양이 풍부한 작물이 아니라 더 빨리 자라고 더 많이 수확할 수 있는 작물을 재배하며 빨리 성장하는 가축을 사육한다. 그 때문에 농작물과 육류에 함유된 거대 영양소와 미량 영양소가 줄어들지도 모른다.

최고의 식품을 구입한다

사람들은 대부분 예산, 과소비에 대해 신경 쓰고 같은 돈을 쓰더라도 최대한의 결과를 얻으려 한다. 클린 이팅을 실천한다면 건강은 물론 가계도 개선할 수 있다! 솔직해지자. 정크 푸드가 오히려 비싸다. 그리고 그 이유는 한두 가지가 아니다.

지불한 돈에서 최고의 것을 얻으려 할 때 토마토 캔 대신 신선한 토마토를, 캔 수프 대신 홈메이드 수프 재료로 사용할 말린 콩을, 냉동 시금치 대신 신선한 시금치를 구입하라. 식품 연쇄사슬의 아래에 위치한 식품을 구입하면 예산과 건강 모두에 도움이 된다. 한 번 가공될 때마다 식품의 영양소는 파괴되고 비용은 추가된다.

제철에 구매하는 것도 같은 가격에서 최고의 식품을 구입하는 방법이다. 멕시코에서 수입된 복숭아를 1월에 구입한다면 운송비를 추가로 지불하는 것은 물론 당신의 뒷마당에서 자란 것보다 맛이 없을 것이다. 하지만 로컬 농부가 생산한 복숭아를 8월에 구입한다면 가격도 저렴하고 맛과 영양도 훨씬 뛰어날 것이다.

정크 푸드나 패스트푸드 가운데 정말로 상대적으로 싸고 영양이 풍부한 홀 푸드보다 만족감이 큰 음식이 있는 것은 사실이다. 하지만 정크 푸드 때문에 치러야 할 대가는 장기적으로 봤을 때 훨씬 크다. 패스트푸드 햄버거, 포테이토칩, 간식거리를 지속적으로 섭취하면 나중에 병원비로 엄청난 비용을 지불해야 할 수도 있다. 집에서 홀 푸드로 직접 음식을 만들려면 더 많은 노력과 수고가 필요하지만 그 노력은 더 길고 건강한 삶을 통해 보상받을 것이다.

공장식 농장과 항생제 내성

영양적인 면에서만 공장식 농장에서 생산된 육류나 농작물을 멀리해야 하는 것이 아니다. 세상 모든 생명의 건강을 위해서도 그렇게 해야 한다. 많은 공장식 농장에서 질병을 예방하고 성장을 촉진하기 위해 더러운 축사에 밀집해서 가축을 가둔 채 허용치 이하의 항생제를 급여한다. 하지만 이러한 방식은 결국 세균에 항생제 내성이 생기게 만든다. 그리고 이제 인류는 의학적 처치에 아무런 반응이 없는 슈퍼박테리아라는 문제에 직면하고 있다.

미국 식품의약국과 농무부는 수의 약품 제조사에게 라벨에 질병 예방용이라고 표기하지 말 것을 요구했다. 하지만 성장을 촉진하기 위해 여전히 항생제가 사용될 여지가 있다. 이러한 약물이 육류에 침투하고, 결국 그 고기를 먹은 인간에게도 침투할 수 있다.

대규모 가축 사육장은 수자원 오염의 원인이기도 하며, 이는 식중독 발생의 간접적 원인이라는 의미다. 이러한 농장에서 배출하는 폐수에는 병원성 세균이 있을 가능성이 있는데, 이런 상태에서 지하수로 유입되어 지하수를 오염시킨다. 그리고 이렇게 오염된 물을 경작에 사용하면 작물이 오염되어 식품매개질병이 발생하게 되는 것이다.

미국 농무부는 확인된 농장의 가축이 연간 배출하는 배설물의 양을 4억 5,000만 톤 이상으로 추정하고 있다. 이러한 시설은 기후변화의 원인이 되는 온실가스를 엄청나게 배출한다. 공장식 농장은 전체 환경에 대한 메탄 배출량의 37퍼센트를 차지한다. 그리고 메탄은 이산화탄소보다 지구온난화에 20배나 악영향을 미친다.

익히지 않은 식품에 대해 주의할 것

홀 푸드는 건강에 좋다. 또한 슬로우 쿠커를 사용하는 것처럼 부드러운 조리법을 사용하는 것이 가장 바람직하다. 하지만 익히지 않은 날 음식을 먹으면 특히 심각한 질병이 있거나 식중독이 발생할 위험이 있을 경우(어린아이, 노인, 면역기능이 저하되거나 만성 질환을 앓는 사람, 임신부) 문제가 생길 수 있다. 식품매개질병은 아이스크림에서 시금치, 간 쇠고기 등 모든 식품 때문에 발생할 수 있다.

실제로 미국 식품의약국은 식중독의 제1원인은 익히지 않은 식품이라고 밝힌다. 익히지 않은 견과류, 생 시금치, 생 고수, 토마토, 라즈베리, 방울양배추 등이 식중독과 연관되어 왔다. 로 푸드 운동은 홀 푸드 섭취를 권장하지만 음식을 가열할 때는 40도를 넘어서는 안 된다고 정한다. 문제는 세균을 죽이려면 71도 이상으로 가열해야 한다는 것이다.

날것으로 먹는 것이 건강에 더 좋은 식품도 있는 반면 익혔을 때 더 많은 영양소를 얻을 수 있는 식품도 있다. 예를 들어 당근에 함유된 비타민 A 전구체는 익혔을 때 인체에서 더 잘 흡수된다. 버섯의 경우 익혔을 때 함유된 칼륨을 인체가 더욱 잘 활용할 수 있다.

로 푸드 식단을 따르는 사람은 누구든 비타민 B12가 결핍되어 빈혈과 신경계에 손

상이 발생할 수 있다. 최고의 비타민 B12 공급원으로는 육류가 있다. 하지만 로 푸드 식단을 실천하는 동안에는 고기를 먹을 수 없고, 이는 비타민 B12가 결핍될 수 있다는 의미다. 그러므로 로 푸드 식단에 관심이 있는 사람은 비타민 B12 영양제 복용에 대해 의사와 상담해야 한다.

직접 텃밭을 가꿔라

자신이 먹을 것을 직접 키우는 일은 보람도 있고 비용도 절약되는 것은 물론 식품의 신선도를 최대한 보장하는 최고의 방법이다. 뒷마당을 텃밭으로 가꾼다면 식품을 수송하거나 포장할 필요가 없으므로 환경오염을 방지할 수 있다. 또한 궁극의 로컬 라이프스타일을 실천하는 것이다!

텃밭을 만들 때는 가족을 참여시켜보라. 넓은 터에 여름 내 가족이 먹을 음식 재료 상당 부분을 키울 필요는 없다. 돈움판 몇 개나 커다란 화분 5~6개면 재배 기간 동안 토마토, 파프리카, 허브, 완두콩, 콩, 과일을 많이 수확할 수 있다.

종자부터 텃밭을 시작하려면 세습 씨앗을 찾아보라. 세습 씨앗은 아직까지 유전자조작이 이루어지지 않았고 자연수분하여 만드는 경우가 많다.

쓰레기를 줄인다

지구를 위하는 또 다른 훌륭한 방법은 쓰레기 배출량을 줄이는 것이다. 저렴한 비용으로, 또는 공짜로 쓰레기를 쉽게 줄이는 몇 가지 방법이 있다. 가족 모두가 동참하는 프로젝트로 만들어도 좋다. 누가 더 물품을 재사용할 방법을 많이 찾아내고 1회용 용기를 사용하지 않는지 경쟁하는 것이다. 그러기 위해 할 수 있는 일은 다음과 같다.

- 장을 볼 때는 재사용 가능한 장바구니를 가져간다.

» 병에 든 생수를 사는 대신 보온병에 물을 담아 갖고 다닌다.
» 남은 음식을 보관할 때는 비닐, 파라핀 종이, 알루미늄 포일 대신 재사용 가능한 용기를 사용한다.
» 종이 키친타월이 아니라 행주를 청결하게 유지하며 사용한다.
» 말린 콩, 밀가루, 양념은 대량포장으로 구입한다.
» 냉장실과 냉동실에 어떤 식품이 있는지 파악하여 폐기하는 것이 없도록 한다. 미국인들은 구입한 식품 가운데 15퍼센트 이상을 상할 때까지 사용하지 않아 결국 폐기한다.

주방에 캔이나 박스에 담긴 식품이 있다면 표기된 만료날짜가 식품의 안전성이 아니라 품질을 가리킨다는 사실을 알아야 한다. 어떤 캔에 적힌 만료날짜가 지난주면 먹어서 안전하기는 하지만 맛과 향이 줄었다고 해석하면 된다. 단, 포장된 샐러드는 예외다. 지금까지 식중독 발생의 원인이었으므로 만료날짜가 지난 것은 절대 먹어서는 안 된다.

재활용과 퇴비화 처리

재활용가 퇴비화 처리는 수십 년간 그린 환경 운동의 한 부분이었다. 많은 공동체에서 유리, 금속, 플라스틱, 종이의 재활용을 의무화하고 있으며, 이를 어길 시에는 벌금이 부과된다.

쓰레기는 땅, 공기, 물을 오염시키는 쓰레기 공해를 유발할 수 있다. 버려지는 모든 것은 결국 지하수로 유입되고 우리가 마시는 물을 오염시킨다. 쓰레기를 소각하면 대기오염을 일으킨다. 버리는 양을 줄이면 지구를 보호하는 데 도움이 된다. 또한 가능한 모든 것을 재활용하고 일회용품을 적게 쓰도록 의식적으로 노력해야 한다.

지구의 바다는 버려진 플라스틱으로 뒤덮이고 있다. 실제로 연구가들은 플라스틱 병이 분해되는 데 450년이 걸리며, 분해되더라도 더 심각한 공해를 유발할 화학물질을 배출한다고 말한다. '태평양 거대 쓰레기 더미'라고 들어본 적이 있는가? 이는 해류에 의해 바다에 형성된 거대한 플라스틱 잔해를 말한다. 그 크기가 텍사스주만 하다고 추정하는 사람도 있다.

정원이 있는 집에서는 퇴비화 처리를 하는 것이 쓰레기를 줄이는 아주 좋은 방법이다. 퇴비 제조용 용기를 구입하거나 방부 처리를 하지 않은 나무로 직접 만들어 퇴비를 만들 수 있다. 마른 나뭇잎과 가지, 지푸라기를 음식 쓰레기, 깎은 잔디와 섞는다. 이 더미를 축축해질 정도로만 물에 적신다. 갈고리로 퇴적물을 뒤집어주면 부패 속도가 빨라지고 악취도 사라진다. 육류, 뼈, 껍질을 깨지 않은 달걀, 유제품은 퇴비 처리해서는 안 된다.

유기농으로 구입하라

살충제와 제초제를 덜 사용한다는 점에서는 유기농 식품이 인체에 더 클린하다고 할 수 있다. 또한 농부들이 해로운 화학물질을 덜 쓰고 재배하도록 유도하는 것이므로 유기농 식품을 구입하면 환경에도 도움이 된다.

살충제와 제초제 등은 잘 분해되지 않아 토양에 몇 년 동안 남아 있는데, 유기농 재배는 이러한 화학물질을 환경에서 떨어뜨린다. 유기농 식품을 구입할 때는 미국 농무부에서 유기농이라고 인증받았다는 표시인 유기농 마크가 있는지 확인하라. 해로운 화학물질을 전혀 사용하지 않고 생산된 식품에는 100퍼센트 유기농이라는 라벨이 붙을 것이다. '유기농 재료로 만든'이라고 라벨에 적힌 식품은 재료의 70퍼센트 이상을 유기농으로 만들었다는 의미다. 하지만 '천연(natural)'이라는 단어에는 주의해야 한다. 그저 인공 재료가 들어가지 않거나 색소가 추가되지 않았다는 의미일 수도 있다.

라운드업이라는 제초제에는 글리포세이트라는 화합물이 함유되어 있는데 과거 과학자들은 이 성분이 동물에 무해하다고 여겼다. 글리포세이트는 식물의 시킴경로에 영향을 주는데 동물에는 이것이 없기 때문이다. 하지만 이제 인간의 장에 서식하는 세균이 시키메이트 경로(shikimate pathway)를 사용한다는 사실이 밝혀진 만큼 글리포세이트 역시 동물과 인간에게 유해하다는 사실이 드러났다.

물을 보존하라

클린한 식수는 생명체에게 반드시 필요한 자원이다. 하지만 이 자원은 이제 공해와 쓰레기에 의해 위협받고 있다. 물을 어떻게 사용하느냐에 따라 이러한 상황을 바꿀 수 있다. 이를 위해 할 수 있는 일은 다음과 같다.

- 이를 닦을 때는 수도꼭지를 잠그고 샤워를 짧은 시간만 한다.
- 플라스틱 병에 담긴 물을 사는 대신 정수한 수돗물을 마셔라.
- 법적으로 허용이 된다면 빗물을 통에 모아 정원에 물을 주거나 세차할 때 사용하라.
- 식기세척기와 세탁기는 충분한 양이 모아졌을 때 사용하라. 또한 이러한 가전제품은 에너지 효율이 높은 것이어야 한다.
- 뜨거운 물이 나올 때까지 기다리는 동안 버려지는 찬물을 모아 청소할 때나 화분에 물을 줄 때 사용하라.

지은이

조나단 라이트(Jonathan Wright, MD)

하버드대학교와 미시간대학교 대학원을 졸업한 조나단 라이트 박사는 건강한 노화와 질병의 천연 치료에 대한 연구 및 임상의 선구자다. 의사 앨런 개비와 함께 그는 1976년부터 다이어트, 비타민, 미네랄, 식물, 그리고 다양한 질병을 치료하기 위해 개발한 100퍼센트 천연 치료제에 함유된 기타 천연물질과 관련한 연구 논문을 5만 편 이상 축적해 왔다. 1983년부터 라이트 박사와 개비는 미국은 물론 해외의 수많은 의사들에게 이러한 방법을 가르치는 세미나를 정기적으로 개최했다.

또한 1982년 최초로 에스트로겐, 프로게스테론, DHEA, 테스토스테론 등 생물-동일성 호르몬의 종합적인 사용 패턴을 개발, 소개했다. 또한 머리디언 밸리 임상검사실에서 생물-동일성 호르몬을 안전하게 사용하기 위한 실험 개발을 감독했다. 그는 매년 몇 회의 세미나를 통해 생물-동일성 호르몬의 사용과 실험실 모니터링에 대해 강의한다.

그는 아동기 천식을 종식시키는 성공적인 천연 치료법을 고안했고 이 콜리(E. coli)에 의한 요로계 감염 치료에 D-마노스의 사용을 대중화했다. 또한 지루성 피부염, 알레르기 및 바이러스성 결막염, 그리고 정강뼈거친면뼈연골증에 대한 효과적인 천연 치료법을 개발했다. 그리고 코발트와 요오드가 지닌 에스트로겐 및 다른 스테로이드의 해독 작용을 발견했다.

라이트 박사는 타호마 클리닉(1973년), 머리디언 밸리 임상검사실(1976년), 타호마 클리닉 재단(1996년)을 창설했다. 타호마 클리닉은 천연물질과 천연 에너지를 이용하여 질병을 예방, 치료하고 인간이 건강하게 오래 사는 데 도움을 주고자 설립되었다. 유명한 1992년의 타호마 클리닉 '공습'['위대한 B-비타민의 습격(The Great B-Vitamin Bust)']은 미 의회가 비타민 미네랄 관련 규정을 수정하도록 만든 주요 원동력이었다. 라이트 박사는 현재까지도 환자가 건강관리에 대한 선택의 자유를 누려야 한다고 지지한다.

저서와 의학 논문으로 국제적으로 잘 알려진 라이트 박사는 공동 저술한 것까지 포함하여 11권의 책을 출간했고 이 책들의 판매량은 모두 150만 권에 달한다. 그리고 《영양학적 치료를 위한 책(Book of Nutritional Therapy)》와 《영양소를 이용한 치유 가이드(Guide to Healing with Nutrition)》를 베스트셀러에 올려놓았다. 또한 그는 영양제를 집중적으로 다루는 월간 소식지 〈뉴트리션 앤드 힐링(Nutrition and Healing)〉을 저술하고 있다. 이는 미국에서만 10만 명 이상, 전 세계적으로는 7,000명 이상의 독자를 확보한 소식지다.

린다 라슨(Linda Larsen)

린다 라슨은 작가이가 언론가로, 주로 식품과 영양을 주제로 34권의 책을 출간했다. 그녀는 올라프대학교에서 생물학 학사 학위를 취득했고 미네소타대학교에서 식품과학 및 영양 분야에서 우등상을 수상하며 과학 학사 학위를 취득했다.

린다는 필스베리 사에서 오랜 세월 근무하며 조리법을 만들고 시험했다. 그녀는 필스베리 베이크-오프 자문단의 일원으로 다섯 차례 일하며 연구팀의 매니저 역할을 하고 시험용 주방에서 근무했다. 린다는 About.com의 비지 쿡스 가이드이며 음식, 조리법, 영양에 대해 글을 쓰고 있다. 또한 식중독 발생, 식품 안전성 문제, 식품 리콜에 대해 보도하는 구글 뉴스 사이트인 푸드 포이즈닝

불레틴의 편집자이기도 하다.

옮긴이

조윤경

한림대학교 식품영양학과를 졸업하고, 건강, 심리, 과학, 의학, 수의학, 역사 등의 분야에 관심을 갖고 관련 분야 번역에 주력하고 있다. 현재 번역 에이전시 엔터스코리아에서 출판기획 및 전문 번역가로 활동하고 있다.

주요 역서로 『마음은 몸으로 말을 한다』, 『마케팅의 미래는 마이크로』, 『마음챙김 다이어리』, 『빛으로의 여행』, 『범죄 과학, 그날의 진실을 밝혀라』, 『하버드 불면증 수업』, 『협상 학습』 등 다수가 있다.